普通高等教育“十三五”规划教材

JIANMING WULI HUAXUE

# 简明物理化学

赵国华　刘梅川　张亚男　主编



化学工业出版社
·北京·

《简明物理化学》是为高等院校工科类专业编写的，是化工、材料、环境等专业的专业基础课，内容符合工科类专业的需要，理论推导简明扼要，例题结合工程实际，每章各知识点都有大量的练习题。本书内容涵盖了物理化学基础知识的各个方面，其中包括热力学第一定律、热力学第二定律、多组分系统热力学、相平衡、化学平衡、化学反应动力学、电化学、胶体与界面化学。在知识点的分布和先后次序安排方面，力求突出前后内容的连贯性、系统性和严密性。在对具体内容的叙述方法上，力求通俗易懂，不拘一格。

《简明物理化学》可以作为高等院校化工、制药、材料、轻工、生物和环境工程等专业的教材，也可供相关专业的从业人员参考。

**图书在版编目（CIP）数据**

简明物理化学/赵国华，刘梅川，张亚男主编.—北京：化学工业出版社，2019.9

普通高等教育“十三五”规划教材

ISBN 978-7-122-34679-7

Ⅰ.①简… Ⅱ.①赵…②刘…③张… Ⅲ.①物理化学-高等学校-教材 Ⅳ.①O64

中国版本图书馆CIP数据核字（2019）第119404号

责任编辑：刘俊之　　文字编辑：陈　雨

责任校对：宋　玮　　装帧设计：韩　飞

出版发行：化学工业出版社（北京市东城区青年湖南街13号　邮政编码100011）

印　　刷：三河市航远印刷有限公司

装　　订：三河市宇新装订厂

787mm×1092mm　1/16　印张20　字数496千字　2020年1月北京第1版第1次印刷

购书咨询：010-64518888　　售后服务：010-64518899

网　　址：http://www.cip.com.cn

凡购买本书，如有缺损质量问题，本社销售中心负责调换。

**定　　价：59.00元**

# 前言

化学是一门创造性与实用性紧密结合的“中心学科”。化学学科不仅形成了完整的理论体系，而且为人类文明作出了巨大贡献。物理化学是化学的理论基础，是运用物理的理论和实验手段，结合数学的处理方法，来研究和解决化学中最基本问题的学科分支。因此，物理化学也被称为理论化学。

同时，物理化学又是化工、材料、生命、环境以及多个相关专业学生的基础理论课程，它在人才培养过程中发挥着重要作用，在交叉学科发展中的作用显得尤为突出。然而，我们在教学过程中发现，许多理工科专业学生谈及物理化学课程，往往觉得枯燥无味，深奥晦涩，理论要求高，数学推导繁多。事实上，物理化学所阐述的热力学定律、化学动力学均是源于自然中形成的基本科学原理，能够很好地去诠释日常生活现象、生产实例以及科学研究中一些具体化学反应的本质。为此，我们在教学中，有意识地设计和开发一些贴近实际生活的生动实例，引入物理化学课堂中。尝试通过对具体实例的分析和讨论，引出相关理论知识点的讲解，进而引导学生利用所学的理论知识去对一些物理化学例子、习题和实际问题进行解答和分析。

正是基于对这些教学理念的探索和实践，我们编写了这本《简明物理化学》教材。与传统的物理化学教材相比，本书的特色主要体现在：每一章开篇列出内容提要，表述言简意赅，提纲挈领，直奔主题，有利于引导学生抓住本章重点，深化掌握主要概念和原理；每一节以一个生动有趣的生产、生活或科学实验的案例为切入点，引人入胜，情趣盎然，生动地引出本节的主体内容，有利于克服经典物理化学教材中直叙抽象难懂理论的学习障碍；每一节结尾，设置了一段本节内容延伸的文献阅读内容，或者一道发散性的思考与讨论题，为学生深入思考相关知识原理留有足够的延展空间。在内容编排上，考虑到少学时物理化学课程，着重以化学热力学、化学动力学为理论基础，结合电化学、胶体与表面化学等内容，构成了本书总体框架，力求少而精；在概念、原理的阐述上，力求言简意赅，体现出简明的特点。同时，在例题和习题的编写上，也注重趣味性和案例性，体现出知识体系的启发性、实用性和可读性。

本书承蒙大连理工大学傅玉普教授的细心审阅，提出许多宝贵的修改建议，在此表示衷心感谢；在编写过程中，得到同济大学化学科学与工程学院物理化学教研室老师以及编者所在课题组研究生的大力支持和参与，谨此一并致以深深谢意。

由于编者水平所限，书中定有许多欠妥之处，恳请读者指正。

编者

2019 年 11 月于同济

# 目录

## 第 1 章　热力学第一定律 / 1


1.1　能量的转换形式——热与功 …………… 1
案例 1.1　蒸汽机中的能量转换 ……… 1
1.1.1　热 …………………………………… 2
1.1.2　功 …………………………………… 3
1.2　热力学第一定律与热力学能 ………… 9
案例 1.2　水升温的两种方式——加热与做功 ……… 9
1.2.1　热力学第一定律 ………………… 9
1.2.2　热力学能 $U$ 的微观理解 ……… 10
1.2.3　热力学能变化 $\Delta U$ 的计算 …… 10
1.3　焓与热容 ………………………………… 15
案例 1.3　鸣笛水壶的热量 …………… 15
1.3.1　焓 ………………………………… 16
1.3.2　焓变 $\Delta H$ 的计算 ……………… 16
1.3.3　$C_p$ 与 $C_V$ 的关系 ……………… 18
1.4　热化学与化学反应的焓变 ………… 21
案例 1.4　优异清洁燃料：甲烷还是丁烷？ ……………………… 21
1.4.1　化学反应的热效应 ……………… 21
1.4.2　化学反应的标准摩尔焓变的计算 ………………………… 23
1.4.3　基尔霍夫定律 …………………… 27
习题 1 ……………………………………… 30


## 第 2 章　热力学第二定律 / 35


2.1　能量转换的方向和熵判据 …………… 35
案例 2.1　汽车的发动机效率是多少？ ……………………… 35
2.1.1　热力学第二定律 ………………… 36
2.1.2　熵 ………………………………… 37
2.1.3　熵的本质 ………………………… 40
2.1.4　等温过程熵变的计算 …………… 41
2.1.5　变温过程熵变的计算 …………… 43
2.1.6　环境熵变的计算 ………………… 44
2.2　规定熵与化学反应熵变的计算 …… 47
案例 2.2　反应 $H_2(g) + Cl_2(g) = 2HCl(g)$ 会自发进行吗？ …… 47
2.2.1　热力学第三定律 ………………… 47
2.2.2　规定熵 …………………………… 48
2.2.3　化学反应熵变的计算 …………… 48
2.3　亥姆霍兹自由能和吉布斯自由能判据及其计算 ……………………… 50
案例 2.3　氢气在空气中的燃烧（生成液态水）是自发反应吗？ ………… 50
2.3.1　亥姆霍兹自由能 ………………… 50
2.3.2　吉布斯自由能 …………………… 51
2.3.3　$\Delta G$ 和 $\Delta A$ 的计算 ……………… 52
2.4　各种热力学函数间的关系 ………… 56
案例 2.4　石墨什么条件下可以

转化为金刚石? …………………… 56
2.4.1 基本关系式 ………………………… 57
2.4.2 麦克斯韦关系式 …………………… 58
2.4.3 基本关系式的推论 ………………… 58
习题 2 ……………………………………………… 61

## 第3章 多组分系统热力学 / 64

3.1 偏摩尔量 ………………………………………… 64
案例 3.1 如何配制乙醇溶液? ………… 64
3.1.1 偏摩尔量的概念 …………………… 65
3.1.2 偏摩尔量的测量方法……………… 68
3.1.3 吉布斯-杜亥姆方程 ……………… 69
3.2 化学势 …………………………………………… 71
案例 3.2 为什么染料会扩散? ………… 71
3.2.1 化学势的概念 ……………………… 71
3.2.2 化学势与压力、温度的关系 ……… 72
3.2.3 化学势判据 ………………………… 73
3.3 气体的化学势与逸度 …………………… 75
案例 3.3 为什么钢瓶中的压力小于理论值? …………………… 75
3.3.1 纯组分理想气体的化学势………… 75
3.3.2 混合组分理想气体的化学势 ………………………………… 76
3.3.3 实际气体的化学势与逸度 ………… 76
3.4 理想液态混合物与理想稀溶液的热力学 ……………………………………………… 79
案例 3.4-1 海洋中 $CO_2$ 组成标度的变化 …………………………… 79
3.4.1 两个经验公式 ……………………… 79
3.4.2 理想液态混合物 …………………… 82
3.4.3 理想稀溶液 ………………………… 88
3.4.4 稀溶液的依数性 …………………… 90
案例 3.4-2 雪天为什么向路上撒盐? …………………… 90
3.5 真实液态混合物、真实溶液的热力学 ………………………………………… 95
案例 3.5 为什么 NaOH 溶液的蒸气压比理论值小? ………………… 95
3.5.1 真实液态混合物中任意组分 B 的化学势、活度、活度因子 ………… 95
3.5.2 真实溶液中溶剂和溶质的化学势、活度、活度因子………………… 97
习题 3 ……………………………………………… 100

## 第4章 相平衡 / 103

4.1 相与相律 ………………………………………… 103
案例 4.1 冷冻干燥是如何实现的? …… 103
4.1.1 相 …………………………………… 104
4.1.2 相律………………………………… 105
4.2 单组分系统……………………………………… 108
案例 4.2 为什么棒冰在口腔中会融化? ……………………… 108
4.2.1 单组分系统的相图 ………………… 108
4.2.2 水的相图…………………………… 110
4.2.3 克劳修斯-克拉贝龙方程 ………… 111
4.3 二组分理想液态混合物的气-液平衡相图………………………………… 114
案例 4.3 如何分离煤焦油中的苯和甲苯? ……………………… 114
4.3.1 二组分理想液态混合物的压力-组成图 ……………………… 115
4.3.2 二组分理想液态混合物的温度-组成图 ……………………… 117
4.3.3 蒸馏与精馏原理 …………………… 119
4.4 二组分真实溶液的气-液相图 ………… 121
案例 4.4 在汞面上加一层水能降低汞的蒸气压吗? ……………… 121
4.4.1 二组分完全互溶真实溶液的气-液平衡相图…………………… 121

4.4.2 二组分部分互溶真实溶液的液-液平衡相图…………………… 124
4.4.3 二组分不互溶双液系的气-液平衡相图…………………… 127
4.5 二组分固态不互溶系统的液-固相图 … 130
案例 4.5 为什么感觉棒冰越吃越不甜? …………………… 130
4.5.1 简单低共熔混合物系统的相图…………………… 130
4.5.2 有化合物生成的系统………… 132
4.6 二组分固态互溶系统的液-固相图 …………………… 136
案例 4.6 如何制备高纯度材料? … 136
4.6.1 形成完全互溶的固溶体系统…………………… 136
4.6.2 形成部分互溶的固溶体系统…………………… 137
4.7 三组分系统…………………… 141
案例 4.7 工业上怎样制取无水乙醇? …………………… 141
4.7.1 三组分系统的图解表示法…… 142
4.7.2 一对液体部分互溶的三液平衡相图…………………… 143
4.7.3 二盐一水相图………………… 144
习题 4 …………………………… 146

## 第 5 章 化学平衡 / 153

5.1 化学反应的平衡条件…………… 153
案例 5.1 为什么夏天鸡蛋壳会比较薄? …………………… 153
5.1.1 化学反应的平衡条件………… 154
5.1.2 化学反应等温方程和标准平衡常数…………………… 155
5.2 标准平衡常数及平衡组成的计算…………………………… 159
案例 5.2 如何使金属不被空气氧化? …………………… 159
5.2.1 各类反应的标准平衡常数…… 159
5.2.2 相关化学反应标准平衡常数之间的关系…………………… 164
5.2.3 标准平衡常数 $K^{\ominus}$的测定 …… 165
5.2.4 由 $\Delta_r G_m^{\ominus}$ 计算标准平衡常数 $K^{\ominus}$ …………………… 166
5.2.5 平衡组成的计算……………… 167
5.3 影响化学平衡的因素…………… 171
案例 5.3 为什么蛋清煮的时候会变性，但在常温下保持液态? … 171
5.3.1 温度对化学平衡的影响……… 171
5.3.2 压力和惰性气体对化学平衡的影响…………………… 173
5.3.3 组成对化学平衡的影响……… 176
习题 5 …………………………… 177

## 第 6 章 化学反应动力学 / 181

6.1 化学反应速率与浓度的关系……… 181
案例 6.1 强效漂白剂还是普通漂白剂? …………………… 181
6.1.1 化学反应速率……………… 182
6.1.2 化学反应速率的测定………… 183
6.1.3 化学反应的速率方程………… 185
6.2 简单级数反应的动力学规律……… 188
案例 6.2 古文物年代的确认 ……… 188
6.2.1 一级反应…………………… 189
6.2.2 二级反应…………………… 191
6.2.3 零级反应…………………… 193
6.2.4 $n$ 级反应 …………………… 194
6.3 反应级数的确定和反应速率常数的计算…………………… 198

案例 6.3 为什么在工业中乙烯催化加氢的反应速率会随着乙烯浓度的增加而减慢？ …… 198
6.3.1 反应级数的确定 …… 198
6.3.2 反应速率常数的计算 …… 205
6.4 复合反应的动力学 …… 207
案例 6.4-1 为何砷是有毒的？ …… 207
6.4.1 平行反应 …… 207
案例 6.4-2 工业合成氨为什么要在高温高压条件下进行？ …… 209
6.4.2 对峙反应 …… 210
案例 6.4-3 醒酒的奥秘 …… 213
6.4.3 连续反应 …… 213
案例 6.4-4 煤气为什么会发生爆炸？ …… 216
6.4.4 链反应 …… 216
6.5 温度对反应速率的影响 …… 222
案例 6.5 为什么要在冰箱中储存食物？ …… 222
6.5.1 阿伦尼乌斯公式 …… 222
6.5.2 活化能 …… 223
6.6 基元反应速率理论 …… 227
案例 6.6 为什么烹饪都需要加热？ …… 227
6.6.1 碰撞理论 …… 227
6.6.2 过渡态理论 …… 228
6.7 溶剂对反应速率的影响 …… 231
案例 6.7 为何泡沫灭火器用溶解的硫酸铝和碳酸氢钠，而不用固态硫酸铝和碳酸钠？ …… 231
6.7.1 溶剂的笼效应 …… 231
6.7.2 溶剂自身性质对反应速率的影响 …… 233
6.8 催化剂对反应速率的影响 …… 235
案例 6.8 稻谷降解过程的差异 …… 235
6.8.1 催化剂 …… 235
6.8.2 催化反应的基本原理 …… 236
6.8.3 几种经典的催化反应 …… 237
6.9 光化学反应动力学 …… 241
案例 6.9 为什么在阳光强烈的夏、秋季，天空中会出现一种极淡蓝色的“烟雾”？ …… 241
6.9.1 光化学反应基本定律及量子效率 …… 241
6.9.2 分子的光化学过程 …… 242
6.9.3 光反应动力学 …… 243
习题 6 …… 244


## 第 7 章 电化学 / 250


7.1 电解质溶液 …… 250
案例 7.1 为什么将铝箔放进嘴里会感觉到疼痛？ …… 250
7.1.1 原电池和电解池 …… 251
7.1.2 电解质溶液的电导 …… 252
7.1.3 电解质溶液的离子活度 …… 256
7.2 可逆电池的电动势及其应用 …… 259
案例 7.2 新型“水锂电”可使电动车行程达 400km？ …… 259
7.2.1 可逆电池 …… 259
7.2.2 可逆电池的热力学 …… 261
7.2.3 电池电动势的产生 …… 263
7.2.4 电极电势 …… 264
7.2.5 电动势测定的应用 …… 267
7.3 电解与极化 …… 271
案例 7.3 如何生产彩色（氧化）铝？ …… 271
7.3.1 电解与分解电压 …… 271
7.3.2 极化作用 …… 271
7.3.3 电解时电极的竞争反应 …… 274
7.4 电化学的应用 …… 276
案例 7.4 电鳗是如何产生电流的？ …… 276
7.4.1 金属的电化学腐蚀 …… 276
7.4.2 化学电源 …… 278
7.4.3 电化学在处理环境污染物方面的应用 …… 279
习题 7 …… 280

## 第 8 章 胶体与表面化学 / 284


8.1 界面现象及界面自由能…………… 284
案例 8.1 为什么气泡、小液滴都呈球形？ ……………… 284
8.1.1 界面现象与界面特征……… 285
8.1.2 表面能与表面张力………… 285
8.1.3 弯曲表面上的附加压力……… 286
8.1.4 弯曲表面上的蒸气压……… 289
8.1.5 表面铺展和润湿…………… 290
8.2 溶液的界（表）面吸附…………… 293
案例 8.2 为什么生活中很多食物会产生泡沫？ ……… 293
8.2.1 溶液的界面吸附…………… 293
8.2.2 表面活性剂……………… 295
8.3 固体的界（表）面吸附…………… 297
案例 8.3 水蒸气如何液化到玻璃上？ ……………… 297
8.3.1 吸附作用………………… 297
8.3.2 吸附曲线………………… 298
8.4 胶体性质和结构……………… 301
案例 8.4 为什么在空气清新时能看见蓝天白云？ ………… 301
8.4.1 胶体分散系统…………… 301
8.4.2 胶体的结构……………… 302
8.4.3 胶体的动力学和光学性质…… 303
8.4.4 溶胶的电动现象………… 304
8.4.5 溶胶的稳定性和聚沉作用…… 305
习题 8 ………………………… 307


## 参考文献 /310

# 第1章 热力学第一定律

**内容提要**

热力学是研究宏观系统的热现象和其他形式能量之间转换关系的科学。功和热是能量转换的两种方式，热力学第一定律认为，$\Delta U=Q+W$，即在能量转换过程中，其总值是不变的。

热力学第一定律可以用来计算各种过程中功和热的能量转换，包括等温过程、等压过程以及绝热过程等。在此基础上，又引出了焓变的概念，方便反应热的测量。焓是状态函数，系统在等压过程中吸收的热量全部用于增加系统的焓。

本章对物理变化和化学变化中热、功、热力学能以及焓的变化进行了详细的叙述。

## 1.1 能量的转换形式——热与功

案例 1.1 蒸汽机中的能量转换

人类在几千年前就学会了使用燃料生火取暖，却一直没有更大的突破。人力、动物力等都一直被用作动力源。随着人类对动力需求的进一步增加，18 世纪中叶的一系列技术革命引起了从手工劳动向动力机器生产转变的重大飞跃，被称为工业革命。在工业革命时期，机器取代人力，大规模工厂化生产取代个体工场手工生产。工业革命产生的部分原因是因为蒸汽机的改良，而蒸汽机车也是因为蒸汽机的改良以及后人的应用而产生的。当时英国鼓励发明，并且在人口增加需要提高生产速度之时，便开始有人努力地改进生产设备，瓦特便是其中之一。瓦特改良蒸汽机引发了一系列技术革命，引起了从手工劳动向动力机器生产的转变，也成为引起工业革命的重要原因之一。譬如，蒸汽机车是一种以蒸汽引擎作为动力源的铁路机车，若没有蒸汽机的改良便不可能有这项交通工具的诞生。

图 1.1 为蒸汽机工作原理示意图。蒸汽机中的蒸汽需要从一个高温热源吸收**热量** $Q$，这个高温热源是一个使用木头、煤、石油或天然气，甚至垃圾，作为热源产生高压蒸汽的锅炉。在蒸汽吸热膨胀之后，滑动阀（起加压和排气的作用）来到汽缸的左面，推动活塞向右运动，右面汽缸中的蒸汽通过转换阀的排气口排出（这就是为什么老式蒸汽火车是从两个前轮冒着白气的原因）。活塞运动到右面顶点后，由飞轮上的一个连动机构作用于滑动阀，这时滑动阀的加压口变成排气口，排气口变成加压口，压力作用于活塞，使活塞由右向左运动，从而完成一次做功。

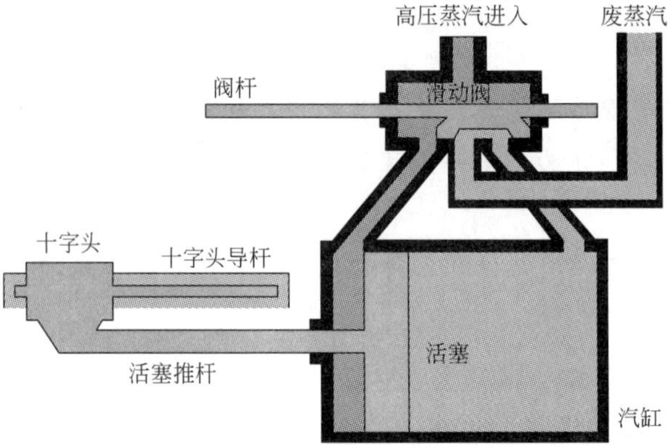

图 1.1　蒸汽机工作原理示意图

假设蒸汽吸收一定热量 $Q$ 之后，$F$ 增加到 $40\text{N}\cdot\text{cm}^{-2}$，气体膨胀过程中没有能量的损失，若活塞直径 400mm，单程 600mm，那么气体膨胀一次，对外界输出了多少机械功？**（气体膨胀做功过程）**

根据功的定义，气体膨胀做功为：

$$W=Fl=40\text{N}\cdot\text{cm}^{-2}\times\pi(20\text{cm})^2\times0.6\text{m}\approx3\times10^4\text{J}$$

所以当活塞压缩一次气体之后，所做的功为 $3\times10^4$J。上述问题涉及了热力学中能量转化的两种形式——热与功，本节将对热与功作详细的讲述。

## 1.1.1　热

当两个温度不同的物体相接触时，由于组成物体分子的无规则运动的混乱程度是不同的，它们就有可能通过分子的碰撞而交换能量。经这种方式传递的能量就是**热**（heat），用符号 $Q$ 表示。由于表征分子无规则运动强度的宏观物理量是温度，所以，宏观上热的定义可以认为是系统与环境之间由于温度不同而交换的能量。一般规定当系统吸热时，$Q$ 取正值；当系统放热时，$Q$ 取负值。

热是一个过程量，其变化值与具体的途径有关，微小的变化值用符号“$\delta$”代替。在没有发生相变的物理变化中，很小的热量施加到系统中会相应地引起系统温度的变化，可以用式（1-1）表示：

$$\delta Q=C\text{d}T \tag{1-1}$$

式中，$\delta Q$ 表示转移到物体上的无限小的热，$dT$ 表示温度变化的无限小的值，常数 $C$ 被称为系统的**热容**（heat capacity）。

如果加热一个物体，使其温度由 $T_1$ 变化到 $T_2$，其间无相变或者化学变化发生，则物体的热量转移可以表示为：

$$Q=\int \delta Q=\int_{T_1}^{T_2} C\mathrm{d}T \tag{1-2}$$

如果热容 $C$ 与温度无关，则有：

$$Q=\int \delta Q=\int_{T_1}^{T_2} C\mathrm{d}T=C(T_2-T_1) \tag{1-3}$$

**例题分析 1.1**

① 计算把 3.20mol 水由 25.00℃加热到 95.00℃所需的热量。已知水的比热容为 $4.18\text{J}\cdot\text{K}^{-1}\cdot\text{g}^{-1}$。

② 铝的比热容为 $0.88\text{J}\cdot\text{K}^{-1}\cdot\text{g}^{-1}$。把温度为 90.00℃、质量为 25.00g 的铝片放到 100.00g 的水中，水的起始温度为 20.00℃，求水的最终温度。

**解析：**

① $Q=3.20\text{mol}\times 18.015\text{g}\cdot\text{mol}^{-1}\times 4.184\text{J}\cdot\text{K}^{-1}\cdot\text{g}^{-1}\times 70.00\text{K}=16.9\text{kJ}$

所以 3.20mol 水由 25.00℃加热到 95.00℃所需的热量为 16.9kJ。

② 将水和铝看成一个系统，则该过程中没有发生热量的输出和输入，即总的 $Q=0$；

$C_{\text{Al}}=0.88\text{J}\cdot\text{K}^{-1}\cdot\text{g}^{-1}\times 25.00\text{g}=22.00\text{J}\cdot\text{K}^{-1}$

$C_{\text{H}_2\text{O}}=4.18\text{J}\cdot\text{K}^{-1}\cdot\text{g}^{-1}\times 100.00\text{g}=418.00\text{J}\cdot\text{K}^{-1}$

因为系统总的 $Q=0$，则有：

$22.00\text{J}\cdot\text{K}^{-1}\times(T-363.15\text{K})+418.00\text{J}\cdot\text{K}^{-1}\times(T-293.15\text{K})=0$

$T=296.65\text{K}=23.6℃$

## 1.1.2 功

**功**（work）也是能量转化的一种方式，热力学中规定，除热以外的其他各种形式传递的能量都叫功。常见功的形式有机械功、体积功、电功、表面功等。

在具体讲述各种不同形式的功之前，需要首先对热力学研究过程中关于系统与环境的基本概念进行介绍。通常，将用于研究的对象称为**系统**（system），而将系统以外、与系统密切联系的物质或者空间部分，称为**环境**（surrounding）。根据系统和环境之间的能量与物质交换的关系，通常可以将系统分为以下三类：

① 封闭系统（closed system）：系统与环境之间，可以发生能量的交换，但没有物质的交换；

② 开放系统（open system）：系统与环境之间，既可以有能量的交换，也可以有物质的交换；

③ 孤立系统（isolated system）：系统与环境之间，既没有能量的交换，也没有物质的交换。

系统的状态可以用它的可观测的宏观性质来描述。这些性质称为系统的性质，系统的性质可以分为两类：**广度性质**（extensive property），其数值与系统的量成正比，并且具有加和性，整个系统的广度性质是系统中各部分同一性质的总和，通常的广度性质包括体积、质量、热力学能以及熵等；**强度性质**（intensive property），其数值取决于系统自身的特性，不具有加和性，如温度、压力、密度等。通常地，系统的强度性质可由一个广度性质除以系统总的物质的量或质量之后得到。比如广度性质质量 $m$ 除以物质的量 $n$ 之后，可得强度性质物质的摩尔质量 $M$。

下面具体介绍几种常见的功。

**(1) 机械功**（mechanical work）

物理学上将力对位移累积的物理量称作机械功，指从物理系统一到物理系统二的能量转变，尤其是指物体在力的作用下产生位移而导致的能量转移。机械功等于力沿受力点位移方向的分量与受力点位移大小的乘积。如果力 $F$ 沿 $z$ 的方向作用于一个物体上，则在 $z$ 的方向上产生一个无限小的位移所需做的功是：

$$\delta W = F_z \mathrm{d}z \tag{1-4}$$

式中，$\delta W$ 是做功的量。力的国际单位是牛顿（$\mathrm{N=kg \cdot m \cdot s^{-2}}$）；功的国际单位是焦耳（$\mathrm{J=kg \cdot m^2 \cdot s^{-2}}$）。

现在来考虑热力学上的功。在带有活塞的汽缸中存在一种气体，忽略所有摩擦力，在活塞上施加一个外力 $F$，如果外力大于气体作用在活塞上的力，则活塞会加速向下移动，同时，环境会对系统做功。如果外力小，则活塞会加速向上移动，同时系统对环境做功。如果活塞移动的高度为 $z$，增加量是一个无限小的 $\mathrm{d}z$，则对环境做的功可由式（1-4）得：

$$\delta W = -F_{环境} \mathrm{d}z \tag{1-5}$$

式中，$\delta W$ 是系统对环境做的功。环境对系统做的功为正；系统对环境做的功为负。即 $W>0$ 表示环境对系统做功（环境以功的形式失去能量）；$W<0$ 表示系统对环境做功（环境以功的形式得到能量）。

**例题分析 1.2**

在一个绝热箱中装有水，水中放有绕着的电阻丝，由蓄电池供给电流。假设蓄电池在放电时无热效应，显然通电后电阻丝和水的温度皆会升高（类似“热得快”的工作原理）。围绕电池、水和电阻丝，分别变换系统和环境的划分，讨论 $W$ 如何变化？

**解析：**

以电池为系统时，该加热过程由系统对外输出电功，对外做功 $W<0$；若以电阻丝为系统，水和电池为环境，环境中电池对电阻丝输入了电功，所以 $W>0$；若以水为系统，以电池和电阻丝为环境，电池只对电阻丝输入电功，与水之间没有任何功的形式，所以 $W=0$；若以水和电阻丝为系统，以电池为环境，则电池对系统内的电阻丝输入电功，所以 $W>0$；最后，若以电池和电阻丝为系统，以水为环境，则系统中的电池对系统内电阻丝做电功，跟环境无关，所以 $W=0$。

**(2) 体积功**（volume work）

由于系统的体积发生变化引起系统与环境之间能量的交换而产生的功称为体积功。在恒定外压 $p_1$ 下将一定量 $n$（mol）的气体由 $p_2$、$V_2$ 压缩到状态 $p_1$、$V_1$。系统中的 $T$、$p$、$V$ 等数值仅取决于系统所处的状态；它的变化值仅取决于系统的始态和终态，而与变化的途径无关。具有这种特性的物理量称为**状态函数**（state function）。上述压缩过程属于**恒压压缩过程**，类似于自行车打气过程。

在上述恒压压缩过程中：

$$W=-\int_{V_2}^{V_1}\delta W=-\int_{V_2}^{V_1}p_1\mathrm{d}V=-p_1(V_1-V_2) \tag{1-6}$$

即为图 1.2 中阴影部分的面积。

当压缩的气体首先克服外压为 $p''$，体积从 $V_2$ 压缩到 $V''$；接着在外压 $p'$ 下，体积从 $V''$ 压缩到 $V'$；最后在外压 $p_1$ 下，体积从 $V'$ 压缩到 $V_1$，即**多次恒外压压缩过程**，可得

$$\begin{aligned}W&=-\int_{V_2}^{V''}p''\mathrm{d}V-\int_{V''}^{V'}p'\mathrm{d}V-\int_{V'}^{V_1}p_1\mathrm{d}V\\&=-p''(V''-V_2)-p'(V'-V'')-p_1(V_1-V')\end{aligned} \tag{1-7}$$

即为图 1.3 中阴影部分的面积。

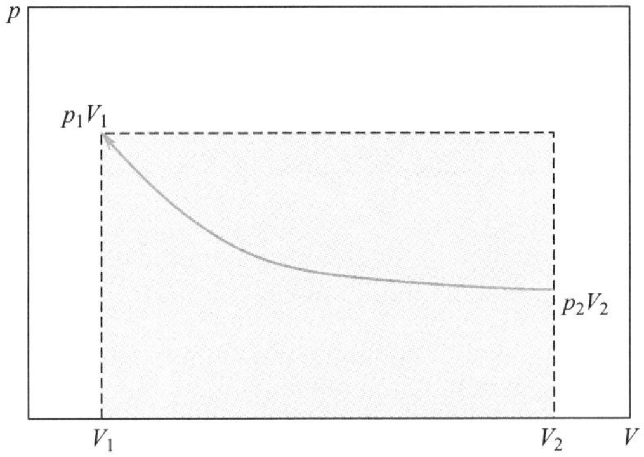


图 1.2 恒外压压缩 $p$-$V$ 图

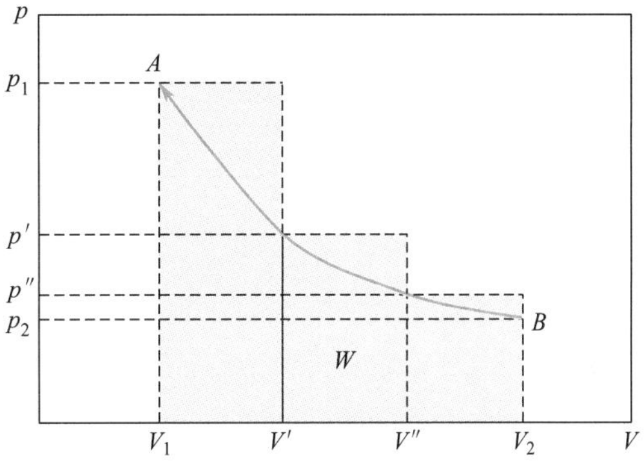


图 1.3 多次恒外压压缩 $p$-$V$ 图

将多次恒外压压缩的过程，分为无限多次，即每一次压缩中，外压比系统的压力大 $\mathrm{d}p$ 的压缩过程，这种过程可视为**准静态压缩过程**：

$$W=-\int_{V_2}^{V_1}p_{\mathrm{e}}\mathrm{d}V=-\int_{V_2}^{V_1}(p+\mathrm{d}p)\mathrm{d}V=-\int_{V_2}^{V_1}p\mathrm{d}V-\int_{V_2}^{V_1}\mathrm{d}p\mathrm{d}V \tag{1-8}$$

二阶无穷小量 $\mathrm{d}p\mathrm{d}V$ 可以忽略不计，则可得

$$W=-\int_{V_2}^{V_1}p\mathrm{d}V \tag{1-9}$$

若过程中温度不变，且将气体视为理想气体，根据理想气体状态方程 $pV=nRT$，则有

$$W=-\int_{V_2}^{V_1}\frac{nRT}{V}\mathrm{d}V=nRT\ln\frac{V_2}{V_1} \tag{1-10}$$

即为图 1.4 中阴影部分的面积。

相反地，**气体膨胀过程做功**，也可以用类似的方法求出功的大小。若膨胀过程中，外界的压力为 0，如真空条件下的膨胀，称为**自由膨胀过程**（free expansion），则

$$W=-\int p_{外}\mathrm{d}V=0 \tag{1-11}$$

当外压不为 0 时，系统由始态体积 $V_1$ 膨胀到终态体积 $V_2$，此过程称为**恒定外压膨胀过程**。此时可得

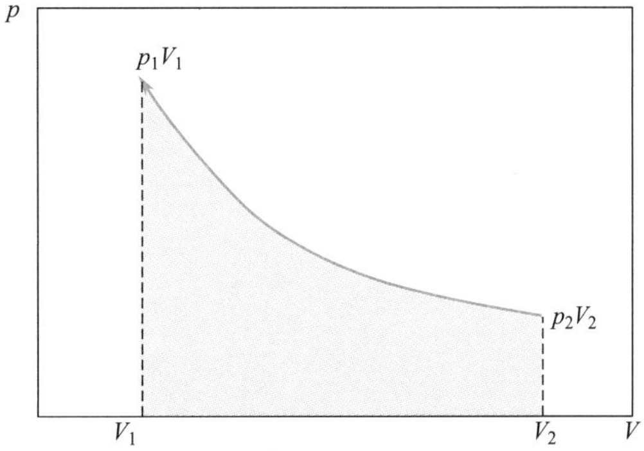


图 1.4 准静态压缩 $p$-$V$ 图

$$W=-\int_{V_1}^{V_2}p_{外}\,dV=-p_{外}(V_2-V_1) \tag{1-12}$$

即为图 1.5 中阴影部分的面积。

倘若系统首先克服外压 $p'$，体积从 $V_1$ 膨胀到 $V'$；接着在外压 $p''$ 下，体积从 $V'$ 膨胀到 $V''$；最后在外压 $p_2$ 下，体积从 $V''$ 膨胀到 $V_2$，称为**多次等外压膨胀**。此时可得系统对环境所做的功为：

$$\begin{aligned}W&=-\int_{V_1}^{V'}p'dV-\int_{V'}^{V''}p''dV-\int_{V''}^{V_2}p_2dV\\&=-p'(V'-V_1)-p''(V''-V')-p_2(V_2-V'')\end{aligned} \tag{1-13}$$

即为图 1.6 中阴影部分的面积。可以发现，当外压与系统间差距越小，膨胀次数越多，做的功也就越多。

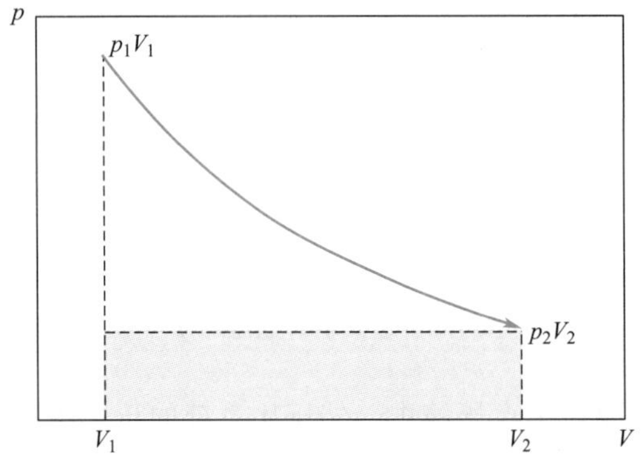

图 1.5　恒外压膨胀 $p$-$V$ 图

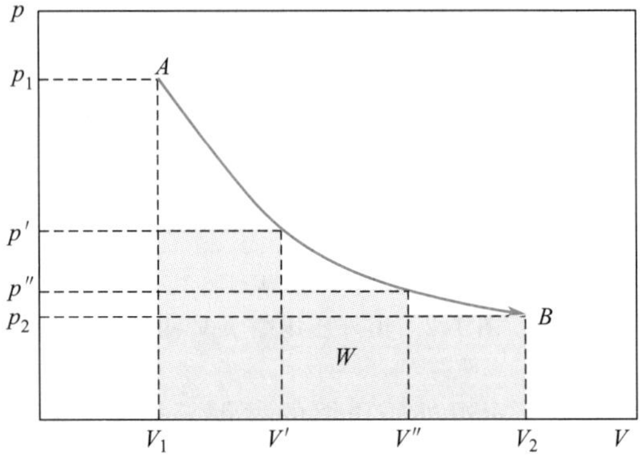

图 1.6　多次恒外压膨胀 $p$-$V$ 图

同样地，将多次恒定外压膨胀的过程，分为无限多次，即每一次膨胀中，外压比系统的压力小 $dp$ 的膨胀过程，这种过程可视为**准静态膨胀过程**。在这种条件下，系统的体积由始态 $V_1$ 膨胀到终态 $V_2$，此时系统对环境所做的功为：

$$W=-\int_{V_1}^{V_2}p_{外}\,dV=-\int_{V_1}^{V_2}(p-dp)\,dV=-\int_{V_1}^{V_2}p\,dV+\int_{V_1}^{V_2}dp\,dV \tag{1-14}$$

二阶无穷小量 $dp\,dV$ 可以忽略不计，则可得

$$W=-\int_{V_1}^{V_2}p\,dV \tag{1-15}$$

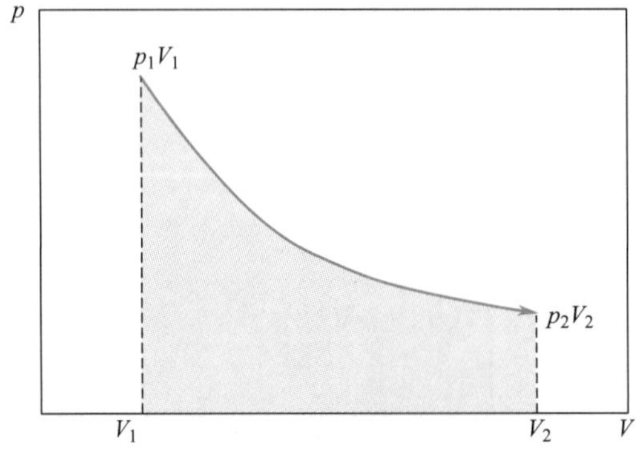

图 1.7　准静态膨胀 $p$-$V$ 图

如果膨胀过程中温度不变，且将气体视为理想气体，则有

$$W=-\int_{V_1}^{V_2}\frac{nRT}{V}dV=nRT\ln\frac{V_1}{V_2} \tag{1-16}$$

即为图 1.7 中阴影部分的面积。

从以上的膨胀与压缩过程中体积功的变化可以看出，功与变化的途径有关。虽然始、终态相同，但是途径不同，所做的

功也大不相同。显然，准静态膨胀过程中，系统对环境做最大功；准静态压缩过程中，环境对系统做最小功。

此外，对于理想气体，经过无限多次压缩，环境对气体所做的功为 $nRT\ln\dfrac{V_2}{V_1}$，而无限多次膨胀过程中，气体对环境所做的功为 $nRT\ln\dfrac{V_1}{V_2}$，状态恢复到压缩前。这说明该系统经某个过程由状态 a 变到状态 b，又能经该过程的逆过程使得系统和环境都复原，这样的过程称之为**可逆过程**（reversible process）。可逆过程是以无限小的变化进行的，整个过程由一连串无限接近于平衡的状态所构成；且在反向过程中，用同样的手段，循着原来过程的可逆过程，可以使系统和环境都完全恢复到原来的状态，而无任何耗散效应。

**例题分析 1.3** 封闭系统中有 5kg 氩气，假定氩气为理想气体，在温度为 298.15K 时把它由 5000L 等温可逆膨胀到 10000L，求该过程所做的功。

**解析：**

由式（1-16）可知：

$$
\begin{aligned}
W &= nRT\ln\frac{V_1}{V_2} \\
&= \frac{5000\text{g}}{39.948\text{g}\cdot\text{mol}^{-1}}\times 8.314\text{J}\cdot\text{K}^{-1}\cdot\text{mol}^{-1}\times 298.15\text{K}\ \ln\frac{5000}{10000} \\
&= -2.15\times 10^5\text{J}
\end{aligned}
$$

表明该过程系统对环境做功 $2.15\times 10^5$J。

一般情况下，物质发生相变的过程是在一定的温度和压力下进行的，如液体的蒸发和凝固、固体的熔化和升华、固体晶型的转变等，这些相变过程均会由于体积的变化而发生体积功。这一类功称之为**相变过程中的体积功**。

以液体的蒸发为例，当外界压力与液体的饱和蒸气压相比，小无限小的数值（$\mathrm{d}p$）时，液体将蒸发为气体，缓慢的液体蒸发可视为每一步都处于平衡态，可得：

$$W = -\int p_{外}\,\mathrm{d}V = -\int (p - \mathrm{d}p)\,\mathrm{d}V \approx -\int p\,\mathrm{d}V = -p\Delta V \tag{1-17}$$

式中，$p$ 为液体在相变温度下的饱和蒸气压。对于液体的蒸发来说，$\Delta V = V_g - V_l$，由于蒸发过程的温度与临界温度相比相差很远，所以 $V_g \gg V_l$，可以认为：

$$W = -pV_g \tag{1-18}$$

假设气体为理想气体，则上式可变换为：

$$W = -pV_g = -nRT \tag{1-19}$$

式中，$n$ 为蒸发得到气体的物质的量。该公式适用于有气体参加的相变过程，如液体蒸发、固体升华、气体凝结和凝华。由于固液相变以及固体晶型转变过程体积的变化很小，一般认为所做体积功很小。

**例题分析 1.4**

在标准压力下，100℃的 1mol 液体水蒸发成水蒸气，已知该状态下，水蒸气的比体积为 $1677\text{cm}^3\cdot\text{g}^{-1}$，水的比体积为 $1.043\text{cm}^3\cdot\text{g}^{-1}$，则此过程的体积功为多少？如果将水蒸气视为理想气体，体积功又是多少？

**解析：**

相变前液体的体积：

$V_l = 1.043\text{cm}^3 \cdot \text{g}^{-1} \times 18\text{g} \cdot \text{mol}^{-1} \times 1\text{mol} = 18.774\text{cm}^3$；

相变后气体的体积：

$V_g = 1677\text{cm}^3 \cdot \text{g}^{-1} \times 18\text{g} \cdot \text{mol}^{-1} \times 1\text{mol} = 30186\text{cm}^3$；

则体积功 $W$ 为：

$$\begin{aligned} W &= -p\Delta V \\ &= -10^5\text{Pa} \times (30186 - 18.774) \times 10^{-6}\text{m}^3 \\ &= -3.017 \times 10^3\text{J} \end{aligned}$$

如果将水蒸气视为理想气体，则

$$W = -nRT = -8.314 \times 373.15\text{J} = -3.102 \times 10^3\text{J}$$

可见，在有气体参加的相变计算体积功时，将气体视为理想气体之后，所计算的体积功与实际情况相比差别不大，因此将气体视为理想气体也是合理的。

### 思考与讨论：

（1）相变过程中的热量如何计算？

根据热量的定义式 $\delta Q = C\text{d}T$，可见其只能在温度发生变化的条件下使用。那么当发生相变时，热会在系统中发生转移而不会引起温度或压力的变化。这种情况下，相变过程的热量该怎么计算？

（2）非理想气体做可逆体积功如何计算？

质量为 10000g 的实际气体 $CO_2$ 在恒温 25.00℃的情况下从 10000L 可逆膨胀到 50000L，请计算需做功多少。已知 $CO_2$ 在此温度下的范德华因子为 $-128\text{cm}^3 \cdot \text{mol}^{-1}$。

如果假设 $CO_2$ 为理想气体，请重新计算该过程所做的功。

## 1.2 热力学第一定律与热力学能

案例 1.2　水升温的两种方式——加热与做功

日常生活中，我们使用电热水壶烧水的过程中，能量的转化是通过电做功使得电阻丝发热，从而与水之间发生热交换，使得水的温度上升。除此之外，还能用何种途径让水达到同样的状态呢？

焦耳在做实验过程中发现对系统做功或者加热都可以引起温度的变化。其装置原理如右图所示，重锤的俯冲力带动水中的搅拌器，对水做功，使水温度上升。焦耳把水温度的升高和重锤俯冲力做功的量与温度产生相同变化时需要的热量作比较，发现做功的比率和热量值通常是相同的，4.18J 功大约可以产生 1.00cal 的热。

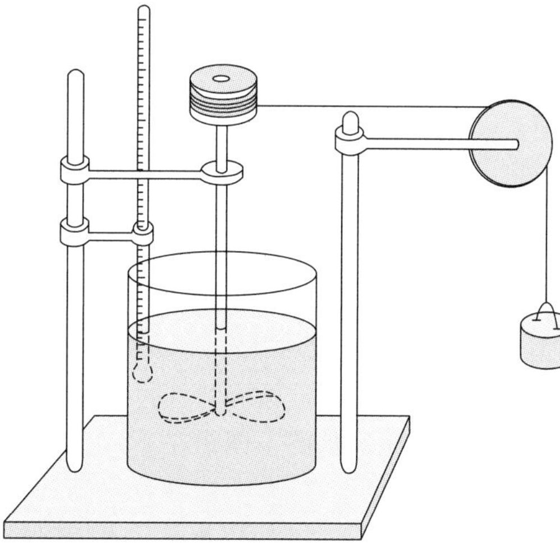

焦耳发现不论是做功还是加热，系统的最终状态没有差异。这表明热交换和做功是改变系统能量的两种方式。对水做功一定会增加它的能量，热的转移也能够增加它的能量。体系所改变的能量为**热力学能**（thermodynamic energy）或者是**内能**（internal energy），用 $U$ 表示。

在上述过程中，焦耳证明了加热和做功都可以增加系统的热力学能，那么就可以得出：

$$\Delta U = Q + W$$

这就是焦耳在 1843 年提出的**热力学第一定律**（the first law of thermodynamics），即能量可以由一种形式转化为另一种形式，但在能量的转化过程中能量的总量不变。所以加热和做功都可以使水的温度升高，且通过两种方式达到的终态没有差异。

### 1.2.1 热力学第一定律

一般热力学研究的对象是宏观静止、无整体运动的系统，且不存在特殊的外力场，所以只需考虑热力学能。在热力学研究中，将热力学能视为系统的总能量，设系统从环境吸收热 $Q$，且环境对系统做功 $W$，使得系统热力学能发生变化，记作 $\Delta U$，则根据能量守恒定律可得：

$$\Delta U = Q + W \tag{1-20}$$

若系统仅发生一个微小的变化，则上式可记作：

$$dU = \delta Q + \delta W \tag{1-21}$$

热力学第一定律是建立热力学能函数的依据，它说明热力学能、热和功可以互相转化，且表明了它们转化时的定量关系，所以热力学第一定律是能量守恒定律在热力学领域内所具有的特殊形式。

历史上曾有人想制造一种机器，它既不需要外界提供能量，本身也不减少能量，却能够不断地对外做功，这类机器被称为第一类永动机。对于这类机器的研究均以失败告终，这是因为这类机器的原理违背了能量守恒定律。所以热力学第一定律也可以表述为：**第一类永动机不可能造成**。

**例题分析 1.5**

出汗是身体降温的自然方式。汗液是盐的水溶液（还含有少量的生物油），它是由皮下的汗腺分泌的。当身体感觉很热的时候，汗腺就会分泌出汗液。当皮肤上的汗水接触到风扇吹出的风或者自然风时，为什么会感到凉快？

**解析：**

汗液的蒸发过程可以近似看成是水的蒸发过程。在皮肤表面水的蒸发是一个恒温恒压的相变过程，其相变反应表达式如下：

$$H_2O\ (l) \longrightarrow H_2O(g)$$

因为水（汗液）蒸发所吸收的热量来自人体，故可得 $Q<0$。以人体为研究对象，根据热力学第一定律，可得 $\Delta U=Q+W$。因为人体在排汗过程中没有对外界做功，外界也没有对人体做功，所以 $W=0$。故在排汗过程中可以认为 $\Delta U=Q$。又因为 $Q<0$，所以这个过程人体的热力学能是降低的。因为在 $n$、$V$ 恒定的情况下，热力学能是温度的函数，即 $U=f(T)$。在一般情况下，热力学能随着温度的增加而增加，即人体的温度得到了一定的下降，即 $T_{排汗后}<T_{排汗前}$，所以排汗后人体内积累的热得以释放，就会感到凉快。

### 1.2.2 热力学能 U 的微观理解

热力学能是指系统内部能量的总和，包括分子运动的平动能、转动能、振动能、电子能、核能以及各种粒子之间的相互作用位能等。热力学能是一个状态函数，是系统的自身性质，只取决于系统状态，是系统状态的单值函数，在定态下有定值。但是它的绝对值无法测定，只能求出它的变化值。对纯物质的均相系统，$U$ 是 $p$、$V$、$T$ 中任意两个独立变量再加上物质的量 $n$ 的函数，即$U=f(T,V,n)$。

但是热和功不是状态函数，因为热和功是改变系统热力学能值的两种方式，它们完成能量转换后不会保持它们独立的特性。热转移到系统类似于雨水落到池塘，对系统做功类似于小溪流入池塘，能量类似于池塘中的水。蒸发（可以认为是反方向的下雨）类似于热量流向环境，流出池塘的小溪类似于对环境做功。一旦雨落进了池塘，已经不可以再辨认出雨了，只有水。一旦小溪流进池塘，也不能辨认出小溪，只有水而已。池塘里水的量是明确定义的（状态函数），但是不可以单独地规定池塘有多少雨和多少小溪。同样的，给定的状态下也不能明确系统包含有多少热、有多少功。

### 1.2.3 热力学能变化 ΔU 的计算

热力学能 $U$ 在定态下有定值，但是它的绝对值尚无法测定，只能求出它的变化值 $\Delta U$。

下面就来分析一些典型过程中的热力学能变化的计算。

**(1) 恒温过程的热力学能变化**

对于一定量纯物质的均相系统，热力学能 $U$ 由 $p$、$V$、$T$ 中任意两个的独立变量来确定，如果以 $T$、$V$ 为独立变量，则可得：

$$dU=\left(\frac{\partial U}{\partial T}\right)_V dT+\left(\frac{\partial U}{\partial V}\right)_T dV \tag{1-22}$$

盖-吕萨克（Gay-Lussac）和焦耳(Joule)分别在1807年和1843年做了一个实验：将两个容量相等的导热球体放在水浴中，且中间用旋塞连通，左球充满了气体，右球抽成真空（如图1.8所示）。打开旋塞之后，气体由左球扩散到右球，最后左右两球气体达到平衡。在这个过程中，观察到温度计的示数没有发生变化。所以该系统与环境之间没有发生热量交换，$Q=0$；同时由于系统与外界没有发生功的作用，$W=0$。根据热力学第一定律可知，$\Delta U=0$，即理想气体在自由膨胀过程中温度不变，热力学能不变。

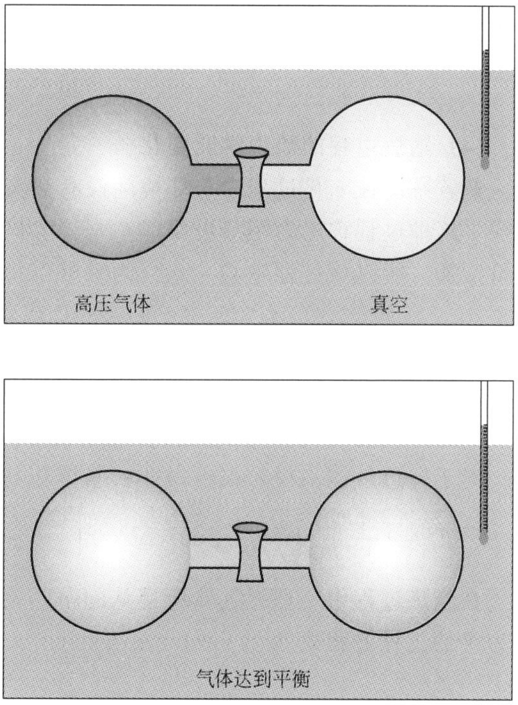

图1.8 盖-吕萨克、焦耳的实验示意图

所以在温度不变的情况下，即 $dT=0$，又因为 $dU=0$，$dV\neq 0$，则上式可化为：

$$\left(\frac{\partial U}{\partial V}\right)_T=0 \tag{1-23}$$

即恒温条件下，改变体积，理想气体的热力学能不变。用同样的方法可以证明得到：

$$\left(\frac{\partial U}{\partial p}\right)_T=0 \tag{1-24}$$

这说明一定量的理想气体的热力学能仅是温度的函数，与体积和压力无关。所以恒温过程中，热力学能的变化 $\Delta U=0$。

**(2) 恒压过程的热力学能变化**

在恒压过程中，设热力学能以 $p$、$T$ 为独立变量，则有：

$$dU=\left(\frac{\partial U}{\partial p}\right)_T dp+\left(\frac{\partial U}{\partial T}\right)_p dT \tag{1-25}$$

因为 $dp=0$，则

$$dU=\left(\frac{\partial U}{\partial T}\right)_p dT \tag{1-26}$$

这说明恒压过程中，$U$ 只与温度 $T$ 有关。

**(3) 恒容过程的热力学能变化**

在恒容过程中，热力学能以 $T$、$V$ 为独立变量，则可得：

$$dU=\left(\frac{\partial U}{\partial T}\right)_V dT+\left(\frac{\partial U}{\partial V}\right)_T dV \tag{1-27}$$

因为 $dV=0$，则

$$dU=\left(\frac{\partial U}{\partial T}\right)_V dT \tag{1-28}$$

在恒容条件下，膨胀功做功为 0，所以当系统不做非膨胀功时，$\Delta U=Q$；式（1-28）中的 $\left(\frac{\partial U}{\partial T}\right)_V$ 就是**等容热容** $C_V$，热力学能的变化可表示为

$$\Delta U=\int C_V dT \tag{1-29}$$

**(4) 绝热过程的热力学能变化**

倘若系统在变化过程中与环境间没有热交换，或者由于变化太快而与环境之间来不及热交换，这种过程称之为**绝热过程**（adiabatic process）。由于绝热过程中系统和环境之间没有热量交换，所以该过程中 $Q=0$，此时可得：

$$dU=\delta W \text{ 或 } dU+p\,dV=0 \tag{1-30}$$

设 $T$、$V$ 为 $U$ 的独立变量，则有

$$dU=\left(\frac{\partial U}{\partial T}\right)_V dT+\left(\frac{\partial U}{\partial V}\right)_T dV \tag{1-31}$$

对于理想气体来说，在不做非膨胀体积功时

$$dU=\left(\frac{\partial U}{\partial T}\right)_V dT=C_V dT,\Delta U=\int_{T_1}^{T_2} C_V dT \text{ 或 } \Delta U=C_V(T_2-T_1)(C_V \text{ 为常数}) \tag{1-32}$$

在绝热过程中，理想气体所遵从的 $pV$ 关系与等温过程不同，在绝热过程中的 $pV$ 关系称为**绝热过程方程式**（adiabatic process equation），由上式可得：

$$C_V dT+p\,dV=C_V dT+\frac{nRT}{V}dV=0 \tag{1-33}$$

整理后可得：

$$\frac{dT}{T}+\frac{nR}{C_V}\times\frac{dV}{V}=0 \tag{1-34}$$

对于理想气体来说，$C_p-C_V=nR$（此式将在下节证明），令 $\frac{C_p}{C_V}=\gamma$，$\gamma$ 称为**比热容**（heat capacity ratio），则式(1-34) 可转化成：

$$\frac{dT}{T}+(\gamma-1)\frac{dV}{V}=0 \tag{1-35}$$

积分后可得：

$$\ln T+(\gamma-1)\ln V=K_1 \text{ 或者 } TV^{\gamma-1}=K_1(K_1 \text{ 为常数}) \tag{1-36}$$

所以在绝热膨胀过程中，体积 $V$ 快速增大，$T$ 就随之降低，即系统通过降低自身的热力学能对外界做功。这就是为什么气门芯拔下之后，车轮钢圈的温度会下降，甚至空气中的水汽会凝结在气门芯上的原因。

根据 $pV=nRT$，式（1-36）还可以转换为 $pV^{\gamma}=K_2$，$p^{\gamma-1}T^{\gamma}=K_3$，其中 $K_2$ 和 $K_3$ 是常数，以上三种形式都是理想气体在绝热可逆过程中的过程方程式。

下面来比较理想气体膨胀时的**绝热可逆过程**和**等温可逆过程**。对于等温可逆过程，由于

$T$ 为常数，则有 $pV=nRT=K_4$。两种可逆膨胀过程中的功可由图 1.9 的 $p$-$V$ 图表示：$AB$ 线下的面积代表等温可逆过程所做的功，$AC$ 线下的阴影面积代表绝热可逆过程所做的功。同样从体积 $V_1$ 变化到 $V_2$，在绝热膨胀过程中，气体压力的降低要比在等温膨胀过程中更为显著，即绝热可逆过程的 $AC$ 线的斜率较等温可逆过程 $AB$ 线的斜率大。这是因为绝热膨胀过程中，一方面气体的体积变大做膨胀功，另一方面气体的温度下降，这两个因素使得气体的压力降低；而在等温过程中却只有第一个因素。

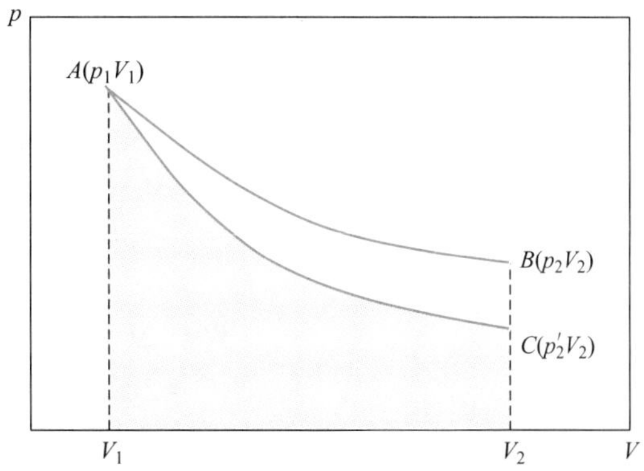

图 1.9　等温可逆过程（$AB$）与绝热可逆过程（$AC$）的 $p$-$V$ 图

**例题分析 1.6**

假设有 2mol 理想气体处在 273K 和 1000kPa 的初始状态下，经过下面几种过程，膨胀到终态压力为 100kPa：①等温可逆膨胀；②绝热可逆膨胀；③在恒外压 100kPa 下膨胀。已知该气体的 $C_{V,\mathrm{m}}=1.5R$，试分别计算该气体的终态体积以及所做的功和热力学能的变化。

**解析：**

① 反应前后温度不变，所以 $p_2V_2=nRT$，得

$$V_2=\frac{2\times 8.314\times 273}{10^5}=4.5\times 10^{-2}(\mathrm{m^3})$$

$$W=nRT\ln\frac{V_1}{V_2}=nRT\ln\frac{p_2}{p_1}=2\times 8.314\times 273\times \ln\frac{100}{1000}=-10.5(\mathrm{kJ})$$

由于是等温变化，所以理想气体的热力学能变化 $\Delta U=0$；

② 绝热过程中 $pV^{\gamma}=K_2$，已知 $V_1$，就可以求出 $V_2$；

$$V_1=\frac{nRT}{p_1}=\frac{2\times 8.314\times 273}{10^6}=4.5\times 10^{-3}(\mathrm{m^3})$$

$$\gamma=\frac{C_{p,\mathrm{m}}}{C_{V,\mathrm{m}}}=\frac{1.5R+R}{1.5R}=\frac{5}{3}$$

因此

$$10^6\times(4.5\times 10^{-3})^{\frac{5}{3}}=10^5\times V_2^{\frac{5}{3}}$$

可得：$V_2=1.79\times 10^{-2}(\mathrm{m^3})$

$$T_2=\frac{p_2V_2}{nR}=\frac{10^5\times 1.79\times 10^{-2}}{2\times 8.314}=107.6(\mathrm{K})$$

$$W=\Delta U=nC_{V,\mathrm{m}}(T_2-T_1)$$
$$=2\times 1.5\times 8.314\times(107.6-273)=-4.1(\mathrm{kJ})$$

③ 由于是绝热过程，$W=\Delta U=nC_{V,\mathrm{m}}(T_2-T_1)$ 仍然成立，在恒外压膨胀过程中，功的大小可计算为：$W=-p_2(V_2-V_1)=-nRT_2+p_2\times nRT_1/p_1$；

所以可得：

$$nC_{V,\mathrm{m}}(T_2-T_1)=-nRT_2+p_2\times nRT_1/p_1$$

即：

$$1.5\times8.314\times(T_2-273)=-8.314T_2+10^5\times8.314\times273/10^6$$

$$T_2=174.7(\mathrm{K})$$

反之可得：

$$W=\Delta U=nC_{V,\mathrm{m}}(T_2-T_1)$$
$$=2\times1.5\times8.314\times(174.7-273)=-2.5(\mathrm{kJ})$$

由此可见，系统经过不同的路径膨胀达到相同的终态压力，过程不同，终态的温度和体积也不同，过程中热力学能的改变和做的功也都不同。

### 思考与讨论：多方过程的 $p$、$V$ 符合什么关系？

在实际过程中，完全理想的绝热或者完全理想的热交换都是不可能的，实际上一切过程都不是严格地绝热或等温，而是介于两者之间。这种过程称为**多方过程**（polytropic process）。自行车车胎放气过程实际就是一个多方过程，那么多方过程方程式应该如何应用？试与绝热和等温方程式相比较。此外，车胎中气体温度不降低，也可以实现放气过程吗？

## 1.3 焓与热容

案例 1.3　鸣笛水壶的热量

现在市售有一种不锈钢的“鸣笛水壶”，当水烧开的时候，就会发出好听的鸣笛声，提醒人们水烧开了。“鸣笛水壶”鸣笛的奥秘就在壶盖上。在壶盖的内侧，装有一个圆片，上面有几片簧片（类似于口琴中的簧片），将这个装有簧片的圆片装到壶盖内侧正对壶盖提手的位置，在壶盖提手周围开有几条狭缝。当水温达到100℃时，会产生大量水蒸气，这些水蒸气便通过壶盖内的簧片，再由壶盖周围的狭缝冲出，在通过簧片时就会使簧片振动发声。那么将水烧开的能量不仅仅用来提高自身的热力学能，还有部分对外做**体积功**，这样的能量称之为**焓变**（enthalpy change）。

已知，100℃（373K）、标准压力（$10^5$Pa）下 1mol 水蒸气的体积为 0.031$m^3$。假设水蒸气为理想气体。1mol 液态水的体积为 18$cm^3$，1mol 水蒸气的体积比 1mol 液态水增加了约 2000 倍。一壶水的体积约为 2$dm^3$。水沸腾时，壶内的压力会急剧增加。在这个过程中，壶内的气体需要反抗外力做功才能从壶内逸出。壶外空气的压力约为 $1.0\times10^5$Pa，即大气压。水蒸气离开水壶时需要反抗壶外的大气压，这个反抗外压所做的功称之为“体积功”，因为只有对抗外压，体积才能增大。体积功记为“$W$”，表示为：

$$W=-\Delta(pV)$$

由于鸣笛水壶与大气相通，而大气压是个稳定的值，即 $p$ 为恒量，所以可得：

$$W=-p\Delta V$$

壶中若有 1mol 水转化为水蒸气时，则体积-压力功可如下计算：

$$W=-p\Delta V=-1.0\times10^5\,\text{Pa}\times(0.031-18\times10^{-6})\,\text{m}^3=-3100\,\text{J}$$

因为在鸣笛水壶烧水过程中，壶中的水吸收的热量不仅用来提高自身的热力学能，还有部分对外做体积功。那么当 1mol 水蒸发时，该过程中要吸收多少热量（已知水的 $\Delta_{vap}U_m=37.67\text{kJ}\cdot\text{mol}^{-1}$）？

由热力学第一定律可得：

$$\text{d}U=\delta Q-p\text{d}V$$

积分可得，　$\Delta U=U_2-U_1=Q_p-p(V_2-V_1)$

得：　$Q_p=(U_2+pV_2)-(U_1+pV_1)$

$$Q_p=\Delta U+p\Delta V=37.67\text{kJ}+3.1\text{kJ}=40.77\text{kJ}$$

所以可知，当 1mol 水烧开到蒸发的过程中，水得到的热力学能为 37.67kJ，水蒸气膨胀又做功 3.1kJ，总共需要吸收的热量 $Q_p$ 为 40.77kJ。

## 1.3.1 焓

在热力学上，把（$U+pV$）定义为**焓**（enthalpy），用符号 $H$ 表示。系统的状态一定，则系统的状态函数 $U$、$p$、$V$ 均确定，系统的 $H$ 也就确定，故焓 $H$ 是状态函数，其单位为 J。因为一定状态下系统的热力学能的绝对值无法确定，所以某个状态下的焓的绝对值也不确定。$U$ 是广度量，$p$、$V$ 也是广度量，由 $H=U+pV$ 可知，焓也是广度量，但摩尔焓（$H_m=H/n$）是强度性质，单位为 $J \cdot mol^{-1}$。

## 1.3.2 焓变 ΔH 的计算

因为焓是一个状态函数，所以焓变与物质发生变化的过程无关，它与物质的起始状态、终止状态有关，与物质所处环境的压强、温度等因素有关。下面来分析一些典型过程中焓变的计算。

**(1) 恒温过程的焓变**

根据焓的定义可知，类似于热力学能 $U$，焓 $H$ 也由 $p$、$V$、$T$ 中任意两个的独立变量来确定。等温条件下，理想气体的 $pV$ 乘积为常数，即 $d(pV)=0$，可得：

$$dH=dU=\left(\frac{\partial H}{\partial T}\right)_V dT+\left(\frac{\partial H}{\partial V}\right)_T dV=0 \tag{1-37}$$

因为 $dT=0$，$dV\neq 0$，所以

$$\left(\frac{\partial H}{\partial V}\right)_T=0; \tag{1-38}$$

同理也可证得：

$$\left(\frac{\partial H}{\partial p}\right)_T=0; \tag{1-39}$$

这表明恒温时，改变体积和压力，理想气体的焓都不变，即理想气体的焓仅为温度的函数。所以恒温变化过程中的焓变 $\Delta H=0$。

**(2) 恒压过程中的焓变**

将热力学第一定律的数学表达式代入焓的定义式中，可得：

$$dH=\delta Q+\delta W+Vdp+pdV \tag{1-40}$$

在等压且不做非膨胀功的条件下，即 $\delta W=-pdV$，$dp=0$，此时可得 $dH=\delta Q_p$。即等压过程，只做体积功的条件下，焓变等于等压热效应 $Q_p$。这就可以解释为什么要定义焓这个函数了，这是因为通常的化学反应一般都在恒压条件下进行，$Q_p$ 容易测定，从而可求其他热力学函数的变化值。

根据 1.1 章节中热容的定义，$C_p(T)$ 可以用以下公式表示：

$$C_p(T)=\frac{\delta Q_p}{dT}=\left(\frac{\partial H}{\partial T}\right)_p, \Delta H=Q_p=\int C_p dT \tag{1-41}$$

应当指出，焓变在数值上等于等压热效应，这只是焓变的度量方法，并不是说反应不在等压下发生，焓变就不存在了。因为焓是状态函数，即不同的途径，只要发生变化前后物质的量、压力、体积、温度等分别相同，焓变的量值是一定的。

**(3) 恒容过程中的焓变**

由焓的定义式可知：

$$dH = dU + Vdp + pdV \tag{1-42}$$

当系统的变化过程为恒容且无其他非体积功时，即 $pdV=0$，$Vdp=0$，此时可得 $dH=dU$，焓变即热力学能的变化。因为恒容条件下，系统未做体积功。所以系统在恒容变化所吸收的热量全部用于增加热力学能，即 $\Delta U=Q_V$。

所以恒容条件下的热容 $C_V(T)$ 可以用以下公式表示：

$$C_V(T)=\frac{\delta Q_V}{dT}=\left(\frac{\partial U}{\partial T}\right)_V, \Delta U=Q_V=\int C_V dT \tag{1-43}$$

**例题分析 1.7**

1mol 单原子理想气体，始态为 200kPa、273K，终态为 323K、100kPa，通过以下两个途径：

① 先经等压加热至 323K，再等温可逆膨胀至 100kPa；

② 先等温可逆膨胀至 100kPa，再等压加热至 323K。

请分别计算两个途径的 $\Delta H$。

**解析：**

对于单原子分子来说：

$$C_{V,\mathrm{m}}=\frac{3}{2}R, C_{p,\mathrm{m}}=\frac{5}{2}R$$

过程①中，

$$\Delta H_1=nC_{p,\mathrm{m}}(T_2-T_1)=1\times2.5\times8.314\times(323-273)\mathrm{J}=1039.25\mathrm{J}$$

$$\Delta H_2=0\mathrm{J}$$

$$\Delta H=\Delta H_1+\Delta H_2=1039.25\mathrm{J}$$

过程②中，

$$\Delta H_1=0\mathrm{J}$$

$$\Delta H_2=nC_{p,\mathrm{m}}(T_3-T_2)=1\times2.5\times8.314\times(323-273)\mathrm{J}=1039.25\mathrm{J}$$

$$\Delta H=\Delta H_1+\Delta H_2=1039.25\mathrm{J}$$

以上计算结果表明，两种途径的始终态相同，所以两种途径的 $\Delta H$ 相等，这表明 $H$ 是状态函数。

**(4) 相变过程中的焓变**

一定量的物质在恒定的温度及压力下（通常是在相平衡温度和压力下），且没有非体积功时，发生相变化过程中系统与环境之间传递的热称为相变焓。案例 1.3 中的焓变即为**相变焓**。摩尔相变焓是单位摩尔物质在恒定温度及该温度的平衡压力下发生相变时对应的焓变，记作 $\Delta H_\mathrm{m}$。相变过程通常包括蒸发和凝结、升华和凝华、熔化和凝固，以及晶型转变等过程，对应的每个过程均会发生相应的摩尔相变焓，比如蒸发焓 $\Delta_{\mathrm{vap}}H_\mathrm{m}$、熔化焓 $\Delta_{\mathrm{fus}}H_\mathrm{m}$、升华焓 $\Delta_{\mathrm{sub}}H_\mathrm{m}$、晶型转变焓 $\Delta_{\mathrm{trs}}H_\mathrm{m}$ 等。

当凝聚相（固液体）之间发生相变化时，一般认为体积的变化可忽略不计，$\Delta V\approx0$，则该过程中的相变焓为 $\Delta H=Q_p$；

当凝聚相（固液体）与蒸气相之间发生相变化时，相变焓可用以下公式表示：

$$\Delta U=Q_p+(-p\Delta V)\approx Q_p-pV(\mathrm{g}) \tag{1-44}$$

即

$$\Delta H=Q_p=\Delta U+pV(\mathrm{g})=\Delta U+nRT \tag{1-45}$$

式中，$n$ 为终态气体的物质的量；$T$ 为相变时的温度。

**例题分析 1.8**

乙醇（$C_2H_5OH$）的正常沸点为 78.4℃，在此温度下 $\Delta_{vap}H_m = 38.7kJ \cdot mol^{-1}$，试计算 25.0℃时乙醇的 $\Delta_{vap}H_m$。乙醇蒸气可视作理想气体，已知：25.0℃乙醇的饱和蒸气压约为 $9.47\times10^3 Pa$，$C_2H_5OH$（l）和 $C_2H_5OH$（g）的 $C_{p,m}$ 分别为 $111.46J \cdot K^{-1} \cdot mol^{-1}$ 和 $78.15J \cdot K^{-1} \cdot mol^{-1}$。

**解析：**

首先需要确定所求相变过程的始终态，当所求过程的 $\Delta H$ 无法直接求得时，就需要在给定的始终态间重新设计一条新的、便于利用已知数据计算的途径。然后再分别计算所设计途径中各步的 $\Delta H$，再求和。根据这个思路，将题中的途径设计如下：

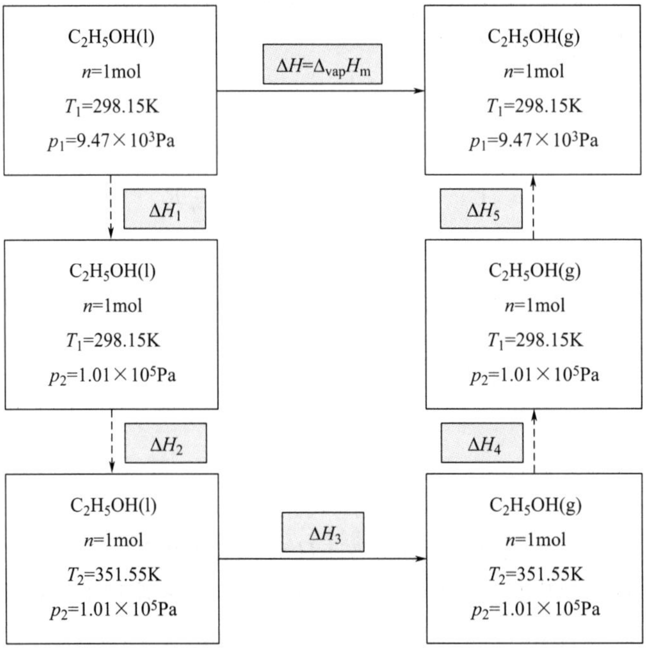


过程 1 和 5 是不含相变的理想气体的等温过程，所以 $\Delta H_1$ 和 $\Delta H_5$ 的值为 0；

过程 2 和 4 是一个恒压过程，所以其焓变如下：

$$\Delta H_2 = nC_{p,m}(l)(T_2 - T_1)$$
$$= 1mol \times 111.46J \cdot K^{-1} \cdot mol^{-1} \times (351.55 - 298.15)K = 5.95kJ$$

$$\Delta H_4 = nC_{p,m}(g)(T_1 - T_2)$$
$$= 1mol \times 78.15J \cdot K^{-1} \cdot mol^{-1} \times (298.15 - 351.55)K = -4.17kJ$$

过程 3 是一个相变过程，由题可知 $\Delta H_3 = \Delta_{vap}H_m$（351.55K）$= 38.7kJ \cdot mol^{-1}$。

所以 $\Delta_{vap}H_m(298.15K) = \Delta H_1 + \Delta H_2 + \Delta H_3 + \Delta H_4 + \Delta H_5 = 40.48kJ$。

## 1.3.3 $C_p$ 与 $C_V$ 的关系

在 1.1 章节中，定义了一个物理量——热容 $C$：

$$C(T) \overset{\text{def}}{=\!=} \frac{\delta Q}{\mathrm{d}T} \tag{1-46}$$

如果温度在恒压下变化，那么热容用 $C_p$ 表示，称为恒压热容；如果温度在恒容下变化，那么热容用 $C_V$ 表示，称为恒容热容。

对于纯净的物质，一般使用摩尔热容 $C_\mathrm{m}$ 表示，其定义为热容除以物质的量。在恒压下，恒压摩尔热容为 $C_{p,\mathrm{m}}$；同理，在恒容下，恒容摩尔热容为 $C_{V,\mathrm{m}}$。

上述概念均已在焓变的计算中提到。可见，等容过程中，不做体积功，系统从环境所吸收的热全部用来增加热力学能；等压过程中，如系统升高的温度相同，则系统除了增加相同的热力学能之外，还要吸收一部分热来做体积功，因此一般来说，$C_p$ 恒大于 $C_V$。

对于任意一个纯物质均相系统：

$$\begin{aligned} C_p - C_V &= \left(\frac{\partial H}{\partial T}\right)_p - \left(\frac{\partial U}{\partial T}\right)_V = \left[\frac{\partial(U+pV)}{\partial T}\right]_p - \left(\frac{\partial U}{\partial T}\right)_V \\ &= \left(\frac{\partial U}{\partial T}\right)_p + p\left(\frac{\partial V}{\partial T}\right)_p - \left(\frac{\partial U}{\partial T}\right)_V \end{aligned} \tag{1-47}$$

因为 $U=f(T, V)$，推导可得复合函数偏微分公式：

$$\left(\frac{\partial U}{\partial T}\right)_p = \left(\frac{\partial U}{\partial T}\right)_V + \left(\frac{\partial U}{\partial V}\right)_T \left(\frac{\partial V}{\partial T}\right)_p \tag{1-48}$$

故可得：

$$C_p - C_V = \left(\frac{\partial U}{\partial V}\right)_T \left(\frac{\partial V}{\partial T}\right)_p + p\left(\frac{\partial V}{\partial T}\right)_p = \left[p + \left(\frac{\partial U}{\partial V}\right)_T\right]\left(\frac{\partial V}{\partial T}\right)_p$$

对于理想气体来说，有：

$$\left(\frac{\partial U}{\partial V}\right)_T = 0, \left(\frac{\partial V}{\partial T}\right)_p = \frac{nR}{p}$$

代入上式可得，$C_p - C_V = nR$，或可得 $C_{p,\mathrm{m}} - C_{V,\mathrm{m}} = R$。

气体分子运动论证明，在一定温度下，对于单原子分子来说：

$$C_{V,\mathrm{m}} = \frac{3}{2}R, C_{p,\mathrm{m}} = \frac{5}{2}R \tag{1-49}$$

双原子分子或者线型多原子分子有：

$$C_{V,\mathrm{m}} = \frac{5}{2}R, C_{p,\mathrm{m}} = \frac{7}{2}R \tag{1-50}$$

非线型多原子分子有：

$$C_{V,\mathrm{m}} = 3R, C_{p,\mathrm{m}} = 4R \tag{1-51}$$

**例题分析 1.9**

某高压容器中含未知气体，可能是氮气、氖气或者氩气。现在 25℃时，取出一些样品，从 $10\mathrm{dm}^3$ 绝热膨胀到 $12\mathrm{dm}^3$，温度降低了 21℃，试问该容器中是何种气体？

**解析：**

假设气体为理想气体，则符合绝热可逆过程方程式：

$$T_1 V_1^{\gamma-1} = T_2 V_2^{\gamma-1}$$

$$\gamma = \frac{\ln(T_2/T_1)}{\ln(V_1/V_2)} + 1 = \frac{\ln[(298-21)/298]}{\ln(10/12)} + 1 = 1.40$$

$$\gamma=\frac{C_{p,\mathrm{m}}}{C_{V,\mathrm{m}}}=\frac{C_{V,\mathrm{m}}+R}{C_{V,\mathrm{m}}}=1.40$$

$$C_{V,\mathrm{m}}=\frac{5}{2}R$$

根据能量均分原理，单原子分子只有3个平动自由度，其热容为1.5$R$；双原子分子在不考虑振动自由度时，有3个平动自由度和2个转动自由度，其热容为2.5$R$。所以，该未知气体是氮气。

## 思考与讨论：溶解过程中的焓变如何计算?

盐溶于水通常会发生放热和吸热现象。生活中比较常见的是生石灰（CaO）溶于水，放出的热量足以煮熟一个鸡蛋；再比如摇摇冰，其主要成分是硝酸铵和水，摇动时硝酸铵与水接触并溶解于水，吸收热量，使温度降低。试讨论上述两个过程中的焓变。（可从溶解焓和晶体焓方面考虑）

# 1.4 热化学与化学反应的焓变

案例 1.4　优异清洁燃料：甲烷还是丁烷？

“西气东输”是一项宏伟浩大的工程，我国距离最长、口径最大的输气管道西起塔里木盆地的轮南，东至上海，延至杭州，全长 4000km，设计年输气能力 120 亿立方米，最终输气能力 200 亿立方米，2004 年 10 月 1 日全线贯通并投产。西气东输工程投资巨大，整个工程预算超过 1500 亿人民币，那么国家为什么要花这么大的人力、物力来实施这个项目呢？

天然气，是一种多组分的混合气态化石燃料，主要成分是烷烃，其中甲烷（$CH_4$）占绝大多数，另有少量的乙烷、丙烷和丁烷。东部地区大量使用的人工煤气与天然气相比，虽然价格便宜，但其热值远低于天然气。按同等热值计算，塔里木的天然气输送到东部的供气价每立方米只相当于煤气的 2/3。

丁烷（$C_4H_{10}$）是两种有相同分子式的烷烃碳氢化合物的统称，包括正丁烷和异丁烷（2-甲基丙烷）。丁烷是一种易燃、无色、容易被液化的气体，可以从油田气、湿天然气和裂化气中分离而得，是发展石油化工、有机合成的重要原料，其用途日益受到重视。

那么单位质量的甲烷和丁烷，哪个产生的热量较多？这需要比较单位质量甲烷和丁烷燃烧**化学反应的热效应**。通常热效应的测量方法为：使物质在量热计（如氧弹测定燃烧热）中做绝热变化，通过量热计的温度改变，可以计算等温变化中的等容热效应（$Q_V$）。

甲烷和丁烷的完全燃烧反应如下：

$$CH_4(g)+2O_2(g)\longrightarrow CO_2(g)+2H_2O(l)$$

$$C_4H_{10}(g)+6.5O_2(g)\longrightarrow 4CO_2(g)+5H_2O(l)$$

但是通常的化学反应都是在等压条件下进行的，因此需要计算**等容热效应**（isochoric heat effect）与**等压热效应**（isobaric heat effect）的关系。这仍然需要设计反应途径来求解。如果知道反应物与生成物的摩尔生成焓，或者化学键的能量，是否就可以直接求出这两个反应的热效应了呢？本节将对化学反应热效应的计算作出详细的介绍。

## 1.4.1 化学反应的热效应

化学反应的热效应指的是，系统发生了化学反应之后，使系统的温度回到反应前的温度，在这个过程中系统吸收或放出的热。如案例 1.4 中介绍，通常热效应的测量方法就是等温变化中的等容热效应（$Q_V$）。但是通常的化学反应都是在等压条件下进行的，因此需要计算得到等容热效应（$Q_V$）与等压热效应（$Q_p$）的关系。设某等温反应可经由等温等压和等温等容两个途径进行，如下图所示。

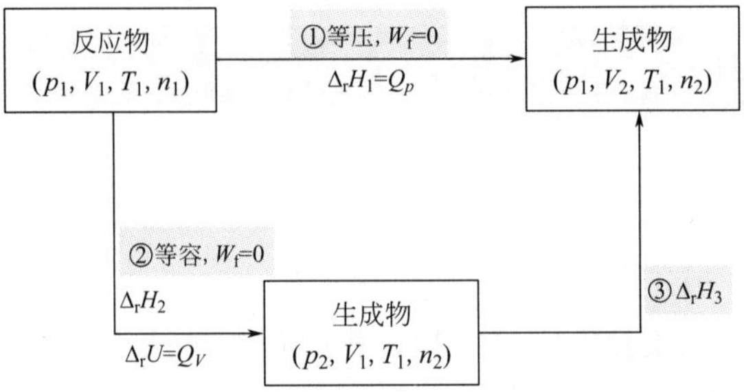


由于 $H$ 是状态函数，故

$$\Delta_r H_1 = \Delta_r H_2 + \Delta_r H_3 = [\Delta_r U + \Delta(pV)] + \Delta_r H_3 \tag{1-52}$$

即得

$$Q_p = Q_V + \Delta(pV) + \Delta_r H_3 \tag{1-53}$$

对于固、液等凝聚物来说，反应前后的 $pV$ 相差不大，可以忽略不计，且步骤③中的物理变化 $\Delta_r H_3$ 与化学反应热相比，也可以忽略不计；所以只需考虑反应中的气体组分，假定气体为理想气体，则步骤②中 $\Delta(pV) = \Delta n(RT_1)$，步骤③中等温变化中的 $\Delta_r H_3 = 0$；故可得：

$$Q_p = Q_V + \Delta n(RT) \tag{1-54}$$

为了比较不同反应的热效应，需要定义**反应进度 ξ**（extent of reaction）：

$$\xi = \frac{n_B - n_{B,0}}{v_B},\quad d\xi = \frac{dn_B}{v_B} \tag{1-55}$$

$\xi$ 单位为 mol。$n_{B,0}$ 和 $n_B$ 分别代表任一组分 B 在起始和 $t$ 时刻的物质的量，$v_B$ 是任一组分 B 的化学计量数。为使反应进度 $\xi$ 的值统一为正值，规定反应物的化学计量系数为负值，生成物的化学计量系数为正值。

**例题分析 1.10**

假如 10mol $N_2$（g）和 20mol $H_2$（g）混合之后，通过合成氨塔，经过多次循环反应，最后有 6mol $NH_3$（g）生成，方程式为 $N_2 + 3H_2 \longrightarrow 2NH_3$，那么分别用反应物和生成物来计算反应进度 $\xi$ 为多少？

**解析：**

| | $n$（$N_2$）/mol | $n$（$H_2$）/mol | $n$（$NH_3$）/mol |
|---|---|---|---|
| $t=0$，$\xi=0$ | 10 | 20 | 0 |
| $t=t$，$\xi=\xi$ | 7 | 11 | 6 |

用 $N_2$（g）物质的量变化来计算 $\xi$

$$\Delta\xi[N_2(g)] = \frac{(7-10)\,\text{mol}}{-1} = 3\text{mol}$$

用 $H_2$（g）物质的量变化来计算 $\xi$

$$\Delta\xi[H_2(g)] = \frac{(11-20)\,\text{mol}}{-3} = 3\text{mol}$$

用 $NH_3$（g）物质的量变化来计算 $\xi$

$$\Delta\xi[NH_3(g)]=\frac{(6-0)\ mol}{2}=3mol$$

可见，任一时刻，采用任一反应物或生成物表示的反应进度，$\xi$ 值是相等的。

倘若化学反应式写成如下形式，那么相同的条件下，计算该反应进度 $\xi$ 为多少？

$$2N_2+6H_2 \longrightarrow 4NH_3$$

用 $NH_3$（g）物质的量变化来计算 $\xi$，

$$\Delta\xi[NH_3(g)]=\frac{(6-0)\ mol}{4}=1.5mol$$

因为任一时刻，采用任一反应物或生成物表示反应进度 $\xi$ 值是相等的，所以当反应式改写之后，反应进度 $\Delta\xi[N_2(g)]=\Delta\xi[H_2(g)]=\Delta\xi[NH_3(g)]=1.5mol$。

通过例题 1.10 可以发现，反应进度 $\xi$ 的数值与反应式的书写有关。所以，采用反应进度这一概念时必须与化学反应的计量方程对应（即必须给出反应式），当反应按所给的反应式的计量系数比例进行了一个单位的化学反应时，即 $\Delta n_B=\upsilon_B mol$ 时，其反应进度为 1mol。

在热力学研究过程中，通常研究的是反应进度为 1mol 时的焓变，即**摩尔反应焓变**（molar enthalpy of the reaction），用 $\Delta_r H_m$ 表示，其定义式为：

$$\Delta_r H_m=\frac{\Delta_r H}{\Delta\xi}=\frac{\nu_B\Delta_r H}{\Delta n_B} \tag{1-56}$$

其意义为，当所给反应式进行 $\Delta\xi$ 为 1mol 反应时的焓变，单位为 $J\cdot mol^{-1}$。当参加反应的各有关物质都处于**标准状态**（standard state）下时的焓变称为标准摩尔焓变，用符号 $\Delta_r H_m^{\ominus}(T)$ 表示。所谓的标准状态具有以下定义：①对于液体和纯固体，规定 100kPa 和温度 $T$ 时的状态为标准态，用“$\ominus$”表示；②对于气体，规定纯气体在压力为 100kPa，具有理想气体性质的状态为标准状态；③任何温度时均可以有标准状态，不特别指明时，$T$ 为 298.15K。

所以在热化学方程式中，应该注明物态、温度、压力、组成等。对于固态还应注明结晶状态。一般在反应式中用“g”代表气体，“l”代表液体，“s”代表固体。例如以下反应：

$$H_2\ (g,p^{\ominus})+I_2\ (g,p^{\ominus}) = 2HI\ (g,p^{\ominus}) \qquad \Delta_r H_m^{\ominus}(298.15K)=-51.8kJ\cdot mol^{-1}$$

上式表示在 298.15K 和标准压力 $p^{\ominus}$ 下，反应按所写的方程式进行，当反应进度为 1mol 时的 $\Delta_r H_m^{\ominus}$ 为 $-51.8kJ\cdot mol^{-1}$。

## 1.4.2 化学反应的标准摩尔焓变的计算

在定义了标准摩尔反应焓变之后，就可以根据标准摩尔燃烧焓、标准摩尔生成焓、自键焓以及标准摩尔离子生成焓等来计算化学反应的热效应。接下来，将对这几种计算方法一一介绍。

**(1) 标准摩尔燃烧焓**（standard molar enthalpy of combustion）

指的是反应物各自在标准压力下，反应温度 $T$ 时，物质 B 完全氧化成相同温度的指定产物时的焓变，用符号 $\Delta_c H_m^{\ominus}$（物质、相态、温度）表示。这里的指定产物都是指燃烧的最终产物，比如 C 变为 $CO_2$（g），H 变成 $H_2O$（l）等。

如果已知各反应物的标准摩尔燃烧焓，则反应的焓变等于各反应物燃烧焓的总和减去各产物燃烧焓的总和，可用下式表示：

$$\Delta_r H_m^{\ominus}(298.15K) = -\sum_B v_B \Delta_c H_m^{\ominus}(B) \tag{1-57}$$

故案例1.4中的问题可用标准摩尔燃烧焓来解决。查表可得，在标准压力100kPa、$T=298.15K$条件下，甲烷的$\Delta_r H_m^{\ominus}(298.15K)=\Delta_c H_m^{\ominus}(CH_4)=-890.31kJ \cdot mol^{-1}$，可得单位质量的$CH_4$的燃烧热为$-55.64kJ \cdot g^{-1}$；在相同条件下，正丁烷的$\Delta_r H_m^{\ominus}(298.15K)=\Delta_c H_m^{\ominus}(C_4H_{10})=-2878.51kJ \cdot mol^{-1}$，可得单位质量的$C_4H_{10}$的燃烧热为$-49.63kJ \cdot g^{-1}$。所以，单位质量的甲烷燃烧产生的热效应要大于丁烷。

此外，如果知道化学反应中各种物质的焓的绝对值，那么对于任意反应就可以通过查表来计算其反应焓变。但是实际上物质的焓的绝对值是不知道的，为了解决这一困难，人们采用了一个相对的标准，同样可以很方便地计算反应的$\Delta_r H_m^{\ominus}$。

**(2) 标准摩尔生成焓** (standard molar enthalpy of formation)

人们规定在标准压力（100kPa）、反应温度$T$时，由最稳定的单质合成标准压力下单位物质B的标准摩尔反应焓变，叫作物质B的标准摩尔生成焓，用符号$\Delta_f H_m^{\ominus}$(B，相态，$T$）表示。由规定可知，稳定单质的$\Delta_f H_m^{\ominus}=0$。

所以对于一个标准状态下的化学反应：

$$A+2B = C+2D$$

可以得到

$$\Delta_r H_m^{\ominus}(298.15K)=\{\Delta_f H_m^{\ominus}(C)+\Delta_f H_m^{\ominus}(2D)\}-\{\Delta_f H_m^{\ominus}(A)+\Delta_f H_m^{\ominus}(2B)\}$$

上式可写成

$$\Delta_r H_m^{\ominus}(298.15K)=\sum_B v_B \Delta_f H_m^{\ominus}(B, 298.15K) \tag{1-58}$$

式中，$v_B$为产物和反应物在方程式中的计量数。$v_B$有正负号之分，产物为正，反应物为负。

由热力学数据可知，$CH_4$ (g) 的标准摩尔生成焓$\Delta_f H_m^{\ominus}=-74.81kJ \cdot mol^{-1}$，$O_2$ (g) 的标准摩尔生成焓$\Delta_f H_m^{\ominus}=0kJ \cdot mol^{-1}$，$CO_2$ (g) 的标准摩尔生成焓$\Delta_f H_m^{\ominus}=-393.509kJ \cdot mol^{-1}$，$H_2O$ (l) 的标准摩尔生成焓$\Delta_f H_m^{\ominus}=-285.83kJ \cdot mol^{-1}$。故甲烷燃烧反应的焓变计算如下：

$$\begin{aligned}\Delta_c H_m^{\ominus}(CH_4) &= \Delta_f H_m^{\ominus}(CO_2)+2\Delta_f H_m^{\ominus}(H_2O)-\Delta_f H_m^{\ominus}(CH_4)\\ &= -393.509+2\times(-285.83)-(-74.81)\\ &= -890.359(kJ \cdot mol^{-1})\end{aligned}$$

可得单位质量$CH_4$的燃烧热为$-55.65kJ \cdot g^{-1}$。

而由热力学数据可知，正丁烷$C_4H_{10}$ (g) 的标准摩尔生成焓$\Delta_f H_m^{\ominus}=-126.15kJ \cdot mol^{-1}$。故正丁烷燃烧反应的焓变计算如下：

$$\begin{aligned}\Delta_c H_m^{\ominus}(C_4H_{10}) &= 4\Delta_f H_m^{\ominus}(CO_2)+5\Delta_f H_m^{\ominus}(H_2O)-\Delta_f H_m^{\ominus}(C_4H_{10})\\ &= 4\times(-393.509)+5\times(-285.83)-(-126.15)\\ &= -2877.036(kJ \cdot mol^{-1})\end{aligned}$$

可得单位质量的$C_4H_{10}$的燃烧热为$-49.60kJ \cdot g^{-1}$。

所以相同的质量条件下，甲烷燃烧热大于丁烷燃烧热。与标准摩尔燃烧焓计算所得的结果一致。

**例题分析 1.11**

反应 C(金刚石)＋1/2$O_2$(g)══CO(g)的热效应为 $\Delta_r H_m^{\ominus}$，那么 $\Delta_r H_m^{\ominus}$ 是 C（金刚石）的燃烧热，还是 CO(g) 的生成热？

**解析：**

两种说法都不对。燃烧焓的定义是生成指定的产物，C（金刚石）生成指定产物应该为 $CO_2$(g)；对于生成焓的定义是由最稳定的单质合成标准压力下单位量 B 的反应焓变，但是在定义中，有些单质不一定是最稳定的单质，碳的最稳定单质取的是石墨而不是金刚石。类似情况还有，磷的最稳定单质取的是白磷而不是红磷。

**(3) 自键焓估算反应焓变**

一切化学反应实际上都是原子或原子团的重新组合，反应的全过程就是旧键的断裂和新键的生成。而键的断裂和生成都伴随着能量的变化。这种根据键能来计算化学反应热效应的方法称为自键焓估算反应焓变。

将化合物气态分子的某一个键拆散成气态原子所需的能量，称为键的分解能即键焓，可以用光谱方法测定。显然同一个分子中相同的键拆散的次序不同，所需的能量也不同，拆散第一个键需要的能量较多。在双原子分子中，键焓与键能数值相等。在含有若干个相同键的多原子分子中，键焓是若干个相同键键能的平均值。

美国化学家 L. Pauling 假定一个分子的总键焓是分子中所有键的键焓之和，这些单独的键焓值只由键的类型决定（如乙烯和乙烷中的 C—H 键焓是相同的）。这样，只要从表上查得各键的键焓就可以估算化合物的生成焓以及化学反应的焓变。

表 1.1 为 298.15K 时，甲烷和正丁烷中各化学键的平均键焓值。

**表 1.1　298.15K 相关的平均键焓值**

| 键 | $\Delta H_m^{\ominus}$/kJ·mol$^{-1}$ | 键 | $\Delta H_m^{\ominus}$/kJ·mol$^{-1}$ |
|---|---|---|---|
| C—C | 348 | C═O | 743 |
| C—H | 412 | O—H | 463 |
| O═O | 497 | | |

对于甲烷的反应：

$$CH_4(g)+2O_2(g)\longrightarrow CO_2(g)+2H_2O\ (l)$$

在 1mol 甲烷的燃烧反应中，共有 4mol C—H、2mol O═O 键断裂，2mol C═O 和 4mol O—H 键生成。则反应的焓变为

$$\Delta_c H_m^{\ominus}(CH_4)=4\Delta H_m^{\ominus}(C—H)+2\Delta H_m^{\ominus}(O═O)-2\Delta H_m^{\ominus}(C═O)-4\Delta H_m^{\ominus}(O—H)$$
$$=4\times412+2\times497-2\times743-4\times463$$
$$=-696\ (kJ\cdot mol^{-1})$$

由此可得，单位质量的 $CH_4$ 的燃烧热为－43.5kJ·g$^{-1}$。

对于丁烷的反应：

$$C_4H_{10}(g)+6.5O_2(g)\longrightarrow 4CO_2(g)+5H_2O(l)$$

在 1mol 丁烷的燃烧反应中，共有 3mol C—C、10mol C—H、6.5mol O═O 键断裂，8mol C═O 和 10mol O—H 键生成。则反应的焓变为

$\Delta_c H_m^\ominus(C_4H_{10}) = 3\Delta H_m^\ominus(C—C) + 10\Delta H_m^\ominus(C—H) + 6.5\Delta H_m^\ominus(O═O) - 8\Delta H_m^\ominus(C═O) - 10\Delta H_m^\ominus(O—H)$

$= 3\times348 + 10\times412 + 6.5\times497 - 8\times743 - 10\times463$

$= -2179.5\ (kJ \cdot mol^{-1})$

由此可得，单位质量的 $C_4H_{10}$ 的燃烧热为 $-37.58kJ \cdot g^{-1}$

通过上述键能计算可以得到，单位质量的甲烷和丁烷燃烧，甲烷放出的热量更多。这与用摩尔生成焓的计算结果也是一致的。

**例题分析 1.12**

已知 298K 时，下列各键的键焓值（单位：$kJ \cdot mol^{-1}$）：

C—C：347.7；C—Cl：328.4；Cl —Cl：242.7；H—Cl：430.95；

C—H：414.63；C═C：606.7；H—H：435.97。

估算下面两个反应的 $\Delta_r H_m^\ominus(298.15K)$：

$$① \ CH_4(g) + Cl_2(g) ═══ CH_3Cl(g) + HCl(g)$$

$$② \ C_2H_6(g) ═══ C_2H_4(g) + H_2(g)$$

**解析：**

反应①中，有 1 个 C—H 键和 1 个 Cl—Cl 键断裂，并且生成 1 个 C—Cl 键和 1 个 H—Cl 键。所以反应焓变可计算为：

$\Delta_r H_m^\ominus(1) = \Delta H_m^\ominus(C—H) + \Delta H_m^\ominus(Cl—Cl) - \Delta H_m^\ominus(C—Cl) - \Delta H_m^\ominus(H—Cl)$

$= 414.63 + 242.7 - 328.4 - 430.95 = -102.0\ (kJ \cdot mol^{-1})$

反应②可视为反应过程中有 2 个 C—H 键和 1 个 C—C 键断裂，并且生成 1 个 C═C 双键和 1 个 H—H 键。所以反应焓变可计算为：

$\Delta_r H_m^\ominus(2) = 2\Delta H_m^\ominus(C-H) + \Delta H_m^\ominus(C-C) - \Delta H_m^\ominus(C=C) - \Delta H_m^\ominus(H-H)$

$= 2\times414.63 + 347.7 - 606.7 - 435.97$

$= 134.3\ (kJ \cdot mol^{-1})$

**(4) 标准摩尔离子生成焓**

对于有离子参加的反应，如果能够知道每种离子的标准摩尔离子生成焓，则同样可以计算这一类反应的焓变。

溶液是呈电中性的，正、负离子总是同时存在，不可能得到单一离子的生成焓。因此，人们规定了一个目前公认的相对标准：标准压力下，在无限稀薄的水溶液中，$H^+$ 的摩尔生成焓等于零，即 $\Delta_f H_m^\ominus[H^+(\infty aq)] = 0$，其他离子的生成焓都是与这个标准比较的相对值。

例如氯化氢在水溶液中的电离方程：

$$HCl \xrightarrow{H_2O} H^+(\infty aq) + Cl^-(\infty aq),\quad \Delta_{sol} H_m^\ominus(T) = -75.14kJ \cdot mol^{-1}。$$

其反应的溶解热可用以下公式表示：

$$\Delta_{sol} H_m^\ominus(T) = \Delta_f H_m^\ominus[H^+(\infty aq)] + \Delta_f H_m^\ominus[Cl^-(\infty aq)] - \Delta_f H_m^\ominus[HCl(g)]$$

已知，氢离子的摩尔生成焓 $\Delta_f H_m^\ominus[H^+(\infty aq)] = 0$，HCl（g）的标准摩尔生成焓为 $-92.31kJ \cdot mol^{-1}$。

所以可得：

$$\Delta_f H_m^\ominus[Cl^-(\infty aq)] = \Delta_{sol} H_m^\ominus(T = 298K) + \Delta_f H_m^\ominus(HCl,\ g)$$

$= -75.14 - 92.30 = -167.44$ (kJ·mol$^{-1}$)

这样就可以求出各种离子的生成焓。相反地，如果已知各种离子的生成焓，那么就可以反过来确定离子反应的焓变。

**例题分析 1.13**

已知下列反应的标准摩尔反应热 $\Delta_r H_m^\ominus(298.15K)$：

① $Fe_2O_3(s) + 3C(石墨) = 2Fe(s) + 3CO(g)$

$$\Delta_r H_m^\ominus(298.15K) = 489.53kJ \cdot mol^{-1};$$

② $FeO(s) + C(石墨) = Fe(s) + CO(g)$

$$\Delta_r H_m^\ominus(298.15K) = 154.81kJ \cdot mol^{-1};$$

③ $2CO(g) + O_2(g) = 2CO_2(g)$

$$\Delta_r H_m^\ominus(298.15K) = -564.84kJ \cdot mol^{-1};$$

④ $C(石墨) + O_2(g) = CO_2(g)$

$$\Delta_r H_m^\ominus(298.15K) = -393.30kJ \cdot mol^{-1}。$$

试计算 FeO(s) 的 $\Delta_f H_m^\ominus(298.15K)$。

**解析：**

根据 **Hess 定律** (Hess's Law)，即反应的热效应只与起始状态和终了状态有关，而与变化途径无关，也就是说只要反应物和产物的状态确定，焓变便是定值，与通过什么途径来完成这一反应无关。

则由 [④×2－③]×1/2－② 得

$$Fe(s) + 1/2O_2 = FeO(s)$$

$$\begin{aligned}\Delta_f H_m^\ominus(FeO, s, 298.15K) &= \Delta_c H_m^\ominus(298.15K) \\ &= 1/2(2\Delta_r H_{m,4}^\ominus - \Delta_r H_{m,3}^\ominus) - \Delta_r H_{m,2}^\ominus \\ &= 1/2 \times [2\times(-393.30) - (-564.84)] - 154.81 \\ &= -265.69\ (kJ \cdot mol^{-1})\end{aligned}$$

Hess 定律的重要意义在于，利用热化学反应方程式可以线性组合的特点，由一些已知反应的热效应，计算出未知反应的热效应。应用 Hess 定律需要满足的条件为：化学反应都在等温等压或等温等容、不做其他功的条件下进行，并且反应方程式的反应条件完全相同，包括温度、压力及各物质的相态。

由以上分析可知，通过摩尔燃烧焓、摩尔生成焓等方法可以计算化学反应的反应热，但是这些计算方法都具有一定的局限性，比如所计算的反应热都是在标准状态下进行的反应。那么如果当反应在非标准状态下进行时，则反应的焓变需要怎么计算呢？

## 1.4.3 基尔霍夫定律

基尔霍夫在 1858 年提出了焓变值与温度的关系式，即**基尔霍夫定律** (Kirchoff's Law)。在等压条件下，反应焓变值一般与温度有关，若某一反应在 $T_1$ 和 $T_2$ 条件下，反应的焓变之间的关系推导如下：

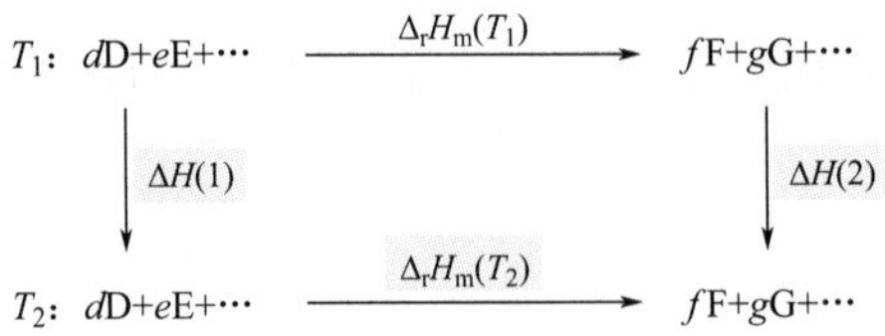


$$\Delta_r H_m(T_1)=\Delta H(1)+\Delta_r H_m(T_2)+\Delta H(2)$$

已知
$$\Delta H(1)=\int_{T_1}^{T_2} dC_{p,\,m}(\mathrm{D})\,\mathrm{d}T+\int_{T_1}^{T_2} eC_{p,\,m}(\mathrm{E})\,\mathrm{d}T+\cdots$$
$$\Delta H(2)=\int_{T_2}^{T_1} fC_{p,\,m}(\mathrm{F})\,\mathrm{d}T+\int_{T_2}^{T_1} gC_{p,\,m}(\mathrm{G})\,\mathrm{d}T+\cdots$$

代入上式可得：$\Delta_r H_m(T_2)=\Delta_r H_m(T_1)+\int_{T_1}^{T_2}\Delta C_p\,\mathrm{d}T$ (1-59)

$$\Delta C_p=[fC_{p,\,m}(\mathrm{F})+gC_{p,\,m}(\mathrm{G})+\cdots]-[dC_{p,\,m}(\mathrm{D})+eC_{p,\,m}(\mathrm{E})+\cdots]$$
$$=\sum_{\mathrm{B}} v_{\mathrm{B}} C_{p,\,m}(\mathrm{B}) \tag{1-60}$$

即可以得出 Kirchoff 公式的微分式：

$$\left(\frac{\partial H}{\partial T}\right)_p=C_p \tag{1-61}$$

如果 $T_1$ 与 $T_2$ 之间，反应物或者生成物有相的改变，则需要进行分段积分，不能漏了相变焓。

**例题分析 1.14**

已知反应 $H_2(g)+1/2O_2(g)$══$H_2O(l)$，$\Delta_r H_m^{\ominus}(298.15\mathrm{K})=-285.84\mathrm{kJ\cdot mol^{-1}}$。试计算该反应在 800K 时进行的摩尔反应焓变。已知 $H_2O(l)$ 在 373K 和标准压力下的标准摩尔蒸发焓 $\Delta_{vap}H_m^{\ominus}(373\mathrm{K})=40.65\mathrm{kJ\cdot mol^{-1}}$。

$C_{p,\,m}(H_2,\ g)=29.07\mathrm{J\cdot K^{-1}\cdot mol^{-1}}+(8.63\times10^{-4}\mathrm{J\cdot K^{-2}\cdot mol^{-1}})T$

$C_{p,\,m}(O_2,\ g)=36.16\mathrm{J\cdot K^{-1}\cdot mol^{-1}}+(8.45\times10^{-4}\mathrm{J\cdot K^{-2}\cdot mol^{-1}})T$

$C_{p,\,m}(H_2O,\ g)=30.00\mathrm{J\cdot K^{-1}\cdot mol^{-1}}+(10.7\times10^{-3}\mathrm{J\cdot K^{-2}\cdot mol^{-1}})T$

$C_{p,\,m}(H_2O,\ l)=75.26\mathrm{J\cdot K^{-1}\cdot mol^{-1}}$

**解析：**

设计如下的反应途径：

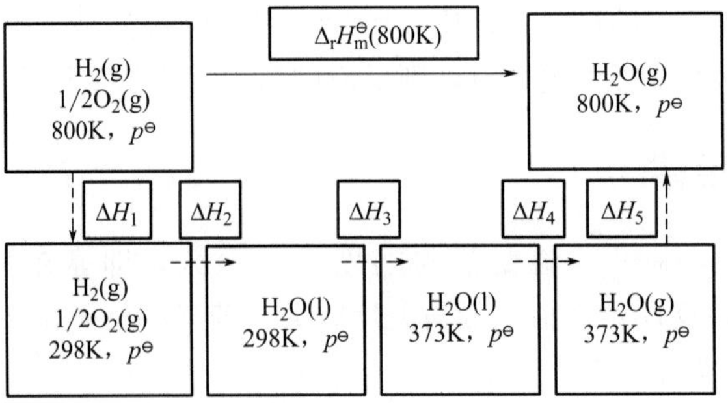

$$\Delta H_1 = \int_{800\text{K}}^{298\text{K}} [C_{p,\text{m}}(\text{H}_2,\text{g}) + 0.5C_{p,\text{m}}(\text{O}_2,\text{g})]\,\text{d}T$$

$$= [(29.07 + 0.5 \times 36.16) \times (298 - 800) + 0.5 \times (8.63 + 0.5 \times 8.45) \times 10^{-4} \times (298^2 - 800^2)]\text{J} \cdot \text{mol}^{-1} = -24.02\text{kJ} \cdot \text{mol}^{-1}$$

$$\Delta H_2 = -285.84\text{kJ} \cdot \text{mol}^{-1}$$

$$\Delta H_3 = \int_{298\text{K}}^{373\text{K}} C_{p,\text{m}}(\text{H}_2\text{O},\text{l})\,\text{d}T = 75.26 \times (373 - 298)\,\text{J} \cdot \text{mol}^{-1} = 5.64\text{kJ} \cdot \text{mol}^{-1}$$

$$\Delta H_4 = 40.65\text{kJ} \cdot \text{mol}^{-1}$$

$$\Delta H_5 = \int_{373\text{K}}^{800\text{K}} C_{p,\text{m}}(\text{H}_2\text{O},\text{g})\,\text{d}T = [30.00 \times (800 - 373) + 0.5 \times 10.7 \times 10^{-3} \times (800^2 - 373^2)]\text{J} \cdot \text{mol}^{-1} = 15.49\text{kJ} \cdot \text{mol}^{-1}$$

$$\Delta_\text{r} H_\text{m}^\ominus(800\text{K}) = \Delta H_1 + \Delta H_2 + \Delta H_3 + \Delta H_4 + \Delta H_5 = -248.08\text{kJ} \cdot \text{mol}^{-1}$$

基于 Kirchoff 定律，如果知道某一温度时某反应的 $\Delta_\text{r} H_\text{m}(T_1)$ 和各 $C_{p,\text{m}}$ 值，就可以求得另一温度时该反应的 $\Delta_\text{r} H_\text{m}(T_2)$ 的值。倘若反应过程中，系统的热量来不及逸散或者供给，则反应的始终态温度将不同，极端的情况是热量一点也不能逸散或供给，即反应在完全绝热情况下进行。绝热反应的焓不发生变化，可用如下方法求出该反应的最终温度：

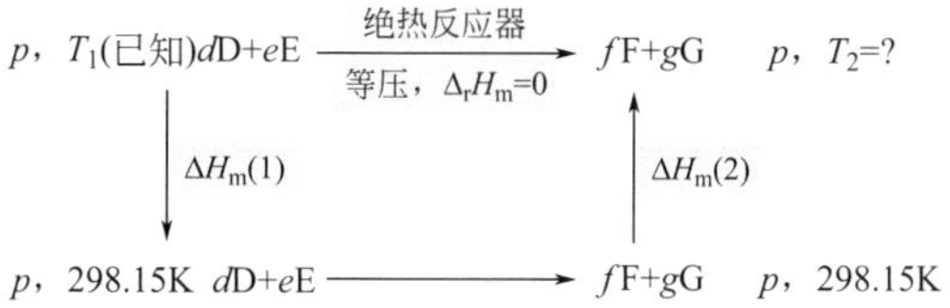


把系统从始态 $T_1$ 改变到 298.15K，设想在 298.15K 时进行反应，然后再把产物从 298.15K 改变到 $T_2$（$T_2$ 是未知数），则有：

$$\Delta H_\text{m}(1) = \int_{T_1}^{298.15K} \sum_\text{B} C_p(\text{反应物})\,\text{d}T$$

$$\Delta H_\text{m}(2) = \int_{298.15K}^{T_2} \sum_\text{B} C_p(\text{生应物})\,\text{d}T$$

即 $\Delta H_\text{m}(1) + \Delta_\text{r} H_\text{m}(298.15K) + \Delta H_\text{m}(2) = 0$

因此，可以求出最终温度 $T_2$。

**例题分析 1.15**

可燃物质（可燃气体、蒸气和粉尘）与空气（或氧气）必须在一定的浓度范围内均匀混合，形成预混气，遇到火源才会发生爆炸，这个浓度范围称为**爆炸极限**。在环境温度为 298K、压力为 101kPa 的条件下，用乙炔与压缩空气混合，燃烧后用来切割金属，试粗略计算这种火焰可能达到的最高温度，设空气中氧的含量为 20%。已知，298K 时的热力学数据如下：

| 物质 | $\Delta_\text{f} H_\text{m}^\ominus$/kJ·mol$^{-1}$ | $\bar{C}_{p,\text{m}}$/J·mol$^{-1}$·K$^{-1}$ |
|---|---|---|
| $CO_2$（g） | −393.15 | 37.1 |
| $H_2O$（g） | −241.82 | 33.58 |
| $C_2H_2$（g） | 226.7 | 43.93 |
| $N_2$（g） | 0 | 29.12 |

**解析**：乙炔的燃烧反应如下：

$$C_2H_2(g)+2.5O_2(g)=\!=\!=H_2O(g)+2CO_2(g)$$

理论上 1mol $C_2H_2$ 燃烧需要 2.5mol $O_2(g)$，即需要 12.5mol 空气，所以可以设计如图所示的途径来计算系统所能达到的最高温度：

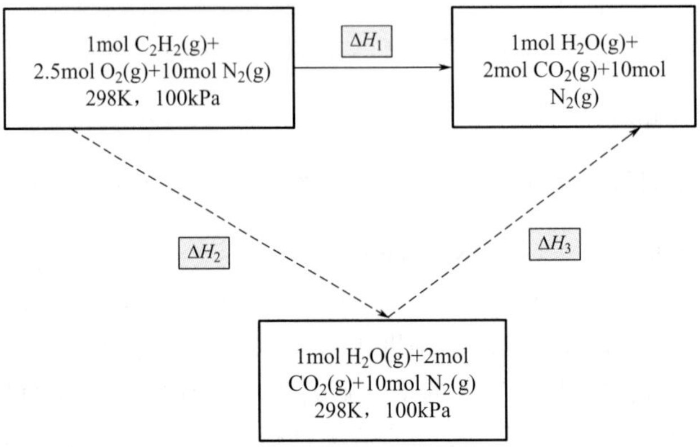


过程 1 反应剧烈，可以近似认为是绝热反应，且是等压绝热反应，因此：

$$\Delta H_1=Q_p=0;$$

过程 2 是一个恒压恒温的燃烧，反应的焓变为：

$$\begin{aligned}\Delta H_2&=\Delta_f H_m^{\ominus}(H_2O,\ g)+2\Delta_f H_m^{\ominus}(CO_2,\ g)-\Delta_f H_m^{\ominus}(C_2H_2,\ g)\\&=(-241.82-2\times393.15-226.7)\text{kJ}\cdot\text{mol}^{-1}\\&=-1254.82\text{kJ}\cdot\text{mol}^{-1}\end{aligned}$$

过程 3 是反应产物及 10mol $N_2$ 由 298K 升温至 $T$，则

$$\begin{aligned}\Delta H_3&=[\bar{C}_{p,m}(H_2O,\ g)+2\bar{C}_{p,m}(CO_2,\ g)+10\bar{C}_{p,m}(N_2,\ g)](T-298\text{K})\\&=[(33.58+2\times37.1+10\times29.12)\times(T-298\text{K})]\text{J}\cdot\text{K}^{-1}\cdot\text{mol}^{-1}\\&=[398.98\times(T-298\text{K})]\text{J}\cdot\text{K}^{-1}\cdot\text{mol}^{-1}\end{aligned}$$

因为 $$\Delta H_1=\Delta H_2+\Delta H_3=0$$

所以 $-1254.82\text{kJ}\cdot\text{mol}^{-1}+[398.98\times(T-298\text{K})]\text{J}\cdot\text{K}^{-1}\cdot\text{mol}^{-1}=0$

$$T\approx3443\text{K}$$

这就是燃烧所能达到的最高温度。但在实际燃烧时，由于热损失以及燃烧不完全等原因，温度不可能达到这么高。

## 思考与讨论：热力学第一定律有哪些局限性？

在等温、等压且不做非体积功情况下，按反应方程式 A（g）+2B（g）══C（g），生成 1mol C 时，反应放出的热是等压反应热，但通常在实际情况中，反应很难达到 100%，那么这是否影响反应热效应的计算？这说明了热力学第一定律的哪些局限性？

## 习题1

1.1 一搬家工人把椅子从一楼搬运到三楼，假设这把椅子的质量为 5kg，楼层高度为 3m，在这个过程中，工人对椅子所做的功是多少？接着他使用同样的方式把另外一把相同质量的椅子往楼上搬，由于走

错了楼层，径直走到了五楼；然后再往下走，在三楼放下了椅子。那么在这个过程中，他对椅子所做的功是多少呢？

［知识点：功的计算］

1.2 在1.1题中，由于天气炎热，该体重为65kg的搬运工的衣服吸收了0.5kg的汗水，此时突然刮起了一阵强风吹干了该搬运工的衣服。由于水分的蒸发需要吸收热量，在这个过程中他失去了 $1.1\times10^3$kJ的热，如果他体内的新陈代谢作用无法弥补这些热量流失，那么他的体温又将是多少？（假设人的热容为 $3.5kJ\cdot kg^{-1}\cdot K^{-1}$）

［知识点：热的计算］

1.3 一绝热保温瓶中，将100g 0℃的冰和100g 50℃的水混合在一起，试问最后的平均温度应为多少？其中水多少克？（设冰的熔化热为 $333.46J\cdot g^{-1}$，水的比热容为 $4.184\ J\cdot K^{-1}\cdot g^{-1}$）

［知识点：能量守恒与热量的传递］

1.4 1mol 氖气（假定为理想气体）在一个大气压下由0.0℃加热到250.0℃，请计算其对环境做功多少。

［知识点：恒压条件下气体膨胀体积功的计算］

1.5 在100kPa下，将5mol的冰加热，变成5mol的水，最后在100℃下完全变成5mol的水蒸气。设水蒸气为理想气体，并且水和冰的体积可忽略不计，求该过程中所做的体积功。

［知识点：恒压相变过程体积功的计算］

1.6 在恒温245℃、恒压100kPa下，固体试样 $KClO_3$ 热分解可以产生0.345mol的 $CO_2$ 气体，假设 $CO_2$ 是理想气体，则对环境做功多少。固体 $KClO_3$ 和KCl的体积可忽略。

［知识点：恒压过程气体参与化学反应的体积功］

1.7 体积为 $4.10dm^3$ 的理想气体等温膨胀，其压力从 $1.0\times10^6$ Pa降低到 $1.0\times10^5$ Pa，计算此过程能对环境做的最大功为多少？

［知识点：可逆过程做功的性质］

1.8 在298K和100kPa下，0.1kg Zn在敞开的烧杯中与稀硫酸反应，如果把放出的氢气视为理想气体，计算这一过程中所做的功。如果该反应在一个密闭的刚性容器中进行，做功又为多少？

［知识点：恒压和恒容过程中 $W$ 的计算］

1.9 计算1mol理想气体在下列几个过程中所做的体积功。已知始态体积为 $25dm^3$，终态体积为 $100dm^3$，始态及终态温度均为100℃：

① 向真空膨胀；

② 外压为气体终态压力 $p$ 下膨胀；

③ 恒温条件下先恒外压 $2p$ 膨胀到 $50dm^3$，然后再恒外压 $p$ 膨胀到终态；

④ 等温可逆膨胀。试比较这四个过程的功，说明了什么问题？

［知识点：各种变化过程的体积功的计算方法］

1.10 在273.15K时，假设1mol的理想气体最初放在体积为22.4L的汽缸中，通过一定的外压使得系统最终压力增加到 $1.50\times10^5$ Pa。求做功 $W$ 的最大值和最小值。

［知识点：最大体积功和最小体积功的计算］

1.11 在某变化过程中，系统从环境吸收了100J的热，但是系统的热力学能却增加了500J，那么环境对系统做了多少功？如果该系统膨胀过程中对环境做了800J的功，同时从环境吸收了1100J的热时，那么系统的热力学能变化了多少？这两个过程中系统的热力学能共变化了多少？

［知识点：热力学第一定律的应用］

1.12 在一汽缸中装有甲烷和空气，汽缸活塞重5kg，甲烷发生爆炸后活塞升高10m，并放热80cal（1cal=4.1840J），试计算该系统所做的功 $W$ 及其热力学能的变化值 $\Delta U$。

［知识点：功的计算与热力学第一定律的应用］

1.13 在298.15K、100kPa时，5.000mol的氩气（假设为理想气体）由20.00L等温可逆膨胀到

100.00L，求需要吸热多少。如果由等温恒外压膨胀到100.00L，求需要吸热多少？

[知识点：功的计算与热力学第一定律]

1.14　将初始压力为101.325kPa的3mol氩气从25℃加热到100℃：

① 如果反应在恒容下进行，计算$Q$、$W$、$\Delta U$及$\Delta H$值。

② 如果反应在恒压下进行，计算$Q$、$W$、$\Delta U$及$\Delta H$值。

[知识点：恒容或恒压下$Q$、$W$、$\Delta U$及$\Delta H$值的计算]

1.15　一系统由状态1沿途径1-a-2变到状态2时，从环境吸收了314.0J的热，同时对环境做了117.0J的功。试问：

① 当系统沿另一个途径1-b-2变化时，系统对环境做了44.0J的功，这时系统将吸收多少热？

② 如果系统沿途径c由状态2回到状态1，环境对系统做了79.5J功，则系统将吸收或者放出多少热？

[知识点：热力学第一定律的应用与热力学能的性质]

1.16　某1mol双原子理想气体从始态350K、200kPa经过如下四个不同过程达到各自的平衡态，求各过程的功$W$：

① 恒温下可逆膨胀到50kPa；

② 恒温反抗50kPa恒外压不可逆膨胀；

③ 绝热可逆膨胀到50kPa；

④ 绝热反抗50kPa恒外压不可逆膨胀。

[知识点：恒温与绝热过程功的计算]

1.17　在一带活塞的绝热容器中有一绝热隔板，隔板的两侧分别为2mol、0℃的单原子理想气体A及5mol、100℃的双原子理想气体B，两气体的压力均为100kPa。活塞外的压力维持100kPa不变。现将容器内的绝热隔板撤去，使两种气体混合达到平衡态，求末态的温度$T$及过程的$W$和$\Delta U$。

[知识点：绝热反应过程中功和热力学能的计算]

1.18　一个绝热圆筒上有一个理想的（无摩擦、无重量的）绝热活塞，其内有理想气体，内壁绕有电炉丝。当通电时气体就慢慢膨胀，因为这是个恒压过程，$Q_p=\Delta H$，又因为是绝热系统，所以$\Delta H=0$，这个结论是否正确，为什么？

[知识点：系统和环境的选择与焓变的意义]

1.19　某坚固容器容积$25dm^3$，其在25℃、101.3kPa下发生剧烈化学反应，容器内压力、温度分别升至500kPa和1000℃。数日后，温度、压力降至初态（25℃和101.3kPa），试分析该过程中$Q$、$W$、$\Delta U$及$\Delta H$的变化。

[知识点：对状态函数与过程量的理解]

1.20　将100℃、100kPa的1g水在恒外压（50kPa）下恒温汽化为水蒸气，然后将此水蒸气慢慢加压变为100℃、100kPa的水蒸气。因为该过程为等温过程，所以$\Delta U$和$\Delta H$都等于0，对吗？若不对，试求此过程的$Q$、$W$和该系统的$\Delta U$和$\Delta H$。（100℃、100kPa的水汽化热为$2259.4J\cdot g^{-1}$）。

[知识点：对$\Delta U$和$\Delta H$的理解以及可逆过程中的计算]

1.21　将100℃、100kPa的1g水突然放到100℃的恒温真空箱中，液态水很快蒸发为水蒸气并充满整个真空箱，测其压力为100kPa。求此过程的$Q$、$W$和该系统的$\Delta U$和$\Delta H$。（水蒸气可视为理想气体）

[知识点：真空膨胀过程$Q$、$W$、$\Delta U$和$\Delta H$的计算]

1.22　1mol单原子分子理想气体，其始态为200kPa、$11.2dm^3$，经$pT=C$（常数）的可逆过程，压缩到终态为400kPa，求：

① 终态的体积和温度；

② 系统的$\Delta U$和$\Delta H$；

③ 所做的功。

[知识点：多方过程方程式的运用]

1.23　一汽车轮胎在开始行驶时的压力为 280kPa，经过 1h 高速行驶以后，轮胎压力达到 320kPa，试计算轮胎的热力学能变化是多少？可以将空气视为理想气体，已知空气的 $C_{V,m}=20.88\text{J}\cdot\text{K}^{-1}\cdot\text{mol}^{-1}$，轮胎内体积保持不变为 $57.0\text{dm}^3$。

[知识点：恒容过程中 $\Delta U$ 的计算]

1.24　1mol 单原子分子理想气体的循环过程，如下图所示：

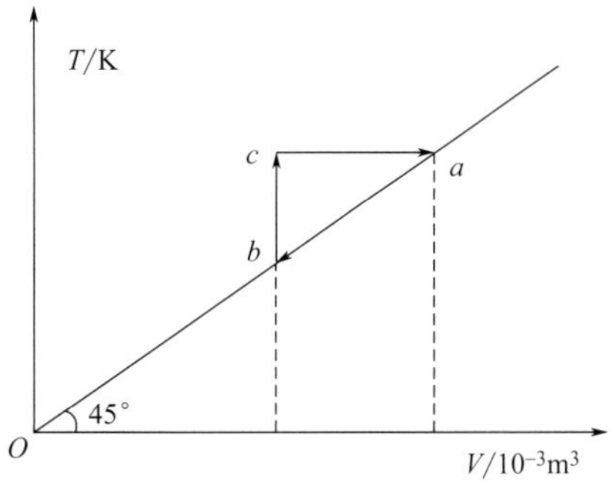


其中 $c$ 点的温度为 600K，试求：

① $ab$、$bc$、$ca$ 各过程系统吸收的热量；

② 经一循环系统所做的净功；

③ 该循环的效率。

[知识点：不同过程功和热的计算]

1.25　已知下述 4 个反应的热效应（$p^{\ominus}$，298K）

① $C(s)+O_2(g) = CO_2(g)$

$$\Delta_r H^{\ominus}_{m,1}(298\text{K}) = -393.7\text{kJ}\cdot\text{mol}^{-1}$$

② $CO(g)+0.5O_2(g) = CO_2(g)$

$$\Delta_r H^{\ominus}_{m,2}(298\text{K}) = -283.3\text{kJ}\cdot\text{mol}^{-1}$$

③ $CO(g)=C(g)+O(g)$

$$\Delta_r H^{\ominus}_{m,3}(298\text{K}) = 1090.0\text{kJ}\cdot\text{mol}^{-1}$$

④ $0.5O_2(g)=O(g)$

$$\Delta_r H^{\ominus}_{m,4}(298\text{K}) = 245.6\text{kJ}\cdot\text{mol}^{-1}$$

求下列三个反应的热效应：

⑤ $C(s)+0.5O_2(g) = CO(g)$　　　$\Delta_r H^{\ominus}_{m,5}(298\text{K})=?$

⑥ $C(s) = C(g)$　　　$\Delta_r H^{\ominus}_{m,6}(298\text{K})=?$

⑦ $CO_2(g) = C(g)+2O(g)$　　　$\Delta_r H^{\ominus}_{m,7}(298\text{K})=?$

[知识点：对标准摩尔生成焓的理解和 Hess 定律的应用]

1.26　初始态温度为 295.15K，体积为 5.000L 的 1.000mol 氦气变到末态温度为 373.15K，体积为 10.000L，计算其 $\Delta H$ 值。假设氦气的 $C_{p,m}=5R/2$，且为理想气体。

[知识点：变化途径的设计与焓变的计算]

1.27　① 运用平均键能计算下面反应的焓变。

$$2C_2H_6+7O_2(g) \longrightarrow 4CO_2(g)+6H_2O(g)$$

② 运用生成焓及热容的数据，计算此反应分别在 298.15K 及 373.15K 下的标准摩尔反应焓变，并将所得结果与①进行比较。

[知识点：自键焓、标准摩尔生成焓计算标准摩尔反应焓的运用]

1.28　1 个大气压条件下，将 100.0g $H_2O$ 加热至 100℃。

① 假设水蒸气符合范德华方程，$\rho_{H_2O}$ 为 1.00g·cm$^{-3}$。计算 $Q$、$W$、$\Delta U$ 及 $\Delta H$。

② 假设气体为理想气体，且忽略液体体积，重新计算 $Q$、$W$、$\Delta U$ 及 $\Delta H$。

你认为这种近似算法有什么用？

[知识点：气体蒸发过程 $Q$、$W$、$\Delta U$ 及 $\Delta H$ 的计算]

1.29　1mol 辛烷与氧气在化学计量比下完全燃烧，假设反应完全进行。

① 假设在 298.15K、标准状态下发生恒温反应，其中 $H_2O(l)$ 作为产物的一种，计算 $Q$、$W$、$\Delta U$ 及 $\Delta H$。

② 假设在 298.15K 下发生恒压绝热反应，计算产物的末态温度。当温度升至 100℃以上时，$H_2O(l)$ 转变成 $H_2O$ (g)。

[知识点：恒温和绝热化学反应过程中 $Q$、$W$、$\Delta U$ 及 $\Delta H$ 的计算]

1.30　已知 25℃时下列各键的键焓（kcal·mol$^{-1}$），

| 键 | 键焓/kcal·mol$^{-1}$ | 键 | 键焓/kcal·mol$^{-1}$ |
|---|---|---|---|
| C—C | 83.1 | O—H | 110.3 |
| C—H | 99.1 | C—F | 105.4 |
| C—O | 84.0 | H—H | 104.2 |
| F—F | 36.6 | O═O | 117.2 |

石墨的升华热为 170kcal·mol$^{-1}$，试求 $CH_2FCH_2OH$ 的生成热 $\Delta H_{f,298K}$。

[知识点：对自键焓、标准摩尔生成焓的理解以及 Hess 定律的运用]

1.31　发射火箭的燃料可选三种：$CH_4+2O_2$、$H_2+(1/2)O_2$、$N_2H_4+O_2$：

① 假设燃烧时无热量损失，分别计算各燃料燃烧时的火焰温度。

② 火箭发动机所能达到的最终速度，主要是通过火箭推进力公式 $I_{sp}=KC_pT/M$ 确定。$T$ 为排出气体的热力学温度，$M$ 为排出气体的平均分子量，$C_p$ 为排出气体的平均摩尔热容，$K$ 对一定的火箭为常数。问上述燃料中哪一种最理想？

298.15K 下各物质的 $\Delta_f H_m^{\ominus}$/kJ·mol$^{-1}$ 和摩尔定压热容见下表。

| 298K | $\Delta_f H_m^{\ominus}$/kJ·mol$^{-1}$ | $C_{p,m}$/J·K$^{-1}$·mol$^{-1}$ |
|---|---|---|
| $CO_2$ (g) | −393 | 37 |
| $H_2O$ (g) | −242 | 34 |
| $CH_4$ (g) | −75 | 35 |
| $N_2H_4$ (g) | 95 | — |
| $N_2O$ (g) | 82 | 38 |

[知识点：标准状态下恒压反应温度变化的计算]

1.32　1mol 氢气与过量的 4mol 空气的混合物的始态为 25℃、101.325kPa。若该混合气体于容器中发生爆炸，试求所能达到的最高爆炸温度和压力。所有气体均可以按理想气体处理，$H_2O$ (g)、$O_2$ (g) 以及 $N_2$(g) 的 $C_{V,m}$ 分别为 37.66J·K$^{-1}$·mol$^{-1}$、25.1 J·K$^{-1}$·mol$^{-1}$ 和 25.1 J·K$^{-1}$·mol$^{-1}$；$\Delta H_m^{\ominus}(H_2O, g, 298K) = -241.82$kJ·mol$^{-1}$。

[知识点：非等温化学反应的计算]

# 第2章

# 热力学第二定律

**内容提要**

热力学第一定律指出了能量是守恒并可以转化的，但并未指出转化的方向和限度。热力学第二定律指出一切自发过程都是热力学不可逆过程，功能够完全转化为热，而热在不引起其他变化下完全转化为功却是不可能的。

对于孤立系统或绝热系统，可根据$\Delta S \geqslant 0$判断过程是否自发和可逆；对于等温、等容不做非体积功的过程，可根据$dA \leqslant 0$判断过程是否自发及可逆；对于等温、等压不做非体积功的过程，可根据$dG \leqslant 0$判断过程是否自发及可逆。

## 2.1 能量转换的方向和熵判据

案例 2.1　汽车的发动机效率是多少？

随着生活水平的提高，汽车已进入千家万户。汽车开动的能量来自燃料，燃料燃烧将化学能转化为热力学能，汽缸内燃气推动活塞做功，将热力学能转化为机械能。已知某型号轿车以 $100\text{km}\cdot\text{h}^{-1}$ 匀速行驶 100km 消耗 6.0L 某标号汽油（热值约为 $4.5\times10^7\text{J}\cdot\text{kg}^{-1}$，$\rho=0.7\times10^3\text{kg}\cdot\text{m}^{-3}$），匀速行驶时功率为 16kW，车重 2t。

汽车行驶 100km 所需时间：

$$t=s/v=100/100\text{h}=1\text{h}$$

消耗汽油总热量为：

$$Q_{总}=mq=6.0\times10^{-3}\times0.7\times10^3\times4.5\times10^7=1.89\times10^8(\text{J})$$

汽车做功

$$W=Pt=1.6\times10^4\times1\times3600=5.76\times10^7(\text{J})$$

则汽车的发动机效率为：

$$\eta = \frac{W}{Q_{总}} \times 100\% = \frac{5.76 \times 10^7}{1.89 \times 10^8} \times 100\% = 30.5\%$$

关闭发动机后，由于地面的摩擦力及空气阻力，汽车的动能转化为热能而耗散：

$$v = \frac{100 \times 1000\text{m}}{3600\text{s}} = 27.78\text{m/s}$$

$$E_k = \frac{1}{2}mv^2 - 0 = \frac{1}{2} \times 2 \times 10^3 \times 27.78^2 = 7.72 \times 10^5 (\text{J})$$

故有　$Q_{热耗} = E_k = 7.72 \times 10^5 (\text{J})$

由上述计算可知，燃料的热力学能只有 30.5%转化为机械能，其他能量通过下列途径损失：汽车废气带走部分能量；部件散热损失部分能量；部件间摩擦损失能量。停止发动机后，动能完全转化为热能。由此可以得出：机械能能够完全转化为热力学能，而热力学能因为耗散作用却不能全部转化为机械能。

## 2.1.1 热力学第二定律

人们在生活实践的基础上，通过总结自然界自发过程的共同特征，提出了热力学第二定律。无需外力帮助就可以自动发生的过程称为**自发过程**。这种现象在自然界中普遍存在，例如：水会自发地由高处向低处流动；热量会由温度高的物体传递给温度低的物体；大气中的气流由高压向低压流动；电流能够从高电压处流向低电压处；高浓度的液体会自动向低浓度液体扩散等。

上述过程都是自发进行的，并且有一定的方向性，即自发过程不会自动逆向进行，这说明自发变化都是**热力学不可逆过程**。当然，这些并不表明其逆过程不能发生，比如山顶上悬崖边的石头能够自发地掉落到山底，人们也可以通过一些手段将山底的石头运上山顶。但是在逆过程中，环境的状态发生了变化。要使环境也恢复到原始状态，则必须将石头下落过程中产生的热全部收集起来，并将其完全转换为功，从而将石头运回原来的高度，显然这个设想不可能实现。再比如将一杯热饮料放入冰箱中，热会由饮料流向冰箱中的冷空气，最后达到温度均衡，这显然是一个自发变化。如果要使饮料和冰箱中的冷气恢复原状，则需要从冷气中吸出热量使其降到原来的温度，并将所吸的热量完全转化为电功而不留下影响。然后把这些电功再变成热，使冷却的饮料温度升高到原来的温度。但是由于热量完全转化为电功而不使环境发生变化是不可能的，所以这个设想的过程也不可能实现。

一切自发过程在适当的条件下都伴随着对外做功，如水在自发流动过程中可用于水力发电；热传递过程可使热机做功；扩散过程可制成浓差电池而做电功。而不可逆过程则必须依靠外力，如利用水泵将水从低处打到高处，即环境要做功才能进行。因此自发过程引起了人们的强烈兴趣。

在观察自发过程的基础上，通过总结这些热力学不可逆过程的共同特征，人们提出了**热力学第二定律**（second law of thermodynamics），并以多种形式表述。下面介绍开尔文（Kelvin）说法和克劳修斯（Clausius）说法：

开尔文说法：把热从单一热源取出，使之完全变为功而不发生其他变化是不可能的。人们曾设想制造第二类永动机，即从单一热源吸收热，并使之完全转化为功而不产生其他变化。事实证明，它虽不违反能量守恒定律，却永远无法实现。假设第二类永动机能够存在，则可以预见航海时就不需要携带燃料，只要从海水中吸取热量使之转变为功就可以，但事实并非如此。因此开尔文说法也可表述为：第二类永动机是无法实现的。

克劳修斯说法：把热从低温物体传到高温物体，而不引起其他变化是不可能的。换言之，热量不可能自发地由低温物体转移到高温物体上而不引起其他变化。也就是热可以从低温物体传到高温物体，但必须以某种其他变化为代价。如生活中的空调、冰箱，它们在制冷时都是从低温物体取出热，传递给高温物体，但是它们在工作中必须消耗电能转化为热，释放到环境中，这就是引起的其他变化。

开尔文说法较为抽象，而克劳修斯对热力学第二定理的表述更接近一般经验。但是本质上两种表述是等价的，还没有任何实验结果可以推翻这两种物理学表述。热力学第一定律和热力学第二定律是热力学的主要基础，它们都是科学工作者在无数实验基础上的经验和总结。热力学第一定律表示热和功都是系统在变化过程中传递能量的方式，热力学第二定律则表示热和功的转化是有条件的，功可以无条件转化为热，而热转化为功却是有条件、有限度的。

**例题分析 2.1**

将冰箱放在一个密闭绝热房间，接通电源使其正常工作，然后将冰箱门打开。过段时间后，室内的平均气温相比之前如何变化？

**解析：**

冰箱打开门工作时，室内空气与冰箱内空气不断交换，从而将室内空气冷却，但同时通过散热器将吸收的热量释放到空气中，根据能量守恒：

$$Q_{吸}=Q_{放}$$

但是，冰箱的电动机和制冷机在工作时，由于机械摩擦而发热，这部分热量一并散入空气中，即电能不能百分之百地转化为功使空气冷却，故有：

$$W_{电能}>Q_{吸}$$

根据热力学第一定律，房间内：

$$\Delta U=W_{电能}-Q_{吸}>0$$

若将室内空气视为理想气体，则 $U=U(T)$，故有：

$$T_{后}>T_{前}$$

即最终气温要比之前高。

事实上，在做任何有用功时，不可避免地都会产生内耗，这是由热力学第二定律决定的。

## 2.1.2 熵

判断某一过程能否自发进行，根据热力学第二定律原则上是可行的，但在实际使用中往往比较困难，鉴于此，人们提出熵变的概念，即通过计算过程熵变（$\Delta S$）判断过程的方向，得出该过程是否能够自发进行。

自 1769 年瓦特（Watt）改良蒸汽机以来，人们一直致力于提高热机效率，因为其热机效率一直很低，大量的能源被浪费。1824 年，法国年轻的工程师卡诺（Carnot）设计了一种在两个热源间循环工作的理想热机，该循环由两个等温可逆过程和两个绝热可逆过程构成，后来这一循环被人们称为“卡诺循环”。卡诺通过对这一理想热机的研究，从理论上解决了热机的最高效率是多少这个问题，并由此提出卡诺定理，即：所有工作于同温热源和同温冷源之间的热机，以可逆机的效率最高。它发表在热力学第二定律之前，但证明其正确性却需要热力学第二定律。

由卡诺可逆循环过程，可以得到：

$$\frac{Q_c}{T_c}+\frac{Q_h}{T_h}=0$$

对于任意一个可逆循环过程，都可以被分割成无数个卡诺循环，则任何一个可逆循环系统都可以由下式表示：

$$\sum_i\left(\frac{\delta Q_i}{T_i}\right)_R=0$$

当系统发生微小可逆变化过程时，$\delta Q/T$ 称作过程的热温商，其中 $\delta Q$ 是过程的热量，$T$ 是环境的温度。

假设系统由状态 A 经过可逆过程 1（$R_1$）到达状态 B，随后经过另一个可逆过程 2（$R_2$）恢复到状态 A，则由上式可得：

$$\int_A^B\left(\frac{\delta Q}{T}\right)_{R_1}+\int_B^A\left(\frac{\delta Q}{T}\right)_{R_2}=0$$

$$\int_A^B\left(\frac{\delta Q}{T}\right)_{R_1}=\int_A^B\left(\frac{\delta Q}{T}\right)_{R_2}$$

因此，对于任意可逆过程，热温商的积分 $\int(\delta Q_R/T)$ 都与积分路径无关。式中下标“R”表示可逆过程。此结论表明，可逆过程的热温商 $\delta Q_R/T$ 是某个状态函数（系统的性质）的全微分，Clausius 将这个状态函数叫作**熵**（entropy），用符号 $S$ 表示，单位是 $J\cdot K^{-1}$，记作：

$$dS=\frac{\delta Q_R}{T} \tag{2-1}$$

若系统从状态 1 变化到状态 2，则上式为：

$$\Delta S=\int_1^2\frac{\delta Q_R}{T} \tag{2-2}$$

以上两式称为熵的定义，它们是计算熵变的基本公式，只适用于可逆过程。熵是状态函数，是系统的广度性质，所以熵变 $\Delta S$ 只取决于系统的始末状态，与过程无关。

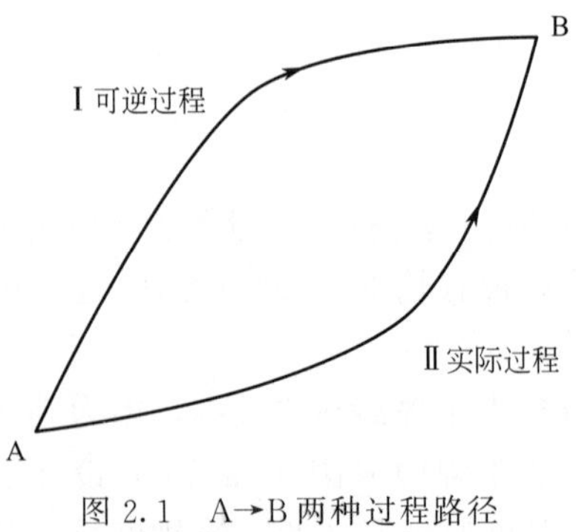

图 2.1　A→B 两种过程路径

上述定义表明，求 $\Delta S$ 只能通过可逆过程计算。而一般实际过程都是不可逆过程，所以 Clausius 提出了一个 **Clausius 不等式**。其假设系统由同一始态 A 出发经过可逆过程Ⅰ与实际过程Ⅱ（可以是可逆过程也可以是不可逆过程）到达 B，见图 2.1，则由热力学第一定律可知：

$$dU_{Ⅰ}=dU_{Ⅱ}$$

$$(\delta Q+\delta W)_{可逆}=(\delta Q+\delta W)_{实际} \tag{2-3}$$

由功与过程可知，系统由同一始态出发经过不同过程到达相同终态时，以可逆膨胀过程对环境做最大体积功（$-W$），由于系统对环境做功定义为负：

$$-\delta W_{\text{可逆}} \geqslant -\delta W_{\text{实际}} \tag{2-4}$$

将式（2-3）与式（2-4）相加：

$$\delta Q_{\text{可逆}} \geqslant \delta Q_{\text{实际}}$$

对于等温过程，有 $T_{\text{体}} = T_{\text{环}} = T$，将上式两边同除以 $T$，移项后得：

$$\frac{\delta Q_{\text{可逆}}}{T} \geqslant \frac{\delta Q_{\text{实际}}}{T} \geqslant 0$$

或

$$\mathrm{d}S \geqslant \frac{\delta Q}{T} \tag{2-5}$$

式（2-5）称为**克劳修斯不等式**（Clausius inequality）。当实际过程为可逆过程时等号适用，当实际过程为不可逆过程时大于号适用。

由于熵是状态函数，因此当一个变化的始终态确定后，系统的 $\Delta S$ 也就确定了。当此变化过程系统的热温商小于 $\Delta S$，则此变化过程是一个不可逆过程。系统不可能发生热温商大于 $\Delta S$ 的过程。因此式（2-5）亦称为热力学第二定律的数学表达式。

对于任意一个研究系统，系统和环境通常有着相互的联系，可将与系统有物质能量交换的环境加入系统，构成一个隔离系统。对于隔离系统而言，一定是绝热系统，即有：

$$\delta Q = 0$$

则

$$\mathrm{d}S \geqslant 0 \text{ 或 } S \geqslant 0 \tag{2-6}$$

式中，大于号表示不可逆，等号表示可逆。也就是说绝热系统若经历不可逆过程，则熵增加；若经历可逆过程，则熵不变。因此绝热系统的熵不会减少，这一结论称为**熵增加原理**。

应用到隔离系统中，熵增加原理的另一种说法是“一个隔离系统的熵永不减少”，即

$$\mathrm{d}S_{\text{iso}} \geqslant 0 \tag{2-7}$$

由于任意一个变化都可以将与系统有物质、能量交换的环境加入系统，构成一个隔离系统，则有：

$$\mathrm{d}S_{\text{iso}} = \Delta S_{\text{sys}} + \Delta S_{\text{sur}} \geqslant 0 \tag{2-8}$$

故而，对于一个任意的变化，可通过分别计算系统的熵变和环境的熵变，由两者的总和来判断变化的方向和限度。式（2-7）与式（2-8）中等号为可逆过程，大于号为自发过程。任何自发过程都是由非平衡态趋向于平衡态，到了平衡态时熵函数达到最大。因此，自发的不可逆过程进行的限度是以熵函数达到最大值为限，所以过程中熵的差值也可以表征系统接近平衡态的程度。

**例题分析 2.2**

试判断碘的升华是否会自发进行？（假设此过程在瓶中进行，视为隔离系统）

**解析：**

碘升华可表示为：

$$I_2(s) \longrightarrow I_2(g)$$

一般而言，不同相中熵的相对大小次序为：

$$S_{(g)} >> S_{(l)} > S_{(s)}$$

即气相中分子比液相中分子的熵大，液相中分子比固相中分子的熵大。碘升华的起始物是固

体，最终产物是气体。明显产物的熵要大于起始物的熵，所以升华过程中熵变为：

$$\Delta S_{sys} = S_{(g)} - S_{(l)} > 0$$

由隔离系统可知：

$$\Delta S_{sur} = 0$$

$$\Delta S_{iso} = \Delta S_{sys} + \Delta S_{sur} > 0$$

由此判断升华为自发过程。碘瓶中，固体碘上面的空间总是显浅紫色，这说明存在碘蒸气。

升华的速度很慢，在室温下，我们看不到升华过程的进行。冬天晾在外边的衣服结冰，没见到冰融化，衣服也能干，也是固态的冰直接升华为水蒸气所致。

## 2.1.3 熵的本质

由分子运动论可知，热是分子混乱运动的一种表现，是与分子的无规则热运动相联系的。而功是分子有序运动的结果，功与方向性的运动有联系。由统计力学可知，构成系统的微观粒子其微观状态是千变万化的，但是在确定的宏观状态下，系统具有的微观状态数目是确定的，且每种微观状态出现的概率相等。从微观角度看，微观粒子可能有不同的分布状态，每一种分布包含的微观状态数为 $\Omega$。

在不可逆过程中，系统的微观状态数与系统的熵一样均趋于增加，因此二者必有正比例关系。而对于两个独立的系统，其熵具有加和性，$S = S_1 + S_2$。而根据概率定理，$\Omega = \Omega_1 \times \Omega_2$。因此 $S$ 与 $\Omega$ 的正比例关系只能借助对数获得，即

$$S \propto \ln\Omega \text{ 或 } S = k\ln\Omega \tag{2-9}$$

式（2-9）称为玻尔兹曼（Boltzmann）公式，式中 $k$ 为玻尔兹曼常数。由于 $S$ 是一个宏观量，因此玻尔兹曼公式是联系宏观与微观的一个重要桥梁，通过它可以联系热力学与统计热力学。

从微观角度看，熵是系统微观状态数（混乱度）的一种标志。在孤立系统中发生一个自发变化时，系统的混乱度增加，系统总的微观状态数增加，因此熵也增加。当混乱度增大到最大值时，熵值也最大，系统达到平衡。这就是熵增加原理，也称为熵的本质或热力学第二定律的本质。

**例题分析 2.3**

一碗糖打翻后，糖粒总会撒得到处都是，一片狼藉，试解释原因。

**解析：**

打翻糖碗，糖粒撒得到处都是的过程，是糖从碗内的有序状态（状态 1）变到“一片狼藉”的无序状态（状态 2），根据玻尔兹曼统计力学可计算过程熵变：

$$\Delta S = S_2 - S_1 = k\ln\Omega_2 - k\ln\Omega_1 = k\frac{\ln\Omega_2}{\ln\Omega_1}$$

式中，$\Omega$ 为微观状态数，有序变无序，微观状态数增多，故 $\Omega_2 > \Omega_1$，有 $\Delta S > 0$，即打翻糖碗，糖撒落的过程也是自发过程。

**例题分析 2.4**

为什么溶液中溶质会结晶？它是否违背了熵增加原理？

**解析：**

结晶是指溶质自动从过饱和溶液中析出，形成新相的过程。在不饱和溶液中，溶质均

匀分散在溶剂中，溶质与溶质的作用力小于溶质与溶剂的作用力，溶质在溶液中以水合离子状态稳定存在；而在过饱和溶液中，溶质与溶质的作用力大于溶质与溶剂的作用力，溶质分子相互碰撞而结合在一起，从溶液中析出。以 NaCl 为例，溶液结晶过程可表示为：

$$Na^+ \cdot 6H_2O(aq) + Cl^- \cdot 6H_2O(aq) \longrightarrow NaCl(s) + 12H_2O$$

对于溶质

$$\Delta S_{溶质} = S_{析出后} - S_{析出前} = k\ln\frac{\Omega_{析出后}}{\Omega_{析出前}} < 0$$

对于溶剂

$$\Delta S_{溶剂} = S_{溶剂后} - S_{溶剂前} = k\ln\frac{\Omega_{溶剂后}}{\Omega_{溶剂前}} > 0$$

在每次的结晶过程中，因为溶质和溶剂分子析出的数目比例为 1∶12，所以有

$$|\Delta S_{溶质}| < |S_{溶剂}|$$

$$\Delta S = \Delta S_{溶质} + \Delta S_{溶剂} > 0$$

可见，过饱和溶液溶质结晶析出，整个过程熵仍然是增加的，并不违背熵增加原理。

求得 $\Delta S_{sys}$ 和 $\Delta S_{sur}$ 或 $\Delta S_{sys}$ 和实际过程的热温商，就能用熵增加原理判断变化的方向和限度。在计算过程的熵变时，应注意熵是状态函数。当始、终状态给定后，熵变值与途径无关。如果所给的过程是不可逆过程，则应该设计从始态到终态的可逆过程来计算系统的熵变。

## 2.1.4 等温过程熵变的计算

等温过程是指系统的始终态温度相同且等于环境温度的变化过程。由熵的定义知：

$$\Delta S = S_2 - S_1 = \int_1^2 \frac{\delta Q_R}{T} = \frac{Q_R}{T}$$

**(1) 理想气体等温可逆变化熵的计算**

由于理想气体在等温可逆膨胀或压缩过程中，

$$\Delta U = 0，Q_R = -W_{max} = nRT\ln\frac{V_2}{V_1} = nRT\ln\frac{p_1}{p_2}$$

所以等温过程 $\Delta S$ 为：

$$\Delta S = \frac{Q_R}{T} = nR\ln\frac{V_2}{V_1} = nR\ln\frac{p_1}{p_2} \tag{2-10}$$

**例题分析 2.5**

有 1mol He(g)，可看作理想气体，等温下分别通过①可逆膨胀，②真空膨胀，使其体积增加到原来的 2 倍，求这两个过程中系统和环境的熵变，并判断是否可逆。

**解析：**

① 理想气体等温可逆膨胀：

$$\Delta U = 0，Q_R = -W_{max} = nRT\ln\frac{V_2}{V_1}$$

$$\Delta S = nR\ln\frac{V_2}{V_1} = R\ln2 = 5.76\mathrm{J\cdot K^{-1}}$$

$$\Delta S_{sur} = -S_{sys}, \quad \Delta S_{iso} = 0$$

故过程①是可逆过程。

② 气体真空膨胀时，由于熵是状态函数，此过程与①中的可逆膨胀的始终态相同，故熵变也相同，所以有：

$$\Delta S_{sys} = 5.76\mathrm{J\cdot K^{-1}}$$

$$\Delta S_{sur} = 0\text{（真空膨胀，系统不吸热）}$$

$$\Delta S = \Delta S_{sys} + \Delta S_{sur} = 5.76\mathrm{J\cdot K^{-1}} > 0$$

由此可知过程②是不可逆过程。

**(2) 等温、等压可逆相变熵的计算**

参加相变的两相，在可平衡共存时的温度压力下发生的相变是可逆相变，摩尔相变焓用 $\Delta_{相变}H_m$ 表示。由定义式得相变熵为：

$$\Delta S_{相变} = \frac{n\Delta_{相变}H_m}{T_{相变}} \tag{2-11}$$

**(3) 理想气体等温等压混合过程熵的计算**

在一定温度下，每种气体单独存在时的压力和气体混合后的总压力相等时的混合过程，系统总熵变相当于每种气体分别发生体积改变时的熵变。

$$\Delta_{mix}S = -R\sum_B n_B\ln x_B \tag{2-12}$$

**例题分析 2.6**

房间里有一个柑橘时，在整个房间都能闻到芳香的气味，解释原因（房间可近似认为是绝热系统）。

**解析：**

柑橘具有的芳香气味源自柑橘释放出来的萜类物质柠檬烯（Ⅰ），其结构式如下，每个分子很小且无极性。柠檬烯的液态在室温下很容易挥发成气体。

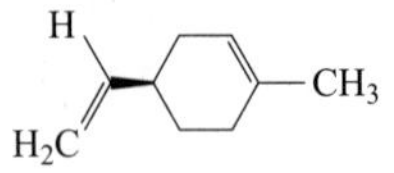


柠檬烯(Ⅰ)

房间里有柑橘味分为两个过程：(a) 柠檬烯由液态蒸发到气态；(b) 气态柠檬烯在空气中混合扩散。

(a) 柠檬烯 (l) ⟶柠檬烯 (g)：

蒸发过程可看作是恒温恒压相变过程，$\Delta S_{蒸} = \dfrac{\Delta_{vap}H}{T}$。

由于蒸发吸热，则 $\Delta S_{蒸} > 0$。

(b) 柠檬烯 (g) 与空气混合过程：

$$\Delta S_{混} = -R\sum_B (n_B\ln x_B) > 0$$

则 $\Delta S_{系统} = \Delta S_{蒸} + \Delta S_{混} > 0$。

该过程可认为是绝热过程，$\Delta S_{环境} = 0$。

所以 $\Delta S = \Delta S_{系统} + \Delta S_{环境} > 0$。

即橘子香味的扩散是自发进行的，因而能闻到其芳香的气味。

**例题分析 2.7**

在恒温 273.15K 下，将盒子从中间用隔板隔开，分别充入 1mol $N_2$ 和 1mol $O_2$，将气体视为理想气体，计算下列各个等温过程的熵变：

① 抽去隔板，两种气体均匀混合。

② 抽去隔板后，再将气体压缩到原盒子体积的一半。

③ 将 $O_2$ 换为 $N_2$，再照①操作。

④ 将 $O_2$ 换为 $N_2$，再照②操作。

**解析：**

① 设盒子体积为 $V$，用隔板从中隔开，分别充入 1mol $N_2$ 和 1mol $O_2$ 后：

| | |
|---|---|
| $N_2$ | $O_2$ |

$$V_{N_2}=V_{O_2}=\frac{V}{2}$$

抽去隔板后，两种气体均匀混合，对于 $N_2$ 来说，相当于在等温下体积从 $V/2$ 膨胀到 $V$，故有

$$\Delta S_{N_2}=nR\ln\frac{V_{N_2}+V_{O_2}}{V_{N_2}}=nR\ln\frac{V}{V/2}=1\text{mol}\times R\ln2=5.76\text{J}\cdot\text{K}^{-1}$$

同理对于 $O_2$ 有

$$\Delta S_{O_2}=nR\ln2=5.76\text{J}\cdot\text{K}^{-1}$$

所以 $\Delta S_{混合}=\Delta S_{N_2}+\Delta S_{O_2}=2\times8.314\times\ln2=11.52\text{J}\cdot\text{K}^{-1}$

② 将隔板抽去，对于 $N_2$ 来说，相当于等温下体积从 $V/2$ 膨胀到 $V$，再在等温下将体积从 $V$ 压缩回 $V/2$，总的来说体积并未改变，故有：

$$\Delta S_{N_2}=0，\Delta S_{O_2}=0$$

$$\Delta S_{混合}=\Delta S_{N_2}+\Delta S_{O_2}=0$$

③ 将 $O_2$ 换为 $N_2$，对于 $N_2$ 来说，不存在混合变化问题，所以：

$$\Delta S_{混合}=0$$

④ 该过程相当于 2mol 体积为 $V$ 的 $N_2$ 压缩至体积 $V/2$，所以

$$\Delta S_{混合}=\sum nR\ln\frac{V_2}{V_1}=\sum nR\ln\frac{V/2}{V}=-11.52\text{J}\cdot\text{K}^{-1}$$

## 2.1.5 变温过程熵变的计算

当系统的温度发生变化时，其熵值也随之改变。有以下三种情况：

**(1) 可逆等压、变温过程**

$$\Delta S=\int_{T_1}^{T_2}\frac{nC_{p,\text{m}}}{T}\text{d}T \tag{2-13}$$

**例题分析 2.8**

计算将 1mol 蔗糖从 360K 加热到 400K 的熵变 $\Delta S$，已知蔗糖的 $C_p=526\text{J}\cdot\text{K}^{-1}\cdot\text{mol}^{-1}$。

**解析：**

因为 $C_p$ 为一定值，所以将其提到积分外边，于是式（2-13）改写为：

$$\Delta S = nC_{p,\mathrm{m}}\ln\left(\frac{T_2}{T_1}\right)$$

将数据代入可得：

$$\Delta S = 1\times 526\times \ln\left(\frac{400}{360}\right)\ \mathrm{J\cdot K^{-1}} = 55.42\mathrm{J\cdot K^{-1}}$$

**例题分析 2.9**

把 1mol 三氯甲烷（Ⅲ）从 240K 加热到 330K，它的熵增加了多少？已知三氯甲烷的 $C_{p,\mathrm{m}} = (91.47 + 7.5\times 10^{-2}T)\mathrm{J\cdot K^{-1}\cdot mol^{-1}}$。

**解析：**

由于 $C_{p,\mathrm{m}}$ 与温度有关，根据式（2-13），$C_{p,\mathrm{m}}$ 仍放在积分项里面：

$$\begin{aligned}\Delta S &= \int_{T_1}^{T_2}\frac{nC_{p,\mathrm{m}}}{T}\mathrm{d}T\\ &= \int_{240\mathrm{K}}^{330\mathrm{K}}\frac{91.47}{T} + 7.5\times 10^{-2}\mathrm{d}T\\ &= \left[91.47\ln\frac{330}{240} + 7.5\times 10^{-2}\times(330-240)\right]\mathrm{J\cdot K^{-1}}\\ &= 35.88\mathrm{J\cdot K^{-1}}\end{aligned}$$

**（2）可逆等容、变温过程**

$$\Delta S = \int_{T_1}^{T_2}\frac{nC_{V,\mathrm{m}}}{T}\mathrm{d}T \qquad (2\text{-}14)$$

**例题分析 2.10**

计算 1.0mol He(g) 在等体积情况下由 25℃ 可逆加热到 50℃ 的熵变 $\Delta S$，已知 $C_{V,\mathrm{m}} = \frac{3}{2}R$。

**解析：**

$$\begin{aligned}\Delta S &= \int_{T_1}^{T_2}\frac{nC_{V,\mathrm{m}}}{T}\mathrm{d}T = nC_{V,\mathrm{m}}\ln\frac{T_2}{T_1}\\ &= 1.0\times\frac{3}{2}\times 8.314\times\ln\frac{323.15}{298.15}\mathrm{J\cdot K^{-1}} = 1.004\mathrm{J\cdot K^{-1}}\end{aligned}$$

**（3）$p$、$V$、$T$ 同时改变的过程**

因为熵变 $\Delta S$ 只取决于系统的初、末状态而与过程无关，所以可以将 $p$、$V$、$T$ 同时改变的过程分解成两个过程，变化途径不同而初、末状态相同，则 $\Delta S$ 相同。例如可以设计成先经等温可逆过程，再经等压变温可逆过程；也可设计成先经等温可逆过程，再经等容变温可逆过程。

## 2.1.6 环境熵变的计算

通常相对于研究系统，所指的环境一般是大气或者很大的热源，当系统与环境发生热量交换时，引起的环境变化（温度、压力）非常微小，整个热交换过程可以看作是恒温条件下的可逆过程，则环境熵变的计算为：

$$\Delta S_{\text{sur}}=\frac{Q_{\text{sur}}}{T_{\text{sur}}}$$

又因为，$Q_{\text{sur}}=-Q_{\text{sys}}$， 即环境的热量为系统与环境交换热量的负值。则公式为：

$$\Delta S_{\text{sur}}=\frac{-Q_{\text{sys}}}{T_{\text{sur}}}$$

在计算环境熵变 $\Delta S_{\text{sur}}$ 之后，再与系统熵变 $\Delta S_{\text{sys}}$ 联立，就可以得到隔离系统的总熵变，从而利用熵判据判断任一过程的方向和限度。

**例题分析 2.11**

苯是一种在工业上用途很广的物质，可用于染料合成、农药生产，也常作为溶剂和黏合剂。常温下，苯为带特殊芳香味的无色液体，极易挥发，试求标准压力下，1.0mol −5℃的过冷液态苯凝固过程的熵变，并判断此过程是否能够发生。已知苯凝固点为5.5℃，在凝固点时标准摩尔熔化热焓为9916J·mol$^{-1}$，$C_{p,\text{m}}(\text{l})=126.8\text{J}\cdot\text{K}^{-1}\cdot\text{mol}^{-1}$，$C_{p,\text{m}}(\text{s})=122.6\text{J}\cdot\text{K}^{-1}\cdot\text{mol}^{-1}$。

**解析：**

欲判断过冷苯的凝固是否自发，根据熵判据则应分别求出系统和环境熵变。过冷液体的凝固为不可逆过程，求系统熵变可设计如下可逆过程：

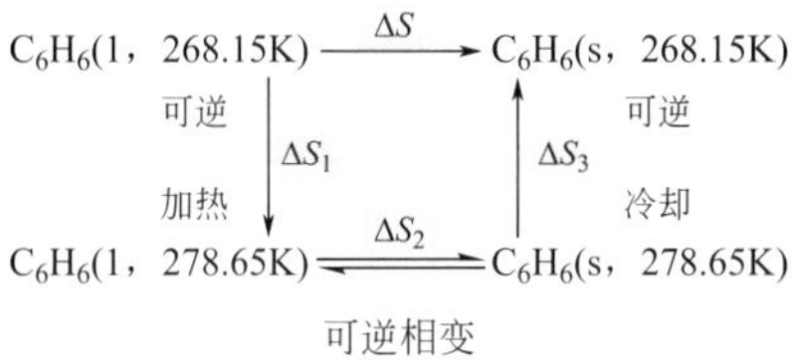


$$\begin{aligned}\Delta S&=\Delta S_1+\Delta S_2+\Delta S_3\\&=\int_{T_1}^{T_2}\frac{nC_{p,\text{m}}(\text{l})}{T}\text{d}T+\frac{\Delta H_{\text{相变}}}{T_{\text{相变}}}+\int_{T_1}^{T_2}\frac{nC_{p,\text{m}}(\text{s})}{T}\text{d}T\\&=\left[\left(1.0\times126.8\times\ln\frac{278.65}{268.15}\right)+\left(\frac{-9916}{278.65}\right)+\left(1.0\times122.6\times\ln\frac{268.15}{278.65}\right)\right]\text{J}\cdot\text{K}^{-1}\\&=-35.42\text{J}\cdot\text{K}^{-1}\end{aligned}$$

实际凝固过程中环境的熵变，可根据基尔霍夫方程首先求得268.15K时的焓变：

$$\begin{aligned}-\Delta H_{\text{m}}^{\ominus}(268.15\text{K})&=-\Delta_{\text{fus}}H_{\text{m}}^{\ominus}(278.65\text{K})+\int_{278.65\text{K}}^{268.15\text{K}}\Delta C_p\text{d}T\\&=-9916+(122.6-126.8)\times(268.15-278.65)\\&=-9871.9\text{J}\cdot\text{mol}^{-1}\end{aligned}$$

$$\Delta S_{\text{sur}}=\frac{\Delta H(268.15\text{K})}{268.15\text{K}}=\frac{9871.9}{268.15}\text{J}\cdot\text{K}^{-1}=36.81\text{J}\cdot\text{K}^{-1}$$

$$\begin{aligned}\Delta S_{\text{iso}}&=\Delta S_{\text{sys}}+\Delta S_{\text{sur}}=(-35.42+36.81)\text{J}\cdot\text{K}^{-1}\\&=1.39\text{J}\cdot\text{K}^{-1}>0\end{aligned}$$

根据熵判据判断该过程可自发，实际中上述过程确实是自发的，且为不可逆过程。

### 思考与讨论：理想气体等温可逆膨胀过程的热功转化是100%吗？

理想气体等温可逆膨胀过程中，$\Delta U=0$。由热力学第一定律可知，等温膨胀过程中吸收的热全部转化为功，$\eta_R=1$。这是否与热力学第二定律不符？

## 2.2 规定熵与化学反应熵变的计算

案例 2.2　反应 $H_2(g)+Cl_2(g)$ ══ $2HCl(g)$会自发进行吗?

反应是否能自发进行可根据熵增加原理来判断，该反应中两种双原子气体反应生成另一种双原子气体。该反应过程中无相变发生，分子数也没有变化，因此总熵变化也很微小，无法简单地判断出熵是增加还是减少。

对于化学反应过程中的熵变，如果知道每种物质的绝对熵，那么求解过程的熵变 $\Delta S$ 就变得很容易，这就像比较两地的高度时，可由其海拔高度确定。与计算海拔时以海平面为参考值类似，绝对熵值也是以某一点为零点作为参考计算的，这就是本节要讨论的热力学第三定律和规定熵。

本节中引入了一个标准摩尔熵的概念，一个反应的熵变可由各反应物质的标准摩尔熵得到。假如反应参与物各自在标准压力下，温度为 298.15 K 时进行，由手册查得各物质的标准摩尔熵分别为：

$$S_m^\ominus(H_2)=130.684 J\cdot K^{-1}\cdot mol^{-1}$$

$$S_m^\ominus(Cl_2)=223.066 J\cdot K^{-1}\cdot mol^{-1}$$

$$S_m^\ominus(HCl,\ g)=186.908 J\cdot K^{-1}\cdot mol^{-1}$$

则反应熵变为：

$$\begin{aligned}\Delta_r S_m^\ominus(298.15K)&=2S_m^\ominus(HCl,\ g)-S_m^\ominus(H_2)-S_m^\ominus(Cl_2)\\&=(2\times186.908-130.684-223.066)\\&=20.066\ (J\cdot K^{-1}\cdot mol^{-1})>0\end{aligned}$$

$\Delta S$ 的变化其实是由两种反应物的混合引起的。反应前，在氯气中，所有的氯原子都与另一个氯原子结合。反应开始后，一些氯原子仍然和氯原子键合，而另一些氯原子和氢原子结合，从而生成新物质 HCl。

### 2.2.1 热力学第三定律

1902 年理查德（T. W. Richard）研究固体之间化学反应时发现熵变随着反应温度的降低而降低。1906 年能斯特（H. W. Nernst）在此基础上提出了能斯特定理：当温度趋于 0K 时，固体之间等温化学反应的熵变也趋于零。1911 年普朗克（M. Planck）在能斯特的基础上又进一步延伸，他假设 0K 时，一切纯物质的熵值均等于 0，即：

$$\lim_{T\to 0K} S=0 \tag{2-15}$$

1920 年路易斯（Lewis）和吉普逊（Gibson）进一步指出上述假设只适用于纯态的完美晶体。晶体中的分子或原子只有一种排列方式的晶体称为完美晶体。路易斯和吉普逊的发现使得考虑完美晶体的缺陷成为必须，他们发现一些物质，如 CO 和 NO，并不遵从一般固态物质遵从的热力学第三定律。这些物质很容易与某些位置上的原子形成亚稳态的晶体，这些位置与平衡位置相反，普通晶体在亚稳态可以使得其在 0K 时的熵不等于 0。

热力学第三定律可表述为：在 0K 时，任何纯态完美晶体的熵值均为零。它是通过总结一些低温现象的实验事实而提出的，为测量物质任意状态的熵值提供了相对标准，计算熵值的“海平面”也就确定了。热力学第三定律还有一种表述，称为“绝对零度不能达到原理”，即“不可能用有限的手段使一物体的温度冷到热力学温标的零度”。热力学第三定律已被实验所证实，它断定了 0K 只能无限趋近但不能到达，如 Saubamea 及其同事已经获得了 $3\times10^{-9}$K(3nK) 的有效温度，因此熵值为零的状态是不可能达到的理想状态。

## 2.2.2 规定熵

根据热力学第三定律，我们可以一贯地将任何处于 0 K 时的纯态的完美晶体的熵看作 0。一份纯的试样从 0 K 的完美晶体形态变到某个规定的形态所具有的熵值叫作此物质在该状态的规定熵。对于任何物质都会有：

$$S=\int_{0\mathrm{K}}^{T}\frac{C_p}{T}\mathrm{d}T=\int_{0\mathrm{K}}^{T}C_p\,\mathrm{d}\ln T \tag{2-16}$$

测得不同温度下的等压热容数据，然后以 $\frac{C_p}{T}$ 为纵坐标，$T$ 为横坐标，作图解积分即可求得温度为 $T$ 时物质的熵值。但在极低的温度范围内，$C_p$ 的值很难精确测得，通常用德拜(Debye) 公式来计算：

$$C_V=1943\frac{T^3}{\theta^3}=aT^3\text{（}\theta\text{ 是物质的特性温度）} \tag{2-17}$$

在低温下 $C_p\approx C_V$，$\theta=\frac{h\nu}{k}$，$\nu$ 是晶体中粒子的简正振动频率。因此如果在 0K～$T$ 温度范围内物质若有如下变化：晶体（s，0K）→晶体（s，$T'$）→晶体（s，$T_\mathrm{f}$）→液体（l，$T_\mathrm{f}$）→液体（l，$T_\mathrm{b}$）→气体（g，$T_\mathrm{b}$）→气体（g，$T$），则温度为 $T$ 时 1mol 气体的规定熵为：

$$S_\mathrm{m}(T)=\int_{0\mathrm{K}}^{T'}\frac{aT^3}{T}\mathrm{d}T+\int_{T'}^{T_\mathrm{f}}\frac{C_{p,\mathrm{m}}(s)}{T}\mathrm{d}T+\frac{\Delta_\mathrm{fus}H_\mathrm{m}}{T_\mathrm{f}}+\int_{T_\mathrm{f}}^{T_\mathrm{b}}\frac{C_{p,\mathrm{m}}(\mathrm{l})}{T}\mathrm{d}T+\frac{\Delta_\mathrm{vap}H_\mathrm{m}}{T_\mathrm{b}}+\int_{T_\mathrm{b}}^{T}\frac{C_{p,\mathrm{m}}(\mathrm{g})}{T}\mathrm{d}T \tag{2-18}$$

## 2.2.3 化学反应熵变的计算

对于任意化学反应：

$$0=\sum_\mathrm{B}\nu_\mathrm{B}\mathrm{B}$$

在 298.15K 和标准状态下，标准摩尔反应熵变为：

$$\Delta_\mathrm{r}S_\mathrm{m}^\ominus(298.15\mathrm{K})=\sum_\mathrm{B}\nu_\mathrm{B}S_\mathrm{m}^\ominus(\mathrm{B},298.15\mathrm{K}) \tag{2-19}$$

式中 $S_\mathrm{m}^\ominus$(B，298.15K) 是物质 B 在标准压力和 298.15K 下的标准摩尔熵，可从手册中查出。

若要获得任意反应温度下的 $\Delta_\mathrm{r}S_\mathrm{m}^\ominus(T)$，则可利用下式来计算：

$$\Delta_r S_m^{\ominus}(T)=\Delta_r S_m^{\ominus}(298\text{K})+\int_{298\text{K}}^{T}\frac{\Delta_r C_{p,m}}{T}\text{d}T \qquad (2\text{-}20)$$

需要注意的是，使用式（2-19）和式（2-20）时，在计算温度范围内所有物质应均无相变，若有相变，则要分段积分，并加上相变所产生的熵变。

**例题分析 2.12**

葡萄糖是能够被人体直接吸收的碳水化合物，是人体所需能量的主要来源。人体通过呼吸作用能将葡萄糖氧化成二氧化碳和水，并同时供给热量，或以糖原形式贮存。试求1mol 葡萄糖在人体内代谢的熵变。

**解析：**

正常情况下人体温度为 37℃，即葡萄糖体内代谢产生 $CO_2$（g）和 $H_2O$（l）为 37℃，反应式为

$$C_{12}H_{22}O_{11}\ (s)+12O_2\ (g)\longrightarrow 11\ H_2O\ (l)+12\ CO_2\ (g)$$

所需数据见下表。

| 物质 | $S_m^{\ominus}(298\text{K})/\text{J}\cdot\text{K}^{-1}\cdot\text{mol}^{-1}$ | $C_{p,m}/\text{J}\cdot\text{K}^{-1}\cdot\text{mol}^{-1}$ |
| --- | --- | --- |
| $O_2$（g） | 205.3 | 29.36 |
| $CO_2$（g） | 213.64 | 37.13 |
| $H_2O$（l） | 69.94 | 75.30 |
| $C_{12}H_{22}O_{11}$（s） | 359.8 | 425.51 |

当反应在 298K 进行时，

$$\begin{aligned}\Delta_r S_m^{\ominus}(298\text{K})&=\sum_B \nu_B S_m^{\ominus}(\text{B},\ 298\text{K})\\&=11S_m^{\ominus}(H_2O,\ l)+12S_m^{\ominus}(CO_2,\ g)-S_m^{\ominus}(C_6H_{22}O_{11},\ s)-12\,S_m^{\ominus}(O_2,\ g)\\&=(11\times 69.94+12\times 213.64-359.8-12\times 205.03)\ \text{J}\cdot\text{K}^{-1}\cdot\text{mol}^{-1}\\&=512.86\text{J}\cdot\text{K}^{-1}\cdot\text{mol}^{-1}\end{aligned}$$

当反应在 37℃ 即 310 K 进行时，

$$\begin{aligned}\Delta_r S_m^{\ominus}(310\text{K})&=\Delta_r S_m^{\ominus}(298\text{K})+\int_{298\text{K}}^{310\text{K}}\frac{\sum_B \nu_B C_{p,m}\ (\text{B})}{T}\text{d}T\\&=\left[512.86+\ (11\times 75.30+12\times 37.13-425.51-12\times 29.36)\ \ln\frac{310}{298}\right]\text{J}\cdot\\&\quad\ \text{K}^{-1}\cdot\text{mol}^{-1}\\&=532.44\text{J}\cdot\text{K}^{-1}\cdot\text{mol}^{-1}\end{aligned}$$

## 思考与讨论：自然界的自发过程与热力学的自发过程一样吗？

自然界中的自发过程，比如水往低处流，热由高温物体向低温物体传递，甚至宇宙的运动和物种进化等，都有时间的概念，而且进行的方式是不可逆的。而在化学变化中，比如氢气和氧气反应生成水，常温常压下几乎不反应。但根据化学反应熵变的计算，反应是可以自发进行的，这说明热力学中的自发过程无时间概念。此外，根据自然界中的自发过程，是否可以认为热力学中的自发过程都是不可逆的，抑或是不可逆过程就一定是自发过程？

# 2.3 亥姆霍兹自由能和吉布斯自由能判据及其计算

案例 2.3　氢气在空气中的燃烧（生成液态水）是自发反应吗？

氢气在空气中燃烧的反应式：

$$O_2(g)+2H_2(g) \longrightarrow 2H_2O\ (l\ 和\ g)$$

反应式中水的状态“l”和“g”同时出现，是因为方程中反应放出的热量能使液态水蒸发。

先计算过程的熵变，所需数据见下表：

| 物质 | $S_m^\ominus(298K)/J\cdot K^{-1}\cdot mol^{-1}$ | $\Delta_f H_m^\ominus(298K)/kJ\cdot mol^{-1}$ |
|---|---|---|
| $H_2$ (g) | 130.684 | 0 |
| $O_2$ (g) | 205.138 | 0 |
| $H_2O$ (l) | 69.91 | −285.830 |
| $H_2O$ (g) | 188.825 | −241.818 |

由于 $S_m^\ominus(H_2O, g) > S_m^\ominus(H_2O, l)$，298K 下，可按全部生成 $H_2O$ (g) 计算：

$$\begin{aligned}\Delta_r S_m^\ominus(298.15K) &= 2S_m^\ominus(H_2O, g) - 2S_m^\ominus(H_2) - S_m^\ominus(O_2)\\ &= (2\times 2188.825 - 2\times 28130.684 - 205.138)J\cdot K^{-1}\cdot mol^{-1}\\ &= -52088.856J\cdot K^{-1}\cdot mol^{-1} < 0\end{aligned}$$

熵值为负，是否就能判断反应不能发生？当用明火在试管口检测试管中制取的氢气时，可以听到噗噗的爆鸣声，即上述反应为自发过程。因此，在计算过程的熵变时，只计算了系统的熵变，环境的熵变却不能准确计算，判断其能否自发，还需要借助新的函数。

用熵作为过程方向和限度的判据只适用于孤立系统，但在处理具体问题时允许近似作为孤立系统的情况并不多见。另外，系统与环境熵变的计算也比较烦琐，因此有必要引入新的热力学函数代替熵函数作为新的判据，这些新的热力学函数就是 Helmholtz（亥姆霍兹）自由能和 Gibbs（吉布斯）自由能。

## 2.3.1　亥姆霍兹自由能

根据热力学第二定律的基本公式：

$$dS - \frac{\delta Q}{T_{sur}} \geqslant 0$$

将其代入热力学第一定律的公式 $\delta Q = dU - \delta W$，得：

$$T_{sur}dS - dU \geqslant -\delta W$$

若系统在等温条件下变化，即 $T_1=T_2=T_{sur}$，上式中的 $T_{sur}$ 可视为常数，则：

$$-\mathrm{d}(U-TS)\geqslant-\delta W \tag{2-21}$$

定义：

$$A \overset{\text{def}}{=\!=} U-TS \tag{2-22}$$

$A$ 称**亥姆霍兹自由能**（Helmholtz free energy），亦称亥姆霍兹函数，由于 $U$、$T$、$S$ 都是状态函数，所以 $A$ 也是状态函数，是广度性质，单位是 J 或 kJ。根据式（2-22）的定义，式（2-21）可改写成：

$$-\mathrm{d}A\geqslant-\delta W \text{ 或 } -\Delta A\geqslant-\delta W \tag{2-23}$$

因此亥姆霍兹自由能可以理解为等温条件下系统做功的本领，即在等温可逆过程中，一个封闭系统所能做的最大功（$-W$）等于其亥姆霍兹自由能的减少。

从式（2-23）还可得出，若系统在等温、等容且无非体积功的情况下，则

$$-\Delta A\geqslant 0 \text{ 或 } \Delta A\leqslant 0 \tag{2-24}$$

式中当 $\Delta A=0$ 时，系统发生可逆过程；$\Delta A<0$ 时，系统发生不可逆过程。式（2-24）的意义可以表述为：在等温、等容且无非体积功的条件下，封闭系统中的过程总是自发地朝着亥姆霍兹自由能减少的方向，直至达到在该条件下 $A$ 值最小的平衡状态为止。系统不可能自动地发生 $\Delta A>0$ 的变化。所以利用亥姆霍兹自由能可以在判别等温、等容且无非体积功的情况下自发变化的方向。

## 2.3.2 吉布斯自由能

由于通常研究的化学反应是在等温、等压条件下进行的，一般系统的变化都会有体积功，所以亥姆霍兹自由能判据具有一定的局限性。可以把功分为两类，体积功（$W_e$）和除体积功以外的其他功，如电功和表面功等非体积功，后者用 $W_f$ 表示。在等温 $T_1=T_2=T_{sur}$ 条件下，根据式（2-21）：

$$-\mathrm{d}(U-TS)\geqslant-\delta W_e-\delta W_f$$

$$-\mathrm{d}(U-TS)\geqslant p\mathrm{d}V-\delta W_f$$

若系统的始态和终态的压力 $p_1$ 和 $p_2$ 皆等于外压 $p_e$，即 $p_1=p_2=p_e=p$，则上式可写作：

$$-\mathrm{d}(U+pV-TS)\geqslant-\delta W_f$$

或

$$-\mathrm{d}(H-TS)\geqslant-\delta W_f$$

定义：

$$G \overset{\text{def}}{=\!=} H-TS \tag{2-25}$$

$$-\mathrm{d}G\geqslant-\delta W_f \text{ 或 } \mathrm{d}G\leqslant\delta W_f \tag{2-26}$$

$G$ 称为**吉布斯自由能**（Gibbs free energy），也称吉布斯函数，它同 $A$ 一样，也是具有广度性质的状态函数，单位是 J 或 kJ。由上式可知：在等温、等压条件下，一个封闭系统所能做的最大非体积功等于其吉布斯自由能的减少。

因为通常研究的化学反应是在等压条件下进行的，所以系统在等温、等压且不做非体积功的条件下，能够得到：

$$-\Delta G\geqslant 0 \text{ 或 } \Delta G\leqslant 0 \tag{2-27}$$

式中，当 $\Delta G=0$ 时，系统发生可逆过程；$\Delta G<0$ 时，系统发生不可逆过程。式（2-27）

的意义可以表述为：在等温、等压且无非体积功的条件下，封闭系统中的过程总是自发地朝着吉布斯自由能减少的方向进行，直至达到在该条件下 $G$ 值最小的平衡状态为止。系统不可能自动地发生 $\Delta G>0$ 的变化。

在等温、等压可逆电池反应中，非体积功即为电功（$nFE$），故：

$$\Delta_r G=-nFE \tag{2-28}$$

式中，$n$ 是电池反应式中电子的物质的量；$F$ 是法拉第（Faraday）常数，为 96485C·$mol^{-1}$，$E$ 为可逆电池的电动势。

## 2.3.3 ΔG 和 ΔA 的计算

亥姆霍兹自由能和吉布斯自由能都是状态函数，在给定始、末状态后，可设计可逆过程来进行计算。

**(1) 等温过程 ΔG 和 ΔA 的计算**

等温、不做非体积功过程中：

$$dA=\delta W_e=-p\,dV \tag{2-29}$$

$$\Delta A=\int_{V_1}^{V_2}(-p)\,dV \tag{2-30}$$

根据 Gibbs 自由能的定义

$$G=H-TS=U+pV-TS=A+pV$$

对于微小变化：

$$dG=dA+p\,dV+V\,dp \tag{2-31}$$

将式（2-29）代入，得：

$$dG=-p\,dV+p\,dV+V\,dp=V\,dp$$

$$\Delta G=\int_{p_1}^{p_2}V\,dp \tag{2-32}$$

式(2-30）和式(2-32）适用于物质的各种状态。对于理想气体，根据其状态方程，可有：

$$\Delta A=\int_{V_1}^{V_2}(-\frac{nRT}{V})\,dV=nRT\ln\frac{V_1}{V_2}=nRT\ln\frac{p_2}{p_1} \tag{2-33}$$

$$\Delta G=\int_{p_1}^{p_2}\frac{nRT}{p}\,dp=nRT\ln\frac{p_2}{p_1}=nRT\ln\frac{V_1}{V_2} \tag{2-34}$$

需要注意的是式(2-33）和式(2-34）只适用于理想气体的等温过程。

**例题分析 2.13**

1mol 理想气体在 25℃ 下由 $1.0\times10^6$ Pa 等温可逆膨胀到 $1.0\times10^5$ Pa，计算该过程的 $Q$、$W$、$\Delta U$、$\Delta H$、$\Delta S$、$\Delta A$、$\Delta G$。

**解析：**

理想气体的 $U$ 和 $H$ 只是温度的函数，等温下有：

$$\Delta U=0$$

$$\Delta H=0$$

理想气体等温膨胀

$$W = -\int_{V_1}^{V_2} p \, dV = -\int_{V_1}^{V_2} \frac{nRT}{V} dV = -nRT\ln\frac{V_2}{V_1} = nRT\ln\frac{p_2}{p_1} = 1 \times 8.314 \times 298.15\ln\frac{10^5}{10^6}J$$

$$= -5707.69J$$

$$Q = -W = 5707.69J$$

$$\Delta S = \frac{Q_R}{T} = \frac{5707.69}{298.15}J \cdot K^{-1} = 19.14J \cdot K^{-1}$$

$$\Delta A = W = -5707.69J$$

$$\Delta G = \int V dp = nRT\ln\frac{p_2}{p_1} = -5707.69J$$

**（2）相变过程 $\Delta G$ 和 $\Delta A$ 的计算**

如果相变是在等温、等压、无非体积功时进行的可逆相变，则 $\Delta G = 0$；若是在相同条件下发生了不可逆相变，则要设计一个始终态相同的可逆过程进行计算。

**例题分析 2.14**

1mol $H_2O(l)$ 在 25℃、101.325kPa 下蒸发为 $H_2O(g)$，计算此过程的吉布斯自由能变化 $\Delta G$。已知 $H_2O$ (l) 在 25℃ 时的饱和蒸气压为 3167.74Pa，$V_m$ 为 $18 \times 10^{-3} m^3 \cdot mol^{-1}$，并设 $V_m$ 不随压力而变化。

**解析：**

101.325kPa 下水的正常沸点为 100℃，所以此条件下不是可逆相变，可设计下列可逆过程计算：

$$H_2O(l，25℃，101.325kPa) \xrightarrow{\Delta G} H_2O(g，25℃，101.325kPa)$$

$$\downarrow \Delta G_1 \qquad\qquad\qquad\qquad \uparrow \Delta G_3$$

$$H_2O(l，25℃，3167.74Pa) \xrightarrow{\Delta G_2} H_2O(g，25℃，3167.74Pa)$$

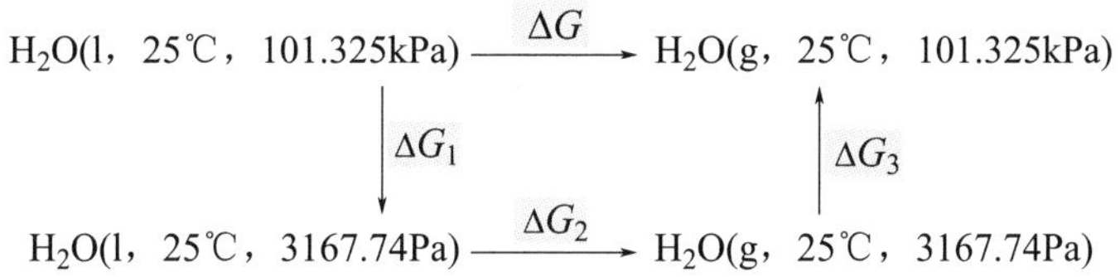

等温、不做非体积功下，根据公式 $\Delta G = \int_{p_1}^{p_2} V dp$ 有：

$$\Delta G_1 = \int_{p_1}^{p_2} V(l) \, dp = V_m(p_2 - p_1)$$

$$= 18 \times 10^{-3} kg \cdot g^{-1} \times (3167.74Pa - 101325Pa)$$

$$= -1766.83J \cdot mol^{-1}$$

在 25℃ 的饱和蒸气压下，液态水与其蒸汽平衡，为可逆相变，$\Delta G_2 = 0$。

$$\Delta G_3 = \int_{p_1}^{p_2} V(g) \, dp = RT\ln\frac{p_2}{p_1} = \left[8.314 \times 298.15\ln\frac{101325}{3167.74}\right]J \cdot mol^{-1}$$

$$= 8589.89J \cdot mol^{-1}$$

$$\Delta G = \Delta G_1 + \Delta G_2 + \Delta G_3 = (-1766.83 + 8589.89)J \cdot mol^{-1}$$

$$= 6823.06J \cdot mol^{-1} > 0$$

由此可知该过程不能自发进行。从上述计算可看出，由于液体的摩尔体积很小，恒温下由于压力改变引起吉布斯自由能改变 $\Delta G_1$ 很小，可忽略不计，上述过程的 $\Delta G$ 可写为：

$$\Delta G \approx \Delta G_3 = RT\ln\frac{101325\text{Pa}}{p}$$

式中，$p$ 表示 25℃ 时的饱和蒸气压，即 3167.74Pa。

**(3) 混合过程 ΔG 的计算**

混合过程的 $\Delta G$ 称混合 Gibbs 函数，记作 $\Delta_{mix}G$。对于多种理想气体在等温、等压下的混合过程，$\Delta_{mix}H=0$。据式（2-12），此过程的混合熵为：

$$\Delta_{mix}S = -R\sum_{B} n_B \ln x_B$$

所以混合 Gibbs 函数为：

$$\Delta_{mix}G = \Delta_{mix}H - T\Delta_{mix}S = -T\Delta_{mix}S$$

即：

$$\Delta_{mix}G = RT\sum_{B} n_B \ln x_B \tag{2-35}$$

式中，$n_B$ 和 $x_B$ 分别为理想气体 B 的物质的量和混合气体中 B 的物质的量分数。式（2-35）只适用于不同理想气体等温、等压下的混合过程。它表明，此过程是等压且无非体积功的条件下 Gibbs 函数减少（$\Delta_{mix}G<0$）的过程，所以是自发过程。

**(4) 化学反应 ΔG 的计算**

对于一个化学反应，热力学第一定律只能知道反应生成的热量是多少，但无法确定给定条件下反应朝什么方向进行，进行到什么程度为止。通常化学反应是在恒温恒压下进行的，因此可以用 $\Delta G$ 来判断反应的方向和限度。对恒温、标准态下有 $\Delta_r G_m^\ominus$，通常有如下几种方法求算：

① 由 $\Delta_r H_m^\ominus$ 和 $\Delta_r S_m^\ominus$ 来计算：

$$\Delta_r G_m^\ominus = \Delta_r H_m^\ominus - T\Delta_r S_m^\ominus \tag{2-36}$$

通过热力学的方法可以测定反应的热效应，从而获得 $\Delta_r H_m^\ominus$，再通过 $C_p$ 的测定或直接从热力学第三定律所得到的规定熵获得 $\Delta_r S_m^\ominus$，运用式（2-36）可求任一反应温度的 $\Delta_r G_m^\ominus$。但是在求任一温度下的 $\Delta_r G_m^\ominus$ 时，$\Delta_r H_m^\ominus$ 和 $\Delta_r S_m^\ominus$ 也是相应温度下的值。

② 通过标准摩尔生成 Gibbs 自由能来计算，$\Delta_r G_m^\ominus = \sum_{B}\nu_B \Delta_f G_m^\ominus(B)$。

在标准压力 $p^\ominus$下，某物质的标准摩尔生成 Gibbs 自由能，等于由最稳定的单质生成单位该物质时的标准 Gibbs 自由能的变化值，用符号 $\Delta_f G_m^\ominus$ 表示。下角“f”代表生成，上角“⊖”代表反应物和产物各自都处于标准压力 $p^\ominus$，但这里没有指定温度（对同一化合物，298.15K 和 1000K 时的 $\Delta_f G_m^\ominus$ 是不一样的，手册上所给的大都是 298.15K 时的数值）。根据这一定义，稳定单质的标准摩尔生成 Gibbs 自由能都等于零。

例如在 298.15K 时，反应：

$$\frac{1}{2}N_2(g,\ p^\ominus) + \frac{3}{2}H_2(g,\ p^\ominus) = NH_3(g,\ p^\ominus)$$

已知合成 1mol $NH_3$（g）反应的 $\Delta_r G_m^\ominus$ 为 $-16.635\text{kJ}\cdot\text{mol}^{-1}$。因为在 $p^\ominus$时，稳定单质 $N_2$ 和 $H_2$ 的 $\Delta_f G_m^\ominus$ 都为零，所以

$$\Delta_f G_m^\ominus(NH_3) = \Delta_r G_m^\ominus = -16.635\text{kJ}\cdot\text{mol}^{-1}$$

对于有离子参加的反应，规定 $H^+$（aq，$m_{H^+}=1\text{mol}\cdot\text{kg}^{-1}$）的摩尔生成 Gibbs 自由

能 [ $\Delta_f G_m^\ominus$ ($H^+$，aq，$m_{H^+}=1mol \cdot kg^{-1}$) ] 等于零，由此也可求出其他离子的标准摩尔生成 Gibbs 自由能。在电解质溶液中，通常浓度是用质量摩尔浓度表示，此时各物质的标准态是 $m_B=1mol \cdot kg^{-1}$，且为具有理想稀溶液性质的假想状态。化合物在 298.15K 时的 $\Delta_f G_m^\ominus$ 数据可通过资料查阅。有了这些数据，就能很方便地计算任意反应在 298.15K 时的 $\Delta_r G_m^\ominus$ 值。

**例题分析 2.15**

有一句广告词："钻石恒久远，一颗永流传"。钻石真能"恒久远"吗？

**解析：**

钻石是 C 以 $sp^3$ 杂化形成的金刚石，钻石能不能"恒久远"就看金刚石在常温常压下能不能向石墨转化。可根据 $\Delta G$ 来判断反应能不能发生。

若已知 298.15K、101.325kPa 下：

$$C(s,金刚石) \longrightarrow C(s,石墨)$$

此反应放出 $1.895kJ \cdot mol^{-1}$ 的热量，对应 $\Delta_r S_m=3.363J \cdot K^{-1} \cdot mol^{-1}$

则

$$\begin{aligned}\Delta_r G_m &= \Delta_r H_m - T\Delta_r S_m \\ &= -1.895\times10^3 J \cdot mol^{-1} - 298.15K \times 3.363J \cdot K^{-1} \cdot mol^{-1} \\ &= -2.897\times10^3 J \cdot mol^{-1} < 0\end{aligned}$$

由此看出，常温常压下，金刚石能自发向石墨转化，钻石并不能"恒久远"。

**例题分析 2.16**

求反应 $2CO(g)+O_2(g) = 2CO_2(g)$ 在 298.15K 时的 $\Delta_r G_m^\ominus$。

① 查数据，求算 $\Delta_f G_m^\ominus$。

② 由 $\Delta_r H_m^\ominus$ 和 $\Delta_r S_m^\ominus$ 计算该反应在 298.15K 的 $\Delta_r G_m^\ominus$。

**解析：**

① 查数据并计算得：

$$\begin{aligned}\Delta_r G_m^\ominus &= 2\Delta_f G_m^\ominus(CO_2) + (-2)\Delta_f G_m^\ominus(CO) + (-1)\Delta_f G_m^\ominus(O_2) \\ &= 2(-394.389kJ \cdot mol^{-1}) - 2(-137.163kJ \cdot mol^{-1}) + 0 \\ &= -514.452kJ \cdot mol^{-1}\end{aligned}$$

② $$\begin{aligned}\Delta_r H_m^\ominus &= 2\Delta_f H_m^\ominus(CO_2) + (-2)\Delta_f H_m^\ominus(CO) + (-1)\Delta_f H_m^\ominus(O_2) \\ &= 2\times(-393.522kJ \cdot mol^{-1}) - 2\times(-110.527kJ \cdot mol^{-1}) - 0 \\ &= -565.990kJ \cdot mol^{-1}\end{aligned}$$

$$\begin{aligned}\Delta_r S_m^\ominus &= 2\Delta_f S_m^\ominus(CO_2) + (-2)\Delta_f S_m^\ominus(CO) + (-1)\Delta_f S_m^\ominus(O_2) \\ &= 2\times(213.795J \cdot K^{-1} \cdot mol^{-1}) - 2(197.653J \cdot K^{-1} \cdot mol^{-1}) + (-1)\times205.147J \cdot K^{-1} \cdot mol^{-1} \\ &= -172.863J \cdot K^{-1} \cdot mol^{-1}\end{aligned}$$

$$\begin{aligned}\Delta_r G_m^\ominus &= \Delta_r H_m^\ominus - T\Delta_r S_m^\ominus \\ &= -565.990kJ \cdot mol^{-1} - (298.15K)\times(-172.863J \cdot K^{-1} \cdot mol^{-1}) \\ &= -514.451kJ \cdot mol^{-1}\end{aligned}$$

## 2.4 各种热力学函数间的关系

案例 2.4 石墨什么条件下可以转化为金刚石？

上一节中证明了在常温常压下，钻石（金刚石）会自发地转化成石墨，但由于在动力学上的限制，通常钻石向石墨的转化过程十分缓慢。

但在工业生产中，人们关心的往往是在什么条件下石墨可转化为金刚石：

$$\mathrm{C(s，石墨)} \longrightarrow \mathrm{C(s，金刚石)}$$

要使石墨中的层状碳变成金刚石那样排列的四面体碳十分困难。从 18 世纪后期起，人们就开始寻找合成途径，直至 20 世纪中叶，1938 年，学者罗西尼通过热力学计算，奠定了合成金刚石的理论基础。计算结果表明，要使石墨变成金刚石，至少要在 15000 个大气压、1500℃的高温条件下才可以，直到 20 世纪 50～60 年代，才建成了能达到上述条件的仪器装置。1955 年 2 月，美国通用电气公司的科学家成功制造了第一颗人造金刚石。他们在 2500℃、10 万个大气压下，用铬作催化剂，从石墨中获得一些直径为 0.1～1mm 的小颗粒金刚石。7 年后，他们在 5000℃及 20 万个大气压下，不使用催化剂，直接将石墨转化为金刚石。那么，在常温条件下，需要加多少压力才能够使石墨转化为金刚石？

这就要求寻求一个在恒温条件下，吉布斯自由能判据与压力的关系式。由吉布斯自由能的定义可得：

$$G = H - TS = (U + pV) - TS = Q + W + pV - TS$$

在不做非体积功的可逆封闭系统中，可得：

$$\mathrm{d}G = T\mathrm{d}S - p\mathrm{d}V + p\mathrm{d}V + V\mathrm{d}p - T\mathrm{d}S - S\mathrm{d}T$$

即
$$\mathrm{d}G = V\mathrm{d}p - S\mathrm{d}T$$

上式为**热力学基本公式**之一。当 $\mathrm{d}T = 0$ 时，可得：

$$\left(\frac{\partial G}{\partial p}\right)_T = V, \left(\frac{\partial \Delta G}{\partial p}\right)_T = \Delta V$$

$$\int_{\Delta G_m^\ominus}^{\Delta G_2} \mathrm{d}\Delta G = \int_{p^\ominus}^{p} \Delta V \mathrm{d}p$$

已知 298K 时，石墨向金刚石转化的 $\Delta G_m^\ominus = 2.862\mathrm{kJ \cdot mol^{-1}}$，金刚石的密度为 $3513\mathrm{kg \cdot cm^{-3}}$，石墨的密度为 $2260\mathrm{kg \cdot cm^{-3}}$。所以可以得到 $\Delta V = -1.89 \times 10^{-6}\ \mathrm{m^3 \cdot mol^{-1}}$，将数据代入下式：

$$\Delta G_2 = \Delta G_m^\ominus + \Delta V(p - 100\mathrm{kPa}) = 0$$

解得 $p = 1.5 \times 10^9\mathrm{Pa}$。因此室温下石墨转化为金刚石所需的压力很大，通常需要特殊设备才能做到。所以知道一些热力学函数间的关系，有助于指导实际。本节主要讨论四个重要的热力学基本公式及其应用。

## 2.4.1 基本关系式

在热力学的三个定律中，最常遇到的八个状态函数是：$p$、$V$、$T$、$S$、$U$、$H$、$G$、$A$。其中 $p$、$V$、$T$、$S$、$U$ 是基本函数，有明确的物理意义，而 $H$、$G$、$A$ 是导出的辅助函数。根据定义：

$$H = U + pV$$

$$G = H - TS$$

$$A = U - TS$$

从这三个式子可得

$$G = (U + pV) - TS = A + pV$$

这几个热力学函数之间的关系见图 2.2。

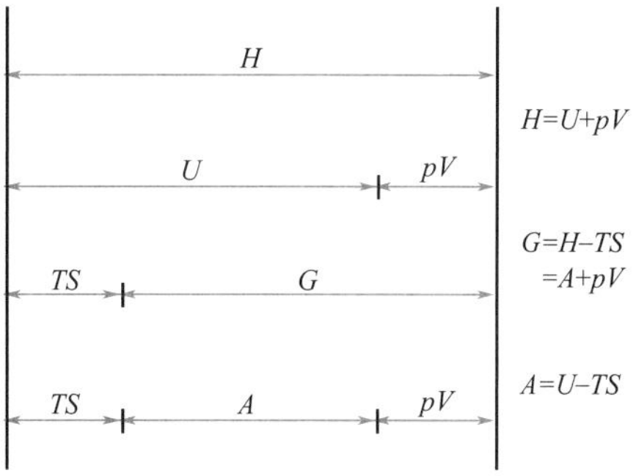


图 2.2 几个热力学函数之间的关系

根据热力学第一定律，封闭系统只做体积功时：

$$dU = \delta Q + \delta W_e = \delta Q - p\,dV$$

根据热力学第二定律，若过程可逆，则有：

$$dS = \frac{\delta Q_R}{T}$$

代入上式得：

$$dU = T\,dS - p\,dV \tag{2-37}$$

此式是热力学能的全微分表达式，称作热力学第一定律与第二定律的联合表达式。

根据焓的定义式，将其两端微分，得：

$$dH = dU + p\,dV + V\,dp$$

将式（2-37）代入，整理后得焓的微分式：

$$dH = T\,dS + V\,dp \tag{2-38}$$

同理可得，Helmholtz 函数和 Gibbs 函数的微分式分别为：

$$dA = -S\,dT - p\,dV \tag{2-39}$$

$$dG = -S\,dT + V\,dp \tag{2-40}$$

式（2-37）～式（2-40）四个公式是热力学基本关系式，它们的使用条件严格来说只适用于封闭系统只做体积功的可逆过程，但进一步的分析表明它们适用于只做体积功、组成不变的单相封闭系统，而不论过程是否可逆。从这四个基本公式还可以导出其他一些关系式，例如：

$$T = \left(\frac{\partial U}{\partial S}\right)_V = \left(\frac{\partial H}{\partial S}\right)_p \tag{2-41}$$

$$p = -\left(\frac{\partial U}{\partial V}\right)_S = -\left(\frac{\partial A}{\partial V}\right)_T \tag{2-42}$$

$$V = \left(\frac{\partial H}{\partial p}\right)_S = \left(\frac{\partial G}{\partial p}\right)_T \tag{2-43}$$

$$S = -\left(\frac{\partial A}{\partial T}\right)_V = -\left(\frac{\partial G}{\partial T}\right)_p \tag{2-44}$$

式（2-41）～式（2-44）称为对应系数关系式，它们在证明和推导其他热力学关系式时，常常用到。

## 2.4.2 麦克斯韦关系式

设 $Z$ 代表系统的一个状态函数，且是变量 $x$、$y$ 的函数。因为 $\mathrm{d}Z$ 具有全微分的性质，所以有：

$$\mathrm{d}Z=\left(\frac{\partial Z}{\partial x}\right)_y \mathrm{d}x+\left(\frac{\partial Z}{\partial y}\right)_x \mathrm{d}y=M\mathrm{d}x+N\mathrm{d}y$$

数学上 $\mathrm{d}Z$ 是全微分的充分必要条件为：

$$\left(\frac{\partial M}{\partial y}\right)_x=\left(\frac{\partial N}{\partial x}\right)_y$$

将上式规则应用于基本关系式(2-37)～式(2-40)，可得到：

$$\left(\frac{\partial T}{\partial V}\right)_S=-\left(\frac{\partial p}{\partial S}\right)_V \tag{2-45}$$

$$\left(\frac{\partial T}{\partial p}\right)_S=\left(\frac{\partial V}{\partial S}\right)_p \tag{2-46}$$

$$\left(\frac{\partial S}{\partial V}\right)_T=\left(\frac{\partial p}{\partial T}\right)_V \tag{2-47}$$

$$\left(\frac{\partial S}{\partial p}\right)_T=-\left(\frac{\partial V}{\partial T}\right)_p \tag{2-48}$$

式(2-45)～式(2-48)称为**麦克斯韦关系式**（Maxwell’s relations），它们在热力学中有着重要的应用。可将实验难以测量的量转化为易于测量的量，如式（2-47）和式（2-48），可将熵随 $V$、$p$ 的变化转化为易于测定的 $p$、$T$、$V$ 之间的关系。

## 2.4.3 基本关系式的推论

从基本关系式可推导出许多其他有用的公式，下面简单介绍几个公式及其应用。

**(1) $\Delta G$ 与 $T$ 的关系**

由式（2-44）得系统状态发生变化时，

$$\left(\frac{\partial \Delta G}{\partial T}\right)_p=-\Delta S$$

式中等号左边代表 $\Delta G$ 在恒压下随温度的变化率，已知在温度为 $T$ 时，

$$\Delta G=\Delta H-T\Delta S$$

代入上式得：

$$\left(\frac{\partial \Delta G}{\partial T}\right)_p=\frac{\Delta G-\Delta H}{T} \tag{2-49}$$

式(2-49)两边同时除以温度 $T$，移项后变为：

$$\frac{1}{T}\left(\frac{\partial \Delta G}{\partial T}\right)_p-\frac{\Delta G}{T^2}=-\frac{\Delta H}{T^2}$$

上式等号左边显然是 $\left(\frac{\Delta G}{T}\right)$ 对 $T$ 的微分，故有：

$$\left[\frac{\partial\left(\frac{\Delta G}{T}\right)}{\partial T}\right]_p = -\frac{\Delta H}{T^2} \tag{2-50}$$

式（2-49）和式（2-50）均称为吉布斯-亥姆霍兹方程（Gibbs-Helmholtz equation），据此可求得不同温度时反应的 $\Delta G$。

**例题分析 2.17**

已知下列反应：

$$2SO_3(g, p^{\ominus}) \longrightarrow 2SO_2(g, p^{\ominus}) + O_2(g, p^{\ominus})$$

在 25℃ 时，反应的吉布斯自由能变 $\Delta_r G_m^{\ominus} = 140kJ \cdot mol^{-1}$，反应的焓变为 $\Delta_r H_m^{\ominus} = 196.56kJ \cdot mol^{-1}$，并且不随温度改变，求反应在 600℃进行时的 $\Delta_r G_m^{\ominus}(873K)$。

**解析：**

根据吉布斯-亥姆霍兹方程，即：

$$\left[\frac{\partial\left(\frac{\Delta G}{T}\right)}{\partial T}\right]_p = -\frac{\Delta H}{T^2}$$

则有：

$$\left(\frac{\Delta G}{T}\right)_{T_2} - \left(\frac{\Delta G}{T}\right)_{T_1} = \int_{T_1}^{T_2} -\left(\frac{\Delta H}{T^2}\right) dT = \Delta H\left(\frac{1}{T_2} - \frac{1}{T_1}\right)$$

$$\Delta_r G_m^{\ominus}(873K) = 873 \times \left[\frac{1.4000 \times 10^5}{298} + 1.9656 \times 10^5 \times \left(\frac{1}{873} - \frac{1}{298}\right)\right] kJ \cdot mol^{-1}$$

$$= 30.87kJ \cdot mol^{-1}$$

**（2）$\Delta G$ 与 $p$ 的关系**

由式（2-43）可得

$$\left(\frac{\partial G}{\partial p}\right)_T = V \tag{2-51}$$

上式表示温度恒定时，压力 $p$ 对 $G$ 的影响。将式两边积分得

$$G(p_2, T) - G(p_1, T) = \int_{p_1}^{p_2} V dp \tag{2-52}$$

以 $G^{\ominus}(T)$ 表示温度为 $T$、压力为标准压力（100kPa）时纯物质的标准 Gibbs 自由能，则压力为 $p$ 时的 Gibbs 自由能 $G(p, T)$ 为

$$G(p, T) = G^{\ominus}(p^{\ominus}, T) + \int_{p^{\ominus}}^{p} V dp \tag{2-53}$$

**例题分析 2.18**

在 25℃时，将 Hg(l) 从 100kPa 加压到 1000kPa，求该过程中吉布斯自由能的变化 $\Delta G$。已知 Hg(l) 的密度 $\rho = 13.5 \times 10^3 kg \cdot m^{-3}$，并设密度不随压力而变，Hg (l) 的摩尔质量 $M(Hg) = 200.6g \cdot mol^{-1}$。

**解析：**

恒温下由公式 $\left(\frac{\partial G}{\partial p}\right)_T = V$ 得：

$$\Delta G=\int_{p^{\ominus}}^{p} V_{\mathrm{m}}\,\mathrm{d}p=\int_{p^{\ominus}}^{p}\frac{M}{\rho}\mathrm{d}p$$
$$=\frac{200.6\times10^{-3}\,\mathrm{kg\cdot mol^{-1}}}{13.5\times10^{3}\,\mathrm{kg\cdot m^{-3}}}\times(1000-100)\times10^{3}\,\mathrm{Pa}$$
$$=13.37\,\mathrm{J\cdot mol^{-1}}$$

**(3) 求 $U$ 随 $V$ 的变化关系**

由 $\mathrm{d}U=T\mathrm{d}S-p\mathrm{d}V$，可得

$$\left(\frac{\partial U}{\partial V}\right)_T=T\left(\frac{\partial S}{\partial V}\right)_T-p$$

根据式（2-47），上式可写作

$$\left(\frac{\partial U}{\partial V}\right)_T=T\left(\frac{\partial p}{\partial T}\right)_V-p \tag{2-54}$$

$\left(\frac{\partial U}{\partial V}\right)_T$ 代表分子之间相互作用的强弱，式(2-54) 表示可通过状态方程求出 $\left(\frac{\partial U}{\partial V}\right)_T$ 的大小。如对于理想气体，

$$\left(\frac{\partial p}{\partial T}\right)_V=\frac{nR}{V}$$

代入式(2-54)，可得 $\left(\frac{\partial U}{\partial V}\right)_T=0$。

**(4) 求 $H$ 随 $p$ 的变化关系**

由 $\mathrm{d}H=T\mathrm{d}S+V\mathrm{d}p$，可得

$$\left(\frac{\partial H}{\partial p}\right)_T=T\left(\frac{\partial S}{\partial p}\right)_T+V$$

根据式(2-48)，上式可写作：

$$\left(\frac{\partial H}{\partial p}\right)_T=V-T\left(\frac{\partial V}{\partial T}\right)_p \tag{2-55}$$

此式表明，可通过状态方程求出焓随压力的变化，对于理想气体：

$$\left(\frac{\partial V}{\partial T}\right)_p=\frac{nR}{p}$$

代入式(2-55)，可得 $\left(\frac{\partial H}{\partial p}\right)_T=0$。

式(2-54) 和式(2-55) 都可从状态方程求出，因而又称为热力学状态方程（thermodynamic equation of state)。由此可求得实际气体在等温过程中的热力学能和焓的变化值。

**例题分析 2.19**

已知某实际气体状态方程为 $pV_{\mathrm{m}}=RT+\alpha T$，式中，$\alpha$ 为常数。求该气体的 $\left(\frac{\partial T}{\partial p}\right)_H$ 为多少？

**解析：**

将 $T$ 表示为 $p$、$H$ 的函数，即 $T=T(p,H)$。

微分得 $$\mathrm{d}T=\left(\frac{\partial T}{\partial p}\right)_H\mathrm{d}p+\left(\frac{\partial T}{\partial H}\right)_p\mathrm{d}H$$

又 $$dH=\left(\frac{\partial H}{\partial p}\right)_T dp+\left(\frac{\partial H}{\partial T}\right)_p dT$$

而 $\left(\frac{\partial H}{\partial p}\right)_T=V-T\left(\frac{\partial V}{\partial T}\right)_p$，$\left(\frac{\partial H}{\partial T}\right)_p=C_p$，代入上式得

$$dH=\left[V-T\left(\frac{\partial V}{\partial T}\right)_p\right]dp+C_p dT$$

故 $$\begin{aligned}dT&=\left(\frac{\partial T}{\partial p}\right)_H dp+\left(\frac{\partial T}{\partial H}\right)_p\left\{\left[V-T\left(\frac{\partial V}{\partial T}\right)_p\right]dp+C_p dT\right\}\\&=\left\{\left(\frac{\partial T}{\partial p}\right)_H+\left(\frac{\partial T}{\partial H}\right)_p\left[V-T\left(\frac{\partial V}{\partial T}\right)_p\right]\right\}dp+\left(\frac{\partial T}{\partial H}\right)_p C_p dT\end{aligned}$$

比较等式两边系数可得：$\left(\frac{\partial T}{\partial p}\right)_H+\left(\frac{\partial T}{\partial H}\right)_p\left[V-T\left(\frac{\partial V}{\partial T}\right)_p\right]=0$

$$\left(\frac{\partial T}{\partial H}\right)_p C_p=1$$

所以有$\left(\frac{\partial T}{\partial p}\right)_H=\left(\frac{\partial T}{\partial H}\right)_p\left[T\left(\frac{\partial V}{\partial T}\right)_p-V\right]$

根据状态方程可得$\left(\frac{\partial V}{\partial T}\right)_p=\frac{R}{p}=\frac{V-\alpha}{T}$，代入上式，得

$$\left(\frac{\partial T}{\partial p}\right)_H=\frac{1}{C_p}(V-\alpha-V)=-\frac{\alpha}{C_p}<0$$

## 习题2

2.1 有一绝热恒温槽，温度为370K，室温为298K，但因恒温槽绝热不良而有3.5kJ的热传给了室内空气，计算$\Delta_{sys}S$、$\Delta_{sur}S$、$\Delta_{iso}S$，并说明该过程是否可逆。

[知识点：熵的定义式]

2.2 在标准压力下把冰箱中的冰从－15℃升温到0℃，假设升温过程中没有冰融化，计算过程熵变$\Delta S$。已知冰的$C_{p,m}=39J\cdot K^{-1}\cdot mol^{-1}$。

[知识点：变温下熵变的计算]

2.3 计算在标准压力下把1mol $CO_2$（g）从298K加热到1000K时的熵变$\Delta S$。已知$CO_2$（g）的恒压热容为：

$C_{p,m}/J\cdot K^{-1}\cdot mol^{-1}=43.26+1.146\times10^{-2}T/K-8.180\times10^{-6}(T/K)^2$。

[知识点：恒压热容与温度有关时熵变的计算]

2.4 计算将2.5mol、体积为100.0L的氖气由80℃可逆加热到250℃的$\Delta S$，可将氖气视为理想气体，$C_{V,m}=\frac{3}{2}R$。

[知识点：等容熵变的计算]

2.5 有一绝热、具有确定容积的容器，中间用导热隔板将容器从中间分开，分别充入1mol $N_2$（g）和1mol $H_2$（g），如下图：

| | |
|---|---|
| 1mol $N_2$（g）<br>305K | 1mol $H_2$（g）<br>285K |

① 求系统达到热平衡时的$\Delta S$；

② 达热平衡后将隔板抽去，求系统的$\Delta_{mix}S$；

$N_2$、$H_2$ 皆可视为理想气体，热容相同，$C_{V,m}=\frac{5}{2}R$。

[知识点：等容熵变及混合熵的计算]

2.6 已知 $Br_2$ 的熔点为 7.32℃，沸点为 61.55℃，求 1mol $Br_2$（s）从熔点到沸点的熵变 $\Delta S$。已知 $Br_2$（l）的 $C_p=0.448\text{J}\cdot\text{K}^{-1}\cdot\text{g}^{-1}$，熔化焓为 $67.71\text{J}\cdot\text{g}^{-1}$，汽化焓为 $182.80\text{J}\cdot\text{g}^{-1}$，$Br_2$ 的摩尔质量 $M=159.8\text{g}\cdot\text{mol}^{-1}$。

[知识点：相变过程中的熵变]

2.7 在室温 300K 及标准压力下，将 5mol $O_2$（g）放于一敞口容器中，用 13.96K 的液态 $H_2$ 使系统冷却到 90.19K，成为液态氧 $O_2$（l），求该过程中 $\Delta_{sys}S$、$\Delta_{sur}S$、$\Delta_{iso}S$。已知 $O_2$ 在 90.19K 时的摩尔汽化焓为 $6.82\text{kJ}\cdot\text{mol}^{-1}$。

[知识点：定压熵变和相变熵的计算]

2.8 大气是由 $5.1480\times10^{18}$kg 的多种气体混合而成，如果忽略 Ar、$CO_2$、水蒸气和其他实际存在的物质，则 $x_{N_2}$ 占了 0.79，$x_{O_2}$ 占了 0.21。在 $1\times10^9$ 年前，地球大气主要是 $N_2$（最开始，少量的 $O_2$ 由火山活动和化学反应释放出来，这导致有氧有机物的出现，产生了光合作用并将水转化为 $O_2$）。假设 $N_2$ 在此期间不变，计算现在大气组成中，$N_2$ 和 $O_2$ 混合产生的总的熵变。

[知识点：混合熵的计算]

2.9 已知 25℃ 下 $O_2$（g）的标准摩尔熵 $S_m^{\ominus}$（298K）$=205.3\text{J}\cdot\text{K}^{-1}\cdot\text{mol}^{-1}$，试求 $O_2$（g）在 100℃、500kPa 下的摩尔规定熵值 $S_m$。已知 $O_2$（g）的恒压热容为：

$$C_{p,m}/\text{J}\cdot\text{K}^{-1}\cdot\text{mol}^{-1}=28.17+6.297\times10^{-2}T/\text{K}-0.7494\times10^{-6}(T/\text{K})^2$$

[知识点：规定熵的分步计算]

2.10 工业上空气和甲醇制甲醛的反应，常利用 Ag 作催化剂，但反应过程中 Ag 会失去光泽，且有些碎裂，有人猜测 Ag 被氧化了，即发生下列反应：

$$Ag+\frac{1}{2}O_2(g)\longrightarrow AgO$$

假设反应温度为 1000K，近似认为反应的 $\Delta_r C_{p,m}=0$，试从热力学上论证上述反应能否发生。

[知识点：吉布斯自由能判据]

2.11 在 100℃、30kPa 的抽空容器中，减压蒸发使 1mol $H_2O$（l）变为 100℃、30kPa 的 $H_2O$（g），计算该过程的 $\Delta G$，并判断该过程能否自发进行。

[知识点：$\Delta G$ 与 $p$ 的关系]

2.12 在 298K 及标准压力下有下列相变化：$CaCO_3$（文石）$\longrightarrow$ $CaCO_3$（方解石），已知此过程 $\Delta_{trs}G_m^{\ominus}=-800\text{J}\cdot\text{mol}^{-1}$，$\Delta_{trs}V_m^{\ominus}=2.57\text{cm}^3\cdot\text{mol}^{-1}$。试问在 298K 时最少需加多大压力方能使文石成为稳定相。

[知识点：$\Delta G$ 与 $p$ 的关系]

2.13 若 1000g 斜方硫（$S_8$）转变为单斜硫（$S_8$）时，体积增加 $0.0138\text{dm}^3$。斜方硫和单斜硫在 25℃ 时标准摩尔燃烧热分别为 $-296.7\text{kJ}\cdot\text{mol}^{-1}$、$-297.1\text{kJ}\cdot\text{mol}^{-1}$；在 101.325kPa 的压力下，两种晶型的正常转化温度为 96.7℃。请判断在 100℃、506.625kPa 下，硫的哪一种晶型稳定？设两种晶型的 $C_{p,m}$ 相等（硫的摩尔质量为 $32\text{g}\cdot\text{mol}^{-1}$），且两种晶型转变的体积增加值为常数。

[知识点：$\Delta G$ 与 $T$ 的关系]

2.14 合成氨反应：

$$N_2(g)+3H_2(g)=\!=\!=2NH_3(g)$$

在 298K、101.325kPa 下的 $\Delta_r H_m=-92.38\text{kJ}\cdot\text{mol}^{-1}$，$\Delta_r G_m=-33.26\text{kJ}\cdot\text{mol}^{-1}$，设 $\Delta_r C_{p,m}=0$。试计算在 101.325kPa 下，500K 和 1000K 时的 $\Delta_r G_m$，并由此说明，该反应在常温常压下能否自发进行？温度升高对合成氨是否有利？

[知识点：$\Delta G$ 与 $T$ 的关系]

2.15　通过计算说明下述反应：

$$2H_2S(g)+SO_2(g)\longrightarrow 2H_2O(g)+3S(s)$$

在 298K 时能否发生？已知热力学数据如下表所示：

| 物质名称 | $H_2S$ (g) | $SO_2$ (g) | $H_2O$ (g) | S (s) |
|---|---|---|---|---|
| $\Delta_f H_m^{\ominus}$ (298K) /kJ·mol$^{-1}$ | −20.63 | −296.83 | −241.818 | 0 |
| $S_m^{\ominus}$ (298K) /J·K$^{-1}$·mol$^{-1}$ | 205.79 | 248.22 | 188.825 | 31.80 |

[知识点：化学反应过程中 $\Delta G$ 的计算]

2.16　计算下列反应的 $\Delta_r G_m^{\ominus}$ (298K)，判断其在标准压力和 298K 下能否发生反应，所需热力学数据可通过资料查询。

① $CH_4(g)+\frac{1}{2}O_2(g)\longrightarrow CH_3OH(l)$

② $C(石墨)+2H_2+\frac{1}{2}O_2(g)\longrightarrow CH_3OH(l)$

[知识点：化学反应 $\Delta G$ 的计算]

2.17　合成煤气（CO 和 $H_2$ 的混合气）的反应如下：

$$C(s)+H_2O(g)\longrightarrow CO(g)+H_2(g)$$

在室温下，水和炭并不发生反应，试求什么温度条件下上述反应才能发生？已知 $\Delta H^{\ominus}=132$ kJ·mol$^{-1}$，$\Delta S^{\ominus}=134$J·K$^{-1}$·mol$^{-1}$，假设 $\Delta H^{\ominus}$ 和 $\Delta S^{\ominus}$ 不随温度而变。

[知识点：化学反应过程中 $\Delta G$ 的计算及 $\Delta G$ 判据]

2.18　有下列化学反应：

$$CH_4(g)+CO_2(g)\longrightarrow 2CO(g)+2H_2(g)$$

① 利用热力学数据，计算该反应在 298K、标准压力下的 $\Delta_r H_m^{\ominus}$、 $\Delta_r S_m^{\ominus}$ 及 $\Delta_r G_m^{\ominus}$。

② 298K 时，若 $CH_4$ (g) 和 $CO_2$ (g) 的分压均为 100kPa，末态 CO (g) 和 $H_2$ (g) 的分压均为 50kPa，求反应的 $\Delta_r S_m$、$\Delta_r G_m$。

[知识点：化学反应 $\Delta G$ 的计算及可逆过程的设计和计算]

2.19　1mol 双原子理想气体从 298K、300kPa 分别经过下列不同途径达到终态 298K、100kPa，求各步骤及途径的 $W$、$Q$、$\Delta S$。

① 恒温可逆膨胀；

② 先恒容冷却至压力降至 100kPa，再恒压加热至 298K。

[知识点：热力学函数间的计算]

2.20　已知甲醇在标准压力下的沸点为 64.65℃，$\Delta_{vap}H_m=35.32$kJ·mol$^{-1}$，求在 64.65℃、$p^{\ominus}$下，1mol $CH_3OH$ (l) 蒸发为 1mol $CH_3OH$ (g) 时的 $W$、$Q$、$\Delta U$、$\Delta H$ 及 $\Delta S$。

[知识点：热力学函数间的计算]

2.21　在 101325Pa 下苯的沸点为 80.1℃，现将 40kPa、80.1℃的 1mol 苯蒸气，先恒温可逆压缩至 101.325kPa，并凝结成液态苯，再在恒压下将其冷却至 60℃，求整个过程的 $Q$、$W$、$\Delta U$、$\Delta H$ 及 $\Delta S$。已知苯的蒸发焓 $\Delta_{vap}H_m=30.88$kJ·mol$^{-1}$，热容为$C_{p,m}=142.7$J·K$^{-1}$·mol$^{-1}$。

[知识点：热力学函数间的计算]

2.22 试证明，对 van der Waals 气体，有下列关系：$\left(\frac{\partial U}{\partial V}\right)_T=\frac{\alpha}{V_m^2}$。

[知识点：基本关系式的推论]

# 第3章
# 多组分系统热力学

**内容提要**

前两章为热力学基础部分，介绍了热力学第一定律、第二定律，引入了热力学能、焓、熵、亥姆霍兹自由能和吉布斯自由能五个热力学状态函数，介绍了简单系统发生单纯$p$、$V$、$t$变化，相变化和化学变化时，对热、功及五个状态函数变化的计算。

简单系统是指由一个或几个纯物质且组成不变的相形成的平衡系统。组成不变的相在处理时可以按照一种物质对待。

但是常见的系统绝大部分为多组分系统和相组成发生变化的系统，为避免形成较大的计算误差，就不能按照简单系统的方法进行计算。所以，本章将着重介绍适用于多组分系统的研究方法以及计算方法。

## 3.1 偏摩尔量

**案例 3.1　如何配制乙醇溶液?**

一个库房助理准备配制 1L 0.02mol·$L^{-1}$ 的氢氧化钠-水-乙醇溶液。他称取了 0.80g 的 NaOH 并溶解在 200.00mL 的蒸馏水中。将其倒入容量瓶后，用无水乙醇定容至 1000.00mL 刻线处。乙醇与水的体积比是 80 : 20，偏摩尔体积分别是 $V_m(H_2O)=16.80mL\cdot mol^{-1}$、$V_m(EtOH)=57.40mL\cdot mol^{-1}$。一段时间后，溶液中的各组分完全混合并达到平衡状态，容量瓶中溶液的液面降到 1000.00mL 刻线以下，他不假思索地又用乙醇定容至刻线。那么，

① 他需要加多少乙醇才能使溶液保持在 1000.00mL 刻线处?

② 他直接向溶液中加乙醇对吗?

解析：① 这个配制溶液的过程描述了溶剂混合的典型现象。对于这种类型的问

题，最好的解决方法就是计算出各组分的摩尔数。混合液的性质及组分可能会改变，但摩尔数固定不变。

水的摩尔数可用水的质量除以它的摩尔质量得到：

$$n_{H_2O}=200.00g/18.02g\cdot mol^{-1}=11.10mol$$

同理，计算乙醇的摩尔数：

$$n_{EtOH}=800.00mL\times 0.79g\cdot mL^{-1}/46.07g\cdot mol^{-1}=13.72mol$$

水和乙醇混合后，两者的偏摩尔体积发生了变化，总体积不再是 1000.00mL。要得到水的总体积，需要将水的摩尔数（混合前后不变）乘以它在混合液中的偏摩尔体积。将得到如下关系式：

$$V_{H_2O}=n_{H_2O}\times V_m(H_2O)=11.10mol\times 16.80mL\cdot mol^{-1}=186.5mL$$

水的体积不再是 200.00mL。

同理，可以得到乙醇的体积：

$$V_{EtOH}=13.72mol\times 57.40mL\cdot mol^{-1}=787.5mL$$

低于开始时的 800.00mL，混合溶液的总体积等于这两个体积之和：

$$V_{total}=186.5mL+787.5mL=974.0mL$$

所以，水和乙醇混合液的体积减小了

$$1000.0mL-974.0mL=26.0mL$$

因此需要加入 26.0mL 的乙醇。这里忽略了溶液中 NaOH 及其摩尔性质。

② 直接向溶液中加乙醇的做法是错误的，因为这已经改变了混合液的组成。正确的做法是准备 30～40mL 同样组成（乙醇：水＝80：20）的混合液，达到平衡态，然后将它倒入容量瓶，重新定容至 1000.00mL 刻线处。

在热力学中通常把描写均匀系的变量分为两类：一类是与总质量成比例的，名为**广度量**（extensive quantity）；另一类是代表物质的内在性质与总质量无关的，名为**强度量**（intensive quantity）。体积是广度量，这个案例说明，对于多组分系统，系统体积已不具有加和性。类似地，其他广度量一般都不具有加和性（质量除外）。因此，在讨论多组分系统时，要考虑各组分摩尔数的改变对某一广度量的影响。

### 3.1.1 偏摩尔量的概念

在由组分 B、C…形成的混合物中，任一广度量 $X$ 是 $T$、$p$、$n_B$、$n_C$…的函数，即

$$X=X(T,p,n_B,n_C\cdots)$$

对上式求全微分，得

$$dX=\left(\frac{\partial X}{\partial T}\right)_{p,n_B,n_C\cdots}dT+\left(\frac{\partial X}{\partial p}\right)_{T,n_B,n_C\cdots}dp+\left(\frac{\partial X}{\partial n_B}\right)_{T,p,n_C\cdots}dn_B+\left(\frac{\partial X}{\partial n_C}\right)_{T,p,n_B\cdots}dn_C+\cdots \tag{3-1a}$$

式中，$\left(\frac{\partial X}{\partial T}\right)_{p,n_B,n_C\cdots}$ 表示在压力及混合物中各组分的摩尔数均不变的条件下，系统广度量

$X$ 随温度的变化率；$\left(\frac{\partial X}{\partial p}\right)_{T,n_B,n_C\cdots}$ 表示在温度及混合物中各组分的摩尔数均不变的条件下，系统广度量 $X$ 随压力的变化率；$\left(\frac{\partial X}{\partial n_B}\right)_{T,p,n_C\cdots}$ 表示在温度、压力及除了组分 B 以外的各组分的摩尔数不变的条件下，系统广度量 $X$ 随组分 B 摩尔数的变化率，称为组分 B 的**偏摩尔量**（partialmolar quantity），以 $X_B$ 表示：

$$X_B \xlongequal{\text{def}} \left(\frac{\partial X}{\partial n_B}\right)_{T,p,n_C\cdots} \tag{3-2}$$

于是，式（3-1a）可写成

$$\mathrm{d}X = \left(\frac{\partial X}{\partial T}\right)_{p,n_B,n_C\cdots}\mathrm{d}T + \left(\frac{\partial X}{\partial p}\right)_{T,n_B,n_C\cdots}\mathrm{d}p + \sum_B X_B \mathrm{d}n_B \tag{3-1b}$$

按定义式（3-2），混合物中组分 B 的部分其他广度量的偏摩尔量为：

$V_B = (\partial V/\partial n_B)_{T,p,n_C\cdots}$ 偏摩尔体积

$U_B = (\partial U/\partial n_B)_{T,p,n_C\cdots}$ 偏摩尔内能

$H_B = (\partial H/\partial n_B)_{T,p,n_C\cdots}$ 偏摩尔焓

$S_B = (\partial S/\partial n_B)_{T,p,n_C\cdots}$ 偏摩尔熵

$A_B = (\partial A/\partial n_B)_{T,p,n_C\cdots}$ 偏摩尔亥姆霍兹自由能

$G_B = (\partial G/\partial n_B)_{T,p,n_C\cdots}$ 偏摩尔吉布斯自由能

需要注意的是，只有广度量才有偏摩尔量，强度量不存在偏摩尔量；只有等温等压下系统的广度量随某一组分的摩尔数的变化率才能称为偏摩尔量，任何其他条件（如等温等容、等熵等压等）下的变化率均不称为偏摩尔量。偏摩尔量和摩尔量一样，也是强度量。

前两章曾介绍了热力学函数之间存在着一定的函数关系，如 $H=U+pV$，$A=U-TS$，$G=U+pV-TS=H-TS=A+pV$，以及 $(\partial G/\partial p)_T=V$，$(\partial G/\partial T)_p=-S$ 等。这些公式均适用于纯物质或组成恒定的均相系统。将这些公式对于混合物中任一组分 B 取偏导数，可知各偏摩尔量之间也有着同样的关系，即

$$H_B = U_B + pV_B$$
$$A_B = U_B - TS_B$$
$$G_B = U_B + pV_B - TS_B = H_B - TS_B = A_B + pV_B$$
$$(\partial G_B/\partial p)_{T,n_C\cdots} = V_B$$
$$(\partial G_B/\partial T)_{p,n_C\cdots} = -S_B$$

式(3-1) 表示了在无其他外力作用的条件下，多组分均相系统当温度、压力及各组分的摩尔数均发生变化时对系统广度量的影响。在恒温恒压条件下，因 $\mathrm{d}T=0$，$\mathrm{d}p=0$，式(3-1b) 即成为

$$\mathrm{d}X = \sum_B X_B \mathrm{d}n_B$$

恒温恒压下偏摩尔量 $X_B$ 与混合物的组成有关，若按混合物原有组成的比例同时微量地加入组分 B、C…以形成混合物，因过程中组成恒定，故 $X_B$、$X_C$…为定值，将上式积分

$$X = \int_0^X \mathrm{d}X = \int_0^{n_B} X_B \mathrm{d}n_B + \int_0^{n_C} X_C \mathrm{d}n_C + \cdots = n_B X_B + n_C X_C + \cdots$$

即

$$X=\sum_{B} n_B X_B \tag{3-3}$$

式(3-3) 说明，在一定温度、压力下，某一组成混合物的任一广度量等于形成该混合物的各组分在该组成下的偏摩尔量与其摩尔数的乘积之和。

**例题分析 3.1**

在 298K 和 101325Pa 下，甲醇（组分 B）摩尔分数 $x_B$ 为 0.458 的水溶液密度为 $0.8946\text{kg}\cdot\text{dm}^{-3}$，甲醇的偏摩尔体积 $V(CH_3OH)=39.80\text{cm}^3\cdot\text{mol}^{-1}$，求该水溶液中水（组分 A）的偏摩尔体积。

**解析：**

水的摩尔质量$M_A=0.018\text{kg}\cdot\text{mol}^{-1}$，甲醇的摩尔质量$M_B=0.032\text{kg}\cdot\text{mol}^{-1}$，甲醇和水摩尔数总和为 1mol 的溶液体积为：

$$V=\frac{m}{\rho}=\left[\frac{(1-0.458)\times0.018+0.458\times0.032}{0.8946}\right]\text{dm}^3=0.02729\text{dm}^3$$

溶液的总体积为

$$V=n_A V_A+n_B V_B$$

水的偏摩尔体积为

$$V_A=\frac{V-n_B V_B}{n_A}=\left(\frac{27.29-0.458\times39.80}{1-0.458}\right)=16.72\text{cm}^3\cdot\text{mol}^{-1}$$

那么，偏摩尔量与摩尔量之间有什么差别呢？图 3.1 表示在一定温度、压力下，总量为 1mol 的 B、C 两种液体混合物的体积$V_m$（混合物的摩尔体积）随组成 $x_C$ 变化的情形。$V_{m,B}^*$、$V_{m,C}^*$ 为两种纯液体的摩尔体积。假如 B、C 形成理想液态混合物，则

$$V_m=x_B V_{m,B}^*+x_C V_{m,C}^*=V_{m,B}^*+(V_{m,C}^*-V_{m,B}^*)x_C$$

即$V_m$ 与 $x_C$ 的关系为由$V_{m,B}^*$ 至$V_{m,C}^*$ 的一条直线，见图 3.1 中虚线。然而现在 B、C 形成了真实液态混合物，其体积为图中由$V_{m,B}^*$ 至$V_{m,C}^*$ 的曲线。任一组成点 $a$ 处两组分的偏摩尔体积可用如下方法表示出来：过组成点 $a$ 所对应的系统的体积点 $d$ 作$V_m$-$x_C$ 曲线的切线，

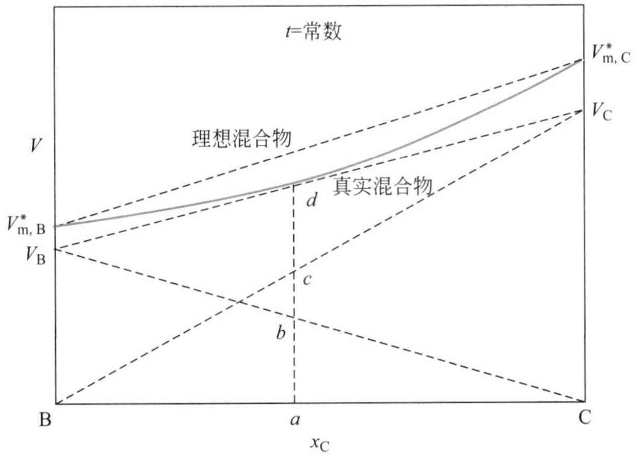


图 3.1　二组分液态混合物的偏摩尔体积示意图

此切线在左右两纵坐标轴上的截距即分别为该组成下两组成的偏摩尔体积$V_B$、$V_C$。从图可知：$\overline{ab}=x_B V_B$，$\overline{ac}=x_C V_C$，故组成点为 $a$ 的系统的体积为：

$$V_m=\overline{ad}=\overline{ab}+\overline{bd}=\overline{ab}+\overline{ac}=x_B V_B+x_C V_C$$

从图 3.1 中还可以看出：混合物的组成改变时，两组分的偏摩尔体积也在改变，组成越接近某一组分时，该组分的偏摩尔体积也就越接近于该纯组分的摩尔体积；并且两组分偏摩尔体积的变化是有联系的。

## 3.1.2 偏摩尔量的测量方法

以二组分的偏摩尔体积为例，在一定温度、压力下，向摩尔数为$n_C$ 的液体 C 中，不断地加入组分 B，形成混合物，测量出加入 B 的摩尔数$n_B$ 不同时，混合物的体积 $V$，作$V$-$n_B$ 图，如图 3.2 所示。过 $V$-$n_B$ 曲线上任一点作曲线的切线，此切线的斜率即为$(\partial V/\partial n_B)_{T,p,n_C}$，根据定义，这是组成为 $x_B=n_B/(n_B+n_C)$ 的混合物中组分 B 的偏摩尔体积$V_B$。由式(3-3) 可知，组分 C 在此组成下的偏摩尔体积$V_C=(V-n_B V_B)/n_C$。显然，此法亦适用于溶液。

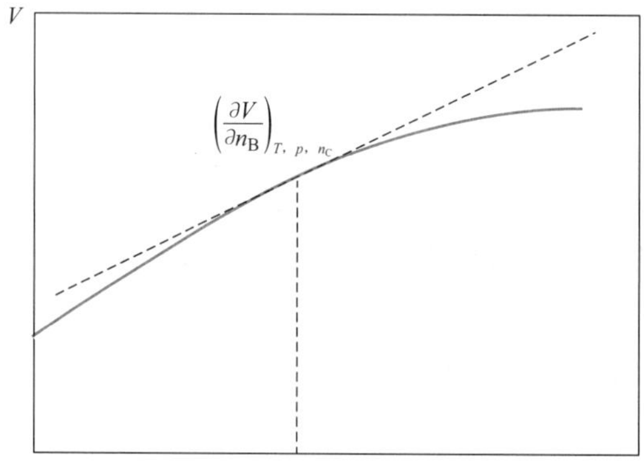


图 3.2 偏摩尔体积算法示意图

如果能将 $V$ 表示成$n_B$ 的函数式 $V=f(n_B)$，则其对$n_B$ 的导数即为 B 的偏摩尔体积，并且仍为$n_B$ 的函数，$V_B=(\partial V/\partial n_B)_{T,p,n_C}=f'(n_B)$。将$n_B$ 值代入，便可求得相应组成下 B 的偏摩尔体积，然后再求 C 的偏摩尔体积。

**例题分析 3.2**

在 25℃，1kg 水（A）中溶解有乙酸（B），当乙酸的质量摩尔浓度$b_B=0.16\sim 2.5\text{mol}\cdot\text{kg}^{-1}$ 时，溶液的总体积 $V/\text{cm}^3=1002.935+51.832(b_B/\text{mol}\cdot\text{kg}^{-1})+0.1394(b_B/\text{mol}\cdot\text{kg}^{-1})^2$。

① 把水（A）和乙酸（B）的偏摩尔体积分别表示成$b_B$ 的函数关系式；

② 求$b_B=1.5\text{mol}\cdot\text{kg}^{-1}$ 时水和乙酸的偏摩尔体积。

**解析：**

① 根据定义

$$V_B=\left(\frac{\partial V}{\partial n_B}\right)_{T,p,n_C}=[51.832+0.2788(b_B/\text{mol}\cdot\text{kg}^{-1})]\text{cm}^3\cdot\text{mol}^{-1}$$

$$b_B=n_B/1\text{kg}$$

$$V_A=\frac{V-n_BV_B}{n_A}=\frac{V-1\text{kg}\times b_BV_B}{1000/18.0152}$$

$$=\frac{18.1052}{1000}[1002.935-0.1394(b_B/\text{mol}\cdot\text{kg}^{-1})^2]$$

$$=[18.1583-2.5239\times10^{-3}(b_B/\text{mol}\cdot\text{kg}^{-1})^2]\text{cm}^3\cdot\text{mol}^{-1}$$

② 当$b_B=1.5\text{mol}\cdot\text{kg}^{-1}$ 时

$$V_B=[51.832+0.2788\times1.5]\text{cm}^3\cdot\text{mol}^{-1}=52.250\text{cm}^3\cdot\text{mol}^{-1}$$

$$V_A=[18.1583-2.5239\times10^{-3}\times1.5^2]\text{cm}^3\cdot\text{mol}^{-1}=18.0625\text{cm}^3\cdot\text{mol}^{-1}$$

### 3.1.3 吉布斯-杜亥姆方程

这个方程可以表明在温度、压力恒定下，混合物的组成发生变化时，各组分偏摩尔量变化的相互依赖关系。

$T$、$p$ 一定时，对式 $X=\sum_B n_BX_B$ 求全微分，得

$$dX=\sum_B n_B dX_B+\sum_B X_B dn_B$$

因 $dX=\sum_B X_B dn_B$，故必然有

$$\sum_B n_B dX_B=0 \tag{3-4a}$$

将此式除以 $n=\sum_B n_B$，可得：

$$\sum_B x_B dX_B=0 \tag{3-4b}$$

式(3-4a) 与 (3-4b) 均称为**吉布斯-杜亥姆方程**（Gibbs-Duhem Equation）。

若为二组分混合物，则有

$$x_B dX_B=-x_C dX_C$$

可见，当混合物的组成发生微小变化时，如果一组分的偏摩尔量增加，则另一组分的偏摩尔量必然减小，且增大与减小的比例与混合物中两组分的摩尔分数成反比。这点可以对照图 3.1 来参考。

**例题分析 3.3**

在等温、等压的条件下，有一个 A 和 B 组成的均相系统。若 A 的偏摩尔体积随浓度的改变而增加，则 B 的偏摩尔体积随浓度如何变化？

**解析：**

在均相系统中，偏摩尔量之间是有一定关系的，根据吉布斯-杜亥姆方程，偏摩尔量之间的关系式为：

$$\sum_B x_B dX_B=0$$

对于 A 和 B 组成的均相系统，偏摩尔体积的变化为

$$n_A dV_A + n_B dV_B = 0$$

当$V_A$ 增大时$V_B$ 减小，因此 B 的偏摩尔体积随浓度减小。

**思考与讨论：偏摩尔量是强度量，那么如何理解其随组分的变化而改变？**

偏摩尔量为等温、等压下系统的广度量随某一组分摩尔数的变化率。偏摩尔量是强度量，与物质的数量无关，但各物质的量任意改变时偏摩尔量也在变，该如何理解？

# 3.2 化学势

案例 3.2　为什么染料会扩散？

一碗清水中滴入一滴染料后，颜色会扩散开来。在上一章热力学的讨论中，通过混合熵 $\Delta_{mix}S$ 的计算

$$\Delta_{mix}S=-R(n_{水}\ln x_{水}+n_{染料}\ln x_{染料})>0$$

由熵判据证明了该过程是自发过程。同样也可以根据吉布斯自由能判断该过程的方向：

$$dG_{mix}=dG_{水}+dG_{染}$$

其中

$$dG_{水}=\mu_{水,混合后}\,dn_{水}-\mu_{水,混合前}\,dn_{水}$$

$$dG_{染料}=\mu_{染料,混合后}\,dn_{染料}-\mu_{染料,混合前}\,dn_{染料}$$

混合前后水和染料的摩尔数不变，即$n_{水}$与$n_{染料}$不变，故

$dG_{mix}=(\mu_{水,混合后}-\mu_{水,混合前})\,dn_{水}+(\mu_{染料,混合后}-\mu_{染料,混合前})\,dn_{染料}=n_{水}RT\ln x_{水}+n_{染料}RT\ln x_{染料}<0$

由 $dG_{mix}<0$ 可以判断该过程为自发过程。当混合结束时达到平衡状态，$dG_{mix}=0$。其中$\mu_{水,混合前}$、$\mu_{水,混合后}$、$\mu_{染料,混合前}$、$\mu_{染料,混合后}$分别为水和染料混合前后的化学势，$x_{水}$、$x_{染料}$分别为水和染料的摩尔分数。由上式可知，混合过程中$\mu_{水,混合后}<\mu_{水,混合前}$，$\mu_{染料,混合后}<\mu_{染料,混合前}$。

由此可见，混合前的化学势高于混合后的化学势，因此，自发过程的方向是从 $\mu$ 较大的状态流向 $\mu$ 较小的状态，直到混合前后的化学势相等。

同样，可以利用化学势判断化学反应以及其他过程的方向。

## 3.2.1 化学势的概念

化学势即为混合物中组分 B 的偏摩尔吉布斯自由能$G_B$，用$\mu_B$ 表示：

$$\mu_B\overset{\text{def}}{=\!=}G_B=\left(\frac{\partial G}{\partial n_B}\right)_{T,p,n_C\cdots}\tag{3-5}$$

对于组成不变的系统，四个热力学基本公式及由其导出的关系式在这里仍然适用：

$$\left(\frac{\partial G}{\partial p}\right)_{T,n_C}=V,\left(\frac{\partial G}{\partial T}\right)_{p,n_C}=-S$$

则 $dG$ 可写为

$$dG=-SdT+Vdp+\sum_B\mu_B dn_B\tag{3-6}$$

这是一个适用于均匀系统的更为普遍的热力学基本方程，不仅适用于组成不变的封闭系

统，也适用于开放系统。在封闭系统内的任一均匀部分（纯物质、混合物或溶液）中组分B、C 等的摩尔数发生变化，是由于系统内部发生了相变化或化学变化引起的。

类似地，根据 $U$、$H$ 和 $A$ 的定义，对 $U$ 选 $S$，$V$，$n_B$，$n_C$…为独立变量，对 $H$ 选 $S$，$p$，$n_B$，$n_C$…为独立变量，对于 $A$ 选 $T$，$V$，$n_B$，$n_C$…为独立变量，可得到化学势的另一些表达式，即

$$\mu_B=\left(\frac{\partial U}{\partial n_B}\right)_{S,V,n_C}=\left(\frac{\partial H}{\partial n_B}\right)_{S,p,n_C}=\left(\frac{\partial A}{\partial n_B}\right)_{T,V,n_C}=\left(\frac{\partial G}{\partial n_B}\right)_{T,p,n_C}$$

上式中，四个偏微商都叫作化学势，这是化学势的广义含义。每个热力学函数所选择的独立变量彼此不同，不能把任意热力学函数对$n_B$ 的偏微商都叫作化学势。

对于组成可变的系统，另外三个热力学基本公式可以写为：

$$dU=TdS-pdV+\sum_B \mu_B dn_B \tag{3-7}$$

$$dH=TdS+Vdp+\sum_B \mu_B dn_B \tag{3-8}$$

$$dA=-SdT-pdV+\sum_B \mu_B dn_B \tag{3-9}$$

因为在实验室或实际生产中常常是在等温、等压下进行的，所以常用 $\Delta G$ 来判断过程的方向，四个热力学基本公式中，式(3-6) 最为常用。

## 3.2.2 化学势与压力、温度的关系

**(1) 化学势与压力的关系**

由偏摩尔量与化学势的概念可知，化学势是在等温、等压条件下的偏摩尔吉布斯自由能。那么，化学势与压力和温度有什么关系呢？将化学势对压力求偏导数，得：

$$\left(\frac{\partial \mu_B}{\partial p}\right)_{T,n_B,n_C}=\left[\frac{\partial}{\partial p}\left(\frac{\partial G}{\partial n_B}\right)_{T,p,n_C}\right]_{T,n_B,n_C}=\left[\frac{\partial}{\partial n_B}\left(\frac{\partial G}{\partial p}\right)_{T,n_B,n_C}\right]_{T,p,n_C}=\left(\frac{\partial V}{\partial n_B}\right)_{T,p,n_C}=V_B$$

即

$$\left(\frac{\partial \mu_B}{\partial p}\right)_{T,n_B,n_C}=V_B \tag{3-10}$$

$V_B$ 就是物质 B 的偏摩尔体积。对于纯物质来说，$\left(\frac{\partial G}{\partial p}\right)_T=V$，与上式比较，如果把 Gibbs 自由能 $G$ 换为$\mu_B$，则体积 $V$ 也要换成偏摩尔体积$V_B$。

**(2) 化学势与温度的关系**

与式(3-10) 类似，将化学势对温度求偏导数，得

$$\left(\frac{\partial \mu_B}{\partial T}\right)_{p,n_B,n_C}=\left[\frac{\partial}{\partial T}\left(\frac{\partial G}{\partial n_B}\right)_{T,p,n_C}\right]_{p,n_B,n_C}=\left[\frac{\partial}{\partial n_B}\left(\frac{\partial G}{\partial T}\right)_{p,n_B,n_C}\right]_{T,p,n_C}$$

$$=\left[\frac{\partial}{\partial n_B}(-S)\right]_{T,p,n_C}=-S_B$$

即

$$\left(\frac{\partial \mu_B}{\partial T}\right)_{p,n_B,n_C}=-S_B \tag{3-11}$$

$S_B$ 就是物质 B 的偏摩尔熵。

按定义，$G=H-TS$，在等温、等压下，将此式中各项对$n_B$ 微分

$$\left(\frac{\partial G}{\partial n_B}\right)_{T,p,n_C}=\left(\frac{\partial H}{\partial n_B}\right)_{T,p,n_C}-T\left(\frac{\partial S}{\partial n_B}\right)_{T,p,n_C}$$

即

$$\mu_B=H_B-TS_B \tag{3-12}$$

同理可证

$$\left[\frac{\partial\left(\frac{\mu_B}{T}\right)}{\partial T}\right]_{p,n_B,n_C}=\frac{T\left(\frac{\partial \mu_B}{\partial T}\right)_{p,n_B,n_C}-\mu_B}{T^2}=-\frac{TS_B+\mu_B}{T^2}=-\frac{H_B}{T^2} \tag{3-13}$$

把这些公式与纯物质的公式相比较，可以推知，在多组分系统中的热力学公式与纯物质的公式具有完全相同的形式，所不同处只是用偏摩尔量代替相应的摩尔量而已。对于纯物质来说，偏摩尔量就是摩尔量。

## 3.2.3 化学势判据

在恒温恒压下，系统内部发生相变化或化学变化时，将式(3-6) 用于系统内的 α 相，因 $\mathrm{d}T=0$、$\mathrm{d}p=0$，则

$$\mathrm{d}G^\alpha=\sum_B \mu_B^\alpha \mathrm{d}n_B^\alpha$$

若系统内有 α、β 等相，则系统的吉布斯自由能变化

$$\mathrm{d}G=\mathrm{d}G^\alpha+\mathrm{d}G^\beta+\cdots=\sum_B \mu_B^\alpha \mathrm{d}n_B^\alpha+\sum_B \mu_B^\beta \mathrm{d}n_B^\beta+\cdots=\sum_\alpha\sum_B \mu_B^\alpha \mathrm{d}n_B^\alpha$$

根据吉布斯自由能判据，可得

$$\sum_\alpha\sum_B \mu_B^\alpha \mathrm{d}n_B^\alpha \leqslant 0 \quad 自发平衡(\mathrm{d}T=0,\mathrm{d}p=0,\mathrm{d}W'=0) \tag{3-14}$$

式(3-14) 是研究在指定温度、压力下，由初态发生相变化或化学变化至末态时，过程可能性的判据，称为**化学势判据**。将恒温、恒容条件应用于式(3-7)，经过同上相似的推导，结合亥姆霍兹自由能判据，也可以得到

$$\sum_\alpha\sum_B \mu_B^\alpha \mathrm{d}n_B^\alpha \leqslant 0 \quad 自发平衡(\mathrm{d}T=0,\mathrm{d}V=0,\mathrm{d}W'=0) \tag{3-15}$$

这两个判据还适用于恒熵、恒压或恒熵、恒容不做非体积功的过程。

**例题分析 3.4**

用化学势判据说明下列情况下物质转移的趋势和限度，说明原因。

① 如图 3.3(a) 所示，在两封闭的三角瓶内，分别盛有浓度不等的非挥发性溶质的稀溶液，且质量摩尔浓度$b_1>b_2$，打开活塞后使两瓶连通；

② 如图 3.3(b) 所示，将上述溶液分别置于两开口容器中，打开活塞，使两容器连通。

**解析：**

① 由于非挥发性溶质的质量摩尔浓度$b_1>b_2$，所以右边 B 瓶（浓度较低）中溶剂水的蒸气压比左边 A 瓶中溶剂水的蒸气压大，$p_2>p_1$，即 B 瓶溶剂水的化学势大于 A 瓶溶剂水

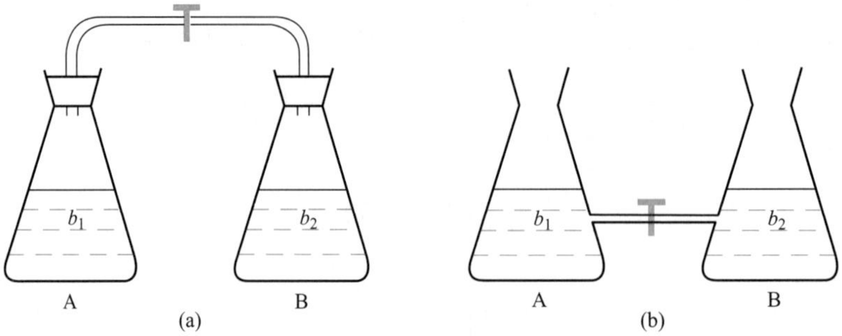


图 3.3 两溶液的蒸气相互连通

(a) 和两溶液直接连通 (b)

的化学势：

$$\mu_2 > \mu_1$$

因此气态的水蒸气通过连管从 B 瓶流向 A 瓶，限度是当两瓶的浓度达到相等时，两瓶中水的蒸气压相等，水的化学势相等：

$$\mu_2 = \mu_1$$

则达到动态平衡，但平衡后两瓶的液面高度不相等，A 瓶液面较高。

② 由于$b_1 > b_2$，溶质从高浓度向低浓度扩散，即 A 瓶中溶质的化学势大于 B 瓶中溶质的化学势：

$$\mu_{1,\text{溶质}} > \mu_{2,\text{溶质}}$$

故溶质从 A 瓶向 B 瓶扩散；另外从溶剂水考虑，B 瓶中溶质比 A 瓶中少，故 B 瓶中水的浓度 $x_{\text{水}}$ 大于 A 瓶中的浓度，即 B 瓶中水的化学势大于 A 瓶中水的化学势：

$$\mu_{2,\text{水}} > \mu_{1,\text{水}}$$

因此 B 瓶中水向 A 瓶中流动。

综上，溶质从 A 瓶向 B 瓶扩散，溶剂水从 B 瓶向 A 瓶扩散，限度是两瓶中溶质浓度相等，或两瓶中溶剂浓度相等，当两瓶中溶剂、溶质化学势相等时，单向流动停止，此时

$$\mu_{1,\text{溶质}} = \mu_{2,\text{溶质}}$$

$$\mu_{1,\text{水}} = \mu_{2,\text{水}}$$

平衡后两瓶的液面高度相同。

## 思考与讨论：化学势的概念解决了什么问题？

在上一章中我们已经能够利用吉布斯自由能的变化来判断反应的趋势，那么为什么还要提出化学势的概念呢？化学势概念的建立解决了什么问题？化学势的物理意义是什么？

## 3.3 气体的化学势与逸度

**案例 3.3 为什么钢瓶中的压力小于理论值？**

实验室中有一个 40L 的氮气钢瓶，空瓶的质量为 50kg，工人师傅给钢瓶充入氮气后，称得总质量为 55kg，即氮气质量为 5kg。已知氮气的摩尔质量为 28.0134g/mol，计算得钢瓶中氮气的摩尔数为

$$n=m/M=5000/28.0134\text{mol}=178.47\text{mol}$$

钢瓶体积为 40L，在 0℃时根据理想气体状态方程，计算得出氮气的压力为

$$p=\frac{nRT}{V}=\frac{178.47\times 8.314\times 273.15}{0.04}\text{Pa}=1.013\times 10^{7}\text{Pa}$$

即氮气的压力约为 100 个大气压（10132.5kPa）。然而，实际上 0℃时压力表上显示的数值是 $9.8\times 10^{6}$Pa（约 97 个大气压），这是什么原因呢？

在这里，氮气已经不能看作理想气体，由此需要引入**逸度**（fugacity）的概念，它表示在化学热力学中实际气体的有效压强，用 $\tilde{p}$ 表示。逸度等于相同条件下具有相同化学势的理想气体的压强。在与化学势有关的描述理想气体性质的热力学公式中，用逸度代替活度，即可得到相应的描述实际气体性质的关系式。

在本例中，0℃下 $1.013\times 10^{7}$Pa 的氮气的逸度为 $9.8\times 10^{6}$Pa，这意味着它与 $9.8\times 10^{6}$Pa 的氮气理想气体有着相同的化学势。

### 3.3.1 纯组分理想气体的化学势

对纯物质系统来说，一物质的偏摩尔吉布斯自由能——化学势就等于该物质在纯态时的摩尔吉布斯自由能，即

$$\mu_{\text{B}}=G_{\text{B}}=G_{\text{m}}^{*}$$

一定温度下，纯组分理想气体摩尔吉布斯自由能的微分可表示为

$$\text{d}G_{\text{m}}^{*}=V_{\text{m}}^{*}\text{d}p$$

若在标准压力 $p^{\ominus}$和任意压力 $p$ 之间将上式积分，可得

$$G_{\text{m}}^{*}(p)-G_{\text{m}}^{*}(p^{\ominus})=RT\ln\left(\frac{p}{p^{\ominus}}\right)$$

式中，$G_{\text{m}}^{*}$（$p$）是压力为 $p$ 时的摩尔吉布斯自由能，即此时的化学势$\mu^{*}$。而$G_{\text{m}}^{*}$（$p^{\ominus}$）是标准压力 $p^{\ominus}$（$10^{5}$Pa）时的摩尔吉布斯自由能，可用$\mu^{\ominus}$表示。于是上式亦可表示为

$$\mu^{*}=\mu^{\ominus}+RT\ln\left(\frac{p}{p^{\ominus}}\right) \tag{3-16}$$

式(3-16）就是纯理想气体化学势表达式。理想气体压力为 $p^{\ominus}$时的状态称为标准态，$\mu^{\ominus}$

称为标准态化学势，它仅是温度的函数。

**例题分析 3.5**

设 373K、100kPa 时，$H_2O$（g）的化学势为$\mu_1$；373K、50kPa 时，$H_2O$（g）的化学势为$\mu_2$，比较$\mu_1^\ominus$与$\mu_2^\ominus$、$\mu_1$与$\mu_2$的大小。

**解析：**

① 同一种物质在同一温度下的标准态化学势相同，所以

$$\mu_1^\ominus=\mu_2^\ominus$$

② $\mu_1$ 的水蒸气压力等于标准压力，故

$$\mu_1=\mu_1^\ominus$$

而

$$\mu_2=\mu_2^\ominus+RT\ln\frac{50\text{kPa}}{100\text{kPa}}=\mu_2^\ominus+RT\ln 0.5<\mu_2^\ominus$$

又$\mu_2^\ominus=\mu_1^\ominus=\mu_1$，则

$$\mu_2<\mu_1$$

因此温度相同的水蒸气压力越大，化学势越大。

## 3.3.2 混合组分理想气体的化学势

对理想气体混合物来说，其中某种气体的行为与该气体单独占有混合气体总体积时的行为相同。所以理想气体混合物中气体的化学势表示法与该气体在纯态时的化学势表示法相同，即亦可用式(3-16）表示：

$$\mu_B=\mu^\ominus{}_B+RT\ln(p_B/p^\ominus) \tag{3-17}$$

式中，$p_B$ 是理想气体混合物中气体 B 的分压，$\mu^\ominus{}_B$ 是分压 $p_B=p^\ominus$时的化学势，称为气体 B 的标准态化学势，它亦仅是温度 $T$ 的函数。可见，理想气体混合物中任一组分 B 的标准态是该气体单独处于该混合物温度及标准压力下的状态。此状态也就是 $p=p^\ominus$的纯理想气体。

对混合气体系统的总吉布斯自由能来说，可用集合公式表示，即

$$G=\sum n_B\mu_B \tag{3-18}$$

## 3.3.3 实际气体的化学势与逸度

对于实际气体，特别是在压力比较高时，不能用 $\mu=\mu^\ominus+RT\ln(p/p^\ominus)$ 或$\mu_B=\mu^\ominus{}_B+RT\ln(p_B/p^\ominus)$ 表示其摩尔吉布斯函数或化学势。为了解决这一问题，路易斯（Lewis）提出一个简单的办法，将实际气体的 $p$ 乘上一个校正因子 $\phi$，再代入化学势表达式。即

$$\mu=\mu^\ominus+RT\ln(\phi p/p^\ominus) \tag{3-19}$$

此式即可适用于实际气体。其中 $\phi p$ 称为“**逸度**（fugacity）”，用符号 $\tilde{p}$ 表示。即

$$\tilde{p}=\phi p \tag{3-20}$$

校正因子 $\phi$ 称为“**逸度因子**（fugacity factor）”。所以

$$\phi = \tilde{p}/p \tag{3-21}$$

逸度因子 $\phi$ 表示该气体与理想气体偏差的程度，其数值不仅与气体的特性有关，还与气体所处的温度和压力有关。一般来说，温度一定时，压力较小时，逸度因子 $\phi<1$；当压力很大时，逸度因子 $\phi>1$，当压力趋于零时，实际气体的行为接近于理想气体的行为，这时 $\phi=1$。即

$$\lim_{p\to 0}\frac{\tilde{p}}{p}=1$$

值得注意的是，按照路易斯的办法，用式（3-19）表示实际气体的化学势时，校正的是实际气体的压力，而没有改变$\mu^{\ominus}$，所以$\mu^{\ominus}$依然是理想气体的标准态化学势，也就是说，$\mu^{\ominus}$是该气体的压力等于标准压力 $p^{\ominus}$，且符合理想气体行为时的化学势，亦称为标准态化学势。它亦仅为温度 $T$ 的函数。可见，真实气体的标准态是选取温度 $T$ 及标准压力 $p^{\ominus}$下假想的纯理想气体为标准态。于是，实际气体的化学势可表示为

$$\mu=\mu^{\ominus}+RT\ln(\tilde{p}/p^{\ominus}) \tag{3-22}$$

因此，欲表示实际气体的化学势，必须知道在压力 $p$ 时该气体的逸度 $\tilde{p}$ 值。若能知道某实际气体的状态方程，理论上就可以找出该气体的逸度 $\tilde{p}$ 和压力 $p$ 之间的关系。

**例题分析 3.6**

已知某气体的状态方程为 $pV_m=RT+\alpha p$，其中 $\alpha$ 为常数，求该气体的逸度表达式。

**解析：**

依据气体状态方程推导逸度 $\tilde{p}$ 和压力 $p$ 的关系，首先要选择合适的参考状态。由于当压力趋于零时，实际气体的行为就趋近于理想气体的行为，所以可选择 $p^*\to 0$ 的状态为参考态，此时$\tilde{p}^*=p^*$。

以 1mol 该气体为系统，在一定温度下，若系统的状态由 $p^*$ 改变至 $p$，吉布斯自由能的改变量：

$$\Delta G_m=\mu-\mu^*=RT\ln\frac{\tilde{p}}{\tilde{p}^*}$$

根据状态方程$V_m=RT/p+\alpha$，有

$$dG=V_m dp=\left(\frac{RT}{p}+\alpha\right)dp$$

积分得

$$\Delta G_m=\int_{p^*}^{p}\left(\frac{RT}{p}+\alpha\right)dp=RT\ln\frac{p}{p^*}+\alpha(p-p^*)$$

由于 $p^*\to 0$，所以 $\alpha(p-p^*)\approx\alpha p$，故

$$RT\ln\frac{\tilde{p}}{\tilde{p}^*}=RT\ln\frac{p}{p^*}+\alpha p$$

因为 $$\tilde{p}^*=p^*$$

所以 $$\tilde{p}=p\,e^{\alpha p/(RT)}$$

根据上式可以算出一定压力下该气体的逸度值。

**思考与讨论：实际气体可否用逸度 $\widetilde{p}_B$ 代替理想气体状态方程中的压力 $p_B$？**

在计算实际气体的化学势时，用逸度 $\widetilde{p}_B$ 代替压力 $p_B$。那么对于实际气体，可否同样用逸度 $\widetilde{p}_B$ 代替理想气体状态方程中的压力 $p_B$，把实际气体状态方程表示为 $\widetilde{p}_B V = n_B RT$？为什么？

# 3.4 理想液态混合物与理想稀溶液的热力学

案例 3.4-1 海洋中 $CO_2$ 组成标度的变化

Station ALOHA 为夏威夷北部太平洋的一个 6 英里（1 英里=1.609km）半径的区域，在该区域中开展了许多海洋学的研究。图 3.4 为 J. E. Dore 等在 Station ALOHA 监测的近 20 年空气和海水中 $CO_2$ 的组成标度变化。

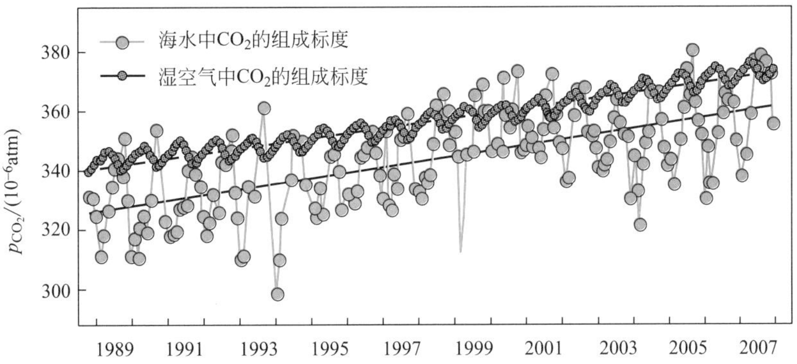


图 3.4 Station ALOHA 附近区域空气和海水中 $CO_2$ 组成标度随时间的变化

（选自 https://www.pnas.org/conteut/106/30/12235.ful）

从图 3.4 中可以看到，大气中的 $CO_2$ 组成标度呈周期性波动，这是由季节性的变化引起的。而“巧合”的是，海洋中 $CO_2$ 组成标度也随季节周期性波动，而且基本与大气中组成标度的波动成正比例关系。海洋中的 $CO_2$ 组成标度与大气中的 $CO_2$ 组成标度的增加趋势一致。那么这里的一致性是否只是巧合？

实际上，海洋与大气中的 $CO_2$ 组成标度是相互关联的，这种关系可以用亨利定律来解释。另外，海水的蒸气压与海水中水的组成标度也是有一定关系的，可以由拉乌尔定律给出。

## 3.4.1 两个经验公式

拉乌尔定律与亨利定律是理想液态混合物及理想稀溶液的两个经验公式。拉乌尔定律主要涉及一定温度下理想液态混合物中任一组分的蒸气压与液相组成的关系；亨利定律主要涉及一定温度下理想稀溶液中挥发性溶质的蒸气压或在溶剂中难溶解气体的压力与溶液组成的关系。这里讨论的溶液是非电解质溶液。

**(1) 拉乌尔定律**

在一定温度下纯溶剂 A 中加入溶质 B，无论溶质挥发与否，溶剂 A 在气相中的蒸气压 $p_A$ 都会下降。1886 年拉乌尔（F. M. Raoult）根据实验得出结论：稀溶液中溶剂的蒸气压等于同一温度下纯溶剂的饱和蒸气压与溶液中溶剂摩尔分数的乘积。此为**拉乌尔定律**

(Raoult's law)，用公式表示，即

$$p_A = p_A^* x_A \tag{3-23}$$

式中，$p_A^*$ 为同样温度下纯溶剂 A 的饱和蒸气压；$x_A$ 为溶液中溶剂 A 的摩尔分数。

将任一组分在全部组成范围内都符合拉乌尔定律的液体定义为理想液态混合物。因此，由 B、C 形成的理想液态混合物中的任何一种组分 B，在全部组成范围内即在 $0 \leqslant x_B \leqslant 1$ 内，拉乌尔定律均适用。

**例题分析 3.7**

A、B 两液体能形成理想液态混合物。已知在温度 $t$ 时纯 A 的饱和蒸气压 $p_A^* = 40\text{kPa}$，纯 B 的饱和蒸气压 $p_B^* = 120\text{kPa}$。在温度 $t$ 下，于汽缸中将组成为 $y_A = 0.4$ 的 A、B 混合气体恒温缓慢压缩，求凝结出第一滴微小液滴时系统的总压及该液滴的组成（以摩尔分数表示）为多少？

**解析：**

由于是理想液态混合物，每个组分均符合拉乌尔定律：

$$y_A = \frac{p_A}{p_总} = \frac{p_A^* x_A}{p_总}$$

$$y_B = \frac{p_B}{p_总} = \frac{p_B^* x_B}{p_总}$$

$$\frac{p_A^* x_A}{p_B^* x_B} = \frac{y_A}{y_B} = \frac{0.4}{0.6}$$

$$\frac{x_A}{1 - x_A} = \frac{0.4 \times 120}{0.6 \times 40} = 2$$

$$x_A = 0.667，\ x_B = 0.333$$

$$p_总 = p_A + p_B = p_A^* x_A + p_B^* x_B = 66.6\text{kPa}$$

**（2）亨利定律**

1803 威廉·亨利（W. Henry，1771—1836）在研究中发现，一定温度下气体在液体溶剂中的溶解度与该气体的压力成正比。这一规律对于理想稀溶液中挥发性溶质也同样适用。

一般来说，气体在溶剂中的溶解度很小，所形成的溶液属于理想稀溶液范围。气体 B 在溶液中的组成用 B 的摩尔分数 $x_B$、质量摩尔浓度 $b_B$、物质的量浓度 $c_B$ 等表示时，均与气体溶质 B 的压力近似成正比。用公式表示亨利定律时可以有多种形式，如

$$p_B = k_{x,B} x_B \tag{3-24a}$$

$$p_B = k_{b,B} b_B \tag{3-24b}$$

$$p_B = k_{c,B} c_B \tag{3-24c}$$

因此，**亨利定律**（Henry's law）可表述为：在一定温度下，稀溶液中挥发性溶质在气相中的平衡分压与其在溶液中的摩尔分数（或质量摩尔浓度、物质的量浓度）成正比。比例系数称为**亨利系数**（Henry's constant）。

由于亨利定律中溶液组成标度的不同，亨利系数的单位不同，一定温度下同一溶质在同一溶剂中的量值也不一样。$k_x$、$k_b$、$k_c$ 的单位分别为 Pa、$\text{Pa} \cdot \text{mol}^{-1} \cdot \text{kg}$、$\text{Pa} \cdot \text{mol}^{-1} \cdot \text{m}^3$。

**例题分析 3.8**

在18℃、气体压力 101.325kPa 下，$1dm^3$ 的水中能溶解 $O_2$ 0.045g，能溶解 $N_2$ 0.02g。现将 $1dm^3$ 被 202.65kPa 空气所饱和了的水溶液加热至沸腾，赶出所溶解的 $O_2$ 和 $N_2$，并干燥之，求此干燥气体在 101.325kPa、18℃下的体积及其组成。设空气为理想气体混合物，其组成体积分数为：$\phi(O_2)=21\%$，$\phi(N_2)=79\%$。

**解析：**

① 计算亨利常数 $k_{c,O_2}$ 及 $k_{c,N_2}$

$O_2$ 与 $N_2$ 的摩尔质量分别为：$M_{O_2}=31.9988g\cdot mol^{-1}$，$M_{N_2}=28.0134g\cdot mol^{-1}$

$$p_{O_2}=k_{c,O_2}c_{O_2}=k_{c,O_2}\frac{m_{O_2}}{M_{O_2}V_{液}}$$

则

$$k_{c,O_2}=\frac{p_{O_2}M_{O_2}V_{液}}{m_{O_2}}=\frac{101.325\times31.9988\times1}{0.045}kPa\cdot mol^{-1}\cdot dm^3$$
$$=7.205\times10^4kPa\cdot mol^{-1}\cdot dm^3$$
$$k_{c,N_2}=\frac{p_{N_2}M_{N_2}V_{液}}{m_{N_2}}=\frac{101.325\times28.0134\times1}{0.02}kPa\cdot mol^{-1}\cdot dm^3$$
$$=1.419\times10^5kPa\cdot mol^{-1}\cdot dm^3$$

② 计算 202.65kPa 空气在 $1dm^3$ 水中溶解的 $O_2$ 及 $N_2$ 的量

$O_2$ 的分压 $p_{O_2}=py_{O_2}=202.65\times0.21kPa=42.56kPa$

$N_2$ 的分压 $p_{N_2}=py_{N_2}=202.65\times0.79kPa=160.09kPa$

$1dm^3$ 水中溶解 $O_2$ 的量：

$$c_{O_2}=p_{O_2}/k_{c,O_2}=42.56/(7.205\times10^4)mol\cdot dm^{-3}=5.907\times10^{-4}mol\cdot dm^{-3}$$
$$n_{O_2}=5.907\times10^{-4}mol$$

$1dm^3$ 水中溶解 $N_2$ 的量：

$$c_{N_2}=p_{N_2}/k_{c,N_2}=160.09/(1.419\times10^5)mol\cdot dm^{-3}=1.128\times10^{-3}mol\cdot dm^{-3}$$
$$n_{O_2}=1.128\times10^{-3}mol$$

③ 干燥气体在 101.325kPa、18℃下的体积及组成：

$$V=nRT/p=(5.907+11.28)\times10^{-4}\times8.314\times291.15/101.325=0.0411(dm^3)$$
$$y_{O_2}=n_{O_2}/n=5.907\times10^{-4}/[(5.907+11.28)\times10^{-4}]=0.344$$
$$y_{N_2}=1-y_{O_2}=1-0.344=0.656$$

温度不同，亨利系数不同，温度升高，挥发性溶质的挥发能力增强，亨利系数增大。换而言之，同样分压下温度升高，气体的溶解度减小。

若有几种气体同时溶于同一溶剂中形成稀溶液时，每种气体的平衡分压与其溶解度关系分别适用亨利定律。空气中的 $N_2$ 和 $O_2$ 在水中的溶解就是如此。

**例题分析 3.9**

证明在稀溶液中，亨利定律变为

$$p_i=k_iV_{m,1}^*=k_{c,i}c_i$$

**解析：**

对于稀溶液，有

$$c_i=\frac{n_i}{V}\approx\frac{n_i}{n_1V_{m,l}^*}\approx\frac{x_i}{V_{m,l}^*}$$

即

$$x_i\approx c_iV_{m,l}^*$$

亨利定律为

$$p_i=k_ix_i\approx k_ic_iV_{m,l}^*=k_{c,i}c_i$$

此式随着浓度的变小而越加精确。

应当注意：拉乌尔定律 $p_A=p_A^*x_A$ 和亨利定律 $p_B=k_{x,B}x_B$ 形式类似，组成均用摩尔分数表示，但前者 $p_A^*$ 为纯溶剂 A 在同样温度下的饱和蒸气压，而后者中的 $k_{x,B}$ 并不具有纯溶质 B 在同样温度下液体饱和蒸气压的意义。此外，当涉及气体在溶剂中的溶解度时，还常用单位体积溶剂中溶解的标准状况下气体的体积来表示。

**例题分析 3.10**

试用吉布斯-杜赫姆方程证明在稀溶液中，若溶质服从亨利定律，则溶剂必服从拉乌尔定律。

**解析：**

设溶质和溶剂分别用 B、A 表示。根据吉布斯-杜赫姆方程，$T$、$p$ 恒定时，

$$x_B\mathrm{d}\mu_B=-x_A\mathrm{d}\mu_A$$

溶质 B 的化学势表达式为

$$\mu_B=\mu_B^{\ominus}+RT\ln a_B=\mu_B^{\ominus}+RT\ln\frac{p_B}{p^{\ominus}}$$

若溶质服从亨利定律，则

$$p_B=k_{x,B}x_B$$

$$\mu_B=\mu_B^{\ominus}+RT\ln a_B=\mu_B^{\ominus}+RT\ln\frac{k_{x,B}x_B}{p^{\ominus}}$$

$$\mathrm{d}\mu_B=\frac{RT}{x_B}\mathrm{d}x_B\text{（}T\text{、}p\text{ 恒定）}$$

$$\mathrm{d}\mu_A=-\frac{x_B}{x_A}\times\frac{RT}{x_B}\mathrm{d}x_B=\frac{RT}{x_A}\mathrm{d}x_A=RT\mathrm{d}\ln x_A$$

$$\mu_A=\mu_A^{\ominus}+RT\ln x_A$$

$$a_A=\frac{p_A}{p_A^{\ominus}}=x_A$$

$$p_A=x_Ap_A^{\ominus}$$

即溶剂 A 服从拉乌尔定律。

## 3.4.2 理想液态混合物

若混合物中任一组分在全部组成范围内都符合拉乌尔定律，则该混合物称为**理想液态混合物**（mixture of ideal liquid）。这是从宏观上对理想液态混合物的定义。从微观的角度讲，

各组分的分子大小及作用力，彼此近似或相等，当一种组分的分子被另一种组分的分子取代时，没有能量的变化或空间结构的变化。换言之，当各组分混合时，没有焓变和体积的变化。即 $\Delta_{mix}H=0$，$\Delta_{mix}V=0$，这也可以作为理想液态混合物的定义。理想液态混合物除了光学异构体的混合物、同位素化合物的混合物、立体异构体的混合物以及紧邻同系物的混合物等可以（或近似地）看作理想液态混合物外，一般液态混合物大都不具有理想液态混合物的性质。但是由于理想液态混合物所服从的规律比较简单，并且实际上许多液体在一定的组成区间的某些性质常表现得很像理想液态混合物，所以引入理想液态混合物的概念，不仅在理论上有价值，而且也有实际意义。从理想液态混合物所得到的公式只要作适当的修正，就能用于实际液态混合物。

**例题分析 3.11**

25℃时，将 1mol 纯态苯加入大量的、苯的摩尔分数为 0.200 的苯和甲苯的混合液中，求算此过程的 $\Delta G$。

**解析：**

此过程

$$\Delta G=G_B-G^*_{m,B}$$

因为

$$G_B=\mu_B, G^*_{m,B}=\mu_B^\ominus$$

则

$$\Delta G=\mu_B-\mu_B^\ominus=RT\ln x_B=8.314\times298\times\ln 0.2\text{J}=-3.99\times10^3\text{J}$$

根据理想液态混合物的定义，可以导出其中任一组分化学势的表达式。

设温度 $T$ 时，当理想液态混合物与其蒸气达平衡时，理想液态混合物中任一组分 B 与气相中该组分的化学势相等，即

$$\mu_B(\text{l})=\mu_B(\text{g})$$

与理想液态混合物平衡的蒸气，由于压力不大，可认为是理想气体的混合物，故有

$$\mu_B(\text{l})=\mu_B(\text{g})=\mu_B^\ominus(\text{g})+RT\ln\frac{p_B}{p^\ominus}$$

对于理想液态混合物，任一组分都遵从 Raoult 定律，$p_B=p_B^*x_B$，式中 $p_B^*$ 是纯 B 的蒸气压。将 $p_B$ 代入上式得

$$\mu_B(\text{l})=\mu_B^\ominus(\text{g})+RT\ln\frac{p_B^*}{p^\ominus}+RT\ln x_B$$

对于纯的液相 B，$x_B=1$，故在温度 $T$、压力 $p$ 时，上式为

$$\mu_B^*(\text{l})=\mu_B^\ominus(\text{g})+RT\ln\frac{p_B^*}{p^\ominus}$$

将 $\mu_B^*(\text{l})$ 的表达式代入 $\mu_B(\text{l})=\mu_B^\ominus(\text{g})+RT\ln\frac{p_B^*}{p^\ominus}+RT\ln x_B$ 得

$$\mu_B(\text{l})=\mu_B^*(\text{l})+RT\ln x_B$$

式中，$\mu_B^*(\text{l})$ 是纯 B 液体在温度 $T$ 和压力 $p$ 时的化学势，此压力并不是标准压力，故 $\mu_B^*(\text{l})$ 并非是纯 B 液体的标准态化学势。

已知$\left(\dfrac{\partial \mu_B}{\partial p}\right)_{T,n_i}=V_B$，对此式从标准压力$p^{\ominus}$到压力$p$进行积分，得

$$\mu_B{}^*(l)=\mu_B(l)+\int_{p^{\ominus}}^{p}\left(\frac{\partial \mu_B}{\partial p}\right)_T dp=\mu_B(l)+\int_{p^{\ominus}}^{p}V_B(l)dp$$

通常$p$与$p^{\ominus}$的差别不是很大，故可以将积分项忽略，于是式$\mu_B(l)=\mu_B{}^*(l)+RT\ln x_B$，可写作

$$\mu_B(l)=\mu_B^{\ominus}(l)+RT\ln x_B \tag{3-25}$$

上式就是理想液态混合物中任一组分B的化学势表示式，在全部浓度范围内都能使用，此式也可以作为理想液态混合物化学势的热力学定义。

**例题分析 3.12**

298K和101325Pa下，苯（组分A）和甲苯（组分B）可以形成理想液态混合物，求下列过程所需做的可逆体积功。

① 将1mol苯从始态混合物$x_{A,1}=0.8$，用甲苯稀释到终态$x_{A,2}=0.6$；

② 从①中$x_{A,2}=0.6$的终态混合物中分离出1mol纯的苯。

**解析：**

① 始态：已知$x_{A,1}=0.8$，则$x_{B,1}=0.2$，现在只考虑1mol苯，则在始态混合物中甲苯对应的量为1/4mol。在终态混合物中，$x_{A,2}=0.6$，则$x_{B,2}=0.4$，当苯为1mol时，则甲苯为2/3mol。即在稀释过程中需加入的甲苯的量为（2/3－1/4）mol=5/12mol。

稀释过程可表示为：

$$\boxed{\begin{matrix}1\text{mol A}\\ \frac{1}{4}\text{mol B}\end{matrix}}+\boxed{\frac{5}{12}\text{mol B}}\rightarrow\boxed{\begin{matrix}1\text{mol A}\\ \frac{2}{3}\text{mol B}\end{matrix}}$$

始态时Gibbs自由能的值可表示为

$$\begin{aligned}G_1&=\sum_B n_B\mu_B\\&=[n_A(\mu_A^*+RT\ln x_{A,1})+n_B(\mu_B^*+RT\ln x_{B,1})]+n_B\mu_B^*\\&=\left[1\text{mol}\times(\mu_A^*+RT\ln 0.8)+\frac{1}{4}\text{mol}\times(\mu_B^*+RT\ln 0.2)\right]+\frac{5}{12}\text{mol}\times\mu_B^*\\&=1\text{mol}\times\mu_A^*+1\text{mol}\times RT\ln 0.8+\frac{2}{3}\text{mol}\times\mu_B^*+\frac{1}{4}\text{mol}\times RT\ln 0.2\end{aligned}$$

$$\begin{aligned}G_2&=\sum_B n_B\mu_B=n_A(\mu_A^*+RT\ln x_{A,2})+n_B(\mu_B^*+RT\ln x_{B,2})\\&=1\text{mol}\times(\mu_A^*+RT\ln 0.6)+\frac{2}{3}\text{mol}\times(\mu_B^*+RT\ln 0.4)\\&=1\text{mol}\times\mu_A^*+1\text{mol}\times RT\ln 0.6+\frac{2}{3}\text{mol}\times\mu_B^*+\frac{2}{3}\text{mol}\times RT\ln 0.4\end{aligned}$$

$$\begin{aligned}\Delta G&=G_2-G_1\\&=(1\text{mol}\times\mu_A^*+1\text{mol}\times RT\ln 0.6+\frac{2}{3}\text{mol}\times\mu_B^*+\frac{2}{3}\text{mol}\times RT\ln 0.4)\end{aligned}$$

$$-\left(1\text{mol}\times\mu_A^* + 1\text{mol}\times RT\ln 0.8 + \frac{2}{3}\text{mol}\times\mu_B^* + \frac{1}{4}\text{mol}\times RT\ln 0.2\right)$$

$$=\left[1\times 8.314\times 298\times(\ln 0.6-\ln 0.8)+\frac{2}{3}\text{mol}\times 8.314\times 298\times\ln 0.4 - \frac{1}{4}\text{mol}\times 8.314\times 298\times\ln 0.2\right]\text{kJ}$$

$$=-1.23\ (\text{kJ})$$

稀释过程系统做的可逆非体积功为　　$W_{f,max}=\Delta G=-1.23\text{kJ}$

② 分离过程可表示为

$$\boxed{\begin{matrix}1\text{molA}\\ \frac{2}{3}\text{molB}\end{matrix}} \rightarrow \boxed{1\text{molA}} + \boxed{\frac{2}{3}\text{molB}}$$

这相当于 1mol 苯与 2/3mol 甲苯形成混合液体的逆过程，$\Delta G=-\Delta_{mix}G$，因为

$$\Delta_{mix}G=\sum_B n_B RT\ln x_B = RT\ln(1\times\ln 0.6+\frac{2}{3}\times\ln 0.4)=-2.78\text{kJ}$$

所以　　$$W_{f,max}=\Delta G=\Delta_{mix}G=2.78\text{kJ}$$

**理想液态混合物的混合性质**指的是在恒温恒压下由摩尔数分别为$n_B$、$n_C$ 的纯液体 B 和 C 相互混合形成组成为 $x_B=n_B/(n_B+n_C)$，$x_C=1-x_B$ 的理想液态混合物这一过程中，液态系统的四个重要性质 $V$、$H$、$S$、$G$ 的变化。虽然下面以形成两组分理想混合物为例，但其结论对于形成多组分混合物也是适用的。

在下面的推导过程中，均要由理想液态混合物中任一组分 B 的等效定义式，即其化学势表达式$\mu_B(l)=\mu_B^*(l)+RT\ln x_B$ 出发，应用热力学公式导出该组分在理想液态混合物中的偏摩尔量与同样温度、压力下纯液态时摩尔量之间的关系。

(1) 由纯液体混合成混合物时，$\Delta_{mix}V=0$，即混合物的体积等于未混合前各纯组分的体积之和，总体积不变。

根据化学势与压力的关系及式$\mu_B(l)=\mu_B^*(l)+RT\ln x_B$，得

$$V_B=\left(\frac{\partial\mu_B}{\partial p}\right)_{T,n_B,n_C}=\left[\frac{\partial\mu_B^*(T,p)}{\partial p}\right]_{T,n_B,n_C}=V_{m,B}^*$$

即理想液态混合物中某组分的偏摩尔体积等于该组分（纯组分）的摩尔体积，所以混合前后体积不变（$\Delta_{mix}V=0$）。可表示为

$$\Delta_{mix}V=V_{混合前}-V_{混合后}=\sum_B n_B V_B-\sum_B n_B V_{m,B}^*=0 \tag{3-26}$$

(2) 两种纯液体混合成混合物时，$\Delta_{mix}H=0$。

根据$\mu_B(l)=\mu_B^*(l)+RT\ln x_B$ 得：$\dfrac{\mu_B(l)}{T}=\dfrac{\mu_B^*(l)}{T}+R\ln x_B$

对 $T$ 微分后得：$$\left[\frac{\partial\frac{\mu_B(l)}{T}}{\partial T}\right]_{p,n_B,n_C}=\left[\frac{\partial\frac{\mu_B^*(l)}{T}}{\partial T}\right]_{p,n_B,n_C}$$

根据 Gibbs-Helmholtz 公式，得：　$H_B=H_{m,B}^*$

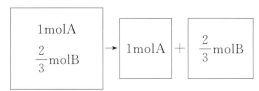

即在混合过程中各物质的摩尔焓均没有变化。所以混合前后总焓不变，不产生热效应，可用式表示为

$$\Delta_{\text{mix}}H = H_{\text{混合后}} - H_{\text{混合前各纯组分}} = \sum_{B} n_B H_B - \sum_{B} n_B H^*_{m,B} = 0 \tag{3-27}$$

（3）具有理想的混合熵。

根据$\mu_B$（l）$=\mu_B^{\ominus}$（l）$+RT\ln x_B$ 对 $T$ 微分后，得：

$$\left[\frac{\partial \mu_B(T,p)}{\partial T}\right]_{p,n_B,n_C} = \left[\frac{\partial \mu_B{}^*(T,p)}{\partial T}\right]_{p,n_B,n_C} + R\ln x_B$$

所以$S_B = S^*_{m,B} + R\ln x_B$

同理：$S_A - S^*_{m,A} = -R\ln x_A$，$S_C - S^*_{m,C} = -R\ln x_C$。

若溶液中组分 A 的摩尔数是$n_A$，组分 C 的摩尔数是$n_C$，则在形成理想液态混合物时的混合熵 $\Delta_{\text{mix}}S$ 为：

$$\Delta_{\text{mix}}S = S_{\text{混合后}} - S_{\text{混合前}} = \sum_{B} n_B S_B - \sum_{B} n_B S^*_{m,B} = -R\sum_{B} n_B \ln x_B \tag{3-28}$$

由于 $x_B<1$，故 $\Delta_{\text{mix}}S>0$，混合熵恒为正值。

（4）混合 Gibbs 自由能。

等温下，根据 $\Delta G = \Delta H - T\Delta S$

应有：

$$\Delta_{\text{mix}}G = \Delta_{\text{mix}}H - T\Delta_{\text{mix}}S = 0 - T\Delta_{\text{mix}}S = RT\sum_{B} n_B \ln x_B \tag{3-29}$$

**表 3.1 298K 时 1mol 二元理想液态混合物的混合熵和混合自由能**（计算值）

| 摩尔分数 | | $x_A R\ln x_A$ /J·K$^{-1}$·mol$^{-1}$ | $x_B R\ln x_B$ /J·K$^{-1}$·mol$^{-1}$ | $\Delta_{\text{mix}}S$ /J·K$^{-1}$·mol$^{-1}$ | $T\Delta_{\text{mix}}S$ /J·mol$^{-1}$ | $T\Delta G$ /J·mol$^{-1}$ |
|---|---|---|---|---|---|---|
| $x_A$ | $x_B$ | | | | | |
| 1.0 | 0 | 0 | 0 | 0 | 0 | 0 |
| 0.9 | 0.1 | −0.79 | −1.91 | 2.70 | 805 | −805 |
| 0.8 | 0.2 | −1.48 | −2.68 | 4.16 | 1240 | −1240 |
| 0.7 | 0.3 | −2.08 | −3.00 | 5.08 | 1510 | −1510 |
| 0.6 | 0.4 | −2.55 | −3.05 | 5.60 | 1670 | −1670 |
| 0.5 | 0.5 | −2.88 | −2.88 | 5.76 | 1720 | −1720 |
| 0.4 | 0.6 | −3.05 | −2.55 | 5.60 | 1670 | −1670 |
| 0.3 | 0.7 | −3.00 | −2.08 | 5.08 | 1510 | −1510 |
| 0.2 | 0.8 | −2.68 | −1.48 | 4.16 | 1240 | −1240 |
| 0.1 | 0.9 | −1.91 | −0.79 | 2.70 | 805 | −805 |
| 0 | 1.0 | 0 | 0 | 0 | 0 | 0 |

由表 3.1 绘出的图形如图 3.5(a) 所示。对于非理想液态混合物，则图形可能有很大的偏差。例如，氯仿与丙酮所形成的液体，对 Raoult 定律有负的偏差（$p_B<p_B{}^* x_B$），其混合过程热力学函数的变值如图 3.5(b) 所示。

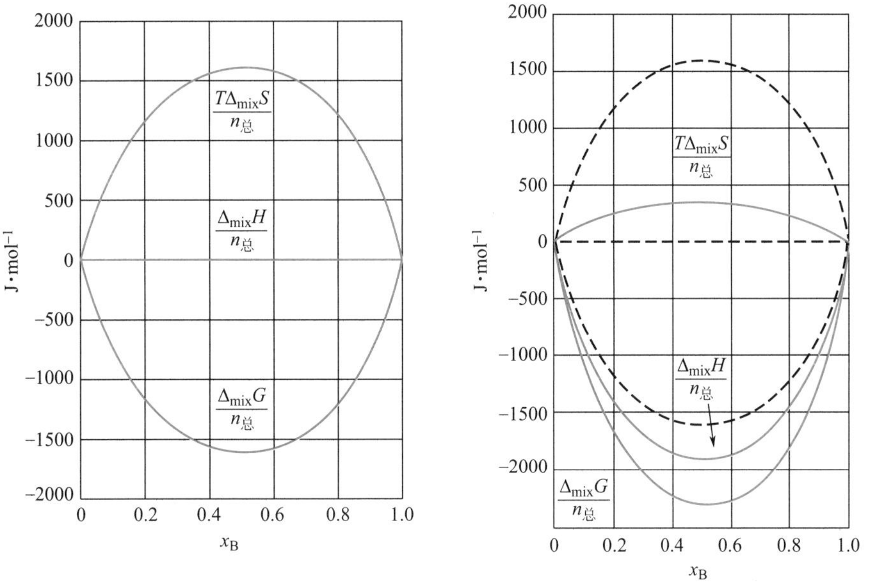


(a) (b)

图 3.5　298K 形成 1mol 理想液态混合物时热力学函数的改变（a）和 298K 时形成 1mol 氯仿-丙酮时热力学函数的改变（b）

（图中虚线为理想值，实线为实际值）

**例题分析 3.13**

苯和甲苯的混合物可以近似为理想液态混合物。25℃下 1mol 苯和 2mol 甲苯混合，计算混合吉布斯自由能变、混合熵、混合焓和混合体积差。

**解析**：由理想液态混合物的混合性质得

$$\Delta G_{mix}=RT\sum_B n_B\ln x_B=8.314\times 298.15\times(1\times\ln 1/3+2\times\ln 2/3)\text{J}=-4733(\text{J})$$

$$\Delta S_{mix}=-R\sum_B n_B\ln x_B=-8.314\times(1\times\ln 1/3+2\times\ln 2/3)\text{J}\cdot\text{K}^{-1}=15.88(\text{J}\cdot\text{K}^{-1})$$

$$\Delta H_{mix}=0,\Delta V_{mix}=0$$

（5）对于理想液态混合物，可以证明 Raoult 定律和 Henry 定律是没有区别的。

设在定温、定压下，某理想液态混合物的气相与液相达到平衡

$$\mu_B(液体)=\mu_B(蒸气)$$

若蒸气是理想气体混合物，液相是理想液态混合物，则

$$\mu_B^*(T,p)+RT\ln x_B=\mu_B^\ominus(T)+RT\ln(p_B/p^\ominus)$$

移项后得

$$\frac{p_B/p^\ominus}{x_B}=\exp\left[\frac{\mu_B^*(T,p)-\mu_B^\ominus(T)}{RT}\right]$$

在定温、定压下，等式右边是常数，令其等于 $k_B$，得

$$\frac{p_B}{x_B}=k_Bp^\ominus=k_{x,B}(令\ k_Bp^\ominus=k_{x,B})$$

所以

$$p_B=k_{x,B}x_B$$

这就是 Henry 定律。又因理想液态混合物中任意组分 B 在全部浓度范围都能符合上式，

故当 $x_B=1$ 时，$k_{x,B}=p_B^*$，所以

$$p_B=p_B^* x_B$$

这就是 Raoult 定律。由此可见，从热力学的观点来看，对于理想液态混合物，Henry 定律与 Raoult 定律没有区别。

### 3.4.3 理想稀溶液

一定温度下，溶剂和溶质分别遵守拉乌尔定律和亨利定律的无限稀薄的溶液称为**理想稀溶液**（ideal dilute solution）。在这种溶液中，溶质分子间距离很远，溶剂和溶质分子周围几乎都是溶剂分子。

理想稀溶液与理想液态混合物不同，理想液态混合物不区分溶剂和溶质，任一组分都遵守拉乌尔定律，而理想稀溶液区分溶剂和溶质（通常相对量多的组分叫溶剂，相对量少的组分叫溶质），溶剂遵守拉乌尔定律，溶质却不遵守拉乌尔定律而遵守亨利定律。理想稀溶液的微观和宏观特征也不同于理想液态混合物，理想稀溶液中各组分的分子体积并不相同，溶剂与溶质分子间的相互作用和溶剂及溶质分子各自之间的相互作用大不相同，当溶剂与溶质混合成理想稀溶液时，会产生吸热或放热现象及体积变化。

理想稀溶液中溶剂遵守拉乌尔定律，溶质遵守亨利定律的相互关系，可用图 3.6 说明。若理想稀溶液由 A、B 二组分混合而成，横坐标为溶液的组成，用摩尔分数 $x_B$ 表示，纵坐标表示 A、B 的分压 $p$。图中左、右两侧各有一稀溶液区，$p_A^*$ 和 $p_B^*$ 分别代表纯液体 A 和 B 的饱和蒸气压；$k_{x,A}$ 和 $k_{x,B}$ 分别代表 A 溶解在 B 中和 B 溶解在 A 中溶质的亨利系数。图 3.6 中两条实线分别为 A 和 B 在气相中的蒸气分压 $p_A$ 和 $p_B$ 与组成的关系；实线下面的两条虚线分别代表按拉乌尔定律计算的 A 和 B 的蒸气压。

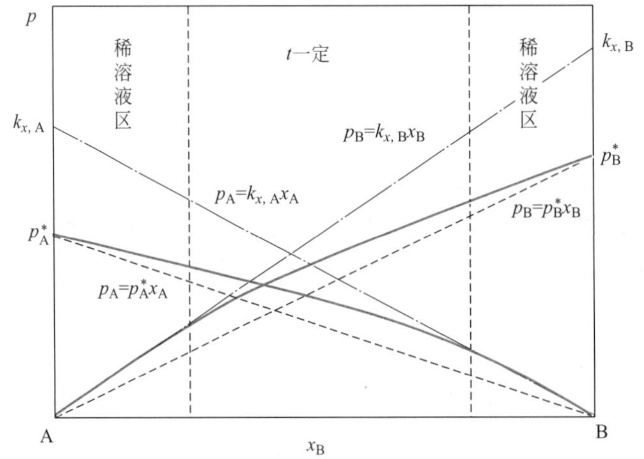


图 3.6　二组分液态完全互溶系统中组分的蒸气压与组成的关系

从图 3.6 中可以看出，对于组分 A，在左侧稀溶液区作为溶剂，$p_A$ 与 $x_A$ 成正比，比例系数为 $p_A^*$，符合拉乌尔定律；在稀溶液区以外，$p_A$ 的实际值与按拉乌尔定律的计算值有明显的偏差；到了右侧稀溶液区，A 作为溶质，虽然 $p_A$ 与 $x_A$ 并不符合拉乌尔定律，但 $p_A$ 与 $x_A$ 还是成正比的，比例系数为 $k_{x,A}$，符合亨利定律。显然 $k_{x,A} \neq p_A^*$。

以二组分系统为例。设 A 为溶剂，B 为溶质。在理想稀溶液中溶剂服从 Raoult 定律，溶质服从 Henry 定律。所以理想稀溶液中溶剂的化学势为

$$\mu_A=\mu_A^*(T,p)+RT\ln x_A \tag{3-30}$$

式(3-30) 的导出方法和理想液态混合物一样，式中$\mu_A^*$的物理意义是在 $T$、$p$ 时纯 A（即 $x_A=1$）的化学势。

在溶液中对于溶质而言，平衡时其化学势为

$$\mu_B(l)=\mu_B(g)=\mu_B^\ominus(T)+RT\ln\left(\frac{p_B}{p^\ominus}\right)$$

在理想稀溶液中，溶质服从 Henry 定律，$p_B=k_{x,B}x_B$，代入后，得

$$\mu_B=\mu_B^\ominus(T)+RT\ln(k_{x,B}/p^\ominus)+RT\ln x_B$$

令等式右边前两项合并，即令：$\mu_B^\ominus(T)+RT\ln(k_{x,B}/p^\ominus)=\mu_B^*(T, p)$，得

$$\mu_B=\mu_B^*(T,p)+RT\ln x_B$$

上式与理想稀溶液中溶剂的化学势$\mu_A=\mu_A^*(T, p)+RT\ln x_A$ 具有相同的形式，式中的 $\mu_B^*$ 是 $T$、$p$ 的函数，一定温度和压力下有定值。在该式中，$\mu_B^*(T, p)$ 可看作是 $x_B=1$，且服从 Henry 定律的那个假想状态的化学势（因为符合 Henry 定律，且在 $x_B=1$ 的状态，如图 3.7 中的 $R$ 点，而 $R$ 点客观上并不存在）。将 $p_B=k_{x,B}x_B$ 的直线延长得 $R$ 点。这个由引申而得到的状态（$R$）实际上并不存在。在图中纯 B 的实际状态由 $W$ 点表示。这个假想的状态（$R$）是外推出来的，因为不可能在 $x_B$ 从 0 至 1 的整个区间内，溶质都服从 Henry 定律。引入这样一个想象的标准态，并不影响 $\Delta G$ 或 $\Delta\mu$ 的计算，因为在求这些量值时，有关标准态的项都消去了。

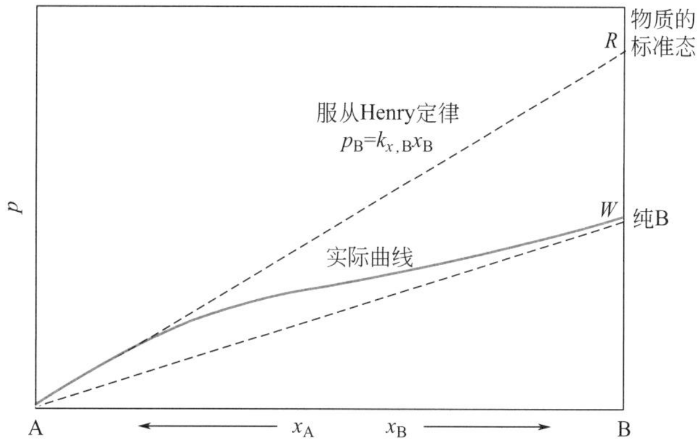


图 3.7　溶液中溶质的标准态（浓度为摩尔分数）

由式$\mu_A=\mu_A^*(T, p)+RT\ln x_A$ 和式$\mu_B=\mu_B^*(T, p)+RT\ln x_B$ 可见，在理想稀溶液时，无论溶剂和溶质，其化学势在形式上有相同的表示形式。但标准态的意义不同。式$\mu_A=\mu_A^*(T, p)+RT\ln x_A$ 和式$\mu_B=\mu_B^*(T, p)+RT\ln x_B$ 也可以看作是理想稀溶液的热力学定义。

若 Henry 定律写作 $p=k_{b,B}b_B$，可以得到

$$\mu_B=\mu_B^\ominus(T)+RT\ln(k_{b,B}b^\ominus/p^\ominus)+RT\ln b_B/b^\ominus=\mu^\ominus(T,p)+RT\ln b_B/b^\ominus$$

$\mu^\ominus(T, p)$ 是 $b=1\text{mol}\cdot\text{kg}^{-1}$，且服从 Henry 定律的状态的化学势，这个状态也是假

想的标准态，因为当 $b=1\text{mol}\cdot\text{kg}^{-1}$ 时，系统并不一定服从 Henry 定律（图 3.8）。

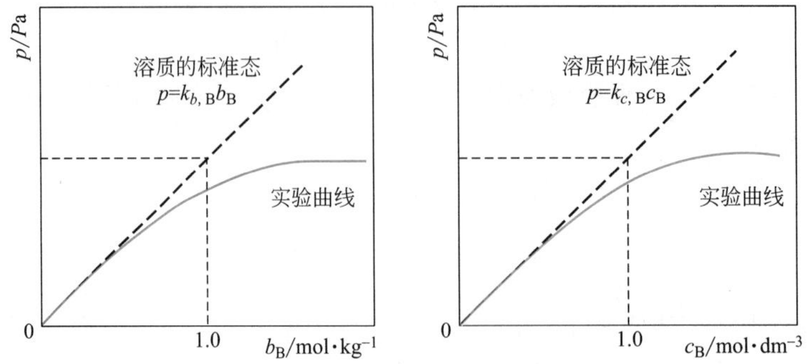


图 3.8　溶液中溶质的标准态（浓度分别为$b_\text{B}$ 和 $c_\text{B}$）

若 Henry 定律写作$p=k_{c,\text{B}}c_\text{B}$，则

$$\mu_\text{B}=\mu_\text{B}^{\ominus}(T)+RT\ln(k_{c,\text{B}}c^{\ominus}/p^{\ominus})+RT\ln c_\text{B}/c^{\ominus}=\mu^{\Delta}(T,p)+RT\ln c_\text{B}/c^{\ominus}$$

$\mu^{\Delta}$（$T$，$p$）是 $c=1\text{mol}\cdot\text{dm}^{-3}$，且服从 Henry 定律的那个状态的化学势，这个状态也是想象的标准态。

## 3.4.4　稀溶液的依数性

案例 3.4-2　雪天为什么向路上撒盐？

路面上的冰又滑又危险。其中一个最简单的使路面安全的办法就是撒盐，它可以使冰融化。

含盐的冰比纯的冰能在较低的温度下融化，是因为盐的离子进入到固态冰的晶格中，所以凝固点降低了。即使在低于纯冰熔点的温度下，盐水仍然是液态的，所以路面变得安全了。

在水和盐之间没有发生化学反应；当盐离子撒在冰面上时，它就会引起冰融化。这和盐的化学性质无关，它不一定是氯化钠，只和加的盐量有关，这与盐的摩尔分数有关，这就是稀溶液的**依数性**（colligative property）。那么，凝固点降低的数量是多少？

假设凝固点降低是 $\Delta T$，它的大小完全依赖于溶剂中盐的量。

$$\Delta T\propto\text{溶质的质量摩尔浓度}$$

因此可以根据溶质的质量摩尔浓度来确定 $\Delta T$ 的量，其比例常数是冰点降低常数，单位是 $\text{K}\cdot\text{kg}\cdot\text{mol}^{-1}$，$\Delta T$ 与浓度的关系为：

$$\Delta T=K\times1000\times\left(\frac{\text{溶质质量}}{\text{溶质的摩尔质量}}\right)\times\frac{1}{\text{溶剂质量}}$$

那么，假如道路撒盐时，氯化钠与水的质量比为 1∶100，与水的正常凝固点相比，它的凝固点会下降多少？已知 $T=273.15\text{K}$，$K_{\text{冰点}}=1.86\text{K}\cdot\text{kg}\cdot\text{mol}^{-1}$。

把有关的数值代入上式，得到：

$$\Delta T=1.86\mathrm{K\cdot kg\cdot mol^{-1}}\times 1000\mathrm{g\cdot kg^{-1}}\times\frac{10\mathrm{g}}{58.5\mathrm{g\cdot mol^{-1}}}\times\frac{1}{1000\mathrm{g}}=0.32\mathrm{K}$$

说明水的凝固点下降了 0.32K。

从本例可以看出，溶剂（水）的凝固点降低了。这是稀溶液的依数性质之一。除了这条性质，与依数性相关的性质还有沸点升高、蒸气压下降以及渗透压等。

**(1) 凝固点降低**

稀溶液当冷却到凝固点时析出的可能是纯溶剂，也可能是溶剂和溶质一起析出。在 B 与 A 不形成固态溶液的条件下，当溶剂 A 中溶有少量溶质 B 形成稀溶液时，从溶液中析出固态纯溶剂 A 的温度，即溶液的凝固点，会低于纯溶剂在同样外压下的凝固点，并且遵循一定的公式，这就是**凝固点降低**现象。当只析出纯溶剂时，即与固态纯溶剂成平衡的稀溶液的凝固点 $T_f$ 比相同压力下纯溶剂的凝固点 $T_f^*$ 低，实验结果表明，凝固点降低的量值与稀溶液中所含溶质的数量成正比，比例系数 $K_f$ 叫作**凝固点降低常数**，它与溶剂性质有关，而与溶质性质无关。

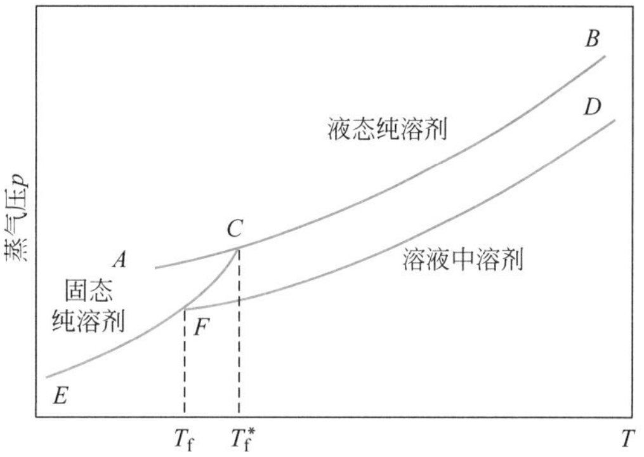


图 3.9　稀溶液的凝固点降低

图 3.9 中的三条曲线均为恒定的外压（通常为外界大气压）下，某溶剂的蒸气压曲线。$EC$ 线为固态纯溶剂的蒸气压曲线，$AB$ 线为液态纯溶剂的蒸气压曲线，两曲线相交于 $C$ 点，此时纯溶剂的固态和液态的蒸气压相等，两相处于相平衡状态，$C$ 点所对应的温度$T_f^*$ 为纯溶剂的凝固点。$FD$ 线为溶液中该溶剂的饱和蒸气压曲线，比同样温度下该纯溶剂的饱和蒸气压低。$FD$ 线与 $EC$ 线交于点 $F$，该点处溶液中溶剂的饱和蒸气压和固态纯溶剂的蒸气压相等，处于固态和溶液的相平衡状态，$F$ 所对应的温度为该溶液的凝固点$T_f$，显然$T_f<T_f^*$。$\Delta T_f=T_f^*-T_f$，称为溶液的凝固点降低值。

应用热力学原理推导出凝固点降低值与溶液组成的定量关系式为：

$$\Delta T_f=K_f b_B \tag{3-31}$$

$K_f$ 为**凝固点降低常数**，单位为 $\mathrm{K\cdot kg\cdot mol^{-1}}$，其数值仅与溶剂性质有关；$b_B$ 是溶液中溶质 B 在溶剂中的质量摩尔浓度，单位 $\mathrm{mol\cdot kg^{-1}}$。

一些常见溶剂的 $K_f$ 值如表 3.2 所示。

**表 3.2　几种溶剂的 $K_f$ 值**

| 溶剂 | 水 | 乙酸 | 苯 | 环己烷 | 萘 | 四氯化碳 | 苯酚 | 樟脑 |
|---|---|---|---|---|---|---|---|---|
| $T_f^*$/K | 273.15 | 289.75 | 278.7 | 279.69 | 353.44 | 250.55 | 313.75 | 452.15 |
| $K_f/\mathrm{K\cdot kg\cdot mol^{-1}}$ | 1.86 | 3.90 | 5.10 | 20.20 | 6.94 | 30 | 7.27 | 40.0 |

从表 3.2 可以看出，樟脑的凝固点降低常数较大，在溶质用量较小时凝固点降低的值仍然较大。

**例题分析 3.14**

设某一新合成的有机物 R，其中含碳、氢和氧的质量分数分别为：$w(C)=0.632$，$w(H_2)=0.088$，$w(O_2)=0.280$。现将 0.0702g 该有机物溶于 0.804g 樟脑中，其凝固点比纯樟脑下降了 15.3K，试求该有机物的摩尔质量。

**解析：**

$$\Delta T=K_f b_B$$

$$b_B=\frac{\Delta T}{K_f}=\frac{15.3\text{K}}{40.0\text{K}\cdot\text{kg}\cdot\text{mol}^{-1}}=0.3825\text{mol}\cdot\text{kg}^{-1}$$

$$b_B=\frac{n_B}{m_A}=\frac{m_B}{M_B m_A}$$

$$M_B=\frac{m_B}{b_B m_A}=\frac{0.0702}{0.3825\times0.804}\text{kg}\cdot\text{mol}^{-1}=228\text{g}\cdot\text{mol}^{-1}$$

**(2) 沸点升高**

沸点是液体或溶液的蒸气压 $p$ 等于外压 $p_{ex}$ 时的温度。若溶质不挥发，则溶液的蒸气压等于溶剂的蒸气压 $p=p_A$，对稀溶液 $p_A=p_A^* x_A$，$p_A<p_A^*$，所以在 $p$-$T$ 图上稀溶液的蒸气压曲线在纯溶剂蒸气压曲线之下，由图 3.10 可知，在外压 $p_{ex}$ 时，溶液的沸点 $T_b$ 必大于纯溶剂的沸点 $T_b^*$，即沸点升高。$\Delta T_b=T_b-T_b^*$，称为**沸点升高值**。

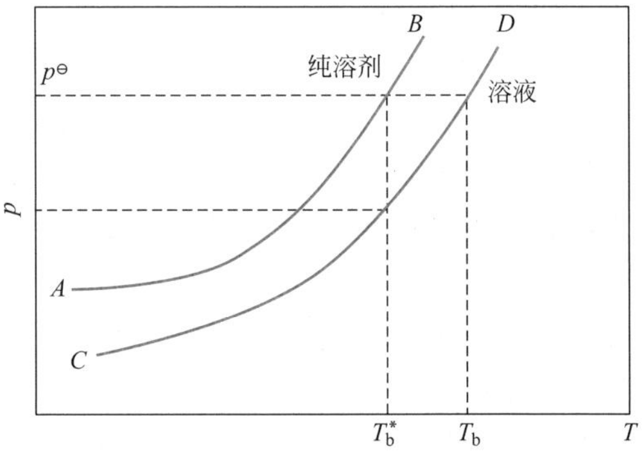

图 3.10 稀溶液的沸点升高

结果表明，含不挥发性溶质的稀溶液的沸点升高也可用热力学方法推出：

$$\Delta T_b=K_b b_B \tag{3-32}$$

$K_b$ 叫作**沸点升高常数**，单位为 K·kg·mol$^{-1}$，它与溶剂的性质有关，而与溶质性质无关；$b_B$ 是溶液中溶质 B 在溶剂中的质量摩尔浓度，单位为 mol·kg$^{-1}$。

几种常见溶剂的 $K_b$ 值见表 3.3：

**表 3.3 几种常见溶剂的 $K_b$ 值**

| 溶剂 | 水 | 苯 | 四氯化碳 | 甲醇 | 乙醇 | 乙醚 | 丙酮 |
|---|---|---|---|---|---|---|---|
| $K_b$/K·kg·mol$^{-1}$ | 0.52 | 2.57 | 5.02 | 0.80 | 1.20 | 2.11 | 1.72 |

通过表 3.2 与表 3.3 的对比可以发现，一般溶剂的沸点升高常数小于其凝固点降低常数，因此一般使用凝固点降低的方法测量溶质的摩尔质量。

**例题分析 3.15**

用苯作溶剂时测得质量分数为 0.0125 的某溶液在 80.00℃时的蒸气压为 $1.0031\times10^5$Pa，其正常沸点为 80.25℃。苯的正常沸点为 80.00℃。假设溶质是非挥发性的，计算溶质的摩尔质量和苯的摩尔蒸发焓。已知苯的摩尔质量为 78.11g·mol$^{-1}$。

解析：

在 80.00℃时，蒸气压降低值为

$$(1.01325\times10^5-1.0031\times10^5)\mathrm{Pa}=1015\mathrm{Pa}$$

则溶质的摩尔分数 $x_B$ 为

$$x_B=\frac{\Delta p}{p_A^*}=\frac{1015}{101325}=0.0100$$

假设溶液的质量为 100g，则溶质质量$m_B=1.25$g，苯的质量$m_A=98.75$g

$$n_B=\frac{x_B}{x_A}n_A=\frac{x_B}{1-x_B}\times\frac{m_A}{M_A}=\frac{0.0100}{1-0.0100}\times\frac{98.75}{78.11}\mathrm{mol}=0.0128\mathrm{mol}$$

$$b_B=\frac{n_B}{m_A}=\frac{0.0128}{98.75\times10^{-3}}\mathrm{mol\cdot kg^{-1}}=0.130\mathrm{mol\cdot kg^{-1}}$$

由于

$$K_b=RT_b^2M_A/\Delta_{vap}H_m^{\ominus},\ \Delta T_b=K_b b_B$$

则苯的摩尔蒸发焓 $\Delta_{vap}H_m^{\ominus}$ 为

$$\begin{aligned}\Delta_{vap}H_m^{\ominus}&=\frac{RT_b^2M_A}{K_b}=\frac{RT_b^2M_Ab_B}{\Delta T_b}\\&=\frac{8.314\times353.2^2\times78.11\times10^{-3}\times0.130}{0.25}\mathrm{J\cdot mol^{-1}}\\&=42\mathrm{kJ\cdot mol^{-1}}\end{aligned}$$

**(3) 溶剂蒸气压下降**

溶液中溶剂的蒸气压 $p_A$ 低于同温度下纯溶剂的饱和蒸气压 $p_A^*$，这一现象称为溶剂的蒸气压下降。溶剂的蒸气压下降值 $\Delta p=p_A^*-p_A$。对稀溶液，将拉乌尔定律 $p_A=p_A^*x_A$ 代入，得

$$\Delta p=p_A^*x_B \tag{3-33}$$

即 $\Delta p$ 的量值正比溶质的数量——溶质的摩尔分数 $x_B$，比例系数即为纯 A 的饱和蒸气压 $p_A^*$。

**例题分析 3.16**

在 293K 时，乙醚的蒸气压为 58.95kPa，今在 100g 乙醚中，溶入某非挥发性有机物 10g，乙醚的蒸气压降低到 56.79kPa，试求该有机物的摩尔质量。

解析：

$$p_A=p_A^*x_A=p_A^*(1-x_B)$$

$$x_B=\frac{p_A^*-p_A}{p_A^*}=\frac{58.95-56.79}{58.95}=0.0366$$

$$x_B=\frac{m_B/M_B}{m_A/M_A+m_B/M_B}$$

其中$m_B=10$g，$m_A=100$g，$M_A=74.1\mathrm{g\cdot mol^{-1}}$

求得

$$M_B=195.05\mathrm{g\cdot mol^{-1}}$$

**(4) 渗透压**

在一定温度下，用一只使溶剂透过而不能使溶质透过的半透膜把纯溶剂与溶液隔开，溶剂就会通过半透膜渗透到溶液中使溶液液面上升，直到溶液液面升到一定高度达到平衡状态，渗透才停止，如图 3.11 所示。

这种对于溶剂的膜平衡叫作**渗透平衡**（osmotic equilibrium）。渗透平衡时，溶剂液面和

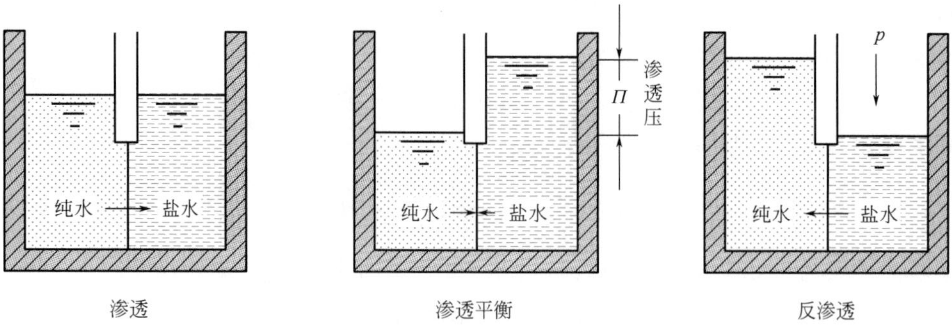


图 3.11 渗透现象与反渗透

同一水平的溶液截面上所受的压力分别为 $p$ 及 $p+\rho gh$（$\rho$ 是平衡时溶液的密度；$g$ 是重力加速度；$h$ 是溶液液面与纯溶剂液面的高度差），后者与前者之差称作**渗透压**（osmotic pressure），以 $\Pi$ 表示。任何溶液都有渗透压，但是如果没有半透膜将溶液与纯溶剂隔开，渗透压即无法体现。渗透压的大小与溶液的浓度有关，

根据实验得到，稀溶液的渗透压 $\Pi$ 与溶质 B 的浓度 $c_B$ 成正比，比例系数的值为 $RT$，即

$$\Pi=c_BRT \tag{3-34}$$

由此看出，溶液渗透压的大小只由溶液中溶质的浓度决定，而与溶质的本性无关，故渗透压也是溶液的依数性质。

通过渗透压的测定，可以求出大分子溶质的摩尔质量。当施加在溶液与纯溶剂上的压力差大于溶液的渗透压时，溶液中的溶剂会通过半透膜渗透到纯溶剂中，这种现象叫作反渗透。反渗透最初用于海水的淡化，后来又用于工业废水的处理。

**例题分析 3.17**

测得某人血浆的凝固点为−0.5℃（272.65K），那么他血浆的葡萄糖等渗溶液的质量摩尔浓度是多少？在 37℃（310.15K）时的渗透压为多少？已知血浆的密度近似等于水的密度 $1\times10^3\text{kg}\cdot\text{m}^{-3}$，水的凝固点降低常数 $K_f=1.86\text{K}\cdot\text{mol}^{-1}\cdot\text{kg}$。

**解析：**

$$b_B=\frac{\Delta T}{K_f}=\frac{0.5}{1.86}\text{mol}\cdot\text{kg}^{-1}=0.269\text{mol}\cdot\text{kg}^{-1}$$

他血浆的葡萄糖等渗溶液的质量摩尔浓度为 $0.269\text{mol}\cdot\text{kg}^{-1}$。

1kg 血浆的摩尔数 $n_B=0.269\text{mol}$，其体积近似等于 $1\times10^{-3}\text{m}^3$，则其渗透压 $\Pi$ 为

$$\Pi=\frac{n_BRT}{V}=\frac{0.269\times8.314\times310.15}{1\times10^{-3}}\text{Pa}=6.94\times10^5\text{Pa}$$

## 思考与讨论：饱和气流法测溶剂分子量的方法是什么？

苯溶液中含有某种质量分数为 0.05 的非挥发性溶质，在恒压下，以一定量干燥的气体先通过此溶液，然后再通过纯苯。停止通气后，测得装有溶液的容器失重 1.24g，装有纯苯的容器失重 0.04g，这种方法叫饱和气流法。那么，用这种方法如何求得溶质的摩尔分数 $x_B$ 与溶质的分子量 $M_B$？

## 3.5 真实液态混合物、真实溶液的热力学

案例 3.5　为什么 NaOH 溶液的蒸气压比理论值小?

实验室中常常需要配制 NaOH 溶液。一名研究员将 1mol NaOH 溶解到 4.559mol 的水中形成 NaOH 溶液，则 NaOH 的摩尔分数为：

$$x_{NaOH}=\frac{1}{1+4.559}=0.18$$

则水的摩尔分数 $x_{H_2O}$ 为

$$x_{H_2O}=1-x_{NaOH}=1-0.18=0.82$$

由于 NaOH 不挥发，这名研究员希望通过刚刚配制的 NaOH 溶液验证拉乌尔定律：

$$p_{H_2O}=p^*_{H_2O}x_{H_2O}$$

式中，$p_{H_2O}$ 为水的蒸气压；$p^*_{H_2O}$ 为水的饱和蒸气压。

测得实验室当前的温度为 15℃，查到该温度下纯水的蒸气压为 1705Pa。根据拉乌尔定律，水的蒸气压的理论值为

$$p=p^*x_{H_2O}=1705\times0.82\text{Pa}=1398\text{Pa}$$

也就是说，如果测得的水的蒸气压在 1400Pa 附近，就验证了拉乌尔定律。但是，他在实验中测得的该溶液水的蒸气压为 596Pa，远低于理论值 1398Pa。这个结果远超过了他的预期，为了排除实验中错误因素对结果的影响，他又重复了测试实验，得到的却是相同的结果。那么，是什么原因造成这种偏差呢?

实际上，本例中的 NaOH 溶液已经不能看作理想液态混合物了，因此拉乌尔定律已经不适用。为了使用方便，与实际气体类似，也需要引入**活度**（activity）的概念。

### 3.5.1 真实液态混合物中任意组分 B 的化学势、活度、活度因子

真实液态混合物中任一组分 B 的化学势$\mu_B$（l，$T$）不遵守理想液态混合物中任一组分 B 的化学势表达式（3-25），为保持式（3-25）的简单形式能用于真实液态混合物中的任一组分 B，路易斯（Lewis）提出活度的概念，在压力 $p$ 与 $p^\ominus$差别不大时，把真实液态混合物相对于理想液态混合物中任一组分 B 的化学势偏差完全放在表达式中的组分 B 的组成标度上来校正，保持原来理想液态混合物任一组分中 B 的化学势表达式$\mu^\ominus_B$（l，$T$）不变，即以式（3-25）为参考，在混合物组成项 $x_B$ 上乘以校正因子$f_B$，$f_B$ 称为**活度因子**，定义 $a_B=x_Bf_B$，$a_B$ 称为组分 B 的活度，即

$$\mu_B(l,T)\overset{\text{def}}{=\!=}\mu_B^*(l,T)+RT\ln x_Bf_B \tag{3-35a}$$

$$\mu_B(l,T) \overset{\text{def}}{=\!=\!=} \mu_B^*(l,T)+RT\ln a_B \tag{3-35b}$$

因 $\mu_B^*$（l，$T$）代表了纯液态 B 在一定温度 $T$、压力 $p$ 下的化学势，当 $x_B \to 1$ 时，必然 $a_B \to 1$，于是有

$$\lim_{x_B \to 1} f_B = \lim_{x_B \to 1}(a_B/x_B)=1$$

由于标准态压力为 $p^\ominus$，故压力 $p$ 下的化学势

$$\mu_B(l,T) \overset{\text{def}}{=\!=\!=} \mu_B(l,T)^\ominus + RT\ln a_B + \int_{p^\ominus}^{p} V^*_{m,B(l,T)}\,dp \tag{3-36}$$

在常压下，积分项近似为零，故近似有

$$\mu_B(l,T) \overset{\text{def}}{=\!=\!=} \mu_B(l,T)^\ominus + RT\ln a_B \tag{3-37}$$

真实液态混合物中组分 B 的标准态为标准压力 $p^\ominus$下的纯液体 B，$\mu_B$（l，$T$）$^\ominus$为温度 $T$ 下标准态时 B 的化学势，即标准化学势。活度 $a_B$ 相当于“有效的摩尔分数”。活度因子 $f_B$ 则相当于真实液态混合物中组分 B 偏离理想情况的程度。

组分 B 的活度可由测定与液相成平衡的气相中 B 的分压 $p_B$ 及同温度下纯液态 B 的蒸气压 $p_B^*$ 得出。

气-液两相平衡时，液相中 B 的化学势为

$$\mu_B(l,T) \overset{\text{def}}{=\!=\!=} \mu_B^*(l,T)+RT\ln a_B \tag{3-38}$$

在压力不大的条件下，气相可以认为是理想气体混合物，气相 B 的化学势表示式中可以用 B 的分压代替其逸度，于是

$$\mu_B(g,T)=\mu_B(g,T)^\ominus+RT\ln(p_B/p^\ominus=\mu_B(g,T)^\ominus+RT\ln(p_B^*/p^\ominus)+RT\ln(p_B/p_B^*)$$

由于 $\mu_B$（g，$T$）$^\ominus$ $+RT\ln$（$p_B^*/p^\ominus$）$=\mu_B^*$（l，$T$）

上式可写作

$$\mu_B(g,T)=\mu_B^*(l,T)+RT\ln(p_B/p_B^*)$$

因两相平衡时$\mu_B$（l，$T$）$=\mu_B$（g，$T$），故得到

$$a_B=p_B/p_B^* \tag{3-39}$$

及

$$f_B=a_B/x_B=p_B/(p_B^* x_B) \tag{3-40}$$

这一关系可由图 3.12 看出。图中实线为混合物中组分 B 的蒸气压-组成线，虚线为假设

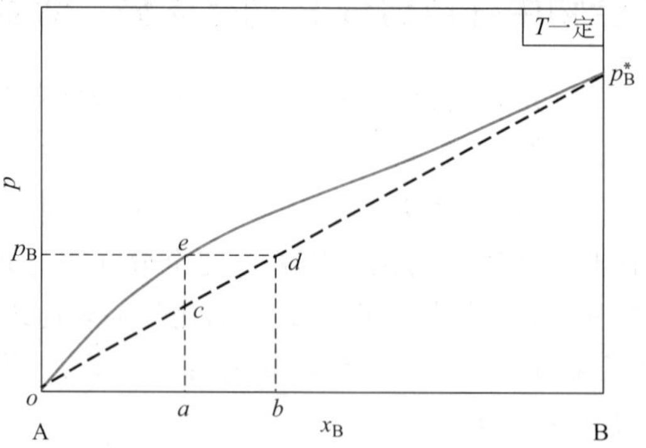


图 3.12　真实液态混合物中组分 B 的活度及活度因子

B 符合拉乌尔定律时的蒸气压-组成线。

设某真实液态混合物组成为图中的 $a$ 点，组分 B 的蒸气压为 $p_B$。根据式（3-39），液体中组分 B 的活度 $a_B = p_B / p_B^* = ae / p_B^* = bd / p_B^* = ob/1$，即组成为 $a$ 的真实液态混合物中的 B 与组成为 $b$ 的理想液态混合物中的 B 具有相同的蒸气压，即具有相同的化学势，也具有相同的活度。活度因子 $f_B = a_B / x_B = p_B / (p_B^* x_B) = \overline{ob}/\overline{oa} = \overline{ae}/\overline{ac}$，比值 $\overline{ae}/\overline{ac}$ 说明真实液态混合物中组分 B 偏离理想液态混合物的程度。

### 3.5.2 真实溶液中溶剂和溶质的化学势、活度、活度因子

为了使真实溶液中的溶剂和溶质的化学势表示式分别与理想稀溶液中的形式相同，也是以溶剂的活度 $a_A$ 代替 $x_A$，以溶质的活度 $a_B$ 代替 $b_B/b^\ominus$。

对于溶剂 A，在温度 $T$，压力 $p$ 下

$$\mu_{A(l)} = \mu_{A(l)}^* + RT\ln a_A \tag{3-41a}$$

$$\mu_{A(l)} = \mu_{A(l)}^\ominus + RT\ln a_A + \int_{p^\ominus}^{p} V_{m,A(l)}^* \mathrm{d}p \tag{3-41b}$$

在 $p$ 与 $p^\ominus$ 相差不大时

$$\mu_{A(l)} = \mu_{A(l)}^\ominus + RT\ln a_A \tag{3-42}$$

对溶剂 A 也与液体中任一组分一样，规定 A 的活度因子 $f_A$ 为

$$a_A = f_A x_A \tag{3-43}$$

但是，因为在稀溶液中溶剂的活度接近于 1，用活度因子 $f_A$ 不能准确地表示出溶液（特别是电解质溶液）的非理想性。

为了准确地表示溶液中溶剂对于理想稀溶液的偏差，引入了**渗透系数**（hydraulic conductivity）的概念。

渗透系数 $g$ 的定义为

$$g = \ln a_A / \ln x_A \tag{3-44a}$$

即

$$a_A = x_A^g \tag{3-44b}$$

$g$ 的量纲为 1。

将 $a_A = x_A^g$ 分别代入式(3-41a)、式(3-41b) 与式(3-42)，得到用质量摩尔浓度作为溶液组成变量表示的稀溶液中溶剂的化学势：

$$\mu_{A(l)} = \mu_{A(l)}^* - RT\varphi M_A \sum_B b_B \tag{3-45a}$$

$$\mu_{A(l)} = \mu_{A(l)}^\ominus - RT\varphi M_A \sum_B b_B + \int_{p^\ominus}^{p} V_{m,A(l)}^* \mathrm{d}p \tag{3-45b}$$

在 $p$ 与 $p^\ominus$ 相差不大时

$$\mu_{A(l)} = \mu_{A(l)}^\ominus - RT\varphi M_A \sum_B b_B \tag{3-46}$$

渗透因子的一个重要规律是当溶质质量摩尔浓度 $\sum_B b_B \to 0$ 时，$\varphi \to 1$。

在 $\sum_B b_B$ 比较小时，$\varphi \approx g$。

对于溶质 B，在温度 $T$、压力 $p$ 下真实溶液中化学势的表示式规定为

$$\mu_{B(溶质)}=\mu_{B(溶质)}^{\ominus}+RT\ln a_B+\int_{p^{\ominus}}^{p}V_{B(溶质)}^{\infty}\mathrm{d}p \tag{3-47a}$$

$$\mu_{B(溶质)}=\mu_{B(溶质)}^{\ominus}+RT\ln(\gamma_B b_B/b^{\ominus})+\int_{p^{\ominus}}^{p}V_{B(溶质)}^{\infty}\mathrm{d}p \tag{3-47b}$$

式中

$$\gamma_B=a_B/(b_B/b^{\ominus}) \tag{3-48}$$

称为溶质 B 的**活度因子**（activity factor）。并且

$$\lim_{\sum b\to 0}\gamma_B=\lim_{\sum b\to 0}[a_B/(b_B/b^{\ominus})]=1$$

式中极限条件是$\sum b\to 0$，即不仅所要讨论的溶质 B 的$b_B$趋于零，还要求溶液中其他溶质的 $b$ 也同时趋于零。

在 $p$ 与 $p^{\ominus}$相差不大时，式(3-47a) 与式（3-47b）可分别表示成

$$\mu_{B(溶质)}=\mu_{B(溶质)}^{\ominus}+RT\ln a_B \tag{3-49a}$$

$$\mu_{B(溶质)}=\mu_{B(溶质)}^{\ominus}+RT\ln(\gamma_B b_B/b^{\ominus}) \tag{3-49b}$$

最后，像理想稀溶液一样，用溶质的浓度 $c_B$ 作为溶液组成变量来表示的真实溶液中溶质 B 的化学势时，同上类似，有

$$\mu_{B(溶质)}=\mu_{c,B(溶质)}^{\ominus}+RT\ln a_{c,B}+\int_{p^{\ominus}}^{p}V_{B(溶质)}^{\infty}\mathrm{d}p \tag{3-50a}$$

$$\mu_{B(溶质)}=\mu_{c,B(溶质)}^{\ominus}+RT\ln(\varphi_{c,B}c_B/c^{\ominus})+\int_{p^{\ominus}}^{p}V_{B(溶质)}^{\infty}\mathrm{d}p \tag{3-50b}$$

式中

$$\varphi_{c,B}=a_{c,B}/(c_B/c^{\ominus})$$

也称为溶质 B 的**活度因子**，并且

$$\lim_{\sum c\to 0}y_B=\lim_{\sum c\to 0}[a_{c,B}/(c_B/c^{\ominus})]=1$$

式中极限条件是$\sum c\to 0$，即不仅所要讨论的溶质 B 的 $c_B$ 趋于零，还要求溶液中其他溶质的 $c$ 也同时趋于零。

在 $p$ 与 $p^{\ominus}$相差不大时，式：

$$\mu_{B(溶质)}=\mu_{c,B(溶质)}^{\ominus}+RT\ln a_{c,B}+\int_{p^{\ominus}}^{p}V_{B(溶质)}^{\infty}\mathrm{d}p$$

与式：$\mu_{B(溶质)}=\mu_{c,B(溶质)}^{\ominus}+RT\ln(\varphi_{c,B}c_B/c^{\ominus})+\int_{p^{\ominus}}^{p}V_{B(溶质)}^{\infty}\mathrm{d}p$

可分别表示为

$$\mu_{B(溶质)}=\mu_{c,B(溶质)}^{\ominus}+RT\ln a_{c,B} \tag{3-51a}$$

$$\mu_{B(溶质)}=\mu_{c,B(溶质)}^{\ominus}+RT\ln(\varphi_{c,B}c_B/c^{\ominus}) \tag{3-51b}$$

**例题分析 3.18**

60℃时水（A）和苯胺（B）的蒸气压分别为 20.00kPa 和 0.760kPa，在此温度下苯胺和水部分互溶形成两相，两相中苯胺的摩尔分数分别是 0.088 和 0.732。分别以纯液体为标准态和遵守亨利定律的假想纯液体为标准态，求出水层中每个组分的活度因子。

**解析：**

设水层中水和苯胺的摩尔分数分别为 $x_A$ 和 $x_B$，苯胺层中的摩尔分数分别为 $x'_A$和 $x'_B$，水层中的苯胺为溶质，遵守亨利定律：

$$p_B = K_B x_B$$

苯胺层中的苯胺为溶剂，遵守拉乌尔定律，由于体系中只有一个苯胺的蒸气压，故

$$p_B = p_B^* x_B'$$

故

$$K_B = \frac{p_B^* x_B'}{x_B} = \frac{0.760 \times 0.732}{0.088} \text{kPa} = 6.32\text{kPa}$$

同理

$$K_A = \frac{p_A^* x_A'}{x_A} = \frac{20.00 \times (1-0.088)}{1-0.732} \text{kPa} = 68.1\text{kPa}$$

① 以纯液体为标准态时，活度因子为对拉乌尔的偏差系数，

$$p_A = p_A^* a_A = p_A^* \gamma_A x_A$$

溶剂水遵守拉乌尔定律，即

$$p_A = p_A^* x_A$$

由上两式得

$$\gamma_A = \frac{p_A^* x_A}{p_A^* x_A} = 1$$

又

$$p_B = p_B^* a_B = p_B^* \gamma_B x_B$$

溶质苯胺服从亨利定律，即

$$p_B = K_B x_B$$

由上两式得

$$\gamma_B = \frac{K_B x_B}{p_B^* x_B} = \frac{K_B}{p_B^*} = \frac{6.32}{0.760} = 8.32$$

② 以遵守亨利定律的假想液体为标准态时，活度因子为对亨利定律的偏差系数，$p_A = K_A a_A = K_A \gamma_A x_A$

溶剂水遵守拉乌尔定律，即

$$p_A = p_A^* x_A$$

由上两式得

$$\gamma_A = \frac{p_A^* x_A}{K_A x_A} = \frac{p_A^*}{K_A} = \frac{20.00}{68.1} = 0.294$$

又

$$p_B = K_B a_B = K_B \gamma_B x_B$$

溶质苯胺服从亨利定律，即

$$p_B = K_B x_B$$

则

$$\gamma_B = \frac{K_B x_B}{K_B x_B} = 1$$

## 思考与讨论：理想液态混合物与真实液态混合物的化学势等温表达式的差别有哪些？

试比较理想液态混合物、理想稀溶液中各组分的化学势等温表达式，并与真实液态混合物、真实溶液中各组分的化学势等温表达式相比较。

## 习题3

3.1 下表为在20℃时测得的乙醇-水溶液的密度。

① 计算含有0.700mol水和适量乙醇的混合物在每个数据点的体积（除了在0和1.0数据点）。用图表法或数据表示法确定乙醇摩尔分数为0.300时的摩尔体积偏微分。

| 乙醇质量分数 $w$（乙醇） | 密度/$g \cdot mL^{-1}$ | 乙醇质量分数 $w$（乙醇） | 密度/$g \cdot mL^{-1}$ |
|---|---|---|---|
| 0 | 0.99823 | 0.54 | 0.9039 |
| 0.46 | 0.9224 | 0.56 | 0.8995 |
| 0.48 | 0.9177 | 0.58 | 0.8956 |
| 0.50 | 0.9131 | 1.00 | 0.7893 |
| 0.52 | 0.9084 | | |

② 一个体系的特定组分含量对体积的偏微分定义为$(\partial V/\partial m_i)_{p,T,m'}$，其中$m_i$为组分i的质量，$m'$指除i物质以外的每种物质的质量。所有包括偏摩尔量的关系式都能被转换成部分特定量，通过对每种物质用$m_i$代替$n_i$，用质量分数$w_i$代替$x_i$的方式：$w_i=m_i/m_{总}$。

请用①中的数据，计算质量分数为0.500的混合物中乙醇的组分含量对体积的偏微分。

③ 由①中的数据，制定一个$\Delta V_{m,max}$的曲线图作为乙醇摩尔分数的函数，并且用截距法确定当溶液中乙醇的摩尔分数为0.300时每种物质的偏摩尔体积。

④ 由水和乙醇溶液的偏摩尔体积，求出含0.600mol乙醇和1.400mol水的混合物的体积。比较此题所得值与所列的密度表中的值。

[知识点：偏摩尔量的概念与求算方法]

3.2 在298K和101325Pa下，溶质NaCl（s）（B）溶于1.0g$H_2O$（l）（A）中，所得溶液的体积$V$与溶入B的摩尔数$n_B$之间的关系式为：

$$V=1001.38+16.625n_B+1.774n_B^{1/2}+0.119n_B^2$$

求$H_2O$（l）和NaCl的偏摩尔体积与溶入NaCl（s）的摩尔数$n_B$的关系。

[知识点：偏摩尔量的概念和计算]

3.3 证明：①$\mu_B=H_B-TS_B$；②$\mu_B=A_B+pV_B$；③$\mu_B=U_B+pV_B-TS_B$。

[知识点：偏摩尔量的函数关系]

3.4 空气中含有一定量的氩气，其摩尔分数为0.00934。假定空气为理想气体，试计算在298.15K和101325Pa下干燥氩气的$\mu_i-\mu_i^{\ominus}$。

[知识点：化学势的概念]

3.5 恒温恒压下，一个二组分理想气体混合物中组分1的气体分压变化d$P_1$。写出理想气体混合物其中一组分的化学势的表达式。

[知识点：化学势的概念]

3.6 已知乙醇在19℃时的饱和蒸气压是5330Pa，密度为0.7885$g \cdot cm^{-3}$。计算该温度下，当总压从5330Pa变到101.325kPa时乙醇化学势的变化，并将计算的数值与$RT\ln(p_i^*/p^{\ominus})$的值进行比较。假设$x_i=0.5000$。

[知识点：化学势的概念]

3.7 在 273.15K 时水和冰的比体积分别为 $1dm^3 \cdot kg^{-1}$ 和 $1.091dm^3 \cdot kg^{-1}$，373.15K 时分别为 $1.044dm^3 \cdot kg^{-1}$ 和 $1.627dm^3 \cdot kg^{-1}$。请分别计算 273.15K 时水变成冰的过程中 $(\partial \mu / \partial p)_T$ 的变化值及 373.15K 时水蒸气变成水的过程的 $(\partial \mu / \partial p)_T$ 的变化值。

[知识点：化学势与温度的关系]

3.8 在 1000K 和 101325Pa 下，金属 A 与金属 B 形成混合溶液。A 的摩尔数 $n_A = 125mol$，B 的摩尔数 $n_B = 1mol$，另已知溶液的吉布斯自由能存在以下关系：

$$G = n_A G^*_{m,A} + n_B G^*_{m,B} - 0.0577 n_A{}^2 - 7.95 n_B{}^3 - 2.385$$

如果将该金属溶液与炉渣混合，并且将炉渣视为理想液态混合物，并且炉渣中含有摩尔分数为 0.001 的 B 金属，求金属熔液中 B 的活度与活度因子。炉渣的加入可否去除合金中的 B 金属？

[知识点：活度与活度因子]

3.9 在 25℃、101.325kPa 下，某溶液由 2mol 苯和 1mol 氘代苯组成。计算 $\Delta S_{mix}$、$\Delta G_{mix}$、$\Delta H_{mix}$、$\Delta U_{mix}$ 和 $\Delta V_{mix}$。

[知识点：理想液态混合物的混合性质]

3.10 已知液体 A 与 B 可以形成理想液态混合物。把组分为 $y_A = 0.6$ 的蒸气混合物放入带有活塞的汽缸中恒温压缩，该温度下 $p^*_A = 121.6kPa$，$p^*_B = 40.5kPa$。

① 计算液相出现时的总蒸气压；

② 在该温度、101.325kPa 下沸腾时的液相组成。

[知识点：理想液态混合物的性质]

3.11 在 413.15K 时，纯 $C_6H_5Cl$ 和纯 $C_6H_5Br$ 的蒸气压分别为 125.238kPa 和 66.104kPa。假定两液体组成理想液态混合物。若有一混合液，在 413.15K、101.325kPa 下沸腾，试求该理想液态混合物的组成，以及在此情况下液面上蒸气的组成。

[知识点：理想液态混合物]

3.12 在 333K 时，苯胺和水部分互溶分作两层，根据拉乌尔定律，水在水层、与其平衡的苯胺层的活度因子分别为 $\gamma_{水}$ $(H_2O)$ 和 $\gamma_{胺}$ $(H_2O)$。请比较二者的大小。

[知识点：拉乌尔定律]

3.13 20℃下 HCl 溶于苯中达到平衡，气相中 HCl 的分压为 101.325kPa 时，溶液中 HCl 的摩尔分数为 0.0425。已知 20℃时苯的饱和蒸气压为 10.0kPa，若 20℃时 HCl 和苯蒸气总压为 101.325kPa，求 HCl 在苯中的溶解度。

[知识点：拉乌尔定律]

3.14 A、B 液体可形成理想液态混合物。已知在温度 $t$ 时纯 A 的饱和蒸气压为 60kPa，纯 B 的饱和蒸气压为 100kPa。

① 在温度 $t$ 下，于汽缸中将组成为 $y$ (A) $=0.25$ 的 A、B 混合气体恒温缓慢压缩，求凝结出第一滴微细液滴时系统的总压及该液滴的组成（以摩尔分数表示）为多少？

② 若将 A、B 两液体混合，并使此混合物在 100kPa、温度 $t$ 下开始沸腾，求该液态混合物的组成及沸腾时饱和蒸气的组成（摩尔分数）。

[知识点：亨利定律]

3.15 实验测得在 25℃、101325Pa 下，与空气平衡时水中溶解的 $O_2$ 的质量分数为 0.00083。

① 计算 $O_2$ 的亨利定律常数；

② 计算此温度下 $O_2$ 分压为 101.325kPa 时，溶解的氧气的摩尔分数。

[知识点：亨利定律]

3.16 深海潜水员在与周围水压相等的压力下呼吸到正常空气后，如果上浮速度过快，会出现一种叫作“减压病”的情况，又称为潜水病。这是因为血液中的氮在高压状态是溶解的，当潜水员解压时它就会以气泡的形式存在于血液中，可能引起诸如气体栓塞等，如不及时治疗有生命危险。

① 计算在深 50m 处，与空气（氮摩尔分数 0.78）平衡时 5L 血液（成年人大概的血量）中溶解氮气的量。假设血液中氮气的亨利常数与 20.0℃下水中的一样，为 7.56。

② 计算这些氮气在 101325Pa、20.0℃下的体积。

[知识点：亨利定律]

3.17 在 298.15K 时测得组分 B 的稀溶液的渗透压为 $1.5\times10^6$ Pa，已知水的摩尔蒸发焓为 $40.63\text{kJ}\cdot\text{mol}^{-1}$，纯水的沸点为 373.15K，则

① 求组分 B 的浓度；

② 求该溶液沸点的升高值；

③ 如果有大量的该溶液，那么通过某种方法从其中取出 1mol 水放到纯水中要做多少功？

[知识点：稀溶液的依数性]

3.18 将 1.0g 肌红蛋白样品溶于水得到 $100.0\text{cm}^3$ 溶液，测得 25.00℃下溶液的渗透压为 1467Pa，试计算肌红蛋白的摩尔质量。

[知识点：稀溶液的依数性]

3.19 25g 的 $CCl_4$ 中溶有 0.5455g 某溶质，与此溶液成平衡的 $CCl_4$ 的蒸气分压为 11.19kPa，而在同一温度时纯 $CCl_4$ 的饱和蒸气压为 11.40kPa。

① 求此溶质的分子量。

② 根据元素分析结果，溶质中碳和氢的质量分数分别为 0.09434 和 0.0566，确定溶质的化学式。

[知识点：稀溶液的依数性]

3.20 已知 0℃、101.325kPa 时，$O_2$ 在水中的溶解度为 $4.49\text{mL}\cdot100\text{g}^{-1}$，$N_2$ 在水中的溶解度为 $2.35\text{mL}\cdot100\text{g}^{-1}$。试计算被 101.325kPa 的空气所饱和了的水的凝固点较纯水的降低了多少？

[知识点：稀溶液的依数性]

3.21 实验测得联苯的摩尔分数为 0.121 的苯-联苯溶液的沸点为 82.4℃。已知纯苯的沸点为 80.1℃。求苯的沸点升高常数和苯的摩尔蒸发焓。

[知识点：稀溶液的依数性]

3.22 在某种溶液中，物质 1（溶剂）的活度由下式给出：

$$\ln(a_1)=\ln(x_1)+Bx_2^2$$

式中，$B$ 为常数。试推导 $a_2$ 的表达式。

[知识点：活度的概念]

3.23 已知水的摩尔凝固焓为 $60\text{J}\cdot\text{mol}^{-1}$，262.5K 时在 2kg 水中溶解 6.6mol KCl（s）形成饱和溶液，在该温度下饱和溶液与冰平衡共存。若以纯水为标准态，试计算饱和溶液中水的活度与活度因子。

[知识点：活度的概念、计算]

3.24 在 35.2℃时测得氯仿和丙酮的平衡分压分别等于 39067Pa 和 45933Pa。某溶液中丙酮的摩尔分数为 0.5061，平衡状态时总蒸气压 34000Pa，蒸气中丙酮的摩尔分数为 0.5625。假定蒸气为理想气体混合物。

① 计算各物质的活度和活度因子。

② 计算 0.4939mol 氯仿和 0.5061mol 丙酮混合过程引起的吉布斯自由能的变化量。

[知识点：活度的概念、计算]

# 第4章

# 相平衡

**内容提要**

热平衡、相平衡与化学平衡是热力学在化学领域中的重要应用。热力学第一定律定义了状态函数热力学能（$U$）和焓（$H$），以此为基础建立的热化学解决了相变化和化学变化过程中的热效应问题。热力学第二定律导出了状态函数熵（$S$）、亥姆霍兹自由能（$A$）和吉布斯自由能（$G$），回答了变化的方向性、过程的可逆性及其判据等问题。对于多组分系统，化学势则是一个非常重要的偏摩尔量。这些热力学基本“工具”，对于解决相平衡和化学平衡的问题具有重要的作用。本章将讨论有关相平衡的问题。

相平衡与结晶、蒸馏、萃取和吸收等分离提纯方法密切相关。通过相图可以得到某温度和压力下相平衡时各相的组成，以及当条件变化而达到新的平衡时相变化的方向和限度。

本章首先介绍相平衡系统中的组成、相数等相互依存与变化的规律——相律，随后介绍克劳修斯-克拉贝龙方程，最后分别对单组分、二组分和三组分系统的相图进行讨论。

## 4.1 相与相律

**案例 4.1　冷冻干燥是如何实现的?**

冷冻干燥能除去 95%～99% 的水分，同时最大限度地保存食品的色、香、味，使各种芳香物质的损失减少到最低限度。现代速溶咖啡就是用冷冻干燥的方法制得的。而早期的速溶咖啡是将研磨后的咖啡豆在水中煮后过滤，再煮去咖啡中的水分而得。长时间的加热会导致咖啡的炭化，降低口感。因此，后来便采用了冷冻干燥的方法来除去咖啡中的水分。那么，如何在冷冻的条件下来干燥呢?

图 4.1 为水的冷冻干燥原理示意图。可以看到，即使温度不变，压力低于一定值时水就会沸腾，因此可以通过降低压力使水由液态变为气态。当压力为 0.01 个大气压时，将咖啡加热到 30℃时就可除去其中的水分，咖啡就不用经受长时间的高温煮沸了。

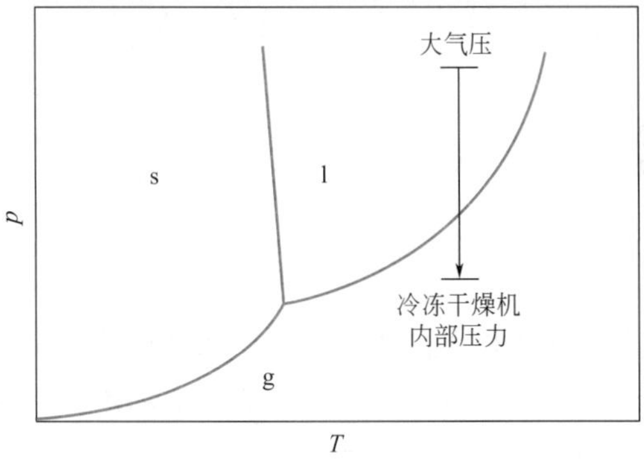


图 4.1　水的冷冻干燥原理示意图

降低压力可以使沸腾变得容易，所以在接近沸点甚至低于沸点的温度条件下除去咖啡中的水是可能的。实际上，当压力低于 646.5Pa、温度低于 0℃时，物料中的水分可不经过液相而直接升华为气相。因此，可以先将咖啡原料冻结至冰点之下，使咖啡中的水分变为固态冰，然后在适当的真空环境下，将冰直接转化为水蒸气而除去，再用真空系统中的水汽凝结器将水蒸气冷凝，从而使咖啡干燥。这种方法在制药等方面也得到了广泛的应用。

由以上的讨论可知，相图可以用来描述相平衡系统中组成与压力、温度的关系。那么，这些相的共存受到哪些因素的限制呢?

## 4.1.1　相

**相**（phase）是指系统中化学性质、物理性质（如密度、晶体结构、折射率等）均匀的部分。冰、水和水蒸气是水的三种常见相。由于结晶形式不同，固态也可形成多种不同的固相，如固体硫黄有单斜晶型和正交晶型两种稳定的相。

在水和冰处于平衡状态时，其平衡压力和温度之间是存在着直接的相互关系的。如果改变压力，要使其保持平衡状态，那么温度也要发生相应的改变。当研究水的相变化过程时，将其在不同相平衡状态下的压力和温度的实验值绘制在一张图上，将会得到其压力与温度之间的关系，如图 4.1 所示，称为水的**相图**（phase diagram）。它将不同温度、压力、组成条件下系统的相平衡情况用图形表示出来，是表达在平衡条件下环境约束条件（如温度和压力）、组分、稳定相态及相组成之间关系的几何图形，也是人们研究相平衡的主要方法。相图是由实验得到的，即把大量的相平衡实验数据用一张图表示出来。根据相图能方便地了解在任意指定的温度、压力等条件下系统以怎样的相态存在以及各相的具体情况。

相图中表示系统的状态的点简称为系统点（system point），表示某一个相的状态的点称为**相点**（phase point）。相图中的实线称为**相界**（phase boundary）。图 4.1 中有三个相界：

液相-固相，液相-气相，固相-气相。相界将相图分成了三个区域，分别为**固相**（solid phase）**区**、**液相**（liquid phase）**区**和**气相**（gas phase）**区**。当压力和温度的值没有在相界上，而是在相界之间的区域，则表明该温度、压力条件下系统只存在单一的相。三条相界的交点称为**三相点**（triple point），表示的是在一定的温度和压力下三相共存且处于平衡状态的点。物质由一个相变为另一个相的过程叫作**相转变**（phase transition），如案例 4.1 中咖啡中的水在 30℃、压力低于 0.01 个大气压时转变为水蒸气就是一个相转变的例子。

## 4.1.2 相律

相律是多相平衡系统普遍遵循的规律，它描述了系统的相数 $\Phi$、组分数 $C$、自由度数 $f$ 及外界影响因素（如温度、压力等）之间的定量关系。相律的表达式为：

$$f=C-\Phi+2 \tag{4-1a}$$

式(4-1a) 即为**吉布斯相律**（Gibbs phase rule），式中“2”指对外界条件只有温度和压力影响的平衡系统而言。如果指定了温度或压力，则

$$f=C-\Phi+1 \tag{4-1b}$$

没有气相的系统，称为**凝聚系统**（condensed system）。在凝聚系统中压力对其相平衡的影响很小，因此其相律表达式就可以用式(4-1b) 表示。对于合金等，虽然有气相存在但可以不予考虑，因此式 (4-1b) 也是适用的。

如果温度、压力均为定值，则

$$f=C-\Phi \tag{4-1c}$$

如果除温度、压力外还有其他外界因素（如电场、磁场、重力场等）需要考虑，则相律公式可写为：

$$f=C-\Phi+n \tag{4-1d}$$

式中，$n$ 为外界因素的数量。

虽然通过相律只能确定平衡系统的独立变量的数目，不能具体指出系统的独立变量是什么，但是它对多组分多相系统的研究仍然起着指导作用，它是热力学应用最广泛的定律之一。

**相数**是系统中所包含相的总数，用 $\Phi$ 表示。对于气体，由于其能够以任意比例混合，因此无论系统中气体种类有多少，只能形成一个气相。对于液体，由于不同液体的互溶程度不同，所以可以形成一至两个液相，一般不会超过三个。对于固体，如果不同分子之间形成了**固溶体**（solid solution），则只有一个固相；如果没有形成固溶体，则一种固体物质为一相。

**物种数**，用 $S$ 表示，指的是一个平衡系统中所含物质的种类数。该系统中各相组成所需要的最少独立物种数称为系统的**组分数**（或称为独立组分数，number of independent component），用 $C$ 表示，其数值等于物种数减去**独立的化学平衡反应数**（$R$），再减去**独立的限制条件数**（$R'$，或称为浓度限制条件数），即

$$C=S-R-R' \tag{4-2}$$

需要说明的是，独立的限制条件数 $R'$ 只应用在同一相中，不同相之间不存在这种限制条件。如 $CaCO_3$ 的分解，虽然其分解产物 CaO 与 $CO_2$ 的物质的量比例不变，但 $CO_2$ 为气相，CaO 为固相，因此不受独立的限制条件数 $R'$ 限制，其组分数 $C=S-R=3-1=2$。

另外，考虑问题的出发点不同，一个系统的物种数也不同，但平衡系统的组分数是不变的。以 KCl 的水溶液为例，如果只考虑相平衡，则 $S=2$，$R=0$，$R'=0$，$C=2-0-0=2$；

如果认为是 KCl 的水溶液而不考虑水的电离，即认为系统中的物种为 $H_2O$、$K^+$ 与 $Cl^-$，则 $S=3$，但由于 $K^+$ 与 $Cl^-$ 的浓度始终相等，则 $R'=1$，$C=3-0-1=2$。

**例题分析 4.1**

某平衡系统由 $NH_3$、$H_2$、$N_2$ 三种物质组成，试分别确定在以下不同条件时系统的组分数：

① 常温、常压条件下；

② 高温、高压且有催化剂存在的条件下；

③ 高温、高压有催化剂存在且 $n(H_2):n(N_2)=3:1$ 的条件下。

**解析：**

在以上三个条件中，系统的物种数 $S$ 均为 3。

① 常温、常压下，没有化学反应发生，则 $R=0$，$R'=0$，则 $C=3-0-0=3$，为三组分系统；

② 在高温、高压且催化剂存在的条件下，$NH_3$、$H_2$、$N_2$ 三者达到化学平衡，化学反应平衡数 $R=1$，则 $C=3-1-0=2$，为二组分系统；

③ 高温、高压、有催化剂存在且 $n(H_2):n(N_2)=3:1$ 时，$R=1$，由于 $H_2$ 与 $N_2$ 的物质的量之比与 $NH_3$ 分解所产生的 $H_2$ 与 $N_2$ 的物质的量的比值相同，所以系统中 $H_2$ 与 $N_2$ 的比值始终相同，因此增加了一个独立的限制条件，即 $R'=1$，则 $C=3-1-1=1$，为单组分系统。

**例题分析 4.2**

某系统中有 C (s)、CO (g)、$H_2O$ (g)、$CO_2$ (g)、$H_2$ (g) 五种物质，它们之间存在三个化学平衡关系式：

$$C(s)+H_2O(g) \rightleftharpoons CO(g)+H_2(g) \quad ①$$

$$C(s)+CO_2(g) \rightleftharpoons 2CO(g) \quad ②$$

$$CO(g)+H_2O(g) \rightleftharpoons CO_2(g)+H_2(g) \quad ③$$

请问该系统的组分数是多少？

**解析：**

该系统的物种数 $S=5$，系统中虽然存在三个化学平衡，但这三个反应并不是相互独立的，遵循以下关系：

$$①=②+③$$

因此该系统的独立化学平衡数为 2 而不是 3，即 $R=1$，则组分数 $C=5-2-0=3$。

**自由度**（degree of freedom）指在一定范围内可以独立改变而不引起系统相数和各相形态变化的强度变量（如温度、压力、浓度等）。这些变量的数目叫作自由度数，用 $f$ 表示。以水为例，参照图 4.1 水的相图，如当水以单一液相存在时，温度 $T$ 与压力 $p$ 都可在一定范围内（相图中的液相区域）独立变动，此时 $f=2$；当液态水与水蒸气平衡共存且没有冰形成时，系统的压力 $p$ 必须是所处温度 $T$ 时水的饱和蒸气压，$T$ 与 $p$ 只有一个量可独立变动，则 $f=1$；而当水、水蒸气、冰三者同时并存时，该状态位于相图中的三相点上，$T=273.16K$，$p=610Pa$，均不可独立变动，则 $f=0$。

对于式(4-1b)，适用的条件为温度或压力为定值，此时的自由度又称为条件自由度(conditional degree of freedom)，其数目用$f^*$表示，则式(4-1b)可写为：

$$f^*=C-\Phi+1 \tag{4-1b'}$$

**例题分析 4.3**

$Na_2CO_3$(s) 与 $H_2O$ 可以生成如下 3 种水化物：$Na_2CO_3 \cdot H_2O(s)$、$Na_2CO_3 \cdot 7H_2O(s)$ 和 $Na_2CO_3 \cdot 10H_2O(s)$。试指出在 101.325kPa 下，与 $Na_2CO_3$ 水溶液和冰平衡共存的水化物最多可以有几种。

**解析：**

因为 $S=5$，$R=3$，$R'=0$，所以 $C=S-R-R'=5-3-0=2$。由于压力固定为 101.325kPa，所以有 $f^*=C-\Phi+1$。而当 $f^*=0$ 时 $p$ 值最大，所以 $\Phi_{max}=3$，表明在 101.325kPa 下，系统最多可以三相平衡共存。由于系统中已存在 $Na_2CO_3$ 水溶液和冰两相，因此最多只能有一种水化物与溶液和冰平衡共存。

**相律的推导过程**实际上是求解自由度数的过程。假设某平衡系统中的相数为 $\Phi$，组分数为 $C$。如果每个相中都有 $C$ 个组分，那么只要任意指定（$C-1$）个组分的浓度，就可以确定该相的组成，因此 $\Phi$ 个相中只要指定 $\Phi$（$C-1$）个浓度，就可以确定系统中任一相中任一组分的浓度。又因为平衡时各相中的温度和压力都相同，即需要再加上温度和压力两个变量，因此，系统总的变量数为 [$\Phi(C-1)+2$] 个。此外，平衡时每一组分在每个相中的化学势相等，即

$$\mu_B(\alpha)=\mu_B(\beta)=\cdots$$

有一个化学势的等式就应该减少一个独立变量，因此 $C$ 个组分在 $\Phi$ 个相中相应地减少 $C$（$\Phi-1$）个独立变量，则系统的自由度数为：

$$f=[\Phi(C-1)+2]-C(\Phi-1)=C-\Phi+2$$

即为式(4-1a) 的吉布斯相律表达式。对于式(4-1b)、式(4-1c)、式(4-1d)，可以通过相同的方法证明，这里不再赘述。

从以上的推导过程可以看出，应用式（4-1a）时要求整个系统中各相的温度均为 $T$ 并且压力均为 $p$。若系统中并非只有一个温度或一个压力，则需要对其进行修改。

### 思考与讨论：氯化铵在不同的环境中分解的独立组分数一样吗？

氯化铵的分解反应如下：$NH_4Cl \rightleftharpoons NH_3+HCl$，它在真空中分解和在充有一定氨气的容器中分解，两种不同情况下，组分数一样吗？

# 4.2 单组分系统

案例 4.2　为什么棒冰在口腔中会融化？

当我们吃棒冰时，会发现棒冰在嘴里融化了，而且会有冰凉的感觉，那么该如何解释这种现象呢？假设棒冰（假设其为纯水冰冻而成，在此暂不考虑其他成分如糖、色素等的影响）是从$-5℃$的冰箱取出的，放入口中（$37℃$）后开始融化，从热力学的角度可以解释为：口腔温度 $T$ 比转化温度（$T_{融化}$）高，即$T>T_{融化}$。

口腔给固定在晶格中的水分子提供了能量，从而使水分子摆脱了使它们固定不动的键的束缚，所以会感到冰凉。在这个过程中，固相水分子转变为液相水分子——即棒冰的融化。

也可以从相转化的角度来解释棒冰融化的原因。开始时，棒冰比口腔的温度低。根据热力学第二定律，棒冰会逐渐变暖直到它的温度和口腔的温度一样，然后达到平衡。在此过程中，它将经历从固相到液相的转变。

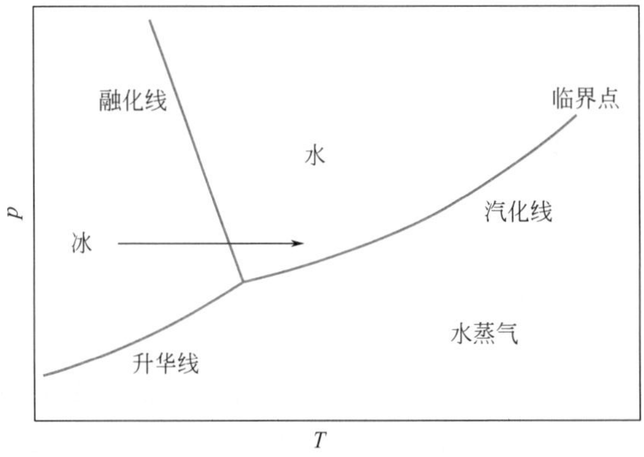


图 4.2　冰的融化过程

从图 4.2 中可以看出，棒冰的融化分为三个步骤：棒冰从$-5℃$到$0℃$的升温过程、棒冰在$0℃$的融化过程、融化后从$0℃$到$37℃$的升温过程。在棒冰的第一个升温过程中只有一个相存在，在融化过程中是两相共存的，而融化后的升温过程也只有一个相存在。可见，单组分系统的相图描述了在不同温度和压力下相的状态，因此可以从相图中得到不同相的存在条件。

## 4.2.1 单组分系统的相图

单组分系统，$C=1$，则 $f=C-\Phi+2=3-\Phi$。图 4.3 为单组分系统的典型相图。若系统中只有一个相，即 $\Phi=1$，则 $f=2$，该系统为**双变量系统**，温度和压力是两个独立变量，可以在一定范围内同时任意选定，在 $p$-$T$ 图上可用面来表示这类系统。若有两个相，即

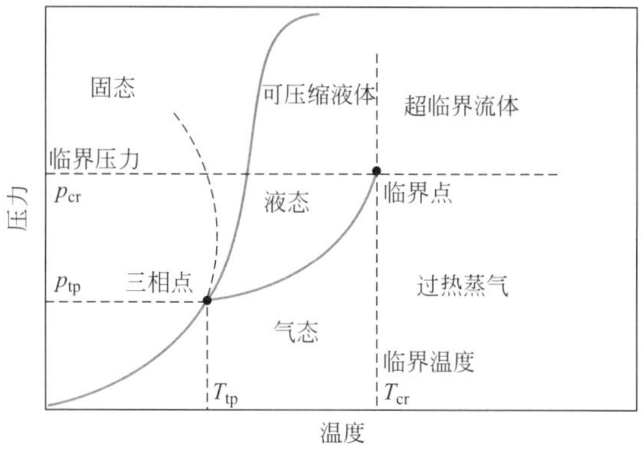


图 4.3　单组分系统的典型相图

$\Phi=2$，则 $f=1$，为**单变量系统**，温度和压力两个变量中只有一个是独立的，不能任意选定一个温度的同时又任意选定一个压力，而仍旧保持两相平衡。在一定温度下，只有一个确定的平衡压力，反之亦然；也就是说，平衡压力和平衡温度之间有一定的依赖关系。因此，在 $p$-$T$ 图上可用线来表示这类系统。若三个相都存在，即 $\Phi=3$，则 $f=0$，即单组分三相平衡系统的自由度数为零，为**无变量系统**，即温度和压力的数值都是一定的。在 $p$-$T$ 图上可用点来表示这类系统，这个点就是三相点。由于自由度数最小为零，所以单组分系统不可能出现四相共存。

**例题分析 4.4**

1812 年冬天，在短短几个星期内，当法国皇帝拿破仑率领士兵进入俄国时，大批士兵冻死。人力的损失是拿破仑在莫斯科城郊失利的一个主要原因。但是为什么像拿破仑这样冷静谨慎的战略家会统率毫无准备的士兵进入冰天雪地的俄国？事实上，他认为自己准备充分，他的军队都穿着厚厚的棉衣。唯一的问题是，为了省钱，最后时刻他选择用锡制纽扣代替黄铜。那么为什么小小的纽扣会为拿破仑的军队带来如此灾难性的后果呢？

**解析：**

金属锡有许多同素异形体：白锡（也叫 β-锡）在温度高于 13℃时是稳定的，然而在低温时的稳定态是立方的灰锡（也叫 α-锡）。从而发生如下的固-固相变过程：

$$锡(\beta)\rightarrow锡(\alpha)$$

图 4.4 是锡的相图，清楚地显示了由白锡到灰锡的转变。不幸的是，灰锡的密度与白锡差别很大：$\rho_{灰锡}=5.8\text{g}\cdot\text{cm}^{-3}$，$\rho_{白锡}=7.3\text{g}\cdot\text{cm}^{-3}$。由白锡向灰锡转变的过程中，密度的差异造成机械应力的巨大改变，使金属破裂并变成粉末，这种现象又称为“锡病”或“锡瘟”。

当拿破仑的军队进入俄国的时候，气温低至－35℃，所以士兵的锡制纽扣由白锡向灰锡转变，破裂成粉末。于是拿破仑的军队因为缺乏有效的扎紧外套的工具而被冻死。其他的普通金属，如铜或锌，合金如黄铜，在相同条件下不经历这类相转变。因此，要不是拿破仑为节省费用改变纽扣的材料，他的士兵很可能会幸存下来。

从典型的单组分系统相图（图 4.3）中可以看到，当温度和压力分别达到一定值时会出现一个新的相态，它与固态、液态和气态不同，具有一些特殊的性质，称之为超临界流体。

**超临界流体**（supercritical fluid，SCF）是指物质在超过临界温度和临界压力时的一种

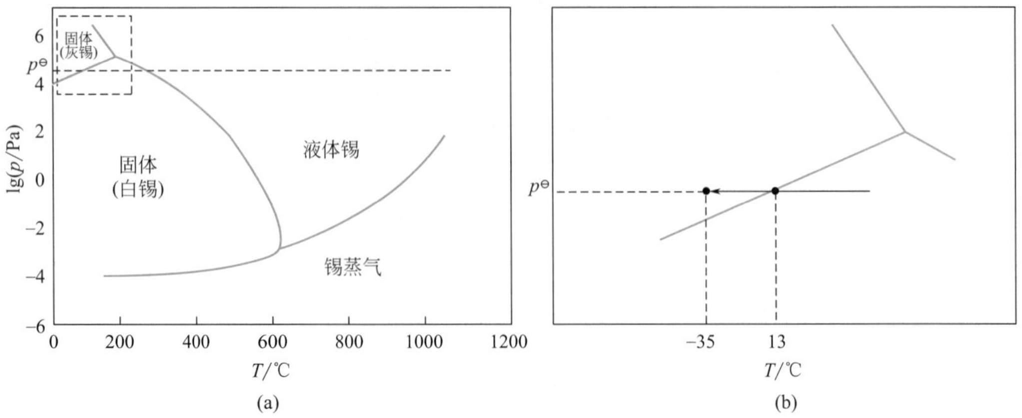


图 4.4　锡的相图（a）以及当温度低于 13℃时白锡向灰锡转变的放大图（b）

物质状态。超临界流体具有气体的可压缩性，又兼具液体的流动性。表 4.1 比较了液体、气体与超临界流体的密度、黏度和扩散系数。在超临界流体中没有液体与气体之间的相界限，因此不存在表面张力。通过改变压力和温度，可以微调超临界流体的特性，使其更类似液体或气体。接近临界点时，压力或者温度小的变化会导致密度发生很大变化，从而使溶解度发生较大的改变，这对萃取和反萃取尤为重要。超临界流体适合作为工业和实验室过程中的溶剂，取代许多有机溶剂，可用于萃取、生物质分解、色谱、干燥等方面。二氧化碳和水是最常用的超临界流体，分别用于脱除咖啡因和发电。

**表 4.1　液体、气体和超临界流体的比较**

| 物质状态 | 密度/$kg\cdot m^{-3}$ | 黏度/$\mu Pa\cdot s$ | 扩散系数/$mm^2\cdot s^{-1}$ |
|---|---|---|---|
| 气体 | 1 | 10 | 1～10 |
| 超临界流体 | 100～1000 | 50～100 | 0.01～0.1 |
| 液体 | 1000 | 500～1000 | 0.001 |

水的相变过程是最常见的，也是我们最为熟知的。下面通过水的相图来介绍单组分相图的分析方法。

## 4.2.2　水的相图

如图 4.5 所示，在水的相图中，三条相界线 $OA$、$OB$、$OC$ 将相图分割成 3 个单相区，面 $AOB$、$AOC$ 与 $BOC$ 分别代表水、水蒸气和冰 3 个单相区。单相区中 $f=2$，所以要确定系统的状态必须同时指出它的温度和压力。

曲线 $OA$ 是通过测量不同温度下水的饱和蒸气压得到的，所以它代表水与水蒸气平衡共存，称为水的**蒸气压曲线**（蒸发线），在此曲线上 $f=1$。曲线 $OA$ 终止于临界点 $A$，此时 $T_C=647.29K$，$p_C=2.209\times10^7Pa$。虚线 $OD$ 是 $AO$ 线的延长线，代表**过冷水**（supercooled water）的饱和蒸气压与温度的关系曲线。在热力学中，人们将过冷液体称为**亚稳相**（metastable phase）。曲线 $OB$ 代表冰与水平衡共存，称作**冰的熔点曲线**。$OB$ 线的斜率为负值，表明冰的熔点随压力的升高而降低。$OB$ 线不能无限延长，在 200MPa 以上冰的晶型将

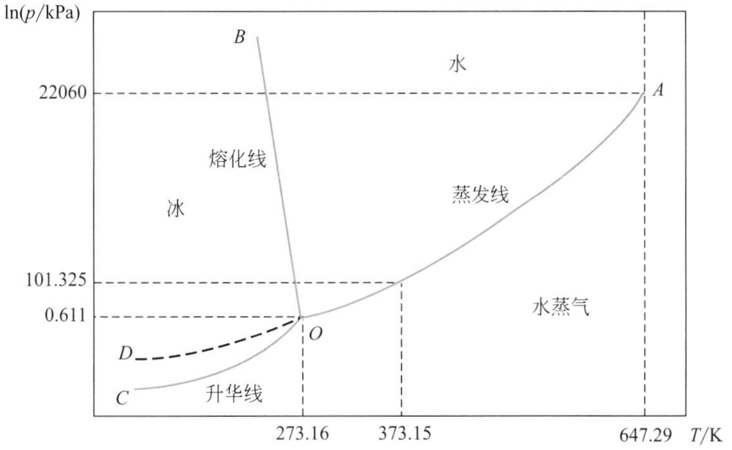


图 4.5　水的相图

发生变化，相图变得复杂。曲线 $OC$ 代表冰与水蒸气平衡共存，称作冰的**饱和蒸气压曲线**或冰的**升华曲线**。$OA$、$OB$ 及 $OC$ 三条曲线的斜率可由克拉贝龙方程或克劳修斯-克拉贝龙方程求得。

$O$ 点是水的三相点，在该点处水、冰、水蒸气三相平衡共存，此时 $f=0$，温度为 273.16K（0.01℃），压力为 610.62Pa。通常所说的冰点与三相点不同，冰点是指在外压为 101.325kPa 时，被空气饱和了的水与冰平衡共存的状态，冰点温度为 273.15K（0℃）。严格地说，在冰点时所涉及的水相是与空气相接触并被空气饱和的稀薄水溶液，所以在冰点时是空气、被空气饱和的稀薄水溶液和冰三相平衡，此时 $f=1$，所以当压力改变时，冰点也随之改变。

在 $T>647.5$K，$p>22.12$MPa 的条件下水会变为**超临界水**（supercritical water）。超临界水不但可以和空气、$O_2$（g）、$N_2$（g）、$CO_2$（g）等气体完全互溶，而且在一定条件下还可以和一些有机物均相混合。超临界水具有极强的氧化能力，将需要处理的物质放入超临界水中，充入氧或过氧化氢，这种物质就会被氧化和水解，可以用来氧化危险废物和清除有毒燃烧产物，这种方法叫作**超临界水氧化**（supercritical water oxidation，SCWO）。超临界水氧化是在高温、高压下进行的均相反应，具有反应的速度快（可小于 1min）、处理彻底、不产生二次污染等特点，当有机物含量超过 2%时，可以形成自热而不需额外供给热量。

图 4.3 单组分相图显示，一些固-液相界曲线是向左偏离的，还有一些是向右偏离的。为什么会出现这种现象呢？而两相平衡时压力和温度又服从什么规律呢？实际上，压力 $p$ 与温度 $T$ 之间的关系很难直接描述，而压力随温度的变化率与相变时的焓变及体积变化存在一定关系，由此可以描述单组分系统两相平衡时压力与温度的关系，这种关系可以用克拉贝龙方程来描述。

## 4.2.3　克劳修斯-克拉贝龙方程

设某物质在温度 $T$ 和压力 $p$ 下达到两相平衡，当温度变为 $T+\mathrm{d}T$、压力相应地变为 $p+\mathrm{d}p$ 后两相仍然达到平衡，即

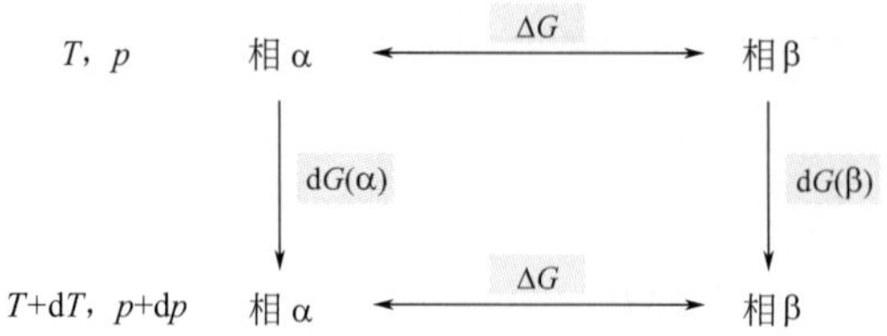


等温、等压下平衡时，$\Delta G=0$，则

$$dG(\alpha)=dG(\beta)$$

由于 $dG=-SdT+Vdp$，有

$$-S(\alpha)dT+V(\alpha)dp=-S(\beta)dT+V(\beta)dp$$

或

$$\frac{dp}{dT}=\frac{S(\beta)-S(\alpha)}{V(\beta)-V(\alpha)}=\frac{\Delta S}{\Delta V} \tag{4-3}$$

对于可逆相变，有

$$\Delta S=\frac{\Delta H}{T}$$

式中，$\Delta H$ 为相变潜热，将上式代入式(4-3) 得

$$\frac{dp}{dT}=\frac{\Delta H}{T\Delta V} \tag{4-4}$$

式(4-4) 即为**克拉贝龙方程**（Clapeyron relation），可用文字表述为：纯物质两相平衡时，压力随温度的变化率与此时的摩尔相变焓成正比，与温度和摩尔相变体积的乘积成反比。该方程适用于任何纯物质的两相平衡系统。

对于液-固平衡，有

$$\frac{dp}{dT}=\frac{\Delta_{fus}H_m}{T\Delta_{fus}V_m} \tag{4-4a}$$

对于气-液平衡，有

$$\frac{dp}{dT}=\frac{\Delta_{vap}H_m}{T\Delta_{vap}V_m} \tag{4-4b}$$

式中，$H_m$ 与$V_m$ 分别为 1mol 物质相变过程中的相变焓与体积的改变量。

对于有气相参加的两相平衡，固体与液体的体积和气体相比可忽略不计，则克拉贝龙方程可以进一步简化。以气-液平衡为例，若气体为理想气体，则

$$\frac{dp}{dT}=\frac{\Delta_{vap}H}{TV(g)}=\frac{\Delta_{vap}H}{T(nRT/p)}$$

或

$$\frac{d\ln p}{dT}=\frac{\Delta_{vap}H_m}{RT^2} \tag{4-5}$$

式(4-5) 即为**克劳修斯-克拉贝龙方程**（Clausius-Clapeyron relation），简称克-克方程。式中 $\Delta_{vap}H_m$ 为液体的摩尔蒸发焓，当其随温度 $T$ 变化很小时，可以看作常数，将式(4-5) 作不定积分，得

$$\ln p=-\frac{\Delta_{vap}H_m}{R}\times\frac{1}{T}+C \tag{4-6a}$$

式中 $C$ 为积分常数。将 $\Delta_{vap}H_m$ 看作与温度 $T$ 无关的常数时，对式(4-5)作定积分，得

$$\ln\frac{p_2}{p_1}=-\frac{\Delta_{vap}H_m}{R}\left(\frac{1}{T_2}-\frac{1}{T_1}\right) \tag{4-6b}$$

**例题分析 4.5**

实验测得苯在 101.325kPa 下，沸点为 80.1℃，已知苯在该温度下的气化热为 $394\text{kJ}\cdot\text{kg}^{-1}$，那么苯在 $5.0\times10^4$Pa 时的沸点是多少？如果不知道苯的气化热，可否估算其沸点？

**解析：**

由克劳修斯-克拉贝龙方程，

$$\ln\frac{p_2}{p_1}=-\frac{\Delta_{vap}H_m}{R}\left(\frac{1}{T_2}-\frac{1}{T_1}\right)$$

即

$$\ln\frac{5.0\times10^4}{1.01325\times10^5}=-\frac{394\times78}{8.314}\left(\frac{1}{T_2}-\frac{1}{353.25}\right)$$

$T_2=330.91$K，即 57.8℃。

可见压力下降后其沸点也下降了。

## 思考与讨论：高压锅为什么要在常压下沸腾一段时间再加上限压阀？

使用高压锅可以使沸点升高，进而可以加快烹制过程。但使用时通常要在常压下沸腾一段时间之后再加上限压阀，这是为什么？

## 4.3 二组分理想液态混合物的气-液平衡相图

案例 4.3　如何分离煤焦油中的苯和甲苯?

煤炭直接燃烧不但会产生大量的污染，而且利用率较低。为了充分利用资源，将煤干馏得到一系列干馏产品，包括焦炭、煤焦油和煤气。煤焦油中含有苯和甲苯，二者均是重要的工业原料。苯的沸点为 80.1℃，甲苯为 110.6℃。那么，如何分离苯和甲苯呢?

在工业上，常用蒸馏的方法来分离，以苯-甲苯的相图来进一步说明，如图 4.6 所示。

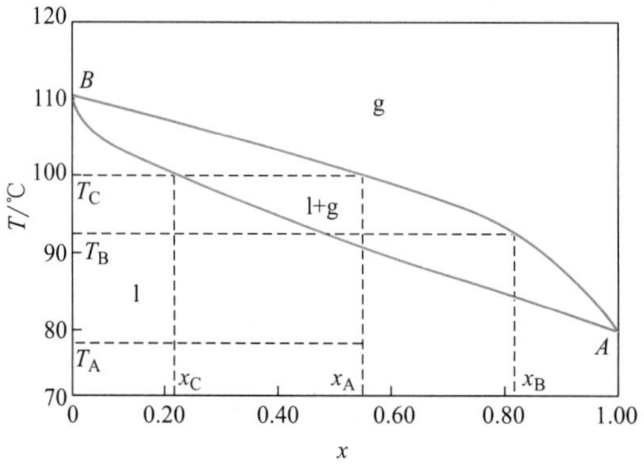


图 4.6　苯-甲苯气液平衡的 $T$-$x$ 相图

图 4.6 为苯-甲苯的气液平衡 $T$-$x$ 相图，横坐标为苯的摩尔分数，纵坐标为温度。当苯的摩尔分数为 $x_A$ 的混合溶液由温度 $T_A$ 升到 $T_B$ 时，其蒸气中苯的摩尔分数为 $x_B$，且 $x_B > x_A$，如果将此蒸气冷凝，便得到苯含量较高的溶液，也就是说，通过此方法将苯（较低沸点的组分）的含量提高了。同理，如果将温度提高到 $T_C$，此时溶液中的苯和甲苯全部蒸发，冷凝后得到的液体中苯的含量为 $x_C$，且 $x_C < x_A$，即甲苯（较高沸点的组分）的含量提高了。那么，为什么可以通过蒸馏的方法提纯呢? 如果想要得到纯度更高的苯或甲苯应该如何操作? 所有的混合溶液都能够用蒸馏的方法提纯吗?

苯和甲苯的结构相似，因此苯和甲苯混合溶液的性质接近于理想液态混合物。在这一节中，将讨论二组分理想液态混合物的气-液相图。

对于二组分系统，$C=2$，$f=C-\Phi+2=4-\Phi$。由于至少有一个相，所以二组分系统的自由度数最大为 3，系统状态由温度、压力和组分三个独立变量所决定，因此二组分系统的状态需要用三个坐标的立体图来描述。为了描述方便，常常固定一个变量为常量，得到立体图的截面图，如 $p$-$x$ 图、$T$-$x$ 图和 $T$-$p$ 图。前两种较为常用。平面图中自由度数最大为 2，同时共存的相最多为 3。

二组分系统相图可以分为气-液平衡相图和固-液平衡相图两大部分，其中气-液平衡相图主要包括理想溶液（完全互溶）的气-液平衡相图和真实溶液（完全互溶、部分互溶、完全不互溶）的气-液平衡相图。

## 4.3.1 二组分理想液态混合物的压力-组成图

如纯液体 A、B 混合形成液态混合物的过程中没有体积变化和焓变，则称其为理想液态混合物，A 和 B 在全部浓度范围内服从拉乌尔定律。平衡气相中 A 和 B 的分压与总压满足如下关系：

$$p_A = p_A^* x_A = p_A^* (1-x_B) \tag{4-7a}$$

$$p_B = p_B^* x_B \tag{4-7b}$$

$$p = p_A + p_B = p_A^* + (p_B^* - p_A^*) x_B \tag{4-7c}$$

式(4-7) 中 $p$ 为溶液的蒸气压，$p_A^*$ 和 $p_B^*$ 分别为纯 A 与纯 B 液体在溶液所处温度下的蒸气压（这里 $p_B^* > p_A^*$，即某温度下 B 的蒸气压大于 A 的蒸气压）。当温度一定时，从式(4-7) 中可看出，$p_A$、$p_B$ 和 $p$ 均与 $x_B$ 成直线关系［如图 4.7(a) 所示］，这是理想液态混合物的特点。$p$-$x$ 线表示系统的压力（即蒸气总压）与其液相组成之间的关系，称为**液相线**。

由于 A、B 两个组分的蒸气压不同，所以当气液两相达到平衡时，气相与液相的组成也不同。由于恒温条件下两相平衡时自由度数 $f=2-2+1=1$，选 $x_B$ 作为独立变量，则不仅系统压力 $p$ 是 $x_B$ 的函数，而且气相中 A 和 B 的摩尔分数 $y_A$ 与 $y_B$ 也是 $x_B$ 的函数。

假设蒸气为理想气体混合物，则根据道尔顿分压定律，有

$$y_A = \frac{p_A}{p} = \frac{p_A^* x_A}{p} = \frac{p_A^*(1-x_B)}{p} \tag{4-8a}$$

$$y_B = \frac{p_B}{p} = \frac{p_B^* x_B}{p} \tag{4-8b}$$

把式 (4-7c) 代入式 (4-8b)，得

$$y_B = \frac{p_B^* x_B}{p_A^* + (p_B^* - x_A) x_B} \tag{4-9a}$$

$$y_A = 1 - y_B \tag{4-9b}$$

式(4-9a) 和式(4-9b) 即为 $y_A$、$y_B$ 与 $x_B$ 的函数关系式。

又由式(4-8a) 和式(4-8b) 得：$\dfrac{y_B}{y_A} = \dfrac{p_B^*}{p_A^*} \times \dfrac{x_B}{x_A}$ (4-10)

图 4.7 中 $p_B^* > p_A^*$，则：$\dfrac{y_B}{y_A} > \dfrac{x_B}{x_A}$

又 $x_A + x_B = 1$，$y_A + y_B = 1$，则：$y_B > x_B$

因此，易挥发组分在气相中的摩尔分数大于其在液相中的摩尔分数。如果将气相与液相的组成绘于同一张图上则得到图 4.7(b)，$p$-$x_B$ 线称为**气相线**。气相线以下的区域是气相区，液相线以上的区域是液相区，气相线与液相线之间的区域是气-液两相平衡的区域。恒温下单相区域自由度数 $f=2$，压力与组成可以在一定范围内独立改变；气-液共存区自由度

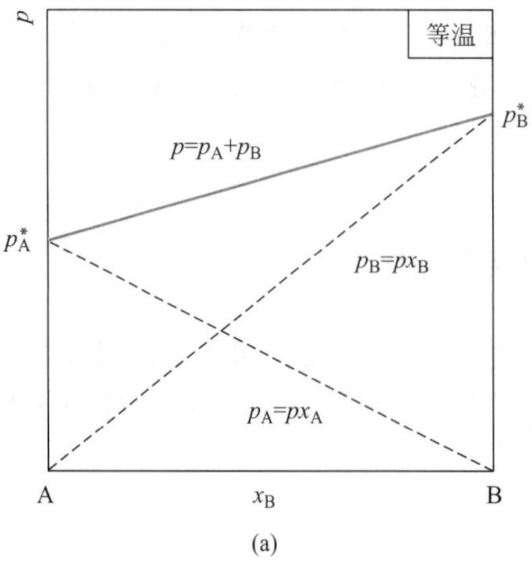


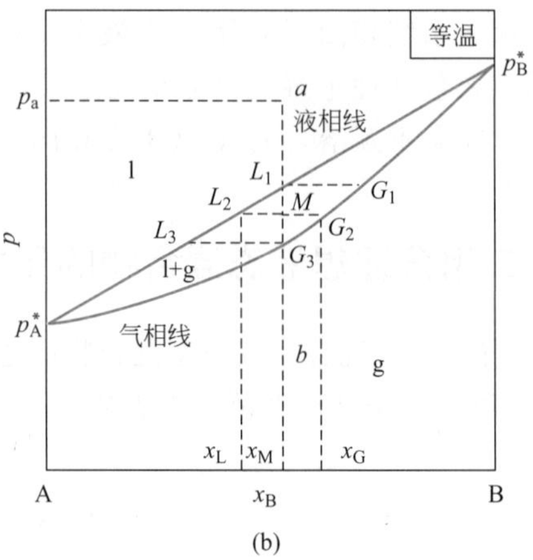


图 4.7　理想液态混合物的 $p$-$x$ 图（a）与理想液态混合物的 $p$-$x(y)$ 图（b）

数 $f=1$，压力与气相、液相组成之间有依赖关系，如果指定了压力，平衡时的气、液两相组成便确定。

应用相图可以了解指定系统在外界条件改变时的相变情况。图 4.7(b) 中，$a$ 点到 $b$ 点描述了由 A、B 组成的理想液态混合物的恒温减压过程。初始时系统状态位于 $a$ 点，此时系统为液相，当压力缓慢降低时，系统点沿恒组成线垂直向下移动，在到达 $L_1$ 点之前一直为单一的液相。到达 $L_1$ 点后，液体开始蒸发，最初形成蒸气相的状态为 $G_1$ 点，系统进入气-液两相平衡区。在两相平衡区内，随着压力继续降低，液相不断蒸发为蒸气，液相状态沿液相线向左下方移动，与之成平衡的气相状态则相应地沿气相线向左下方移动。当系统点为 $M$ 点时，两相平衡的液相状态为 $L_2$ 点，气相状态为 $G_2$ 点，$L_2$ 点与 $G_2$ 点都称为**相点**。两个平衡相点的连线称为**结线**（tie line），如 $L_2G_2$ 线。当系统点由 $L_1$ 移动到 $M$ 点时，液相点由 $L_1$ 点沿液相线变到 $L_2$ 点，同时气相点由 $G_1$ 点沿气相线变到 $G_2$ 点。当压力继续降低，系统点到达 $G_3$ 时，液相全部蒸发为蒸气，此后系统为单一的气相，自 $G_3$ 至 $b$ 点的过程为气相减压过程。

在系统由 $L_1$ 点变化到 $G_3$ 点的整个过程中，系统内部始终是气、液两相共存的，但平衡两相的组成和两相的相对数量均随压力而改变，平衡时两相中物质的量之间的关系可以依据**杠杆规则**（lever rule）计算。

如在结线 $L_2G_2$ 上，系统点 $M$、液相点 $L_2$ 与气相点 $G_2$ 三者的组成分别为 $x_M$、$x_L$ 和 $x_G$，设气相、液相和整个系统中的物质的量分别为 $n_G$、$n_L$ 和 $n$，则

$$nx_M=n_Gx_G+n_Lx_L$$

又 $n=n_G+n_L$，则

$$\frac{n_G}{n_L}=\frac{x_M-x_L}{x_G-x_M}$$

即

$$\frac{n_G}{n_L}=\frac{L_2M}{MG_2} \tag{4-11a}$$

式(4-11a) 即为杠杆规则的表达式。由于杠杆规则来源于质量守恒，所以适用于相图中的任意两相区。如果用质量分数表示组成，则杠杆规则写作

$$\frac{m_G}{m_L}=\frac{L_2M}{MG_2} \tag{4-11b}$$

式中，$m_G$ 和$m_L$ 分别代表气、液两相的质量。

**例题分析 4.6**

如下图所示，由 5mol A 和 5mol B 组成的二组分溶液的相图。$T=T_1$ 时，系统点位于 $O$ 点，气相点 $M$ 对应的 $x_{B(g)}=0.2$，液相点 $N$ 对应的 $x_{B(l)}=0.7$，那么两相的物质的量分别是多少？

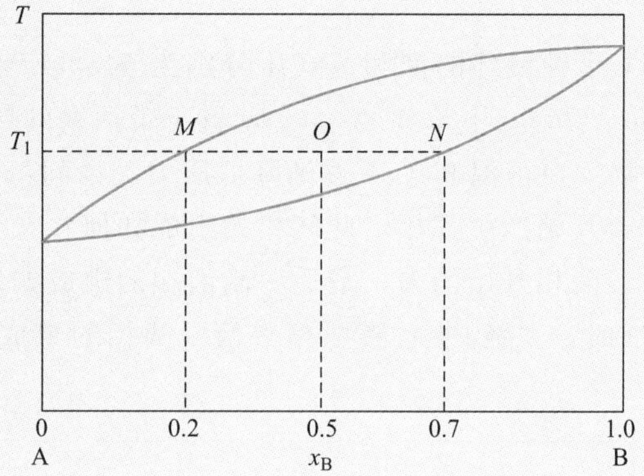


**解析：**

由杠杆规则，有

$$n(g)\times\overline{OM}=n(l)\times\overline{ON}$$

式中，$n(g)+n(l)=10mol$，$\overline{OM}=0.5-0.2=0.3$，$\overline{ON}=0.7-0.5=0.2$

解得，$n(g)=4mol$，$n(l)=6mol$

## 4.3.2 二组分理想液态混合物的温度-组成图

通常，蒸馏与精馏都是在恒定压力下进行的，因此通常采用温度-组成图（$T$-$x$ 图）来讨论这类过程。当液态混合物的蒸气压等于外压时，溶液沸腾，此时的温度即为该溶液的沸点。因此，蒸气压越高的混合物沸点越低，蒸气压越低的混合物沸点越高。

$T$-$x$ 图可根据实验数据绘制，图 4.8 为某确定压力下理想液态混合物的 $T$-$x$ 图。图中的两条

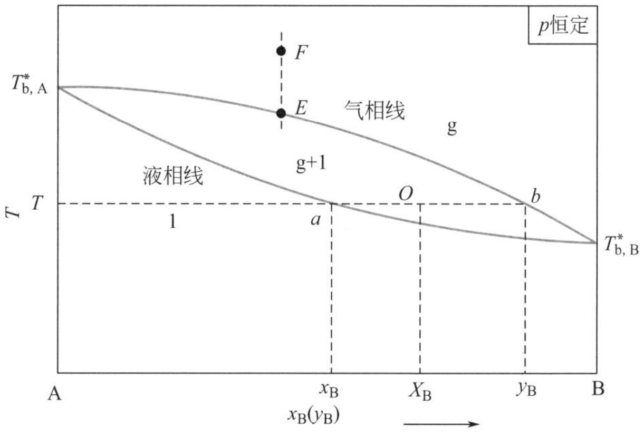


图 4.8 理想液态混合物的 $T$-$x$ 图

线分别为气相线和液相线。与 $p$-$x$ 图不同的是，液相线并非是直线，而且气相线在液相线的上方；与 $p$-$x$ 图类似的是，液相线与气相线也把 $T$-$x$ 图分为三个区域，其中气相线上方的区域为气相区，液相线下方的区域为液相区，气相线与液相线之间的区域为气-液两相平衡区。

图中组成为 $x_B$ 的混合物加热到 $T$ 时，液体开始沸腾，故 $T$ 点也称为**泡点**（bubbling point）。当组成为 $F$ 的气相混合物恒压降温到达 $E$ 点时，开始凝结出如露珠的液体，故 $E$ 点也称为**露点**（dew point）。把不同组分的泡点连起来，就是液相线，也称为**泡点线**。把不同组分的露点连起来，就是气相线，也称为**露点线**，这样就得到如图 4.8 所示的 $T$-$x$ 图。

**例题分析 4.7**

已知甲苯、苯在 90℃下纯液体的饱和蒸气压分别为 54.22kPa 和 136.12kPa。两者可形成理想液态混合物。取 200.0g 甲苯和 200.0g 苯置于带活塞的导热容器中，始态为一定压力下 90℃的液态混合物。在恒温 90℃下逐渐降低压力，请问：

① 压力降到多少时，开始产生气相，此气相的组成如何？

② 压力降到多少时，液相开始消失，最后一滴液相的组成如何？

③ 压力为 92.00kPa 时，系统内气-液两相平衡，两相的组成如何？两相的物质的量各为多少？

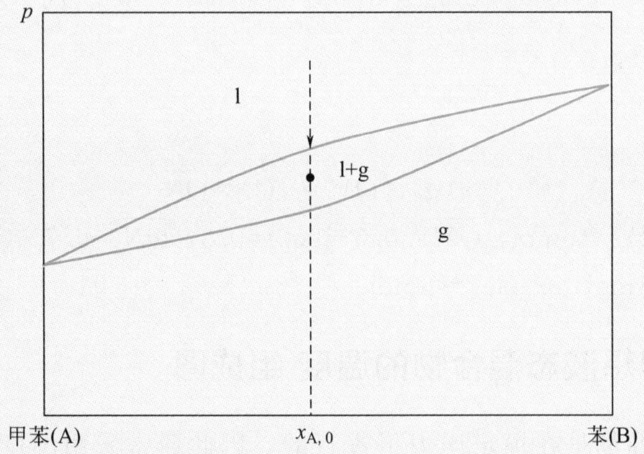


**解析：**

系统的总组成：设 $x_{A,0}$ 为理想液态混合物中甲苯的摩尔分数；$x_{B,0}$ 为苯的摩尔分数。依题意

$$x_{A,0}=\frac{m_A/M_A}{m_A/M_A+m_B/M_B}=\frac{200/92}{200/92+200/78}=0.4588$$

$$x_{B,0}=1-x_{A,0}=0.5412$$

① 90℃下，混合物开始气化时总压 $p_{总}$ 及气相组成 $y_A$ 的计算

拉乌尔定律：　　$p_{总}=p_A^*x_A+p_B^*x_B$

刚开始产生气相时，可认为平衡液相的组成与理想液态混合物的总组成相等，即 $x_A=x_{A,0}$

因此　　$p_{总}=(54.22\times0.4588+136.12\times0.5412)\text{kPa}=98.54\text{kPa}$

气相组成：$y_A=\dfrac{p_A^*x_A}{p_{总}}=\dfrac{54.22\times0.4588}{98.54}=0.2524$

$$y_B=0.7476$$

② 平衡系统只剩最后一滴液相时总压及液相组成计算，此时可认为平衡气相的组成等于系统的总组成，即

$$y_A = x_{A,0} = 0.4588, y_A = p_A^* x_A / (p_A^* x_A + p_B^* x_B)$$

$$x_A = y_A p_B^* / [p_A^* - y_A(p_A^* - p_B^*)] = \frac{0.4588 \times 136.12}{54.22 - 0.4588 \times (54.22 - 136.12)} = 0.6803$$

$$x_B = 1 - x_A = 0.3197$$

对应总压：$p_{总} = p_A^* x_A + p_B^* x_B = 80.40\text{kPa}$

③ 计算压力为 92.00kPa 时，系统内平衡两相的组成及量：

$$p_{总} = p_A^* x_A + p_B^* (1 - x_A)$$

液相组成：$x_A = (p_{总} - p_B^*)/(p_A^* - p_B^*) = \dfrac{92.00 - 136.12}{54.22 - 136.12} = 0.5387$

$x_B = 1 - x_A = 0.4613$

气相组成：$y_A = \dfrac{p_A^* x_A}{p_{总}} = \dfrac{52.44 \times 0.5387}{92.00} = 0.3175$

$y_B = 1 - y_A = 0.6825$

$$n_{总} = m_A/M_A + m_B/M_B = \left(\frac{200}{92} + \frac{200}{78}\right)\text{mol} = 4.738\text{mol}$$

$$\frac{n_l}{n_{总}} = \frac{\overline{ML}}{\overline{LG}} = \frac{0.6825 - 0.5412}{0.6825 - 0.4613} = 0.6388$$

$n_l = n_{总} \times 0.6388 = 3.027\text{mol}$，$n_g = 1.711\text{mol}$

### 4.3.3 蒸馏与精馏原理

在有机化学中常使用蒸馏来分离或提纯物质，图 4.9(a) 为简单蒸馏原理图。若原始混合物是由 A 和 B 两种物质混合而成，且其组成为 $x_1$，加热到 $T_1$ 时开始沸腾，此时共存气相的组成为 $y_1$，由于气相中含沸点低的组分较多，一旦有气相生成，液相的组成将沿 $OC$ 线上升，相应的沸点也要升高。当升到 $T_2$ 时，共存气相的组成为 $y_2$。如果用一个贮存器接收了 $T_1 \sim T_2$ 区间的馏分，则馏出物的组成当在 $y_1$ 和 $y_2$ 之间，其中含组分 B 较原始混合物中多。显然留在蒸馏瓶中所剩的混合物中含沸点较高（即不易挥发）的组分比原溶液多。这种简单的一次蒸馏只能粗略地把多组分系统相对分离，但不能分离完全。要使混合液得到较为完全的分离，需要采用精馏的方法。

精馏实际上是多次简单蒸馏的组合，原理见图 4.9(b)。设原始混合物的组成为 $x$，系统的温度已达到 $T_4$，系统点的位置为 $O$ 点，此时气、液两相的组成分别为 $y_4$ 和 $x_4$。将气、液两相分开，先考虑气相部分。如果把组成为 $y_4$ 的气相冷凝到 $T_3$，此时系统点是 $M_3$，则气相中沸点较高的组分将部分地冷凝为液体，得到组成为 $x_3$ 的液相和组成为 $y_3$ 的气相。再将气、液两相分开，使组成为 $y_3$ 的气相再冷凝到 $T_2$，就得到组成为 $x_2$ 的液相和组成为 $y_2$ 的气相，依此类推。从图可见，$x_4 < x_3 < x_2 < x_1$。如果继续下去，反复把气相部分冷凝，气相组成沿气相线下降，最后所得到的蒸气的组成可接近纯 B，冷凝后即得纯液体 B。再考虑液相部分，对 $x_4$ 的液相加热到 $T_5$，液相中沸点较低的组分部分气

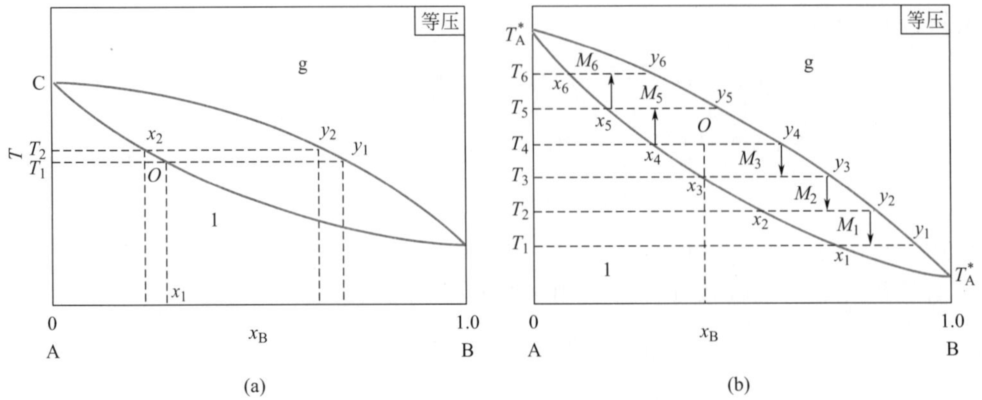


图 4.9　简单蒸馏的 $T$-$x$ 图（a）和精馏的 $T$-$x$ 图（b）

化，此时，气、液的平衡组成为 $y_5$ 和 $x_5$。把浓度为 $x_5$ 的液相部分气化，则得到组成为 $y_6$ 的气相和组成为 $x_6$ 的液相，显然 $y_6>y_5>y_4>y_3$，即液相组成沿液相线上升，最后靠近纵轴，得到纯 A。

总之，多次反复部分蒸发和部分冷凝的结果，使气相组成沿气相线下降，最后蒸出来的是纯 B，液相组成沿液相线上升，最后剩余的是纯 A。这种蒸馏法也称为**部分蒸馏**，简称**分馏**（fractional distillation）。

## 思考与讨论：试由理想液态混合物的相图推测真实液态混合物的相图。

本节中介绍了理想液态混合物的相图。与真实液态混合物相比较，理想液态混合物的哪些因素被“理想化”了？请根据真实液态混合物与理想液态混合物的差异，试给出真实液态混合物相图的示意图。

# 4.4 二组分真实溶液的气-液相图

案例 4.4　在汞面上加一层水能降低汞的蒸气压吗？

体温计为我们提供了很大的方便，在必要时，能够及时帮助我们获得体温信息，其价格低廉，很多家庭都有。家用体温计中的工作物质为水银（液态汞），外面包覆一层玻璃。然而一个不容忽视的问题是，体温计中含有金属汞，在常温下为液态，其蒸气有剧毒。因此，当体温计不小心破裂导致汞泄漏时，如何处理便成为一个比较棘手的问题。

因为汞蒸气有剧毒，所以第一步自然是开窗通风，然后将散落的汞滴收集起来，放到容器中。既然汞会挥发，而且其密度大于水，那么在液面上覆盖一层水将其与空气隔开，这个问题似乎就已经解决了。这么处理正确吗？

实际上，这么做是不恰当的。这一节中我们将会了解到，由于水和汞是完全不互溶的，所以当这两种液体共存时，水和汞的蒸气压和二者分别单独存在时的蒸气压是相同的，液面上的总蒸气压等于水和汞的蒸气压之和，也就是说汞蒸气会通过水层而到空气中。因此，不能用水来封住汞蒸气。

正确的做法是，将收集好的汞滴放到坚固的、气密性良好的容器中密封并加以标识，交给相关部门处理。汞与硫易生成稳定的化合物，实验室中常常会用硫单质来处理散落的汞。但实际上该反应的速度很慢，可以用三氯化铁或碘化钾处理。

理想溶液系统是极少的，绝大多数溶液是非理想的。可根据两种组分互溶的程度分为完全互溶、部分互溶和完全不互溶三类。

## 4.4.1 二组分完全互溶真实溶液的气-液平衡相图

完全互溶的真实溶液与理想溶液的差别在于，在一定温度下，理想溶液在全部组成范围内每一组分的蒸气分压均遵循拉乌尔定律，因而蒸气总压与组成（摩尔分数）成直线关系。真实溶液除了组分的摩尔分数接近于1时组分蒸气分压近似地遵循拉乌尔定律外，其他组成液相中组分的蒸气分压与该定律计算结果相比均产生明显的偏差，因而蒸气总压与组成并不成直线关系。

若组分的蒸气压大于按拉乌尔定律计算的值，则称为**正偏差**；反之，则称为**负偏差**。根据偏差的大小，可以将气-液平衡相图分为一般偏差和最大偏差两种情况。

具有**一般偏差**的真实溶液，各组分对拉乌尔定律偏差不大，它们的蒸气压高于（**一般正偏差**）或低于（**一般负偏差**）拉乌尔定律的计算值，但溶液的总蒸气压仍介于两个纯组分的蒸气压之间。在恒定压力下，不同组成的溶液的沸腾温度高于或低于拉乌尔定律的计算值，但仍介于两个纯组分的沸点之间。它们的气-液相图与理想溶液的相图类似。属于这类系统的有 $CCl_4$-$C_6H_6$，$CH_3OH$-$H_2O$，$CS_2$-$CCl_4$ 等，示意相图见图 4.10。

具有**最大偏差**的真实溶液中的两个组分对拉乌尔定律具有最大偏差。具有最大正偏差

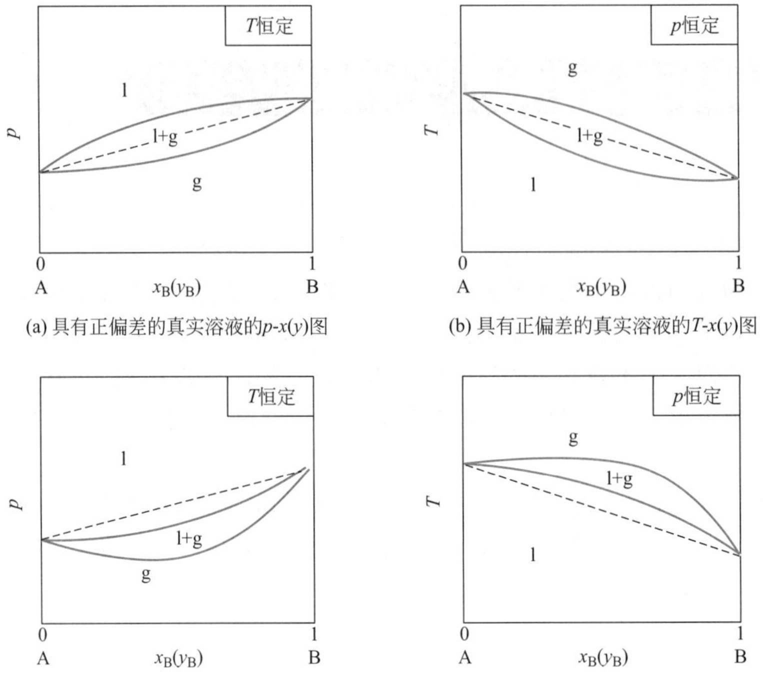


(a) 具有正偏差的真实溶液的$p$-$x(y)$图　　(b) 具有正偏差的真实溶液的$T$-$x(y)$图

(c) 具有负偏差的真实溶液的$p$-$x(y)$图　　(d) 具有负偏差的真实溶液的$T$-$x(y)$图

图 4.10　具有一般偏差的真实溶液的 $p$-$x$（$y$）和 $T$-$x$（$y$）示意相图

时，蒸气总压对理想情况为正偏差，但在某一组成范围内，混合物的蒸气总压比易挥发组分的饱和蒸气压还大，因而蒸气总压出现最大值。这类系统在 $p$-$x$ 图上将出现极大点，如图 4.11(a) 所示；在 $T$-$x$ 图上出现极小点，如图 4.11(b) 所示。各区域所代表的相态已在图中标出。属于这类系统的有 $C_6H_6$-$C_6H_{12}$、$CH_3OH$-$CHCl_3$、$CS_2$-$CH_3COCH_3$ 等。

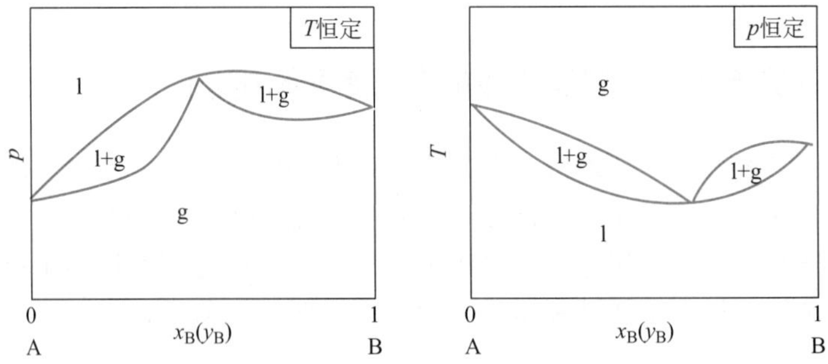


(a)　　(b)

图 4.11　具有最大正偏差的真实溶液的 $p$-$x$（$y$）和 $T$-$x$（$y$）示意相图

具有最大负偏差时，蒸气总压对理想情况为负偏差，但在某一组成范围内，系统的蒸气总压比不易挥发组分的饱和蒸气压还小，因而蒸气总压出现最小值。这类系统在 $p$-$x$（$y$）图上将出现极小点，如图 4.12(a) 所示；在 $T$-$x$（$y$）图上将出现极大点，如图 4.12(b) 所示。各区域所代表的相态已在图中标出。属于这类系统的有 $CH_3COOH$-$CHCl_3$、HCl-$H_2O$、$CH_3CH_2OH$-$H_2O$ 等。

在 $T$-$x$（$y$）图中，最低点（或最高点）称为**恒沸点**。具有恒沸点组成的溶液叫作**恒沸**

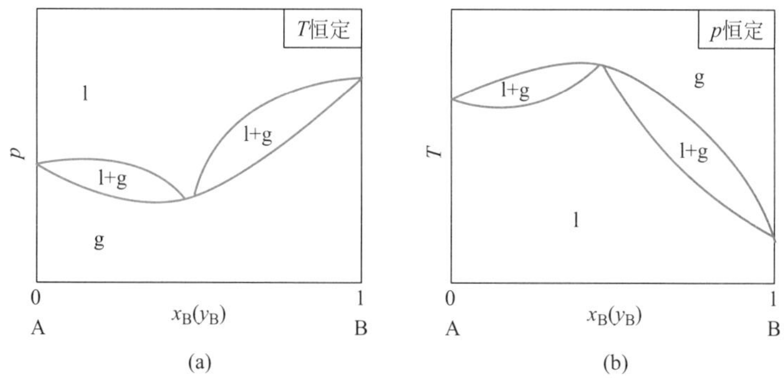


图 4.12　具有最大负偏差的真实溶液的 $p$-$x$（$y$）和 $T$-$x$（$y$）示意相图

**物**。对于指定的物质A和B，在一定压力下恒沸物的组成为定值。恒沸物有如下特点：气相的组成与液相组成相同，即 $x_B=y_B$；因为恒沸物的组成随压力而变化，所以压力改变，原来的恒沸点就会改变，或者消失，所以恒沸物是混合物而不是化合物。

**例题分析 4.8**

25℃丙酮（A）-水（B）二组分系统气-液平衡时各组分气相分压与液相组成的关系如下：

| $x_B$ | 0 | 0.1 | 0.2 | 0.4 | 0.6 | 0.8 | 0.95 | 0.98 | 1 |
|---|---|---|---|---|---|---|---|---|---|
| $p_A$/kPa | 2.90 | 2.59 | 2.37 | 2.07 | 1.89 | 1.81 | 1.44 | 0.67 | 0 |
| $p_B$/kPa | 0 | 1.08 | 1.79 | 2.65 | 2.89 | 2.91 | 3.09 | 3.13 | 3.17 |

① 试绘制完整的 $p$-$x$ 图（包括蒸气分压、液相线及气相线）；

② 若已知组成为 $x_{B,0}=0.3$ 的系统在 $p=4.16$kPa 条件下，气-液两相平衡，求平衡时气相组成 $y_B$ 及液相组成 $x_B$；

③ 上述系统 5mol，在 $p=4.16$kPa 下平衡时，气相、液相的物质的量各为多少？气相中含丙酮和水的物质的量各为多少？

④ 上述系统 10kg，在 $p=4.16$kPa 下达平衡时，气、液相的质量各为多少？

**解析：**

① 要绘制 $p$-$x$ 图，则还需要不同液相组成所对应的系统总压力 $p$ 以及与不同液相组成平衡的气相组成 $y_B$。利用题给数据可以算出 $p$ 及 $y_B$，并列表如下：

| $x_B$ | 0 | 0.1 | 0.2 | 0.4 | 0.6 | 0.8 | 0.95 | 0.98 | 1 |
|---|---|---|---|---|---|---|---|---|---|
| $p$/kPa | 2.90 | 3.67 | 4.16 | 4.73 | 4.78 | 4.72 | 4.53 | 3.80 | 3.17 |
| $y_B$ | 0 | 0.294 | 0.430 | 0.560 | 0.605 | 0.617 | 0.682 | 0.824 | 1.000 |

根据两表的数据便可画出 $p$-$x$ 图，如下：

由图得知，丙酮与水组成的平衡系统产生最大正偏差。图中下部的两曲线分别表示A和B的蒸气分压 $p_A$ 和 $p_B$ 与系统组成之间的关系。

② 系统组成为 $x_{B,0}=0.3$ 的气-液平衡系统，在总压为4.16kPa时，其气-液两相之组成可由①中所列表格查得（亦可由所绘相图查得）：

$x_B=0.200$；$y_B=0.430$

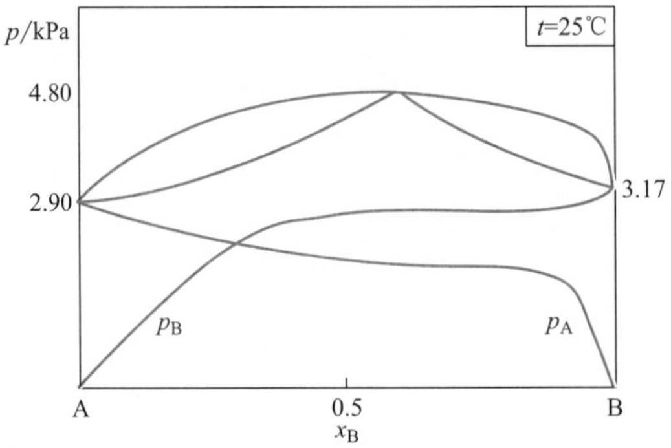


③ 整个系统的物质的量 $n=5\text{mol}$，系统的总组成 $x_{B,0}=0.3$，在 $p=4.16\text{kPa}$ 下，气、液两相的组成已在②中列出了。因此，利用杠杆规则便可求出气、液两相的量。

$$n(\text{l})/n(\text{g})=(y_B-x_{B,0})/(x_{B,0}-x_B)$$

$$n(\text{l})+n(\text{g})=n$$

联解上述两式得 $n(\text{l})=n[(y_B-x_{B,0})/(y_B-x_B)]$

$$n(\text{l})=5\text{mol}\times\frac{0.430-0.3}{0.430-0.200}=2.83\text{mol}$$

$$n(\text{g})=n-n(\text{l})=2.17\text{mol}$$

因气相中 B 物质的组成为 $y_B=0.430$，故气相中 B 物质的量

$$n_B(\text{g})=n(\text{g})\times y_B=2.17\text{mol}\times0.430=0.93\text{mol}$$

$$n_A(\text{g})=n(\text{g})-n_B(\text{g})=1.24\text{mol}$$

④ 系统压力、温度与③相同，所以气、液两相的组成不变，但本题的系统总量为 10kg，组成仍为 $x_{B,0}=0.3$。应用杠杆规则，则需要将 10kg 换算成物质的量 $n$ 。

根据混合系统 $n=\dfrac{m}{M}$，而

$$\overline{M}=x_AM_A+x_BM_B=0.70\times60.096\text{g}\cdot\text{mol}^{-1}+0.30\times18.015\text{g}\cdot\text{mol}^{-1}$$
$$=47.472\text{g}\cdot\text{mol}^{-1}$$

$$n=\frac{10000\text{g}}{47.472\text{g}\cdot\text{mol}^{-1}}=210.65\text{mol}$$

利用③中的计算式 $n(\text{l})=n[(y_B-x_{B,0})/(y_B-x_B)]$，有

$$n(\text{l})=210.65\text{mol}\times\frac{0.430-0.30}{0.430-0.20}=119.06\text{mol}$$

$$\overline{M}(\text{l})=x_AM_A+x_BM_B=(0.8\times60.096+0.2\times18.015)\text{g}\cdot\text{mol}^{-1}=51.68\text{g}\cdot\text{mol}^{-1}$$

$$m(\text{l})=n(\text{l})\overline{M}(\text{l})=119.06\text{mol}\times51.68\text{g}\cdot\text{mol}^{-1}=6.15\text{kg}$$

## 4.4.2 二组分部分互溶真实溶液的液-液平衡相图

两种液体间相互溶解的程度与它们的性质有关。当两种液体的性质相差较大时，它们只能**部分互溶**。根据相律，在恒定压力下，液-液两相达到平衡时，只有一个独立变量——温度，则 $f'=C-\Phi+1$。因此，可以将测得的实验数据绘制成温度-组成图。由于压力对两种

液体的相互溶解度影响不大，所以一般不予考虑。可以将部分互溶双液系的溶解度曲线分为如下四类：

**(1) 具有最高会溶温度的类型**

图 4.13 为 $H_2O$-$C_6H_5NH_2$ 的溶解度图。在低温下二者部分互溶，分为两层，一层是苯胺在水中的饱和溶液（左半支），另一层是水在苯胺中的饱和溶液（右半支）。如果温度升高，则苯胺在水中的溶解度沿 $DA_2B$ 线上升，水在苯胺中的溶解度沿 $EA_3B$ 线上升。两层的组成逐渐接近，最后会聚于 $B$ 点。此时两层的浓度一样而成为单相系统。在 $B$ 点以上的温度，水与苯胺能以任何比例均匀混合。最高点 $B$ 点对应的温度称为**会溶温度**（consolute temperature）或**最高临界溶解温度**，$B$ 点称为**最高临界溶解点**。图 4.13 中溶解度曲线所包围的区域内代表液-液两相平衡共存，这时两个平衡共存的液层称为**共轭溶液**（conjugate layer）（有时称 $A_2$ 和 $A_3$ 点为共轭配对点）。

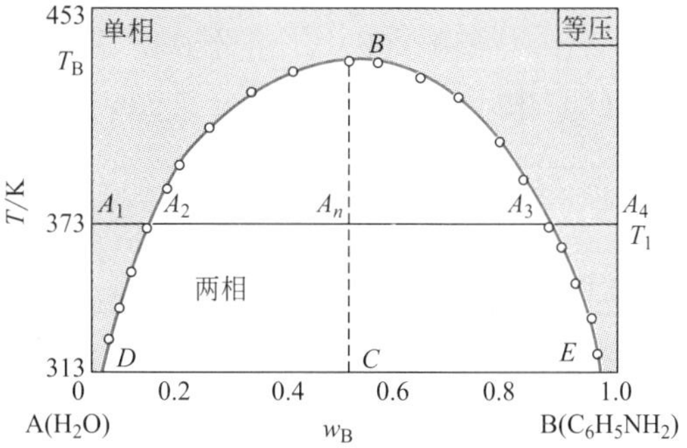


图 4.13　水-苯胺的溶解度图

在图 4.13 中，系统点$A_1$ 表示系统为温度 $T_1$ 条件下的纯水。若在等温等压下，向该纯水系统中逐渐加入苯胺，则系统点由 $A_1$ 沿水平方向右移。开始时苯胺完全溶于水中，直到系统点移至 $A_2$，此时苯胺在水中的溶解达到饱和。继续加入苯胺，则溶液开始分层，即形成共轭溶液，其中一层是苯胺在水中的饱和溶液（相点为 $A_2$），另一层是水在苯胺中的饱和溶液（相点为 $A_3$），此时 $f^* = 2-2+0=0$。所以分层后，继续向系统中加入苯胺，系统点在两相区内逐渐向右移动，两个共轭溶液的组成保持不变。根据杠杆规则，两相的相对数量不断变化，即组成为 $A_2$ 的溶液逐渐减少，组成为 $A_3$ 的溶液逐渐增多，直至系统点到达 $A_3$ 点，溶液又变为一相。经过 $A_3$ 点以后，整个系统变成水在苯胺中的不饱和溶液，直至到达 $A_4$ 点。

在 $T_1$（约 373K）时，在帽形区内系统为两相，两相的组成分别为 $A_2$ 和 $A_3$。在帽形区以外，系统为单相。实验证明，两共轭层组成的平均值与温度近似成线性关系，如图中的 $CA_nB$ 线（不一定是垂直线），该线与平衡曲线的交点所对应的温度 $T_B$ 即为会溶温度（$B$ 点）。会溶温度的高低反映了一对液体间相互溶解能力的强弱，会溶温度越低表明两液体间的互溶性越好。因此可利用会溶温度的数据来选择萃取剂。

**(2) 具有最低会溶温度的类型**

水和三乙基胺的双液系属于这种类型。图 4.14 为水-三乙基胺的溶解度图，最低点 $T_B$ 的温度约为 291K，在此温度以下，水和三乙基胺能以任意比例互溶，该温度称为**最低临界溶解温度**；在 $T_B$ 以上，温度增加反而使两液体的互溶度降低，并出现两相。

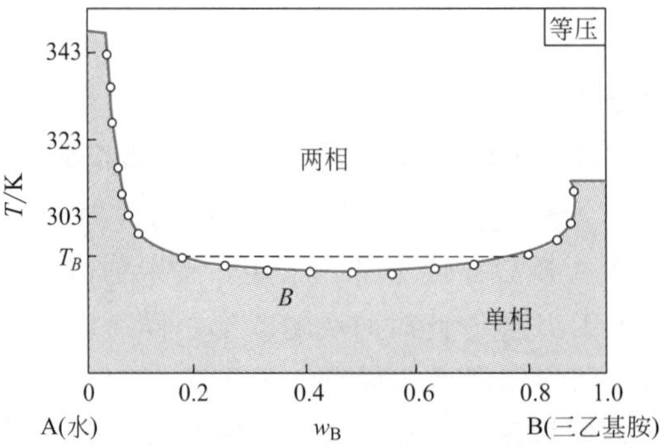


图 4.14 水-三乙基胺的溶解度图

**例题分析 4.9**

在 101.325kPa 下，水（A）与苯酚（B）二组分液相系统在 341.7K 以下都是部分互溶的。水层（a）和苯酚层（b）中，含苯酚的质量分数 $w_B$ 与温度的关系如下表所示：

| $T/K$ | 276 | 297 | 306 | 312 | 319 | 323 | 329 | 333 | 334 | 335 | 338 |
|---|---|---|---|---|---|---|---|---|---|---|---|
| $w_{a,a}/100$ | 6.9 | 7.8 | 8.0 | 7.8 | 9.7 | 11.5 | 12.0 | 13.6 | 14.0 | 15.1 | 18.5 |
| $w_{b,b}/100$ | 75.5 | 71.1 | 69.0 | 66.5 | 64.5 | 62.0 | 60.0 | 57.6 | 55.4 | 54.0 | 50.0 |

① 试画出水与苯酚二组分液相系统的 $T$-$w$ 图；

② 从图中指出最高会溶温度和该温度下苯酚的含量；

③ 在 300K 时，将水与苯酚各 1.0kg 混合，达平衡后，计算此时水与苯酚共轭层中各含苯酚的质量分数及共轭水层和苯酚层的质量；

④ 若在③中再加入 1.0kg 水，计算平衡后，水与苯酚共轭层中各含苯酚的质量分数及共轭水层和苯酚层的质量。

**解析：**

① 水和苯酚二组分液相系统的 $T$-$w$ 图如下图所示。

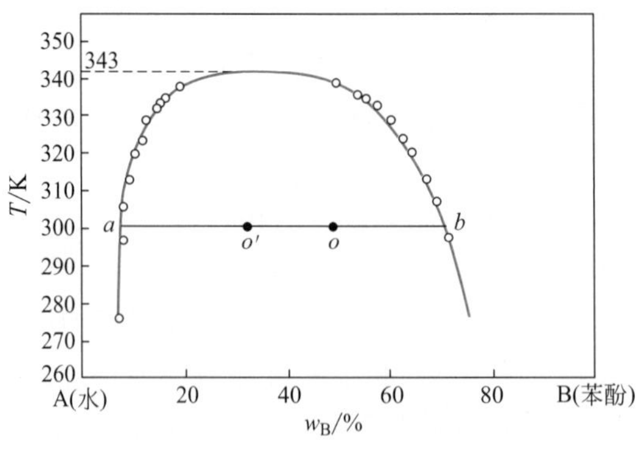


② 从图中可见该系统的最高会溶温度为 343K，该温度下苯酚的质量分数 $w_B=34\%$。

③ 水和苯酚各 1.0kg 时，苯酚质量分数 $w_B=0.50$。

在 300K 时，水层（a）中的苯酚质量分数为 $w_B=7.5\%$，苯酚层（b）中，苯酚的质量分数为 $w_B=71.2\%$。

设水层的质量为 $m_a$，则苯酚层质量 $m_b$ 为（2000g－$m_a$），依据杠杆规则：

$$m_a \times \overline{ao} = m_b \times \overline{ob}$$

$$m_a \times 42.5 = (2000\text{g} - m_a) \times 21.2$$

$$m_a = 665.6\text{g}$$

$$m_b = 2000\text{g} - 665.6\text{g} = 1334.4\text{g}$$

④ 如在溶液③中，再加入 1.0kg 水，则新系统中，含水 2.0kg，含苯酚 1.0kg。系统点 o′中苯酚的质量分数 $w_B = 1/3 = 0.333$，水层和苯酚层中含苯酚的质量分数与③中一样，因为温度仍为 300K，溶解度不变，但两层的质量变化了。

$$m_a \times \overline{ao'} = (3000\text{g} - m_a) \times \overline{o'b}$$

$$m_a \times 25.83 = (3000\text{g} - m_a) \times 37.86$$

水层质量：$m'_a = 1783.3\text{g}$

苯酚层质量：$m'_b = 3000\text{g} - 1783.3\text{g} = 1216.7\text{g}$

**(3) 同时具有最高、最低会溶温度的类型**

图 4.15 是水和烟碱的溶解度曲线。这一对液体有完全封闭式的溶解度曲线。在最低点的温度 $T_{C'}$ 约为 334K，最高点的温度 $T_C$ 约为 481K。在 $T_C$ 以下和 $T_{C'}$ 以上，两液体能够以任何比例互溶，在 $T_C$ 与 $T_{C'}$ 之间，根据不同的浓度区间，系统分为两层。

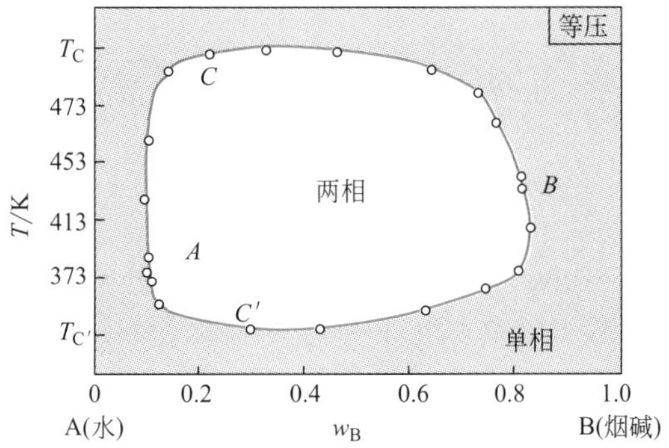


图 4.15　水-烟碱的溶解度图

**(4) 不具有会溶温度的类型**

这种类型的双液系，是指一对液体在温度高到沸点，低到凝固点，两液体一直表现为部分互溶，不论以何种比例混合都没有临界溶解温度，一直是彼此部分互溶的，如乙醚和水形成的系统。

## 4.4.3　二组分不互溶双液系的气-液平衡相图

如果两种液体彼此互溶的程度非常小，以致可以忽略不计，则可近似地看成是不互溶的。当两种不互溶的液体 A 和 B 共存时，各组分的蒸气压与单独存在时一样，系统液面上方总的压力等于两纯组分蒸气压之和，即 $p = p_A^* + p_B^*$。在这种系统中，只要两种液体共存，不管其相对数量如何，系统的总蒸气压恒高于任一纯组分的蒸气压，而沸点则恒低于任一纯组分的沸点。

如图 4.16 所示，*QM* 为溴苯的蒸气压随温度的变化曲线，若将 *QM* 延长，直到与压力 $p$（101.325kPa）的水平线相交，就得到溴苯的正常沸点，其温度约为 429K（沸点应在 *QM* 的延长线与 $p^\ominus$ 线的交点，图中未画出）。*QN* 是水的蒸气压曲线，$T_b$ 点是压力为

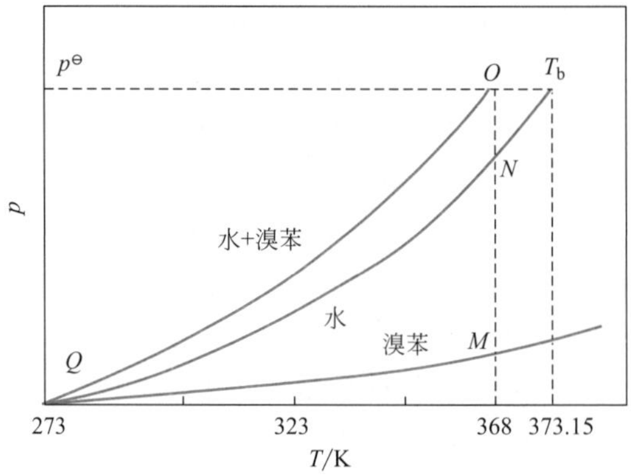


图 4.16　不互溶双液系水-溴苯的 $p$-$T$ 图

101.325kPa 时水的沸点，等于 373.15K。如果把每一温度时溴苯和水的蒸气压相加，则得到 $QO$ 线，该线上的压力 $p=p^*_{水}+p^*_{溴苯}$。$QO$ 线与压力为 101.325kPa 的水平线相交于 $O$ 点，所对应的温度约为 368K。也就是说当水蒸气通入溴苯，加热到 368K 时，系统即开始沸腾，此时溴苯与水同时馏出。表明含完全不互溶的双液系的沸点既低于溴苯的沸点，也低于水的沸点。由于水和溴苯两者互不相溶，所以很容易从馏出物中将它们分开。这种蒸馏法称为**蒸汽蒸馏**（steam distillation）。在馏出物中 A、B 两组分的质量比可由下式求出：

$$p^*_A=py_A=p\frac{n_A}{n_A+n_B}$$

$$p^*_B=py_B=p\frac{n_B}{n_A+n_B}$$

式中，$p$ 是总压力；$p^*_A$、$p^*_B$ 分别为纯 A 和纯 B 的分压，也就是它们的饱和蒸气压；$y_A$ 和 $y_B$ 是 A、B 在气相中的摩尔分数；$n_A$ 和 $n_B$ 为气相中 A、B 的物质的量。两式相除得

$$\frac{p^*_A}{p^*_B}=\frac{n_A}{n_B}=\frac{m_A}{M_A}\times\frac{M_B}{m_B}$$

或

$$\frac{m_B}{m_A}=\frac{p^*_B}{p^*_A}\times\frac{M_B}{M_A} \tag{4-12}$$

$m_A$、$m_B$ 分别表示馏出物中 A、B 的质量，$M_A$、$M_B$ 分别为 A、B 的摩尔质量。

一般而言，有机物 B 的摩尔质量远比水 A 高，而蒸气压则一般较低。虽然 $p^*_A>p^*_B$，但因 $M_B>M_A$，所以由水蒸气带出来的互不相溶的双液系中，有机物的相对质量仍不会太低。由式(4-12) 可以看出，若有机物 B 的饱和蒸气压越大，摩尔质量越大，则馏出一定量的有机物质所需的水量越少。随着真空技术的发展，实验室及生产中已广泛采用减压蒸馏的方法来提纯有机物质。但是由于蒸汽蒸馏的设备操作简单，所以，仍具有重要的实际意义。

**例题分析 4.10**

某有机物与水不互溶，在常压下用水蒸气蒸馏时，于 90℃ 沸腾，馏出物中水的质量分数为 24%，已知 90℃ 时水的蒸气压为 70.13kPa，请估算该有机物的摩尔质量。

**解析：**

以 B 代表有机物，90℃ 时

$$p^*_{H_2O} = 70.13\text{kPa}$$

$$p^*_B = (101.325 - 70.13)\text{kPa} = 31.20\text{kPa}$$

取气相总质量为 100g，则

$$m_{H_2O} = 24.0\text{g}$$

$$m_B = (100 - 24.0)\text{g} = 76.0\text{g}$$

$$M_B = M_{H_2O} \times \frac{p^*_{H_2O} m_B}{p^*_B m_{H_2O}} = 18 \times \frac{70.13 \times 76.0}{31.20 \times 24.0}\text{g} \cdot \text{mol}^{-1} = 128\text{g} \cdot \text{mol}^{-1}$$

### 思考与讨论：能否通过蒸馏的方法制无水乙醇?

白酒是二组分真实溶液。我们经常见到一些白酒的度数可高达 60 度，那么，是否可以将白酒经多次蒸馏得到无水乙醇呢?

# 4.5 二组分固态不互溶系统的液-固相图

**案例 4.5　为什么感觉棒冰越吃越不甜?**

对于一些制作较为简单的棒冰，如果从外面吸食，会感到刚开始很甜，而后越吃越不甜，这是什么原因呢?

首先我们要了解一下棒冰的制作方法。在家庭中，一般是将调配好的稀糖水倒入模具中，放入一根小木棒，待温度降至室温后将其放入冰箱冷冻，冷冻完成后就得到棒冰。这个过程如图 4.17 所示。首先，在小木棒周围析出纯水的冰，随着冰的析出，溶液中糖的浓度沿曲线变化，糖的浓度逐渐增大，随后析出是含糖较少的冰，最后析出的是含糖较多的冰。因此，棒冰外层含糖较多，而中心几乎不含糖，因此这样的棒冰是不均匀的。所以如果从棒冰的外面吸食，起先会感到很甜，而越吃越不甜。

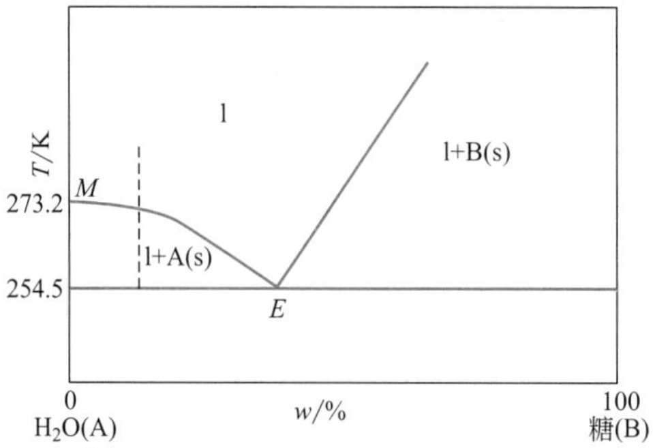


图 4.17　棒冰凝固过程的相图

那么，如何能够制得甜度均匀的棒冰呢? 如图 4.17 所示，需要把糖水的浓度调节到与低共熔混合物的组成相同，这样冷却时糖与水会按低共熔混合物的组成同时析出，才能制得均匀的棒冰。

由于压力对凝聚相系统的影响很小，因此一般用恒定压力下的温度-组成（$T$-$x$）图表示二组分固态不互溶系统的相变化规律，即用 $T$-$x$ 二维平面图表示二组分系统的固-液相图。二组分系统的固-液相图通常是在压力为 101.325kPa 条件下测定的。由相律 $f'=2-\Phi+1=3-\Phi$ 可知，当 $f'=0$ 时 $\Phi=3$，表明系统最多可三相平衡共存。测定固-液相图常用的方法有热分析法和溶解度法。

## 4.5.1 简单低共熔混合物系统的相图

当 A 和 B 的液相完全互溶而固相完全不互溶时，则它们的固-液相图中含有低共熔混合物。图 4.18(a) 为 Bi-Cd 系统在恒压环境中缓慢冷却，并在冷却的过程中记录系统温度随时间的变化，画出温度-时间曲线，称为**步冷曲线**（cooling curve）。如果系统内不发生相变，则温度将随时间而均匀降低；当系统内有相变发生时，由于相变热的影响，会在步冷曲线上出现转折点。通过这种方法可以绘制固-液相图，这种方法叫作**热分析法**。图 4.18(b) 是用热分析法所测得的相图。图 4.18(a) 中展示了 5 个不同组成的样品的步冷曲线，其中曲线 $a$ 和 $e$ 分别是纯 Bi 和纯 Cd 的步冷曲线。当温度高于熔点时，为熔融态纯金属，$f'=1-1+1=1$，温度的降低不改变相态。当温度降至液相消失全部成为固相，此时 $f'=1-1+1=1$，温度继续降低而不改变相态。曲线 $b$ 和 $d$ 分别为含 Cd 的质量分数为 20%和 70%的 Cd-Bi 二组分系统的步冷曲线。两个样品在熔融态时均为单一液相，随着温度分别降低至图 4.18(a) 中的 $C$ 点或 $D$ 点时，开始有纯固相析出，由于相变热补偿了部分热量，使得降温速度变慢，在步冷曲线上出现转折点。当系统温度继续降低至 413K 时，开始析出另外一种纯固相，此时系统为含 40%Cd 的熔液、固体 Bi 和固体 Cd 三相共存，$f'=2-3+1=0$。继续冷却，两种固体不断析出，温度保持在 413K 不变，步冷曲线呈现平台，直至液相消失，变为两个固相共存，温度逐渐下降。曲线 $c$ 是含 Cd 的质量分数为 40%的 Cd-Bi 二组分系统的步冷曲线。当温度降至 413K 时，系统中按照质量比 6∶4 同时析出固体 Bi 和固体 Cd，此时 $f'=2-3+1=0$，温度不变，在步冷曲线中出现平台，直至液相消失。

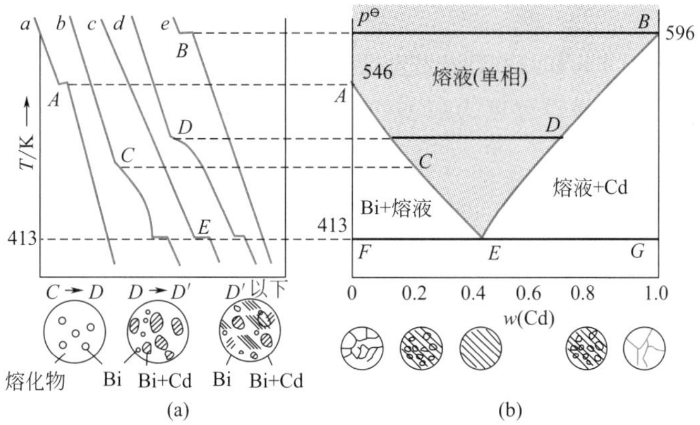


图 4.18　Bi-Cd 的步冷曲线（a）和相图（b）

相图 4.18(b) 是根据图 4.18(a) 中的步冷曲线绘得的，其中曲线 $AE$ 和 $BE$ 是两条凝固点曲线。而 $GEF$ 线上代表的是三相共存的状态，即两个纯固相和一个组成为含 Cd 的质量分数为 40%的液相共存，所以 $GEF$ 线也称为三相线，此时 $f'=0$。图中 $E$ 点是凝固点曲线的最低点，称为**低共熔点**。具有低共熔点的系统称为**低共熔混合物**，因为具有该组成的熔融物在凝固点时两种固体同时按比例析出，所以低共熔混合物也常称作**共晶物**（eutectic），低共熔点也称作**共晶点**（eutectic point）。相图中各区域所代表的相态已在图中标出。

利用**溶解度法**同样可以绘出具有低共熔点的相图。溶解度法是在确定的温度下，直接测定固-液两相平衡时溶液和固相的组成，然后根据所测得的温度和相应溶解度数据绘制相图。图 4.19 是利用溶解度法测定的 $H_2O$-$(NH_4)_2SO_4$ 的相图。

相图中 $M$ 点是纯水的凝固点，$ME$ 曲线是 $(NH_4)_2SO_4$ 水溶液的凝固点曲线，$NE$ 曲线是硫酸铵的饱和溶解度曲线，硫酸铵的溶解度随温度升高而增大。由于 $(NH_4)_2SO_4$ 的熔点很高，因而 $NE$ 曲线未能延伸到硫酸铵的熔点。相图中各区域（包括三相线）所代表的相态已在图中标出。利用结晶法从水溶液中提取盐或提纯盐时，水-盐相图往往具有指导作用。

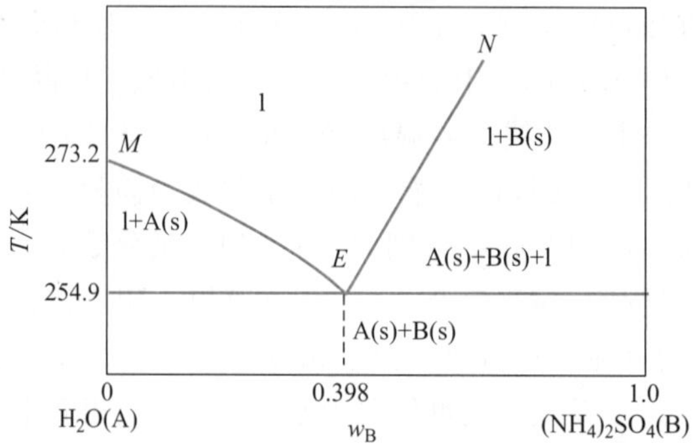


图 4.19　$H_2O$-$(NH_4)_2SO_4$ 系统的相图

**例题分析 4.11**

电解 LiCl 制金属锂时，由于 LiCl 熔点高（878K），通常选用比 LiCl 难电解的 KCl（熔点 1048K）与其混合，利用低共熔点现象来降低 LiCl 的熔点，节省能源。已知 LiCl（A）-KCl(B) 的低共熔点组成 $w_B=0.50$，温度为 629K。而在 723K 时，KCl 含量 $w_B=0.43$ 的熔化物冷却析出 LiCl(s)，而 $w_B=0.63$ 时析出 KCl(s)。请绘出 LiCl-KCl 的熔点-组成相图，并解释电解槽操作温度为何不能低于 629K?

**解析：**

LiCl-KCl 的熔点-组成相图如下图。

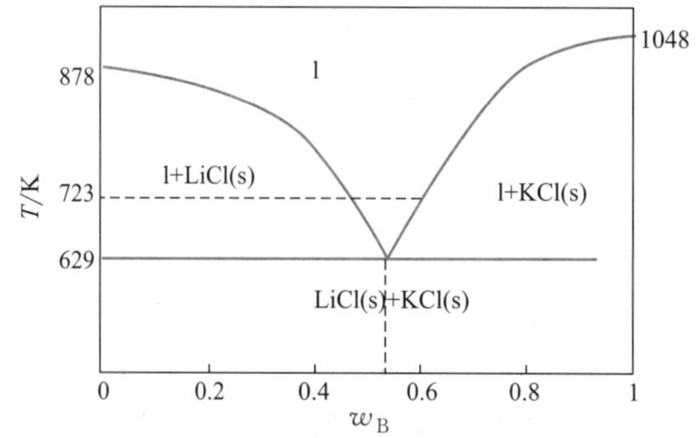


由 LiCl-KCl 相图可知，低于 629K 时低共熔混合物凝结为固体，电解无法进行。

## 4.5.2　有化合物生成的系统

固体 A 和固体 B 虽然完全不互溶（即不形成固溶体），但有时能够形成化合物，可分为生成稳定化合物和不稳定化合物两类。

**(1) 生成稳定化合物**

如果 A 和 B 形成的化合物在熔点之下是稳定的，当温度达到熔点时，熔化出的液相与固相有相同的组成，则此化合物称为**稳定化合物**，也称为**具备相合熔点的化合物**。例如苯酚（$C_6H_5OH$，以 A 表示）-苯胺（$C_6H_5NH_2$，以 B 表示）系统，它的相图如图 4.20 所示。苯酚和苯胺在固态时生成一种分子比为 1∶1 的等分子化合物 $C_6H_5OH \cdot C_6H_5NH_2$（以 C 表示），将此化合物加热至 304K 时，该化合物熔化，生成的液相物质与固态化合物组成相同，

图中的 $D$ 点所对应的温度即为该化合物的熔点，称为相合熔点。生成稳定化合物的相图可以看作是由两个形成低共熔混合物的相图组合而成，其中一个是苯酚-化合物的相图，另一个是化合物-苯胺的相图。图中 $E_1$、$E_2$ 分别为两个低共熔点，图中各区域所代表的相态已在图上标出。

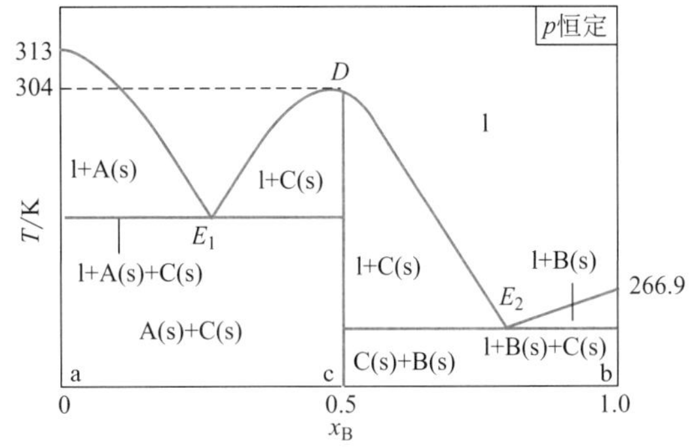


图 4.20 $C_6H_5OH(A)$-$C_6H_5NH_2(B)$ 系统的相图

一些系统中，两种纯组分间可形成多种稳定化合物，这类系统多为水-盐系统，如 $H_2SO_4$-$H_2O$ 系统可形成 $H_2SO_4 \cdot 4H_2O$，$H_2SO_4 \cdot 2H_2O$ 和 $H_2SO_4 \cdot H_2O$ 3 种稳定化合物，它的相图相当于 4 个具有低共熔混合物的相图之组合。

**(2) 生成不稳定化合物**

与生成稳定化合物的系统不同，若两个组分（A 和 B）形成的化合物（C）在升温过程中表现出不稳定性，在到达其熔点之前便发生分解，这类化合物叫作**不稳定化合物**。以 $H_2O(A)$-$NaCl(B)$ 系统为例，如图 4.21 所示，在 264K 以下，NaCl 和 $H_2O$ 形成固体化合物 $NaCl \cdot 2H_2O(s)$，该化合物在 264K 时分解为固体 NaCl(s) 和组成为 $x_B=0.102$ 的 NaCl 水溶液，该过程可表示为：

$$m\mathrm{NaCl} \cdot 2\mathrm{H_2O} \longrightarrow n\mathrm{NaCl(s)} + 溶液(x_B=0.102)$$

此过程称为**转熔反应**，264K 叫作化合物的**转熔温度**，由于转熔过程生成的溶液组成不同于化合物组成，所以转熔温度也叫作**不相合熔点**，该化合物也称为**具有不相合熔点的化合物**。

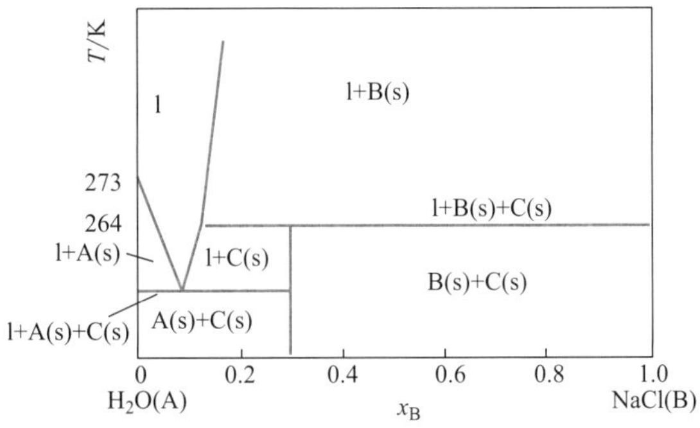


图 4.21 $H_2O(A)$-$NaCl(B)$ 系统的相图

**例题分析 4.12**

$SiO_2$-$Al_2O_3$ 二组分系统在耐火材料工业上有重要意义，下图所示的相图是 $SiO_2$-$Al_2O_3$ 二组分系统在高温下的相图。莫莱石的组成为 $2Al_2O_3 \cdot 3SiO_2$，在高温下 $SiO_2$ 有白硅石和鳞石英两种变体，$AB$ 线是两种变体的转晶线，在 $AB$ 线之上是白硅石，在 $AB$ 线之下是鳞石英。

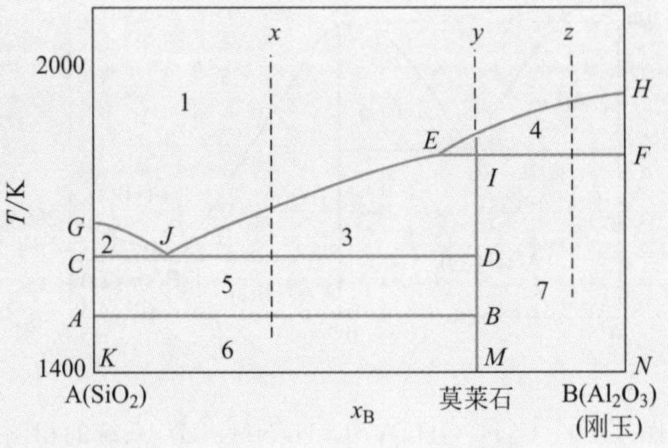


① 指出各相区分别由哪些相组成？

② 图中三条水平线分别代表哪些相平衡共存？

③ 分别画出从 $x$、$y$、$z$ 点将熔化物冷却的步冷曲线。

**解析：**

① 各相区的相态如下表所示：

| 相区 | 相态 | 相区 | 相态 |
|---|---|---|---|
| 1 | 液态 | 5 | 白硅石（s）＋莫莱石（s） |
| 2 | 液态＋白硅石（s） | 6 | 鳞石英（s）＋莫莱石（s） |
| 3 | 液态＋莫莱石（s） | 7 | 刚玉（s）＋莫莱石（s） |
| 4 | 液态＋刚玉（s） | | |

② $EF$ 线：熔液、莫莱石（s）、刚玉（s）三相平衡共存。

$CD$：熔液、白硅石（s）、莫莱石（s）三相平面共存。

$AB$ 线：白硅石（s）、鳞石英（s）、莫莱石（s）三相平衡共存。

③ $x$、$y$、$z$ 点冷却的步冷曲线如下图所示：

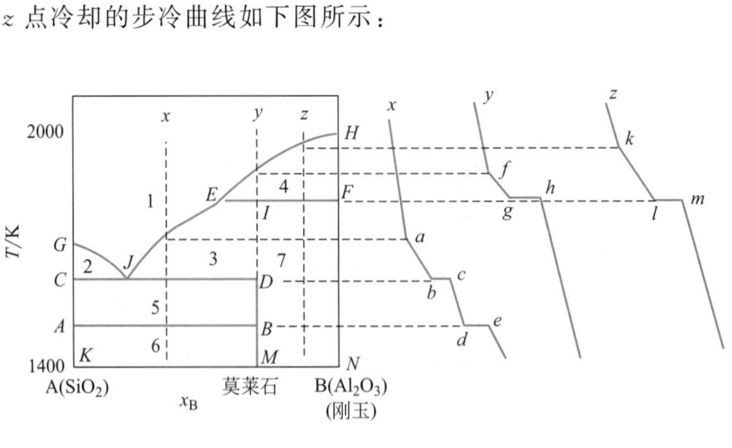

$x$ 点冷却的步冷曲线：组成为 $x$ 的熔液降温到 $a$ 点，开始析出莫莱石；继续降温到 $b$ 点时，白硅石开始析出，熔液、白硅石、莫莱石三相共存，自由度数等于零，温度保持不变；到达 $c$ 点时，熔液消失，白硅石、莫莱石两相共存，温度继续下降；到达 $d$ 点时，白硅石向鳞石英转化，白硅石、鳞石英、莫莱石三相共存，自由度数等于零，温度保持不变；到达 $e$ 点时，白硅石全部转化为鳞石英，鳞石英、莫莱石两相共存，温度继续下降。

$y$ 点冷却的步冷曲线：组成为 $y$ 的熔液降温到 $f$ 点，开始析出刚玉；继续降温到 $g$ 点，莫莱石开始析出，熔液、莫莱石、刚玉三相共存，此时有下列反应：

$$\text{熔液}+\text{刚玉}\rightleftharpoons\text{莫莱石}$$

达 $h$ 点时，熔液、刚玉消失，只有莫莱石，温度继续下降。

$z$ 点冷却的步冷曲线：组成为 $z$ 的熔液降温到 $k$ 点，开始析出刚玉；熔液、莫莱石、刚玉三相共存，即

$$\text{熔液}\rightleftharpoons\text{刚玉}+\text{莫莱石}$$

达 $m$ 点时，熔液消失，进入刚玉、莫莱石两相区，温度继续下降。

**思考与讨论：从步冷曲线中能够获得什么信息？**

图 4.18 Bi-Cd 的步冷曲线中，步冷曲线的斜率是不同的，那么斜率取决于什么呢？曲线的水平段的长短取决于什么？

# 4.6 二组分固态互溶系统的液-固相图

**案例 4.6 如何制备高纯度材料？**

随着科技的发展，电子、半导体、原子能等领域对材料纯度的要求越来越高，需求也越来越大。**区域熔炼**（zone melting）法，是一种简单有效的提纯材料的方法。该方法通过局部加热狭长材料形成一个狭窄的熔融区，并移动加热器使此狭窄熔融区按一定方向沿材料缓慢移动，如图 4.22(a) 所示，便可对材料进行提纯。

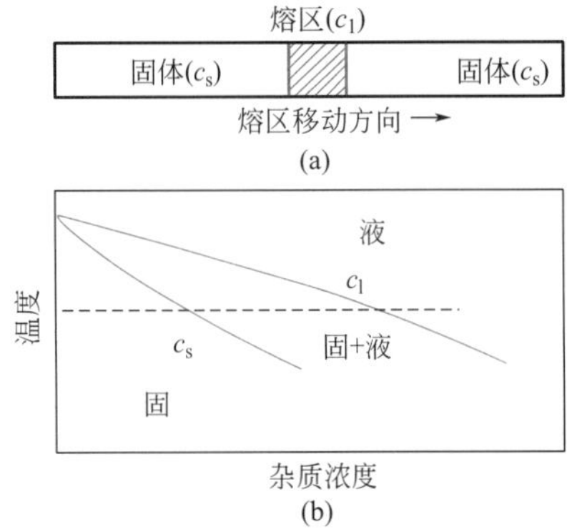


图 4.22 区域熔炼示意图 (a) 和局部相图 (b)

那么，区域熔炼是如何提高材料的纯度的呢？由图 4.22(b) 可知，在固液平衡共存时，杂质在固相中的浓度 $c_s$ 和液相中的浓度 $c_l$ 是不相同的，两者之比称为平衡分配系数，即 $K=c_s/c_l$。在图 4.22(a) 中，当熔区自左向右缓慢移动时，分配系数 $K<1$ 的杂质就会富集在液相，并随熔区逐渐向右迁移；$K>1$ 的杂质则向左迁移。一次区域提纯通常不能达到所要求的纯度，提纯过程需要重复多次，或者用一系列加热器，在一狭长的材料上产生多个熔区，让这些熔区在一次操作中先后通过材料。用这种方法生产的高纯硅的杂质含量可低到质量分数 $w<5\times10^{-11}$。

利用区域熔炼的方法，可以使 1/3 以上的元素以及数百种无机和有机化合物获得其最高的纯度。

在本案例中，我们可以看到，与上一节所讨论的固-液系统不同的是，这里的两个固体可以形成固溶体。这类系统分为两类：一类是形成完全互溶的固溶体；另一类是形成部分互溶的固溶体。

## 4.6.1 形成完全互溶的固溶体系统

固体 Ag 和固体 Au 能够形成完全互溶的固溶体，如图 4.23 所示。图中 1233K 和 1336K 分别为 Ag 和 Au 的熔点，上面的曲线为液相线，液相线上方为液相区，$f'=2$；下面的曲线为固相线，固相线下方为固相区（即固溶体区），$f'=2$；两曲线间为固-液两相平衡区，$f'=1$。这类相图的形状与气-液平衡中所介绍的理想溶液或一般偏差的真实溶液的气-液相图相似。

在应用固-液相图解决实际问题时，往往比气-液相图复杂一些。例如在图 4.23 中，当组成为 $M$ 的熔融物降温至 $a_1$ 点时，开始析出与之平衡的 $b_1$ 点所代表的固相，系统进入固

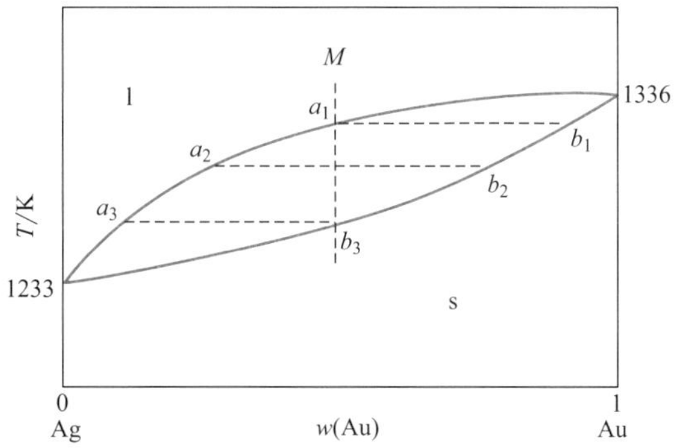


图 4.23　Ag-Au 系统的固-液相图

液共存的两相区。温度继续下降，液相的组成沿 $a_1 \to a_2 \to a_3$ 变化，而固相组成沿 $b_1 \to b_2 \to b_3$ 变化。如果冷却过程进行得相当缓慢，液-固两相始终保持平衡，在达到 $b_3$ 点所对应的温度时，剩下的最后一滴熔化物的组成为 $a_3$，待液相消失后系统进入固相区。实际上，在晶体析出过程中，由于晶体内部扩散作用进行得很慢，固、液两相很难迅速达到平衡，所以较早析出的晶体形成"枝晶"，而不易与熔化物建立平衡。枝晶中含高熔点的组分较多。干枝之间的空间被后来析出的晶体所填充，其中含低熔点的组分较多，这种现象称为"枝晶偏析"，结果导致固体内部结构不均匀。这种不均匀性会影响合金的性能，因此在工业上常采用"退火"或"淬火"的加工工艺来达到金属加工的不同目的。像 Au-Ag 在全部组成范围内都能形成固溶体的例子并不多见。一般来说，只有当两个组分的粒子大小（即原子半径的大小）和晶体结构都非常相似，且在晶格内一种质点可以由另一种质点来置换而不引起晶格的破坏时，才能构成这种系统。属于这一类型的系统还有 $NH_4SCN$-KSCN，$PbCl_2$-$PbBr_2$，Cu-Ni，Co-Ni 等。实验结果表明，还有一些形成完全互溶固溶体的系统，它们的相图形状与具有最大偏差的真实溶液的气-液相图相似，即相图中出现最低熔点或最高熔点，此类系统有 Cu-Au、Ag-Sb、KCl-KBr、$Na_2CO_3$-$K_2CO_3$ 等。

### 4.6.2　形成部分互溶的固溶体系统

有些系统在液态时完全互溶，而在固态时部分互溶。这类系统的相图分为两种类型，分别为低共熔点型和转熔点型。

**(1) 低共熔点型**

Ag-Cu 系统的固-液相图如图 4.24 所示，图中有一个低共熔点 $E$。图中 $AE$、$BE$ 为液相线，在液相线以上系统以单一液相存在，$f'=2-1+1=2$；曲线 $ACG$ 和左纵坐标轴之间的部分是 Cu 溶于 Ag 中形成的固溶体 s(Ⅰ)，而曲线 $BDF$ 和右纵坐标轴之间的部分是 Ag 溶于 Cu 中所形成的固溶体 s(Ⅱ)，固溶体区内 $f'=2-1+1=2$；由 ACE 围成的部分与 $BDE$ 围成的部分均是液相 (l) 与固溶体两相共存，此时 $f'=2-2+1=1$；由 $GCDF$ 包围的区域是两种固溶体共存，即 s(Ⅰ)+s(Ⅱ)，此时 $f'=2-2+1=1$。图中 $E$ 点为低共熔点，在 $E$ 点液相同时析出固溶体 s(Ⅰ) 和固溶体 s(Ⅱ)。$CED$ 线表示三相平衡共存［即固溶体 s(Ⅰ)、固溶体 s(Ⅱ) 和液相］，此时 $f'=2-3+1=0$，由于在此处，液相同时析出两种固溶体，所以 $E$ 点也称为共晶点。相图属于此类的系统还有 $KNO_3$-$NaNO_3$、AgCl-CuCl、Ag-Cu 和 Pb-Sb 等。

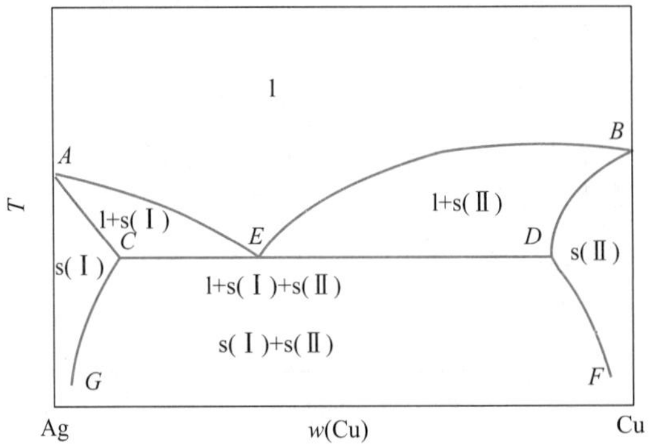


图 4.24　Ag-Cu 系统的相图

**例题分析 4.13**

银（熔点为 960℃）和铜（熔点为 1083℃）在 779℃时形成一最低共熔混合物，其铜的摩尔分数 $x(Cu)=0.399$。该系统有 α 和 β 两个固溶体，在不同温度时其组成如下表所示：

| t/℃ | x（Cu）（固溶体中） | |
|---|---|---|
| | α | β |
| 779 | 0.141 | 0.951 |
| 500 | 0.031 | 0.990 |
| 200 | 0.0035 | 0.999 |

① 绘制该系统的 $T$-$x$ 图；

② 指出各相区的相态；

③ 若一 Cu 摩尔分数为 $x(Cu)=0.20$ 的溶液冷却，当冷却到 500℃时，α-固溶体的摩尔分数为多少？

**解析：**

① 依题给数据绘制相图如下：

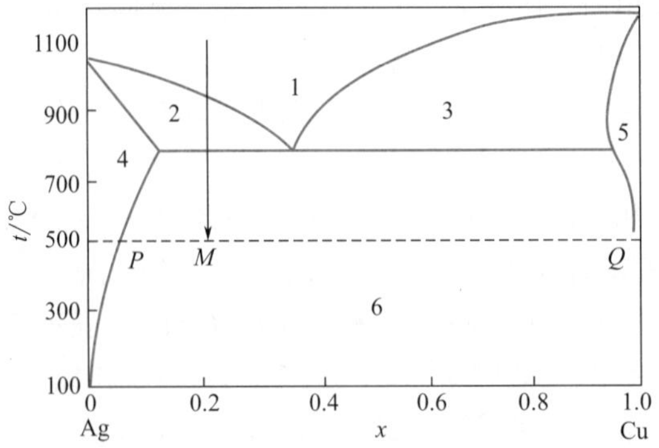

② 各相区的相态如下表所示：

| 相区 | 1 | 2 | 3 | 4 | 5 | 6 |
|---|---|---|---|---|---|---|
| 相态 | 熔液（l） | α（s）+l | β（s）+l | 固溶体（α） | 固溶体（β） | α（s）+β（s） |

③ 根据杠杆规则，有

$$x(\alpha)=\frac{n(\alpha)}{n(\text{总})}=\frac{n(\alpha)}{n(\alpha)+n(\beta)}=0.824$$

**（2）转熔点型**

Hg-Cd 系统属于转熔点型。如图 4.25 所示，$M$、$N$ 分别为 Hg、Cd 的熔点，各区域相态已于图中注明。在 182℃处的水平线 $CDE$ 即指组成为 $E$ 的固溶体 $\beta$、组成为 $D$ 的固溶体 α 和组成为 $C$ 的熔液三相平衡共存，其平衡关系式可示为：

$$\text{D}(\alpha\ 相)\rightleftharpoons\text{E}(\beta\ 相)+\text{C}(熔液)$$

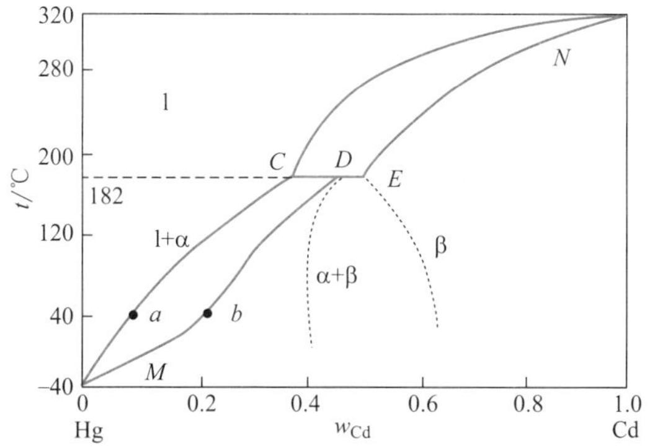


图 4.25 Hg-Cd 系统的相图

这类由一种固溶体转变为另一种固溶体的温度称为两固溶体的**转变温度**（peritectic temperature）或**转熔点**。具有此类相图的系统还有 AgCl-LiCl、Ag-$NaNO_3$、Fe-Au 等。

图 4.25 还提供一个重要信息，即为何在镉标准电池中铜汞齐电极的浓度可以保持一定的比例。由该图明显看出：常温下，若汞齐中 Cd 的质量分数小于 0.05（如图中的 $a$ 点），系统为液相；若 Cd 的质量分数大于 0.14（如图中 $b$ 点），则系统为单相固溶体；而当汞齐中 Cd 的质量分数介于 0.05～0.14 之间（即组成落于 $a$～$b$ 范围内），系统由液相（饱和溶液 a）和 α 固溶体（组成为 $b$ 的镉汞齐）两相平衡共存。标准电池中常用含 Cd 的质量分数为 0.125 的汞齐与 $CdSO_4\cdot\frac{8}{3}H_2O$ 晶体的 $CdSO_4$ 饱和溶液作为负极。由杠杆规则可知，在此范围内，充电或放电时系统中 Cd 的总量（即两相区的组成点）的微小变化只会影响液相（饱和溶液）和固溶体（汞齐）的相对含量，而不影响它们的组成。各相组成不变，便可得到相对稳定的电势。

**例题分析 4.14**

标准压力下，A、B 两组分形成的凝聚相图如图所示，标明每个相区相态和自由度数；画出由 $m$ 点冷却的步冷曲线，并说明各转折的含义。

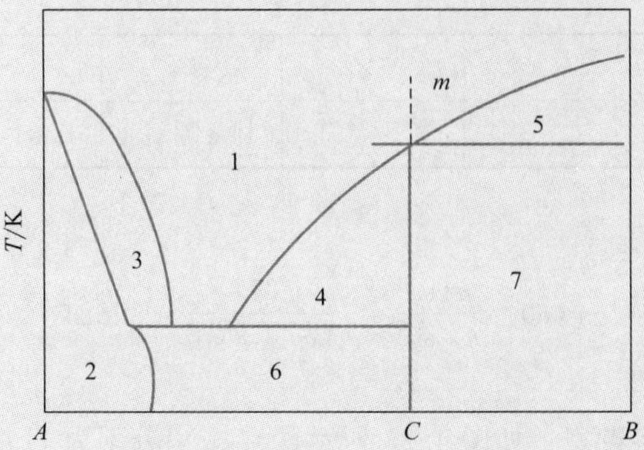


**解析：**

各相区的相态及自由度数如下：

1 区：液相 $l$，$f=2$；

2 区：A(s) 和 C(s) 形成的固溶体 a，$f=2$；

3 区：液相 $l$+固溶体，二相平衡共存，$f=1$；

4 区：液相 $l$+C(s)，二相平衡共存，$f=1$；

5 区：液相 $l$+B(s)，二相平衡共存，$f=1$；

6 区：固溶体 a+C(s)，二相平衡共存，$f=1$；

7 区：C(s)+B(s)，二相平衡共存，$f=1$。

由 $m$ 点冷却的步冷曲线见下图：

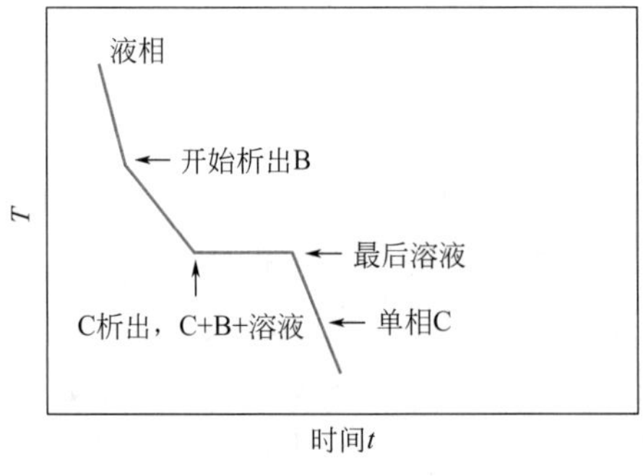


## 思考与讨论：能否从化学势的角度解释区域熔炼的原理？

案例 4.6 中介绍了区域熔炼用于提纯材料的方法，并利用相图解释了区域熔炼的原理。那么，能否结合第三章化学势的概念对这个过程进行解释呢？

## 4.7 三组分系统

**案例 4.7　工业上怎样制取无水乙醇?**

经过精馏过后得到的酒精，乙醇的质量分数 $w$(乙醇)<95.5%。若需要进一步的浓缩，用一般的精馏方法是不可能的，因为常压下 95.5%的乙醇水溶液为恒沸混合物，也就是说，在这个浓度时气相和液相的组成一样。为了分离出多余的水分，则需采用特殊的脱水方法。其中一种为真空蒸馏。其过程为：把混合物放入特定容器中，外接抽真空装置，当达到一定的真空度时（小于 0.05 个大气压），可以得到无水乙醇。但在工业上做成这样的真空装置是非常复杂的，所以这种方法在工业上不能得到广泛应用。在实际生产中，往往采用另外的方法。

一种可行的方法是三组分蒸馏（恒沸精馏，共沸精馏），即在乙醇水溶液中掺入第三种组分进行蒸馏，使它与水和乙醇形成一种富于水的三组分共沸混合物。在被分离的系统中加入共沸剂（或者称共沸组分），该共沸剂必须能和系统中一个或几个组分形成具有最低沸点的恒沸物，从而使需要分离的几种物质间的沸点差（或相对挥发度）增大。在精馏时，共沸组分能以恒沸物的形式从精馏塔顶蒸出，工业上把这种操作称为恒沸精馏。可用作第三种组分的常见物质有苯、乙酸乙酯等，目前应用最广的是苯。常温下苯-乙醇-水三组分系统相图如图 4.26 所示。

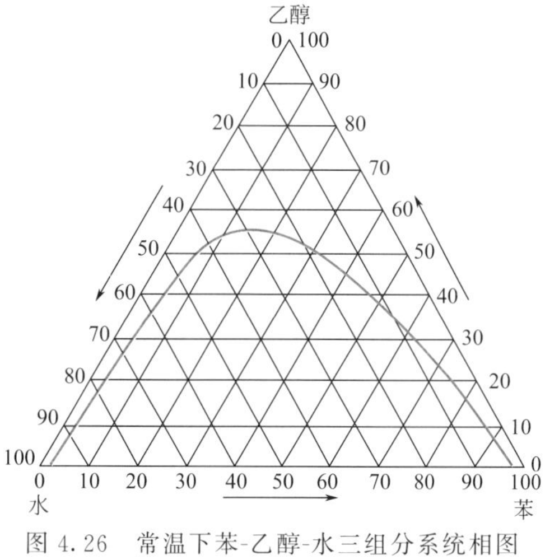


图 4.26　常温下苯-乙醇-水三组分系统相图

苯与水和乙醇形成的三组分恒沸混合物中各组分的质量分数如下：乙醇 18.5%、水 7.4%、苯 74.1%。混合物的沸点为 64.85℃，低于乙醇的沸点（78.38℃），也低于乙醇-水恒沸混合物的沸点（78.15℃）。升温时，乙醇、苯和水的三组分混合物首先被蒸出；温度升至 68.25℃时，蒸出的是乙醇与苯的二组分恒沸混合物；随着温度继续上升，苯与水的二组分恒沸混合物和乙醇与水的二组分恒沸混合物也先后蒸出，这些恒沸物把水从塔顶带出，在塔釜处可以获得无水乙醇。因此，添加足量的苯作为共沸剂后，蒸馏时水将全部集中于新形成的三组分恒沸混合物中，作为馏出物从塔顶分出，无水乙醇从塔底作为产品留存。

## 4.7.1 三组分系统的图解表示法

对三组分系统，相律表达式为：$f=3-\Phi+2=5-\Phi$。因此，当 $f=0$ 时，$\Phi=5$，即三组分系统最多可有 5 相同时平衡共存。可见，三组分系统的相平衡情况比两组分系统复杂得多。为此，人们在研究三组分系统的相平衡（不论是相平衡计算还是相图研究）时，通常指定温度和压力，那么此时自由度数最多为 $f'=2$，便可以采用平面图来表示。组成变量可以用质量分数 $w$ 或摩尔分数 $x$ 表示，这里采用 $w$ 表示。若在组分 A、B 和 C 中选择 $w_A$ 和 $w_B$ 为独立变量，则 $w_C=1-w_A-w_B$，由于直角三角形或等边三角形的条件限制数也刚好为 2，因此可以用直角三角形或等边三角形来表示，其中等边三角形最为常用，本书中亦采用等边三角形表示，如图 4.27 所示。等边三角坐标实际上是三角的斜坐标系，任一状态点可由图示方法读出：过 $P$ 点分别向底边作平行于两腰的平行线分别交底边于 $a$、$b$ 两点，则线段 $Aa$ 的长度表示组分 $B$ 的相对含量；线段 $ab$ 的长度表示组分 $C$ 的相对含量；线段 $bB$ 的长度表示组分 $A$ 的相对含量。

由几何原理可以证明，由顶点与对边上某一点的连线上的所有点所对应的另外两个组分的比例相同。因此，如果向系统中连续加入某一组分，那么系统点将沿着原系统点与该组分所对应的顶点的连线向着顶点方向移动。

若系统内部呈两相平衡，则按杠杆规则，系统点与两个相点，三点必在同一直线上，且系统点在两个相点之间，两个相的量反比于两个相点到系统点的长度。

如果要表示温度的变化，可以在等边三角形的顶点作三角形平面的垂直轴，即成等边三角棱柱，垂直轴即表示温度的轴线。图 4.28 为 Bi-Sn-Pb 的三组分相图。

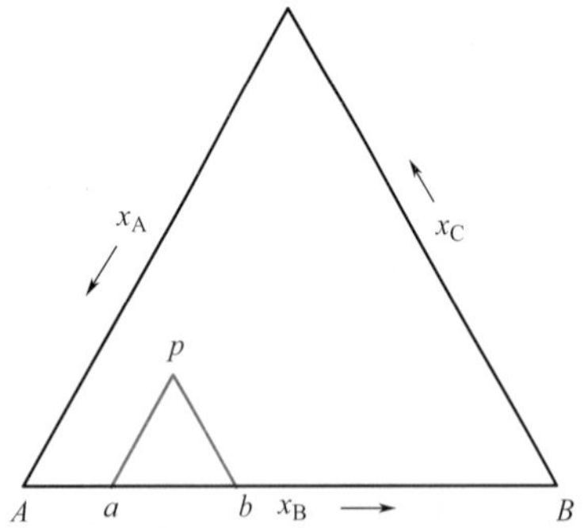


图 4.27 由等边三角形表示的三组分系统相图

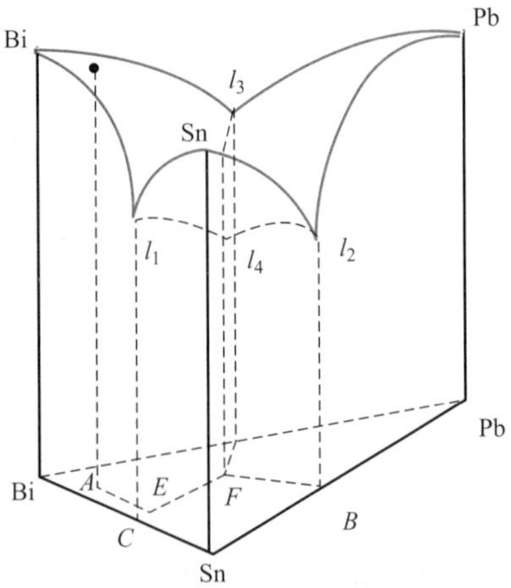


图 4.28 Bi-Sn-Pb 的三组分相图

三组分相图的种类很多，讨论比较多的有三液平衡（包括一对部分互溶、二对部分互溶、三对部分互溶）、二固一液平衡（包括固相纯盐型、水合物型、复盐型）以及具有最低共熔点的类型。限于篇幅，这里仅介绍一对液体部分互溶的三液平衡相图和二盐一水相图。

## 4.7.2 一对液体部分互溶的三液平衡相图

以氯仿（A）-水（B）-乙酸（C）系统为例，氯仿和乙酸、水和乙酸均可以任意比例互溶，而氯仿和水在一定温度下部分互溶。此三组分系统恒温下的液-液平衡相图如图 4.29 所示，底边 $AB$ 代表氯仿-水二组分系统，$AL_1$ 范围表示水在氯仿中的不饱和溶液，$L_2B$ 范围表示氯仿在水中的不饱和溶液，$L_1L_2$ 范围表示液-液两相平衡，两共轭溶液的状态分别为 $L_1$ 和 $L_2$，$L_1$ 为水在氯仿中的饱和溶液（氯仿层），$L_2$ 为氯仿在水中的饱和溶液（水层）。

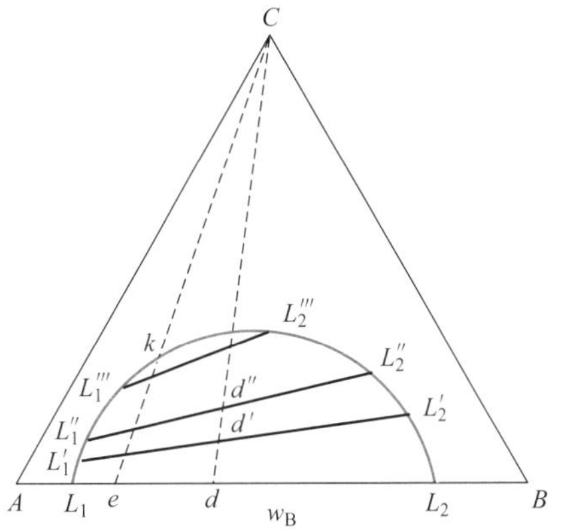


图 4.29 氯仿（A）-水（B）-乙酸（C）系统的液-液平衡相图

若取系统点为 $d$ 的样品，恒温下向其中不断地加入乙酸，则系统点将沿 $dC$ 线向 $C$ 点移动。系统位于 $d$ 时系统内部为两共轭相 $L_1$ 与 $L_2$；系统变至 $d'$ 时，平衡两液相点分别变至 $L_1'$ 和 $L_2'$。根据相律，压力对凝聚系统相平衡的影响不大，不予考虑，则温度不变时三组分系统两相平衡的自由度数 $f=3-2=1$，说明只有一个液相中的一个组分的相对含量可以独立改变，而这一相中另一组分的相对含量及与之平衡的另一液相中的组成均不能独自改变。将两个相点 $L_1'$ 和 $L_2'$ 用直线连接起来，连接线称为**结线**。因为两液相中乙酸的相对含量并不相同，所以结线并不与底边平行。加入乙酸至系统点位 $d''$ 时，平衡时两液相点分别为 $L_1''$ 和 $L_2''$，可见系统点由 $d$ 变至接近 $L_2''$ 时，平衡时两液相点分别沿着 $L_1L_1'L_1''$ 线及 $L_2L_2'L_2''$ 线移动，由杠杆规则可以看出两种液相的相对数量也在发生变化，水层的量与氯仿层的量之比越来越大，至系统点达到 $L_2'''$ 时，氯仿层消失而变成单一的液相。如继续加入乙酸，系统点在单一液相区沿 $L_2'''C$ 线向 $C$ 点方向移动。

可见，随着系统中乙酸含量的增大，结线越来越短。这说明两液相的组成越来越接近。实验表明，最后结线可以缩小至一个点 $k$，在 $k$ 点时两液相组成相同而成为一个液相，$k$ 点称为会溶点或临界点（critical point），曲线 $L_1kL_2$ 以内为液-液两相区，曲线以外为单一液相区。

**例题分析 4.15** 在 298.15K 时，$H_2O$-$C_2H_5OH$-$C_6H_6$ 在一定浓度范围内部分互溶而分为两层，其相图如下。今有 0.025kg 乙醇质量分数为 0.46 的水溶液，拟用苯萃取其中的乙醇。请问：若用 0.10kg 苯一次萃取，能从水溶液中萃取出多少乙醇？

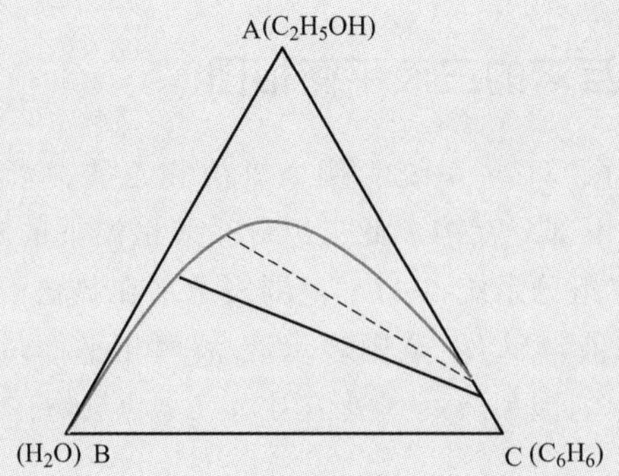


**解析**：0.46 的乙醇水溶液用 $D$ 点表示，加入 0.10kg 苯后系统点沿 $DC$ 变化，其组成为：

$$w_{苯}=0.800, w_{乙醇}=0.092, w_{水}=0.108$$

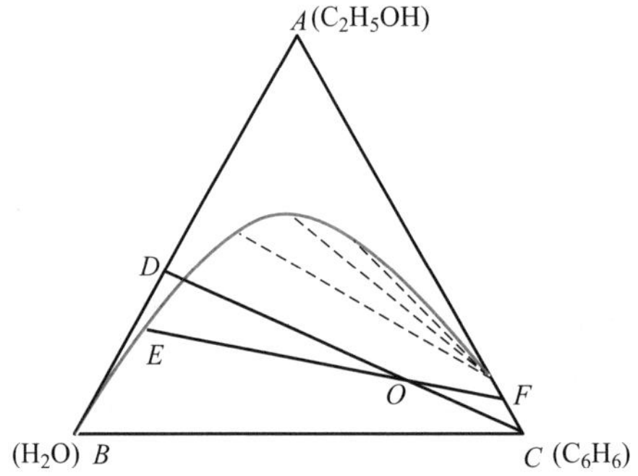


此点组成恰好落在 $DC$ 线与连接线 $EF$ 的交点 $O$ 上，应用杠杆规则：

$$m_{\mathrm{E}} \times \overline{EO} = m_{\mathrm{F}} \times \overline{OF}$$

$$(0.125\mathrm{kg} - m_F) \times 3.20 = m_F \times 0.55$$

$$m_F = 0.1067\mathrm{kg}$$

苯层 $F$ 点组成从图上查得：

$$w_{苯}=0.950, w_{乙醇}=0.048,\ w_{水}=0.002$$

萃取出乙醇的质量为 $0.1067\mathrm{kg} \times 0.048 = 5.1 \times 10^{-3}\mathrm{kg}$。

## 4.7.3 二盐一水相图

二盐一水系统是生活中常见的二固一液系统。图 4.30 为固体盐 B、C 和 $H_2O$(A) 的相图。$D$ 和 $E$ 表示该温度下纯 B 和纯 C 在水中饱和溶液的浓度。若在已经饱和了 B 的水溶液中加入组分 C，则饱和溶液的浓度沿 $DF$ 线改变。同样，若在已经饱和了 C 的水溶液中加入纯 B，则饱和溶液的浓度沿 $EF$ 线改变。$DF$ 线是 B 在含有 C 的水溶液中的溶解度曲线，$EF$ 线是 C 在含有 B 的水溶液中的溶解度曲线，$F$ 点是三相点，溶液中同时饱和了 B 和 C。$ADFE$ 区域是不饱和溶液的单相区，在 $BDF$ 区域内固态纯 B 与其饱和溶液呈两相平衡。设系统的系统点为 $G$，作 $BG$ 连线与 $DF$ 相交于 $G_1$，$G_1$ 点表示在含有 C 的溶液中 B 的饱和浓度，$BG_1$ 线称为连结线。在 $CEF$ 区域内纯 C 和其饱和溶液两相平衡（溶液中含有不饱和的

B)。$BFC$ 区域内固态的纯 B、纯 C 和组成为 F 的饱和溶液三相共存（此时溶液同时被 B 和 C 所饱和）。

利用相图，可以初步讨论一些有关盐类纯化方面的问题。例如若有固态 B 和 C 的混合物，其组成相当于图 4.30 中的 $Q$ 点，今欲从其中把纯 B 分离出来。为此，可以加水使系统的总组成（即系统点）沿 $QA$ 线改变，当系统点进入 $BDF$ 区后（例如 $R$ 点），C 完全溶解，余下固态的纯 B 与饱和溶液两相共存。过滤并冲洗固体样品，然后使之干燥，理论上就可得到固态的纯 B。根据杠杆规则，在加水溶解（或稀释）的过程中，当系统点进入 $BDF$ 区后，系统点愈是接近于 $BF$ 线，则所得到固体 B 的量愈多。如果起初系统点在 $AS$ 线的右边（连结 $AF$，并延长直到与 $BC$ 线相交于 $S$ 得 $AS$ 线），则无论用稀释或浓缩法，只能得到纯 C。同理，若系统点在 $AS$ 线的左边，则只能得到纯 B。有时为了改变系统点的位置，除了稀释、蒸发之外，还可以加入固态 B 或 C 盐或含盐的水溶液，以改变系统点的位置。

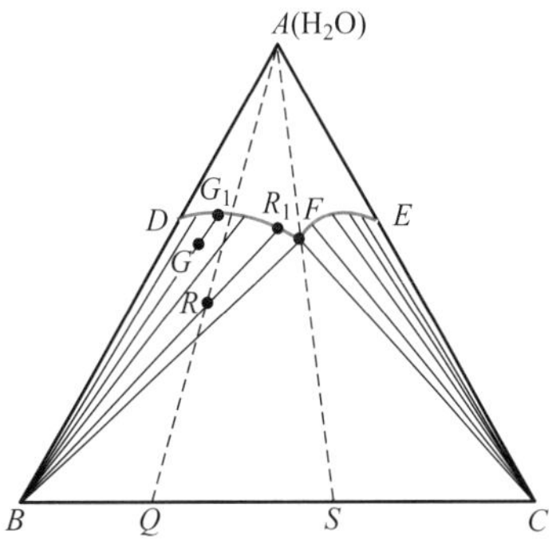

图 4.30　二固一液相图

**例题分析 4.16**

已知 $Na_2CO_3$-$Na_2SO_4$-$H_2O$ 的三组分相图如下，现有含 $Na_2SO_4$ 质量分数为 0.90 的 $Na_2CO_3$ 和 $Na_2SO_4$ 的机械混合物若干，其系统点为 $P$。如欲将其分离提纯，试设计工艺路线。图中实线是 290K 时的相图，虚线为 373K 时的相图。

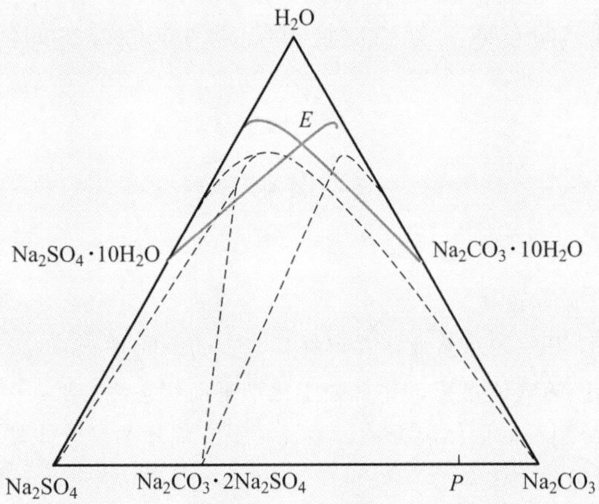


**解析：**

如下图所示：

① 在 290K 下，向含 $Na_2SO_4$ 质量分数为 0.90 的混合物（图中 $P$ 点）中加水，使系统点移到 $A$ 点（所加水量可根据相图算出），则溶液中可析出 $Na_2CO_3 \cdot 10H_2O(s)$。将固体与溶液分离，此时溶液的组成为 $E$ 点。

② 将 $E$ 点的溶液加热到 373K 并等温蒸发使系统点移到 $B$ 点，此时析出固体 $Na_2CO_3 \cdot 2Na_2SO_4$，进行分离得到复盐 $Na_2CO_3 \cdot 2Na_2SO_4$。

③ 在 290K 下向复盐 $Na_2CO_3 \cdot 2Na_2SO_4$ 加水，使系统点移至 $C$ 点，将析出 $Na_2SO_4 \cdot$

$10H_2O$，固体分离后，溶液组成又落回 $E$ 点。如此反复操作即可分离出 $Na_2SO_4 \cdot 10H_2O$ 和 $Na_2CO_3 \cdot 10H_2O(s)$。

④ 把这两个含水复盐分别加热，即可获得纯 $Na_2CO_3$ 和 $Na_2SO_4$ 固体。

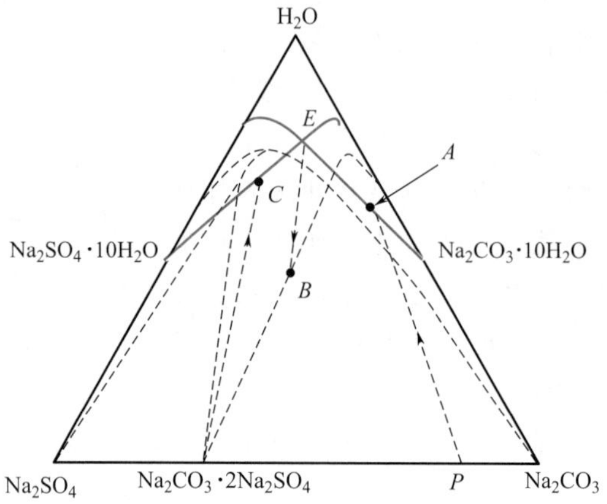


## 思考与讨论：

（1）查阅其他类型的三组分相图

正如本节一开始的介绍，由于三组分系统的相图种类比较多，本文中并不能一一涵盖。感兴趣的读者请查阅相关资料，通过举例了解其他类型相图的种类与特点。

（2）如何解释萃取的原理?

萃取是一种常用的简单而有效的分离提纯方法。请举例说明如何利用三组分相图来解释萃取的原理。

## 习题4

4.1 计算下列系统的组分数：

① 由水、NaCl 和 KBr 组成的溶液。

② 含有 $Na^+$、$Cl^-$、$K^+$、$Br^-$ 的水溶液，并解释其与①的不同。

③ 含有 $PCl_5$、$PCl_3$ 和 $Cl_2$ 的气体系统，并且处于化学平衡状态。

④ 含有粉状石墨和粉状金刚石的固体混合物，系统中没有催化剂可以使其由其中一相转化为另一相。

⑤ 含有 $CO_2$ 和水蒸气的混合气体。

⑥ 由 $O_2$ 和 $CH_4$ 制得的 $CO_2$ 与水蒸气的混合气体，假设 $O_2$ 和 $CH_4$ 的量可以忽略不计。

⑦ 含有 $H_2O$、$H_2SO_4 \cdot 4H_2O$、$H_2SO_4 \cdot 2H_2O$、$H_2SO_4 \cdot H_2O$、$H_2SO_4$ 的系统。

⑧ 含有 NaCl(s)、KBr(s)、$K^+$(aq)、$Na^+$(aq)、$Br^-$(aq)、$Cl^-$(aq)、$H_2O$ 的系统。

[知识点：组分数的概念]

4.2 给出下列系统在平衡时的自由度数：

① 在一个由 $SO_2$、$SO_3$ 和 $O_2$ 组成的气体混合物系统，每种物质都是单独加入，且物质反应达到平衡的状态；

② 物质组成与①相同，但系统是由 $SO_3$ 在容器中分解后达到平衡形成的。

[知识点：自由度数的概念与计算]

4.3 用克拉贝龙方程计算系统由固-固向液-固变化时的压力变化。假设体积变化是确定的，热焓变化是确定的，并且 $\Delta H_m(T)=\Delta H_m(T_1)+\Delta C_{p,m}(T-T_1)$。

［知识点：克拉贝龙方程的应用］

4.4 已知水的三相点附近，其蒸发焓和熔化焓分别为 $44.82kJ \cdot mol^{-1}$ 和 $5.994kJ \cdot mol^{-1}$。试求在三相点附近冰的升华焓。

［知识点：相变焓的概念及其计算］

4.5 已知在0～100℃的温度范围内，液态水的蒸气压 $p$ 与 $T$ 的关系为：$\lg p=-2265/T+11.101$，式中 $p$ 的单位为Pa，$T$ 的单位为K。现测得某高原地区的气压为60kPa，则该地区水的沸点是多少？

［知识点：蒸气压 $p$ 与温度 $T$ 的关系］

4.6 下图为单组分系统硫的相图。请用相律分析图中各点、线、面的相平衡关系及自由度数。

［知识点：单组分相图的解析］

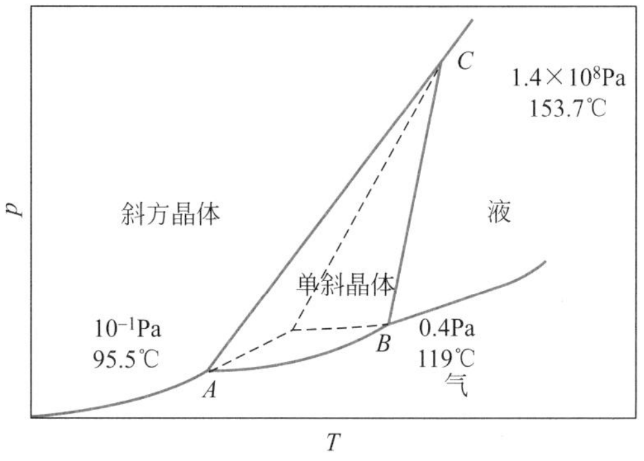


4.7 已知某溜冰鞋的冰刀长75mm，宽0.025mm。一位体重为55kg的运动员使用该溜冰鞋在室外溜冰场上滑冰，当时气温为－5℃。假设气温与冰的温度相同，试判断冰与冰刀接触面上水的聚集状态。已知水的密度为 $1000kg \cdot m^{-3}$，冰的密度为 $920kg \cdot m^{-3}$，冰的摩尔熔化焓为 $6.01kJ \cdot mol^{-1}$，冰在101.325kPa时的熔点为273.15K。

［知识点：压力对单组分系统的影响］

4.8 已知溴苯的正常沸点为156.15℃。不考虑溴苯的极性，试估算100℃时溴苯的蒸气压。若已知通过某实验方法测定得到该温度条件下溴苯的蒸气压为 $1.88\times10^4$ Pa，试比较估算值与实验值的差异。

［知识点：克拉贝龙方程］

4.9 下图为通过实验数据绘制得到的磷的相图。试从相数、相状态、自由度数等角度，分析该相图中点、线、区域的相关信息，并解析系统分别沿 $EF$、$GH$ 的具体变化过程。

［知识点：单组分系统相图的解析］

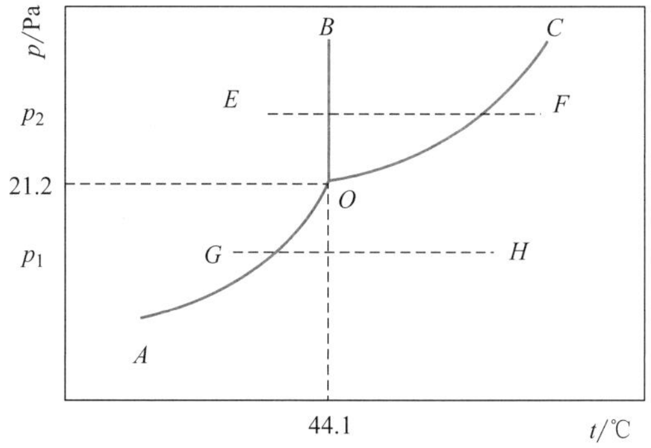


4.10 已知 $N_2$ 在低温下有三种晶型，在44.5K、471kPa时三相共存。在该三相点上其体积变化 $\Delta V$ 与摩尔转换熵 $\Delta S_m$ 分别为：

$\gamma \to \alpha$：$\Delta V = 0.165\text{cm}^3 \cdot \text{mol}^{-1}$，$\Delta S_m = 1.25\text{J} \cdot \text{K}^{-1} \cdot \text{mol}^{-1}$

$\gamma \to \beta$：$\Delta V = 0.208\text{cm}^3 \cdot \text{mol}^{-1}$，$\Delta S_m = 5.88\text{J} \cdot \text{K}^{-1} \cdot \text{mol}^{-1}$

$\alpha \to \beta$：$\Delta V = 0.043\text{cm}^3 \cdot \text{mol}^{-1}$，$\Delta S_m = 4.59\text{J} \cdot \text{K}^{-1} \cdot \text{mol}^{-1}$

在 36K，$p = p^\ominus$时：

$\alpha \to \beta$：$\Delta V = 0.220\text{cm}^3 \cdot \text{mol}^{-1}$，$\Delta S_m = 6.52\text{J} \cdot \text{K}^{-1} \cdot \text{mol}^{-1}$

求三种晶型相互转换时压力对温度的变化斜率 $\mathrm{d}p/\mathrm{d}T$ 的值，并绘制 $N_2$ 在低温下的 $p$-$T$ 图。

［知识点：单组分相图的绘制方法］

4.11 下图为炭的相图。请分析相图各区域、相界及 $O$ 点的相数、相状态、自由度数等相关信息，并指出：

① 在常温、常压下炭的稳定状态；

② 在 2000K 时将石墨转化为金刚石所需要的最小压力。

［知识点：单组分相图的解析］

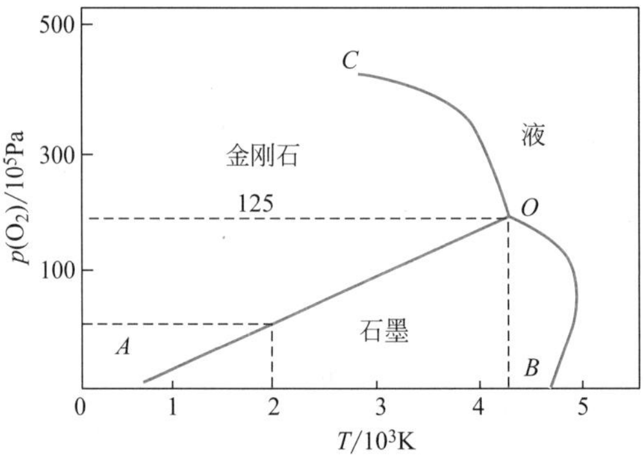


4.12 从下表中找出你认为有可能形成理想液态混合物的物质，并说明原因：

| | | | | | | | |
|---|---|---|---|---|---|---|---|
| 邻二甲苯 | 对二甲苯 | 苯乙烷 | 异丙醇 | 蒽 | 3-乙基戊烷 | 3-戊酮 | 丙醇 |
| 间二甲苯 | 甲苯 | 正丙醇 | 萘 | 菲 | 2-乙基戊烷 | 2-戊酮 | 丙酮 |

［知识点：理想液态混合物的概念］

4.13 假设甲苯和乙苯可以构成近似理想液态混合物：

① 在恒温 25℃下，将 1mol 甲苯和 $x$mol 乙苯混合，试绘制出两种物质混合后，以 $x$ 为函数的混合熵-$x$ 的关系图。

② 与①同一液态混合物，试绘制出两种物质混合后，以 $x$ 为函数的混合吉布斯自由能-$x$ 的关系图。

［知识点：理想液态混合物的性质］

4.14 甲苯和邻二甲苯组成的溶液可近似为理想液态混合物。已知在 25℃时纯甲苯的饱和蒸气压为 3598Pa，纯邻二甲苯的饱和蒸气压为 881Pa。试求 25℃时，某溶液由 0.5mol 甲苯和 0.5mol 邻二甲苯混合而成的过程中：

① 混合过程的 $\Delta S$、$\Delta G$、$\Delta H$、$\Delta U$ 和 $\Delta V$。

② 混合溶液的总压和平衡时各组分的分压。

［知识点：理想液态混合物的性质］

4.15 20.0℃下，苯的饱和蒸气压为 9986.7Pa，甲苯的饱和蒸气压为 2880Pa。假设两者混合可得理想液态混合物，其 $p$-$x$ 相图如下图所示，试求出与图中所示溶液平衡时各组分的分压、总压以及摩尔分数。

[知识点：理想液态混合物的性质]

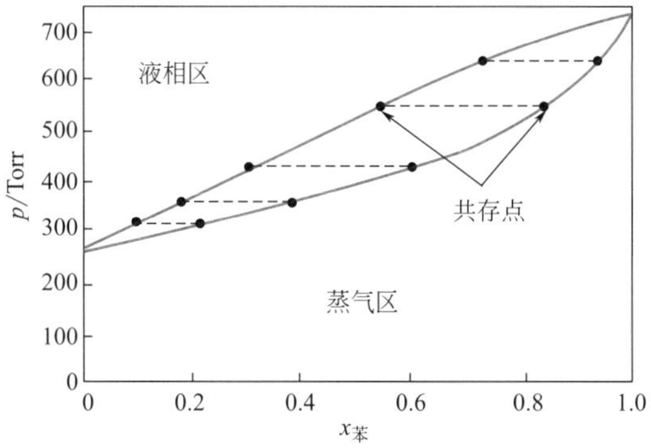


1Torr＝133.322Pa

4.16 根据以下 $T$-$x$ 相图，估算该系统有三块理论塔板的精馏过程中，在 $a$ 点的沸点温度和气液相中苯的摩尔分数。

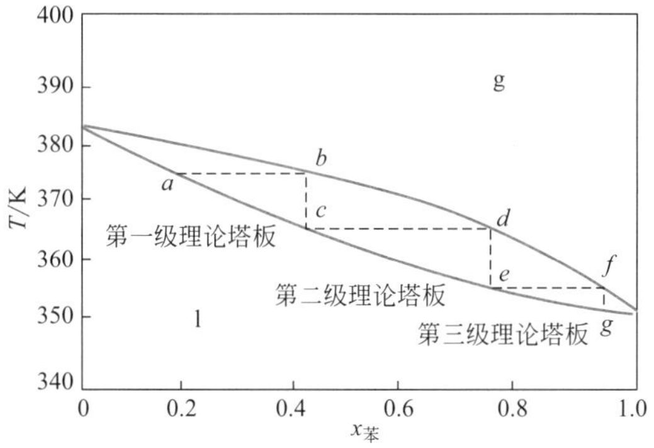


[知识点：精馏原理]

4.17 已知通过实验测得 101.325kPa 下水（A)-乙酸（B）系统的气-液平衡数据如下表所示：

| $t$/℃ | 100 | 102.1 | 104.4 | 107.5 | 113.8 | 118.1 |
|---|---|---|---|---|---|---|
| $x_B$ | 0 | 0.300 | 0.500 | 0.700 | 0.900 | 1.000 |
| $y_B$ | 0 | 0.185 | 0.374 | 0.575 | 0.833 | 1.000 |

① 根据上表画出水（A)-乙酸（B）系统气-液平衡的温度-组成图；

② 从图上找出组成为 $x_B=0.6$ 的液相的泡点与 $y_B=0.5$ 的气相的露点；

③ 110℃时气-液平衡两相的组成是什么？

④ 9kg 水与 30kg 乙酸组成的系统在 110℃达到平衡时，气、液两相的质量各为多少？

[知识点：二组分真实液体的气-液平衡]

4.18 实验测得 28℃时在丙酮的摩尔分数 $x_2=0.713$ 的氯仿和丙酮混合物上方的蒸气总压为 $2.94\times10^4$Pa，蒸气中丙酮的摩尔分数 $y_2=0.818$，已知 28℃时纯氯仿的饱和蒸气压为 $2.96\times10^4$Pa。求该混合物中氯仿的活度 $a_1$ 和活度因子 $\gamma_1$。

[知识点：活度与活度因子的计算]

4.19 已知 101.325kPa 下，水的沸点是 100℃，乙醇的沸点是 78.3℃，二者组成的共沸物的恒沸点是 78.17℃。

① 描绘乙醇和水的温度-组成气液相图。

② 证明：若蒸馏开始时乙醇的摩尔分数小于0.90，那么馏出物中乙醇的摩尔分数最大为0.90。

[知识点：二组分系统的气-液相图]

4.20 已知101.325kPa时，苯-乙醇双液系统在$x_{乙醇}=0.475$时可形成共沸混合物，沸点为341.2K。今有一$x_{乙醇}=0.775$的苯溶液，在达到气-液平衡后，设气相中含乙醇$y_2$，液相中含乙醇$x_2$。试比较$y_2$与$x_2$的大小。(101.325kPa时，苯的沸点是353.3K，乙醇的沸点是351.6K)

[知识点：二组分真实溶液的气液平衡]

4.21 水-异丁醇系统是液相部分互溶的二组分系统。在101.325kPa时测得系统的沸点为89.7℃，气(g)、液($l_1$)、Y液($l_2$)三相平衡时的组成$w$(异丁醇)依次为：0.700、0.087和0.850。今有一由70g水和30g异丁醇混合而成的二组分系统，在101.325kPa压力下，从室温开始加热。请问：

① 温度刚要达到共沸点时，系统处于相平衡时存在哪些相，其质量各为多少？

② 当温度由共沸点刚有上升趋势时，系统处于相平衡时存在哪些相，其质量各为多少？

[知识点：液相部分互溶二组分系统的气-液平衡]

4.22 已知$Na_2CO_3$(s)和$H_2O$(l)可以生成如下三种水合物：$Na_2CO_3\cdot H_2O$(s)、$Na_2CO_3\cdot 7H_2O$(s)和$Na_2CO_3\cdot 10H_2O$(s)。试求在101.325kPa下与$Na_2CO_3$水溶液和冰平衡共存时最多可以形成水合盐的数目。

[知识点：生成化合物的二组分系统相图]

4.23 为了除掉甲苯中的非挥发性杂质，将其在86.0kPa下用水蒸气蒸馏方法进行提纯。已知在此压力下该系统的共沸点为80℃，80℃时水的饱和蒸气压为47.3kPa，那么要蒸出1kg甲苯，需消耗多少水蒸气？

[知识点：完全不互溶双液系气-液平衡关系]

4.24 液体$H_2O$(A)与$CCl_4$(B)形成的系统为完全不互溶二组分系统，它们的饱和蒸气压与温度的关系如下：

| $t$/℃ | 40 | 50 | 60 | 70 | 80 | 90 |
|---|---|---|---|---|---|---|
| $p_A$/kPa | 7.38 | 12.33 | 19.92 | 31.16 | 47.34 | 70.10 |
| $p_B$/kPa | 28.8 | 42.3 | 60.1 | 82.9 | 112.4 | 149.6 |

① 绘出$H_2O$-$CCl_4$系统气、液、固三相平衡时气相中$H_2O$、$CCl_4$的蒸气分压及总压与温度的关系曲线；

② 从图中找出系统在外压101.325kPa下的共沸点；

③ 已知某组成为$y_B$(含$CCl_4$的摩尔分数)的$H_2O$-$CCl_4$气体混合物在101.325kPa下恒压冷却到80℃时，开始凝结出液态水，求此气体混合物的组成；

④ 若将上述气体混合物继续冷却至70℃，则其气相组成如何；

⑤ 上述气体混合物冷却到多少度时，$CCl_4$也开始凝结成液体？此时气相组成如何？

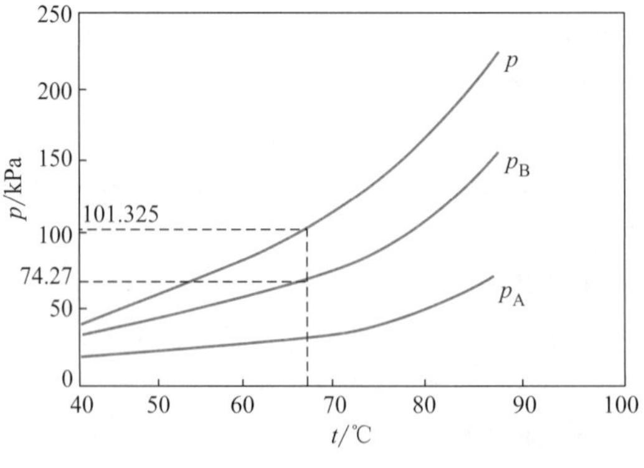

［知识点：完全不互溶系统的相图］

4.25　某 A-B 凝聚系统相图如下所示。

① 指出各相区稳定存在的相；

② 指出图中的三相线，并说明三相之间的平衡关系；

③ 绘出图中系统点为 $a$、$b$、$c$ 时的三个样品的步冷曲线。

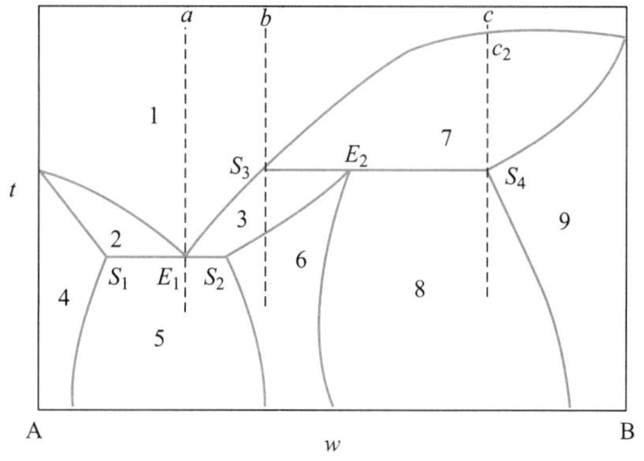


［知识点：步冷曲线］

4.26　下图为铜和镧的温度-组成相图。

① 根据相图，描述 $LaCu_4$ 的熔化过程。

② 分析图中的每一区域，每条连接三种相态的连结线，说明在该区域或该连结线上存在哪种相态或哪些相态，求出自由度数。

［知识点：有化合物生成的固液相图］

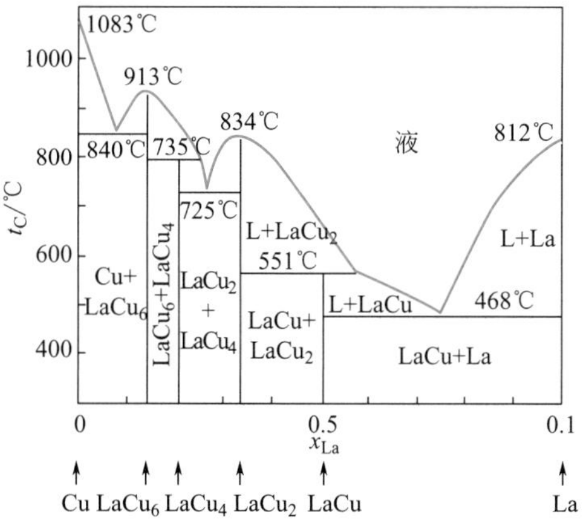


（配图选自：R. E. Dicherson. Molecular Thermodynamics）

4.27　已知钠-钾二组分系统，在 6.6℃时可以生成一个固体化合物 $Na_2K$、固体钠和溶液，溶液中钠的摩尔分数为 0.42。钠和钾的熔点分别是 97.5℃和 63℃，在－12.5℃时有低共熔混合物形成，这时钾的摩尔分数为 0.15。

① 绘出钠-钾二组分系统的 $T$-$x$ 固液相图；

② 指出固体的互溶情况；

③ 在相图中相应区域标出自由度数。

[知识点：有低共熔混合物形成的固液相图]

4.28　下图为组分 A 和 B 的 $T$-$x$ 相图。

① 画出分别从系统点 $a$、$b$ 与 $c$ 开始，由 $t_1$ 冷却到 $t_2$ 的步冷曲线；

② 标出各相区的相态以及水平线 $EF$、$GH$ 和垂直线 $SD$ 上系统的自由度数；

③ 阐述 $P$ 到 $R$ 过程相态、组分与自由度数的变化过程；

④ 已知纯 A 的凝固焓为 18kJ·mol$^{-1}$，假设其不随温度变化，低共熔点时 A 的摩尔分数为 0.6，将 A 视为非理想溶液的溶剂，求该溶液中组分 A 的活度系数。

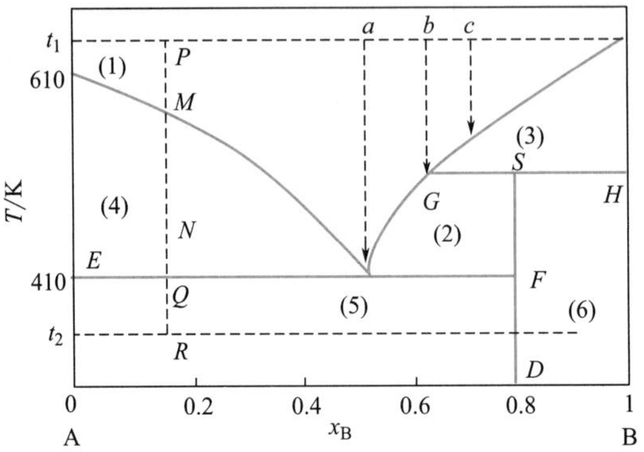


[知识点：有低共熔混合物形成的固液相图]

4.29　在 30℃、101.325kPa 下，硫酸锂-硫酸铵-水的三组分相图如下图所示。已知在该温度下，纯硫酸锂和纯硫酸铵都是固体。说明相图中各个区域存在的相和自由度数。

[知识点：二盐一水相图]

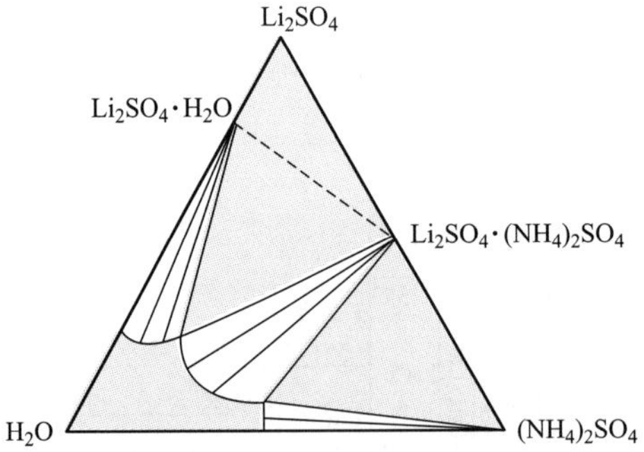


硫酸锂-硫酸铵-水的温度-组成相图

# 第5章

# 化学平衡

**内容提要**

热力学第二定律给出了利用状态函数判断反应过程方向和限度的基本原理。当一个化学反应进行到了其限度，即达到了该化学反应的平衡状态，称为化学平衡。本章将应用热力学原理作为化学反应是否达到平衡状态的判据，并推导化学平衡时各物质组成的关系。化学平衡是一种动态平衡，会随着外界温度、压力、反应物组成等因素的变化而发生平衡移动，平衡常数及平衡组成也发生相应改变。在日常生产、生活中，化学平衡的应用随处可见，研究化学平衡，并应用其原理指导生产、生活实践，是学习本章内容最主要的出发点与目的。

## 5.1 化学反应的平衡条件

案例 5.1　为什么夏天鸡蛋壳会比较薄？

鸡蛋壳的主要成分是碳酸钙（$CaCO_3$），母鸡利用体内物质生成蛋壳的过程其实是化学反应的过程。这个过程包括鸡的新陈代谢产生的二氧化碳溶解到血液中，产生碳酸；而碳酸的化学性质不稳定，随之分解为碳酸根离子；碳酸根离子和鸡体内的钙离子反应，生成了蛋壳的组成成分碳酸钙 $CaCO_3$。上述过程可用下面的化学反应方程式来说明：

$$CO_2(g)+H_2O(aq)\rightleftharpoons H_2CO_3(aq)$$

$$H_2CO_3(aq)\rightleftharpoons 2H^+(aq)+CO_3^{2-}(aq)$$

$$Ca^{2+}(aq)+CO_3^{2-}(aq)\rightleftharpoons CaCO_3(s)$$

由反应方程式可知，鸡蛋壳的形成是三个化学反应分别达到平衡的结果。蛋壳形成的**化学平衡**有其**平衡常数**，即：

$$K_{蛋壳形成}=\frac{[CaCO_{3(s)}]}{[Ca^{2+}_{(aq)}][CO^{2-}_{3(aq)}]}$$

$K_{蛋壳形成}$是温度的函数，温度不变，$K_{蛋壳形成}$的值就不变。在炎热的夏天，鸡没有汗腺，不能通过排出汗液散发体内多余的热量，只能通过像狗那样的大口喘气来散热。快速喘气促进了体内 $CO_2$ 的排出，降低了鸡血液中 $CO_2$ 的浓度。$CO_2$ 浓度降低，则 $CO_3^{2-}$ 的浓度降低，导致上述各反应平衡均向左移动，最终达到新的平衡状态，使得 $CaCO_3$ 产量降低，蛋壳因此变薄。

为了解决夏天蛋壳变薄的问题，鸡农们想了很多妙招，例如给鸡喝汽水——给鸡的饮水中充入 $CO_2$；给鸡补钙——在鸡的饲料中加入钙片、石子等，以增加钙的摄入；让鸡做运动——增加鸡的活动量，增强新陈代谢，产生 $CO_2$。这些方法都是为了抑制生成蛋壳的化学平衡向左移动，从而得到“合格”的鸡蛋。

通过分析上述案例得知，化学平衡在日常生产、生活中扮演着非常重要的角色。那么，如何认识化学平衡？化学反应的平衡条件是什么？如何判断一个化学反应是否达到平衡状态？这些问题都将在本节得到解答。

### 5.1.1 化学反应的平衡条件

对任意的封闭系统，当系统有微小的变化时：

$$dU=TdS-pdV+\sum_B \mu_B dn_B \tag{5-1}$$

$$dG=-SdT+Vdp+\sum_B \mu_B dn_B \tag{5-2}$$

对有化学反应的系统，应用反应进度的概念，则：

$$d\xi=\frac{dn_B}{\nu_B}\text{或 } dn_B=\nu_B d\xi \tag{5-3}$$

因此：

$$dU=TdS-pdV+\sum_B \nu_B\mu_B d\xi \tag{5-4}$$

$$dG=-SdT+Vdp+\sum_B \nu_B\mu_B d\xi \tag{5-5}$$

在式(5-1)、式(5-2) 的基础上，改变变量，得到式(5-4)、式(5-5)。对于 Gibbs 自由能来说，变量则由（$T$，$p$，$n_B$）变成了（$T$，$p$，$\xi$）。

在等温等压下，

$$dG=\sum_B \nu_B\mu_B d\xi \tag{5-6}$$

或

$$\left(\frac{\partial G}{\partial \xi}\right)_{T,p}=\sum_B \nu_B\mu_B=\Delta_r G_m \tag{5-7}$$

式中，$\mu_B$ 是参与反应的各物质的化学势。$\Delta_r G_m$ 的单位应为 $J \cdot mol^{-1}$。

若这一偏微商是负值，$\left(\frac{\partial G}{\partial \xi}\right)_{T,p}<0$，即：

$$(\Delta_r G_m)_{T,p} < 0 \text{ 或 } \sum_B \nu_B \mu_B < 0 \tag{5-8}$$

则表示向右的正向反应，是自发的；反之，若这一偏微商为正值，$\left(\frac{\partial G}{\partial \xi}\right)_{T,p} > 0$，即：

$$(\Delta_r G_m)_{T,p} > 0 \text{ 或 } \sum_B \nu_B \mu_B > 0 \tag{5-9}$$

则表示右向进行的反应是非自发的。

当这一偏微商等于零，即$\left(\frac{\partial G}{\partial \xi}\right)_{T,p} = 0$，则：

$$(\Delta_r G_m)_{T,p} = 0 \text{ 或 } \sum_B \nu_B \mu_B = 0 \tag{5-10}$$

则表示系统达到了平衡状态，式(5-10)即为化学反应的平衡条件。图5.1表示的即为上述3个过程，可看出$G$随$\xi$的变化是一条先减小后增大的抛物线。图中曲线的最低点表明系统达到平衡，此时的反应进度用$\xi_e$表示。

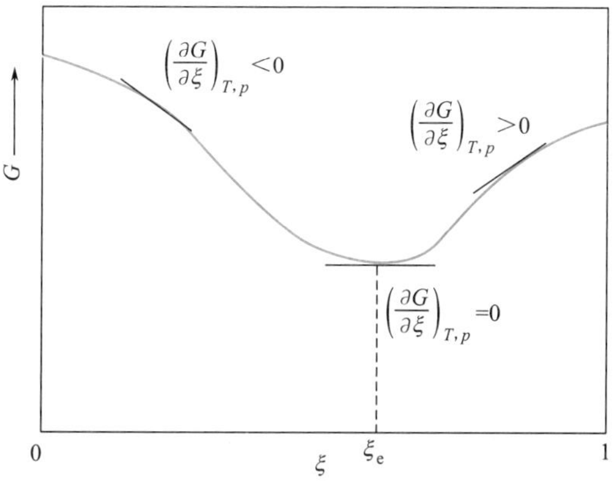


图5.1　系统的Gibbs自由能与$\xi$的关系

## 5.1.2　化学反应等温方程和标准平衡常数

理想气体的等温化学反应系统中，当参与反应的各物质的初始态物质的量、系统压力$p$和反应进度$\xi$都一定时，各物质的化学势表示为：

$$\mu_B = \mu_B^{\ominus}(T) + RT\ln\frac{p_B}{p^{\ominus}} \tag{5-11}$$

式中，$p_B$为指定状态下物质B的分压，则系统的摩尔Gibbs函数变为：

$$\Delta_r G_m = \sum_B \nu_B \mu_B = \sum_B \nu_B \mu_B^{\ominus} + RT\ln\prod_B \left(\frac{p_B}{p^{\ominus}}\right)^{\nu_B} \tag{5-12}$$

令$J_p = \prod_B \left(\frac{p_B}{p^{\ominus}}\right)^{\nu_B}$，则上式为：

$$\Delta_r G_m = \Delta_r G_m^{\ominus} + RT\ln J_p \tag{5-13}$$

于是：

$$\Delta_r G_m = -RT\ln K^{\ominus} + RT\ln J_p \tag{5-14}$$

式(5-13)和式(5-14)都称为**化学反应等温式**。式中 $J_p$ 是温度为 $T$、压力为 $p$ 以及反应进度为 $\xi$ 的条件下，产物及反应物相对压力（$p_B/p^\ominus$）的 $\nu_B$ 次幂的连乘积，简称为该状态下反应的**压力商**，它的量纲为 1。

如图 5.1 所示，在恒温恒压下随着理想气体化学反应 $0=\sum_B \nu_B B$ 的进行，化学反应亲和势$A=-(\partial G/\partial \xi)_{T,p}=-\Delta_r G_m$ 越来越小，直至 $A=0$，系统达到化学平衡为止。这时：

$$\Delta_r G_m=\Delta_r G_m^\ominus+RT\ln J_p^{eq}=0 \tag{5-15}$$

式中$J_p^{eq}$ 为**平衡压力商**。

因为在恒定温度 $T$ 下，对确定的化学反应来说 $\Delta_r G_m^\ominus$ 为确定的值，故平衡压力商$J_p^{eq}$ 也为定值，与系统的压力和组成无关，即无论反应前反应物之间的配比如何，是否有反应产物，也无论反应总压力为多少，只要温度一定，$J_p^{eq}$ 即为定值。

将平衡压力商称为**化学反应的标准平衡常数**，并以符号$K^\ominus$表示。标准平衡常数的表达式为：

$$K^\ominus=\prod_B (p_B^{eq}/p^\ominus)^{\nu_B} \tag{5-16}$$

式中，$p_B^{eq}$ 为化学反应中任一组分 B 的平衡分压。$K^\ominus$的量纲为 1。标准平衡常数只是温度的函数。

因此，由式(5-15)、式(5-16)可推导得到：

$$\ln K^\ominus \overset{\text{def}}{=\!=\!=} -\Delta_r G_m^\ominus/(RT) \tag{5-17}$$

即：

$$K^\ominus \overset{\text{def}}{=\!=\!=} \exp\left(-\frac{\Delta_r G_m^\ominus}{RT}\right) \tag{5-18}$$

式(5-17)和式(5-18)表示了标准平衡常数与化学反应的标准摩尔反应吉布斯函数之间的关系，是一个普遍的公式。它不仅适用于理想气体化学反应，也适用于高压下的真实气体、液态混合物及液态溶液中的化学反应。只不过这三种情况下标准平衡常数$K^\ominus$不是平衡压力商，其所代表的意义将在后面叙述。

应该指出，$J_p$ 与$K^\ominus$是不同的。$J_p$ 是反应系统在任意指定状态时反应的压力商，而$K^\ominus$是反应达平衡时的压力商；$J_p$ 与反应系统的 $T$、$p$ 和组成均有关，而 $K^\ominus$只是 $T$ 的函数。

依据 Gibbs 函数判据，用化学反应等温式可以判断反应系统在任意状态下反应自动进行的方向及限度。即：

当 $J_p<K^\ominus$时，$\Delta_r G_m<0$，$A>0$，正向反应自动进行；

当 $J_p>K^\ominus$时，$\Delta_r G_m>0$，$A<0$，逆向反应自动进行；

当 $J_p=K^\ominus$时，$\Delta_r G_m=0$，$A=0$，反应达到平衡。

此外，$\Delta_r G_m$ 与 $\Delta_r G_m^\ominus$ 是不同的。$\Delta_r G_m$ 是温度 $T$ 下化学反应的摩尔 Gibbs 函数变，而 $\Delta_r G_m^\ominus$ 是参与反应的所有物质都处在标准状态时反应的摩尔 Gibbs 函数变；$\Delta_r G_m$ 的值与 $K^\ominus$和 $J_p$ 两者有关，而 $\Delta_r G_m^\ominus$ 仅与 $K^\ominus$有关。表面上看，影响化学反应 $\Delta_r G_m$ 的因素有 $K^\ominus$（本质上是 $\Delta_r G_m^\ominus$）及 $J_p$，但一般来说，起决定作用的是 $K^\ominus$。当 $\Delta_r G_m^\ominus \ll 0$，即 $K^\ominus \gg 1$ 时，平衡时反应物的分压几乎为零，故可以认为化学反应能进行到底；当 $\Delta_r G_m^\ominus \gg 0$，即 $K^\ominus \ll 1$ 时，平衡时反应产物的分压几乎为零，故可以认为化学反应不能发生；只有当 $\Delta_r G_m^\ominus$ 与零相

差不太大，$K^\ominus$与 1 相差不太大时，才可能通过 $J_p$ 改变化学反应的方向。

低压下气相反应化学平衡的问题，可以用理想气体化学平衡的规律处理；高压下的实际气体反应，将式中气体压力改用逸度表示，也能导出相应的标准平衡常数表示式及化学反应等温式，用来解决反应进行的方向和限度问题。实际上，化学反应等温式(5-14) 及上述判断反应进行方向的判据适用于所有化学反应，只是此时的 $J_p$ 不再代表反应的“压力商”。对实际气体反应，$J_p$ 代表反应的“逸度商”；对溶液中的反应，$J_p$ 代表反应的“浓度商”或“活度商”。

**例题分析 5.1**

已知四氧化二氮的分解反应 $N_2O_4(g) \rightleftharpoons 2NO_2(g)$。在 298.15K 时，$\Delta_r G_m^\ominus = 4.75kJ \cdot mol^{-1}$。试判断在此温度及下列条件下，反应进行的方向。

① $N_2O_4(100kPa)$，$NO_2(1000kPa)$；

② $N_2O_4(1000kPa)$，$NO_2(100kPa)$；

③ $N_2O_4(300kPa)$，$NO_2(200kPa)$。

**解析：**

由 $J_p$ 进行判断

$$K^\ominus = \exp\left(-\frac{\Delta_r G_m^\ominus}{RT}\right) = \exp\left(-\frac{4.75\times 10^3}{8.314\times 298.15}\right) = 0.1472$$

$$J_p = \frac{[p(NO_2)/p^\ominus]^2}{[p(N_2O_4)/p^\ominus]}$$

① $J_p = \dfrac{1}{100}\times\dfrac{1000^2}{100} = 10^2$　　$J_p > K^\ominus$，向左进行；

② $J_p = \dfrac{1}{100}\times\dfrac{100^2}{1000} = 0.1$　　$J_p < K^\ominus$，向右进行；

③ $J_p = \dfrac{1}{100}\times\dfrac{200^2}{300} = 1.333$　　$J_p > K^\ominus$，向左进行。

**例题分析 5.2**

$NAD^+$ 和 NADH 是烟酰胺腺嘌呤二核苷酸的氧化态和还原态：

$$NADH + H^+ \rightleftharpoons NAD^+ + H_2$$

已知在 298.15K 时，反应的平衡常数 $K^\ominus = 6678$，则当各组分浓度分别为 $c_{NADH} = 1.5\times 10^{-2} mol \cdot dm^{-3}$、$c_{H^+} = 3\times 10^{-5} mol \cdot dm^{-3}$、$c_{NAD^+} = 4.6\times 10^{-3} mol \cdot dm^{-3}$、$p_{H_2} = 1000Pa$ 时反应的方向如何？

**解析：**

$\Delta_r G_m^\ominus = -RT\ln K^\ominus$，即 $\Delta_r G_m^\ominus = -8.314\times 298.15\ln 6678\ (J \cdot mol^{-1}) = -21.83kJ \cdot mol^{-1}$

由 $\Delta_r G_m = \Delta_r G_m^\ominus + RT\ln J_p$ 得，

$$\Delta_r G_m = \Delta_r G_m^\ominus + RT\ln\frac{\dfrac{c_{NAD^+}}{c^\ominus}\times\dfrac{p_{H_2}}{p^\ominus}}{\dfrac{c_{NADH}}{c^\ominus}\times\dfrac{c_{H^+}}{c^\ominus}}$$

$$=\left(-21.83+8.314\times10^{-3}\times298.15\times\ln\frac{\frac{4.6\times10^{-3}}{1}\times\frac{1000}{10^5}}{\frac{1.5\times10^{-2}}{1}\times\frac{3\times10^{-5}}{1}}\right)\text{kJ}\cdot\text{mol}^{-1}$$

$$=-10.36\text{kJ}\cdot\text{mol}^{-1}<0$$

故该反应向右进行。

**思考与讨论：选取不同的标准态，$\Delta_r G_m$ 是否也会发生改变？**

选取不同的标准态，$\mu_B^\ominus(T)$ 不同，所以反应的 $\Delta_r G_m^\ominus$ 也会不同。那么用化学反应等温方程 $\Delta_r G_m = \Delta_r G_m^\ominus + RT\ln J_p$ 计算得到的 $\Delta_r G_m$ 会不会发生改变呢？为什么？

## 5.2 标准平衡常数及平衡组成的计算

案例 5.2　如何使金属不被空气氧化？

常温下铜、铁等金属暴露在空气中很容易被氧化，形成氧化物。而金、铂等金属则可以在空气中稳定存在。因此前者性质比较活泼，后者比较稳定。那么，是什么原因使得金属的氧化速度有快慢的差异呢？

金属 M 在空气中被氧化的化学反应方程式为：

$$M(s)+\frac{x}{2}O_2(g)\rightleftharpoons MO_x(s)$$

该反应的逆反应为金属氧化物的分解反应，常温下分解反应自动发生的条件是分解压力要大于空气中 $O_2$ 的分压（即 $0.21p^{\ominus}$）。因此，常温下空气中金属 M 不被氧化的条件是空气中 $O_2$ 的分压要小于其氧化物 $MO_x$ 的分解压力。

金属被氧化的反应可以看作有纯凝聚态物质参加的理想气体化学反应，金属氧化的反应只有一种气体参与，因此可以通过比较分解压力与氧分压的大小来判断反应方向。然而对于一些反应物和产物中有不止一种气体参与的反应（如氨气的氧化）该如何判断呢？在这里，可以使用**平衡常数**来判断。规定固体的分压为 1，则金属氧化反应压力商 $J_p$ 可表达为：

$$J_p=\frac{1}{[p(O_2,g)/p^{\ominus}]^{x/2}}$$

又，平衡常数 $K^{\ominus}$ 为

$$K^{\ominus}=\frac{1}{[p_{分解}(O_2,g)/p^{\ominus}]^{x/2}}$$

则当空气中 $O_2$ 的分压 $p(O_2, g)$ 小于其氧化物 $MO_x$ 的分解压力 $p^{eq}(O_2, g)$，即 $J_p<K^{\ominus}$时才能使金属氧化物自发分解，从而使金属不被空气氧化。

平衡常数是判断化学反应方向及是否达到平衡的重要依据，在标准状态下，每个化学反应都有确定的平衡常数，即标准平衡常数。根据反应物与产物凝聚态的不同，标准平衡常数的表示方法也各有差异。本节将具体介绍不同类型化学反应的标准平衡常数，并简单介绍其测定方法，及其在平衡组成计算中的应用。

### 5.2.1 各类反应的标准平衡常数

**(1) 理想气体化学反应的标准平衡常数**

由式(5-16)、式(5-17) 可知，标准平衡常数的定义式为：

$$K^{\ominus}=\prod_B(p_B^{eq}/p^{\ominus})^{\nu_B} \text{ 或 } \ln K^{\ominus}\overset{def}{=\!=}-\Delta_rG_m^{\ominus}/(RT)$$

式中，$p_{\mathrm{B}}^{\mathrm{eq}}$ 为化学反应中任一组分 B 的平衡分压。$K^{\ominus}$的量纲为 1。标准平衡常数只是温度的函数。

**例题分析 5.3** 求 298.15K 时反应 $2\mathrm{CO(aq)}+\mathrm{O_2} \rightleftharpoons 2\mathrm{CO_2(aq)}$ 的标准平衡常数（298.15K 时 $\Delta_r G_m^{\ominus}=-548.56\mathrm{kJ\cdot mol^{-1}}$）。

**解析：** 298.15K 时 $\Delta_r G_m^{\ominus}=-548.56\mathrm{kJ\cdot mol^{-1}}$。

$$K^{\ominus}=e^{-\Delta_r G_m^{\ominus}/(RT)}=\exp\left(\frac{548560\mathrm{J\cdot mol^{-1}}}{8.3145\mathrm{J\cdot K^{-1}}\times 298.15\mathrm{K}}\right)=1.27\times 10^{96}$$

**（2）实际气体反应的标准平衡常数**

在温度 $T$ 及压力 $p$ 下，当实际气体混合系统达到化学平衡时，任一组分 B 的化学势可表示为：

$$\mu_{\mathrm{B}}^{\mathrm{eq}}=\mu_{\mathrm{B}}^{\ominus}(\mathrm{g})+RT\ln\frac{f_{\mathrm{B}}^{\mathrm{eq}}}{p^{\ominus}} \tag{5-19}$$

$f_{\mathrm{B}}^{\mathrm{eq}}$ 为反应达平衡时组分 B 的逸度。此时反应的 Gibbs 函数变为 0，即：

$$\begin{aligned}\Delta_r G_m^{\mathrm{eq}} &= \sum_{\mathrm{B}}\nu_{\mathrm{B}}\mu_{\mathrm{B}}^{\mathrm{eq}} \\ &= \sum_{\mathrm{B}}\nu_{\mathrm{B}}\mu_{\mathrm{B}}^{\ominus}+RT\ln\prod_{\mathrm{B}}\left(\frac{f_{\mathrm{B}}^{\mathrm{eq}}}{p^{\ominus}}\right)^{\nu_{\mathrm{B}}} \\ &= \Delta_r G_m^{\ominus}+RT\ln\prod_{\mathrm{B}}\left(\frac{f_{\mathrm{B}}^{\mathrm{eq}}}{p^{\ominus}}\right)^{\nu_{\mathrm{B}}} \\ &= 0\end{aligned} \tag{5-20}$$

根据 $K^{\ominus}$的定义，$\Delta_r G_m^{\ominus}=-RT\ln K^{\ominus}$，于是上式为：

$$-RT\ln K^{\ominus}=-RT\ln\prod_{\mathrm{B}}\left(\frac{f_{\mathrm{B}}^{\mathrm{eq}}}{p^{\ominus}}\right)^{\nu_{\mathrm{B}}}$$

即：

$$K^{\ominus}=\prod_{\mathrm{B}}\left(\frac{f_{\mathrm{B}}^{\mathrm{eq}}}{p^{\ominus}}\right)^{\nu_{\mathrm{B}}} \tag{5-21}$$

由此式可看到，实际气体反应的标准平衡常数表达式在形式上与理想气体反应是相同的，只不过是将各组分的平衡分压 $p_{\mathrm{B}}^{\mathrm{eq}}$ 换作平衡逸度 $f_{\mathrm{B}}^{\mathrm{eq}}$ 而已。

当反应气体压力较低时，$f_{\mathrm{B}}^{\mathrm{eq}}\approx p_{\mathrm{B}}^{\mathrm{eq}}$，式(5-21) 可变为：

$$K^{\ominus}=\prod_{\mathrm{B}}\left(\frac{p_{\mathrm{B}}^{\mathrm{eq}}}{p^{\ominus}}\right)^{\nu_{\mathrm{B}}} \tag{5-22}$$

即低压下实际气体反应的标准平衡常数与理想气体反应的标准平衡常数的形式相同。

**例题分析 5.4**

五氯化磷分解反应 $\mathrm{PCl_5(g)} = \mathrm{PCl_3(g)}+\mathrm{Cl_2(g)}$ 在 200℃时的 $K^{\ominus}=0.312$，计算：

① 200℃、200kPa 下 $PCl_5$ 的解离度。

② 摩尔比为 1∶5 的 $PCl_5$ 与 $Cl_2$ 的混合物，求在 200℃、101.325kPa 下达到化学平衡时 $PCl_5$ 的解离度。

**解析：**

① 设 200℃、200kPa 下五氯化磷的解离度为 $\alpha$，起始物质的量为 1mol，则

| | $PCl_5(g)$ | $PCl_3(g)$ | $Cl_2(g)$ |
|---|---|---|---|
| 原始 $n_B$/mol | 1 | 0 | 0 |
| 平衡 $n_B$/mol | $1-\alpha$ | $\alpha$ | $\alpha$ |
| $\sum n_B$/mol | $1+\alpha$ | | |

反应：$PCl_5(g)=\!=\!=PCl_3(g)+Cl_2(g)$

$p=200kPa$，$\sum\nu_B=1$

$$\alpha=\left\{\frac{K^{\ominus}}{\left(\frac{p}{p^{\ominus}}\right)+K^{\ominus}}\right\}^{\frac{1}{2}}=\left\{\frac{0.312}{2+0.312}\right\}^{\frac{1}{2}}=36.7\%$$

② 设 200℃、101.325kPa 下五氯化磷的解离度为 $\alpha$，起始物质的量为 1mol，则

反应：$PCl_5(g)=\!=\!=PCl_3(g)+Cl_2(g)$

| | $PCl_5(g)$ | $PCl_3(g)$ | $Cl_2(g)$ |
|---|---|---|---|
| 原始 $n_B$/mol | 1 | 0 | 5 |
| 平衡 $n_B$/mol | $1-\alpha$ | $\alpha$ | $5+\alpha$ |
| $\sum n_B$/mol | $6+\alpha$ | | |

$p=101.325kPa$，$\sum\nu_B=1$

$$K^{\ominus}=\frac{\alpha(5+\alpha)p}{(1-\alpha)(6+\alpha)p^{\ominus}}=0.312$$

$$p/p^{\ominus}=101.325kPa/100kPa=1.01325$$

将上式整理，可得：

$$(K^{\ominus}+1.01325)\alpha^2+(5K^{\ominus}+5.065)\alpha-6K^{\ominus}=0$$

$$\alpha=\frac{-(5K^{\ominus}+5.065)+\sqrt{(5K^{\ominus}+5.065)^2+4(K^{\ominus}+1.01325)\times 6K^{\ominus}}}{2(K^{\ominus}+1.01325)}$$

$$=\frac{-6.625+7.336}{2.650}=0.2683=26.83\%$$

**(3) 凝聚相反应的标准平衡常数**

① 液、固凝聚相混合物反应的标准平衡常数。

当反应 $0=\sum_B \nu_B B$ 在温度 $T$ 及压力 $p$ 下达到平衡时，液、固相混合物中组分 B 的化学势为：

$$\mu_B^{eq}=\mu_B^{\ominus}+RT\ln a_{x,B}^{eq}+\int_{p^{\ominus}}^{p}V_B^* \mathrm{d}p \tag{5-23}$$

其中标准状态是 $T$、$p^{\ominus}$下的纯液体或纯固体。此时反应的 Gibbs 函数变为 0，即：

$$\Delta_r G_m^{eq}=\sum_B \nu_B\mu_B^{eq}=\sum_B \nu_B\mu_B^{\ominus}+RT\ln\prod_B (a_{x,B}^{eq})^{\nu_B}+\sum_B \nu_B\int_{p^{\ominus}}^{p} V_B^* \mathrm{d}p=0 \tag{5-24}$$

因为：

$$-RT\ln K^{\ominus}(T)=\Delta_r G_m^{\ominus}(T)=\sum_B \nu_B\mu_B^{\ominus}(T)$$

所以：

$$-RT\ln K^{\ominus}(T)=-RT\ln\prod_B (a_{x,B}^{eq})^{\nu_B}-\sum_B \nu_B\int_{p^{\ominus}}^{p} V_B^* \mathrm{d}p$$

即：

$$K^{\ominus}=\prod_{\mathrm{B}}(a_{x,\mathrm{B}}^{\mathrm{eq}})^{\nu_{\mathrm{B}}}\exp\left[\sum_{\mathrm{B}}\nu_{\mathrm{B}}\int_{p^{\ominus}}^{p}\left(\frac{V_{\mathrm{B}}^{*}}{RT}\right)\mathrm{d}p\right] \tag{5-25}$$

当反应系统压力 $p$ 不太高时，式中因子 $\exp\left[\sum_{\mathrm{B}}\nu_{\mathrm{B}}\int_{p^{\ominus}}^{p}\left(\frac{V_{\mathrm{B}}^{*}}{RT}\right)\mathrm{d}p\right]$ 接近于 1，式(5-25)近似写成如下形式：

$$K^{\ominus}=\prod_{\mathrm{B}}(a_{x,\mathrm{B}}^{\mathrm{eq}})^{\nu_{\mathrm{B}}} \tag{5-26}$$

如果反应混合物是理想的，因为 $a_{x,\mathrm{B}}=\gamma_{\mathrm{B}}x_{\mathrm{B}}=x_{\mathrm{B}}$，式(5-26) 就转化为：

$$K^{\ominus}=\prod_{\mathrm{B}}(x_{\mathrm{B}}^{\mathrm{eq}})^{\nu_{\mathrm{B}}} \tag{5-27}$$

② 溶液中反应的标准平衡常数。

当溶液中反应 $0=\sum_{\mathrm{B}}\nu_{\mathrm{B}}\mathrm{B}$ 在温度 $T$ 及压力 $p$ 下达到平衡时，若选用$b^{\ominus}=1\mathrm{mol}\cdot\mathrm{kg}^{-1}$为标准质量摩尔浓度，平衡时溶质 B 的化学势为：

$$\mu_{\mathrm{B}}^{\mathrm{eq}}=\mu_{\mathrm{B}}^{\ominus}(T)+RT\ln a_{b,\mathrm{B}}^{\mathrm{eq}}+\int_{p^{\ominus}}^{p}V_{\mathrm{B}}^{\infty}\mathrm{d}p \tag{5-28}$$

式中，$\mu_{\mathrm{B}}^{\ominus}(T)$ 表示在温度 $T$ 及压力 $p^{\ominus}$下，$\frac{b_{\mathrm{B}}}{b^{\ominus}}=1$ 时溶质 B 的假想标准态的化学势。以此式为基础，采用与①中类似的方法，可以导出溶液中反应的标准平衡常数为：

$$K^{\ominus}=\prod_{\mathrm{B}}(a_{b,\mathrm{B}}^{\mathrm{eq}})^{\nu_{\mathrm{B}}} \tag{5-29}$$

若溶液是理想的，式(5-29) 简化为：

$$K^{\ominus}=\prod_{\mathrm{B}}\left(\frac{b_{\mathrm{B}}^{\mathrm{eq}}}{b^{\ominus}}\right)^{\nu_{\mathrm{B}}} \tag{5-30}$$

**(4) 多相反应的标准平衡常数**

多相反应中参与反应的物质不处于同一相。若反应系统中气体均视为理想气体，液、固相均为纯物质，则当反应 $0=\sum_{\mathrm{B}}\nu_{\mathrm{B}}\mathrm{B}$ 在温度 $T$ 及压力 $p$ 下达到平衡时，系统中各气体组分 B 的化学势为：

$$\mu_{\mathrm{B}}^{\mathrm{eq}}(\mathrm{g})=\mu_{\mathrm{B}}^{\ominus}(\mathrm{g})+RT\ln\frac{p_{\mathrm{B}}^{\mathrm{eq}}}{p^{\ominus}} \tag{5-31}$$

各纯液、固体组分 B 的化学势为：

$$\mu_{\mathrm{B}}^{\mathrm{eq}}(\mathrm{l}\text{ 或 }\mathrm{s})=\mu_{\mathrm{B}}^{\ominus}(\mathrm{l}\text{ 或 }\mathrm{s})+\int_{p^{\ominus}}^{p}V_{\mathrm{B}}^{*}\mathrm{d}p\approx\mu_{\mathrm{B}}^{\ominus}(\mathrm{l}\text{ 或 }\mathrm{s}) \tag{5-32}$$

根据化学平衡条件：

$$\begin{aligned}\Delta_{\mathrm{r}}G_{\mathrm{m}}^{\mathrm{eq}}&=\sum_{\mathrm{B}}\nu_{\mathrm{B}}\mu_{\mathrm{B}}^{\mathrm{eq}}\\&=\sum_{\mathrm{B}}\nu_{\mathrm{B}}\mu_{\mathrm{B}}^{\ominus}+RT\ln\prod_{\mathrm{B(g)}}\left(\frac{p_{\mathrm{B}}^{\mathrm{eq}}}{p^{\ominus}}\right)^{\nu_{\mathrm{B}}}\\&=\Delta_{\mathrm{r}}G_{\mathrm{B}}^{\ominus}+RT\ln\prod_{\mathrm{B(g)}}\left(\frac{p_{\mathrm{B}}^{\mathrm{eq}}}{p^{\ominus}}\right)^{\nu_{\mathrm{B}}}=0\end{aligned}$$

所以

$$K^{\ominus}=\prod_{\mathrm{B(g)}}\left(\frac{p_{\mathrm{B}}^{\mathrm{eq}}}{p^{\ominus}}\right)^{\nu_{\mathrm{B}}} \tag{5-33}$$

由于液、固相纯物质的活度都为1，所以式(5-33) 中不出现纯液体或纯固体的活度，只包括气体的平衡分压。根据此式，$CaCO_3$ 分解的多相反应：

$$CaCO_3(s) \longrightarrow CaO(s) + CO_2(g)$$

其标准平衡常数为：

$$K^{\ominus} = p^{eq}(CO_2)/p^{\ominus}$$

若在多相反应系统中有溶液存在，且参加反应的物质为溶液中的溶质，则当反应达平衡时，溶质B的化学势为：

$$\mu_B^{eq} = \mu_B^{\ominus} + RT\ln a_B^{eq} + \int_{p^{\ominus}}^{p} V_B^{\infty} \mathrm{d}p \approx \mu_B^{\ominus} + RT\ln a_B^{eq}$$

对于系统中的气相物质，在低压下，令 $a_B^{eq} = p_B^{eq}/p^{\ominus}$，则利用同样方法可导出：

$$K^{\ominus} = \prod_B (a_B^{eq})^{\nu_B} \tag{5-34}$$

例如，将醛与含有硝酸银的氨水溶液共热，便发生银镜反应，其反应方程式：

$$RCHO(aq) + 2Ag(NH_3)_2OH(aq) \longrightarrow RCOONH_4(aq) + 2Ag(s)\downarrow + 3NH_3(g)\uparrow + H_2O(l)$$

其标准平衡常数可写为：

$$K^{\ominus} = \frac{a_{RCOONH_4}\left(\dfrac{p_{NH_3}}{p^{\ominus}}\right)^3}{a_{RCHO}\,a^2_{Ag(NH_3)_2OH}}$$

式中气态物质 $NH_3$ 的活度，由 $p_{NH_3}/p^{\ominus}$表示。由于 $H_2O(l)$ 是溶液的溶剂，产物 $H_2O(l)$ 的活度近似为1，而 Ag(s) 活度为1，因而 $a_{H_2O}$ 和 $a_{Ag}$ 不出现在 $K^{\ominus}$的表达式中。

在计算上述各平衡常数时，要注意溶质活度 $a$ 的数值与标准态的选择有关，因而 $K^{\ominus}$的数值也随选择标准的不同而不同。

**例题分析 5.5**

① 在1120℃下用 $H_2$ 还原 FeO(s)，平衡时混合气体中 $H_2$ 的摩尔分数为0.54。求 FeO(s) 的分解压。

② 已知同温度下，在炼铁炉中，氧化铁按如下反应还原：

$$FeO(s) + CO(g) \longrightarrow Fe(s) + CO_2(g)$$

求1120℃下，还原1mol FeO 需要 CO 的物质的量。

已知同温度下

$$2CO_2(g) \longrightarrow 2CO(g) + O_2(g) \qquad K^{\ominus} = 1.4\times10^{-12}$$

$$2H_2O(g) \longrightarrow 2H_2(g) + O_2(g) \qquad K^{\ominus} = 3.4\times10^{-13}$$

**解析：**

① 各反应计量式如下

$$2H_2O(g) \longrightarrow 2H_2(g) + O_2(g) \tag{a}$$

$$FeO(s) + H_2(g) \longrightarrow Fe(s) + H_2O(g) \tag{b}$$

$$2FeO(s) \longrightarrow 2Fe(s) + O_2(g) \tag{c}$$

显然，(c)=(a)+2(b)

$$K_c^{\ominus} = \frac{p(O_2)}{p^{\ominus}} = K_a^{\ominus}(K_b^{\ominus})^2$$

$$K_b^\ominus=\frac{p(H_2O)}{p(H_2)}=\frac{0.46p}{0.54p}=0.8519$$

$$p(O_2)=K_a^\ominus(K_b^\ominus)^2p^\ominus=3.4\times10^{-13}\times0.8519^2\times100=2.468\times10^{-11}(\text{kPa})$$

② 氧化铁还原反应

$$FeO(s)+CO(g)═══Fe(s)+CO_2(g) \quad (d)$$

$$2CO_2(g)═══2CO(g)+O_2(g) \quad (e)$$

显然，(d)=[(c)−(e)]/2

$$K_d^\ominus=\frac{p(CO_2)}{p(CO)}=\frac{n_{平衡}(CO_2)}{n_{平衡}(CO)}\Longrightarrow n_{平衡}(CO)=\frac{n_{平衡}(CO_2)}{K_d^\ominus}=\frac{1}{K_d^\ominus}$$

$$K_d^\ominus=\sqrt{\frac{K_c^\ominus}{K_e^\ominus}}=\sqrt{\frac{K_a^\ominus}{K_e^\ominus}}K_b^\ominus=\sqrt{\frac{3.4\times10^{-13}}{1.4\times10^{-12}}}\times0.8519=0.4198$$

$$n_{平衡}(CO)=\frac{n_{平衡}(CO_2)}{K_d^\ominus}=\frac{1}{K_d^\ominus}=\frac{1}{0.4198}=2.38(\text{mol})$$

因此所需 CO(g) 的物质的量为 1+2.38=3.38 (mol)。

**(5) 其他平衡常数**

除了标准平衡常数 $K^\ominus$外，经常使用的还有基于压力的平衡常数：

$$K_p=\prod_B(p_B^{eq})^{\nu_B} \quad (5\text{-}35)$$

其单位为 $Pa^{\sum\nu_B}$。

对于理想气体化学反应：

$$K^\ominus=K_p/(p^\ominus)^{\sum\nu_B} \quad (5\text{-}36)$$

当$\sum\nu_B=0$ 时，$K_p=K^\ominus$。

## 5.2.2 相关化学反应标准平衡常数之间的关系

所谓相关化学反应是指有着加和关系的几个化学反应。由于吉布斯函数 $G$ 是状态函数，若在同一温度下，几个不同的化学反应具有加和性时，这些反应的 $\Delta_rG_m^\ominus$ 也具有加和关系。根据各反应的 $\Delta_rG_m^\ominus=-RT\ln K^\ominus$，即可得出相关反应 $K^\ominus$之间的关系。例如，合成氨反应中：

① $N_2(g)+3H_2(g)═══2NH_3(g)$ $\quad\Delta_rG_{m,1}^\ominus=-RT\ln K_1^\ominus$

② $1/2N_2(g)+3/2H_2(g)═══NH_3(g)$ $\quad\Delta_rG_{m,2}^\ominus=-RT\ln K_2^\ominus$

因 $\Delta_rG_{m,1}^\ominus=2\Delta_rG_{m,2}^\ominus$，故：

$$K_1^\ominus=(K_2^\ominus)^2$$

所以，对于同一化学反应，在书写化学计量式时，若同一物质的化学计量数不同，则 $\Delta_rG_m^\ominus$ 不同，因而 $K^\ominus$也不同。所以不写出化学反应的化学计量式，只给出化学反应的标准平衡常数是没有意义的。

**例题分析 5.6**

20℃时，实验测得下列同位素交换反应的标准平衡常数 $K^\ominus$为：

① $H_2+D_2=2HD$ $\quad K_1^\ominus=3.27$

② $H_2O+D_2O=2HDO$ $\quad K_2^\ominus=3.18$

③ $H_2O+HD=HDO+H_2$ $\quad K_3^\ominus=3.40$

试求 20℃时，反应 $H_2O+D_2═══D_2O+H_2$ 的 $K^\ominus$。

**解析：**

所求反应为①－②＋③×2，则：

$$K^{\ominus}=K_1^{\ominus}\times K_3^{\ominus 2}/K_2^{\ominus}=11.9$$

## 5.2.3 标准平衡常数 $K^{\ominus}$的测定

$K^{\ominus}$可由实验测定平衡组成来求算。测定一定温度下的 $K^{\ominus}$，即是测定该温度及某压力下一定原料配比时反应达到平衡后的组成。为了缩短达到平衡的时间，可加入催化剂。用测定折射率、电导率、吸光度等物理方法测定平衡组成，一般不会影响平衡；如用化学方法，在加入试剂时可能会造成平衡的移动而产生误差，这时要采取多种手段使影响减小到可忽略的程度。

平衡测定的前提是所测得组成必须确保是平衡时的组成。平衡组成应有如下特点：①只要条件不变，平衡组成不随时间变化；②一定温度下，由正向或逆向反应的平衡组成所算得的 $K^{\ominus}$一致；③改变原料配比所得的 $K^{\ominus}$相同。

**例题分析 5.7**

将装有 288.9mg $N_2O_4$ 的玻璃小泡放入体积为 500.0$cm^3$ 的石英容器中，将此容器抽成真空并放入恒温槽中，然后打破玻璃小泡（其体积与石英容器相比可忽略不计），当温度为 25℃时测其平衡压力为 $0.2143\times10^5$Pa，当温度为 35℃时测其平衡压力为 $0.2395\times10^5$Pa。试求反应的 $K^{\ominus}$。

**解析：**

该题是平衡常数的一种实验测定方法，通过不同温度下平衡常数的测定，求算反应的热力学数据。设气体均为理想气体，总压力为 $p$，$N_2O_4$ 的解离度为 $\alpha$，对于反应：

$$N_2O_4(g) = 2NO_2(g)$$

起始时：　　$n_0$　　　0

平衡时：　　$n_0(1-\alpha)$　　$2n_0\alpha$

$$\sum n = n_0(1-\alpha)+2n_0\alpha = n_0(1+\alpha)$$

$N_2O_4$ 的摩尔质量 $M(N_2O_4)=92.0\text{g}\cdot\text{mol}^{-1}$，则 $n_0=3.14\times10^{-3}$mol，由理想气体状态方程 $pV=\sum nRT$，25℃时：

$$\begin{aligned}\sum n &= pV/(RT)\\ &=[0.2143\times10^5\times500.0\times10^{-6}/(8.314\times298)]\text{mol}\\ &=4.32\times10^{-3}\text{mol}\end{aligned}$$

$$n_0=\frac{288.9\times10^{-3}}{92.0}\text{mol}=3.14\times10^{-3}\text{mol}$$

$$\alpha=\sum n/n_0-1=4.32\times10^{-3}/(3.14\times10^{-3})-1=0.376$$

$$\begin{aligned}K^{\ominus}&=\left[\frac{p(NO_2)}{p^{\ominus}}\right]^2\Bigg/\frac{p(N_2O_4)}{p^{\ominus}}\\ &=\left[\frac{2n_0\alpha}{n_0(1+\alpha)}\times\frac{p}{p^{\ominus}}\right]^2\Bigg/\left[\frac{n_0(1-\alpha)}{n_0(1+\alpha)}\times\frac{p}{p^{\ominus}}\right]\\ &=\frac{4\alpha^2}{1-\alpha^2}\times\frac{p}{p^{\ominus}}=\frac{4\times0.376^2}{1-0.376^2}\times\frac{0.2143\times10^5}{10^5}=0.141\end{aligned}$$

**例题分析 5.8**

已知 298K 时气相异构化反应：正戊烷══异戊烷的 $K^{\ominus}=13.24$，液态正戊烷和异戊烷的蒸气压与温度的关系可分别表示为：

正戊烷：$\ln(p^*/p^{\ominus})=9.146-2453/(T/\mathrm{K}-41)$

异戊烷：$\ln(p^*/p^{\ominus})=9.002-2349/(T/\mathrm{K}-40)$

试求算 298K 时液相异构化反应的 $K^{\ominus}$。假设形成的溶液为理想溶液。

**解析：**

异构化反应在液相达到平衡时，其气相也同时达到平衡，但气相和液相的标准态选择不同，故其平衡常数的表示形式及量值均不同。此处，气相的标准态是 $p^*=p^{\ominus}$时的理想气体，而液相的标准态是 $x=1$，即纯态，所以：

$$K^{\ominus}(\mathrm{g})=[p(\text{异戊烷})/p^{\ominus}]/[p(\text{正戊烷})/p^{\ominus}]$$
$$=p(\text{异戊烷})/p(\text{正戊烷})$$
$$K^{\ominus}(\mathrm{l})=x(\text{异戊烷})/x(\text{正戊烷})$$

由于液相形成的是理想液体混合物，根据拉乌尔定律 $p=p^*x$，因此：

$$p(\text{异戊烷})=p^*(\text{异戊烷})x(\text{异戊烷})$$
$$p(\text{正戊烷})=p^*(\text{正戊烷})x(\text{正戊烷})$$

两式相除可得：

$$p(\text{异戊烷})/p(\text{正戊烷})=K^{\ominus}(\mathrm{g})$$
$$=p^*(\text{异戊烷})x(\text{异戊烷})/[p^*(\text{正戊烷})x(\text{正戊烷})]$$
$$=[p^*(\text{异戊烷})/p^*(\text{正戊烷})]K^{\ominus}(\mathrm{l})$$
$$K^{\ominus}(\mathrm{l})=K^{\ominus}(\mathrm{g})[p^*(\text{正戊烷})/p^*(\text{异戊烷})]$$

根据题目给出的蒸气压与温度的关系式，298K 时：

$$\ln[p^*(\text{正戊烷})/p^*(\text{异戊烷})]$$
$$=[9.146-2453/(298-41)]-[9.002-2349/(298-40)]$$
$$=-0.296$$
$$p^*(\text{正戊烷})/p^*(\text{异戊烷})=0.7437$$

所以：

$$K^{\ominus}(\mathrm{l})=13.24\times0.7437=9.85$$

### 5.2.4 由 $\Delta_r G_m^{\ominus}$ 计算标准平衡常数 $K^{\ominus}$

标准平衡常数 $K^{\ominus}$在实验测定时往往存在局限性，因此也可以通过与热力学函数的关系导出。因为 $\Delta_r G_m^{\ominus}=-RT\ln K^{\ominus}$，$\Delta_r G_m^{\ominus}$ 直接与标准平衡常数 $K^{\ominus}$相联系，所以当某一化学反应的标准平衡常数 $K^{\ominus}$无法直接测定时，可以先计算该反应的标准 Gibbs 自由能变 $\Delta_r G_m^{\ominus}$，然后计算得出 $K^{\ominus}$。因此讨论化学平衡问题时，$\Delta_r G_m^{\ominus}$ 的求算显得尤为重要，主要通过以下几种方式。

① 由$\Delta_r G_m^{\ominus}=\Delta_r H_m^{\ominus}-T\Delta_r S_m^{\ominus}$来计算。

② 通过 $\Delta_f G_m^{\ominus}$ 来计算，$\Delta_r G_m^{\ominus}=\sum_B \nu_B \Delta_f G_m^{\ominus}(\mathrm{B})$。

③ 利用 $\Delta_r G_m^{\ominus}$ 状态函数的加和性质。

④ 通过电化学的方法，根据$\Delta_r G_m^{\ominus} = -zE^{\ominus}F$来计算（式中，$E^{\ominus}$是可逆电池在标准态时的电动势；$F$ 是法拉第常数；$z$ 是电池反应式中电子得失系数），这将在电化学一章中讨论。

## 5.2.5 平衡组成的计算

已知某化学反应在温度 $T$ 下的 $K^{\ominus}$或 $\Delta_r G_m^{\ominus}$，即可由系统的起始组成及压力，计算在该温度下的平衡组成。

在计算平衡组成时常用到转化率这一术语。**转化率**指转化掉的某反应物占起始反应物的百分比。在化学平衡中所说的转化率均指**平衡转化率**，即平衡时的转化率。定义为：

$$平衡转化率=\frac{平衡时转化为产品的原料量}{投入的原料量}\times 100\%$$

对于气相化学反应，

$$a\text{A}+b\text{B}=\!=\!=y\text{Y}+z\text{Z}$$

若原料气中只有反应物而无产物，令反应物的摩尔比 $r=n_B/n_A$，其变化范围为 $0<r<\infty$。在维持总压力相同的情况下，随着 $r$ 的增加，气体 A 的转化率增加，而气体 B 的转化率减少。但产物在混合气体中的平衡含量随着 $r$ 的增加，存在着极大值。可以证明，当摩尔比 $r=b/a$，即原料气中两种气体物质的量之比等于化学计量比时，产物 Y、Z 在混合气体中的含量（摩尔分数）最大。

因此，在合成氨反应中，总是使原料气中氢与氮的体积比为 3∶1，以使氨的含量最高。

若两反应物 A、B 起始的物质的量之比与其化学计量数之比相等，即 $n_{A,0}/n_{B,0}=\nu_A/\nu_B$，则两反应物的转化率是相同的；但若不相等，即 $n_{A,0}/n_{B,0}\neq\nu_A/\nu_B$ 时，则两反应物的转化率是不同的。

如果两种原料气中，气体 B 较气体 A 便宜，而气体 B 又容易从混合气体中分离，那么根据平衡移动原理，为了充分利用 A 气体，可以使 B 气体大大过量，以尽量提高 A 的转化率。这样做虽然在混合气体中产物的含量低了，但经过分离可得到更多的产物，在经济上还是有益的。

**例题分析 5.9**

在 600K、$2.00\times10^7$Pa 下，将 1∶0.7 的乙烯和水蒸气通过反应器合成乙醇，求其最大产率。已知下列数据（设合成反应的 $\Delta C_p=0$）：

| 物质 | $C_2H_4$（g） | $H_2O$（g） | $C_2H_5O_2$（g） |
|---|---|---|---|
| $\Delta_f H_m^{\ominus}$/kJ · mol$^{-1}$ | 52.3 | −241.8 | −235.3 |
| $\Delta_r G_m^{\ominus}$/kJ · mol$^{-1}$ | 68.2 | −228.6 | −168.6 |
| $\gamma$ | 0.930 | 0.500 | 0.400 |

**解析：**

对于高压气相反应：

$$C_2H_4(g)+H_2O(g)=\!=\!=C_2H_5OH(g)$$

欲求 $C_2H_5OH$ 的最大产率，需分三步计算：

① 求 600K 时的 $K^{\ominus}$。

对于气相反应，温度对 $K^{\ominus}$有影响，而压力没有影响。由题目给出的数据：

$$\Delta_r G_m^{\ominus}(298\text{K}) = [-168.6-(68.2-228.6)]\text{kJ}\cdot\text{mol}^{-1} = -8.2\text{kJ}\cdot\text{mol}^{-1}$$

$$\ln K^{\ominus}(298\text{K}) = 8.2\times10^3/(8.314\times298) = 3.3097$$

$$\Delta_r H_m^{\ominus}(298\text{K}) = [-235.3-(52.3-241.8)]\text{kJ}\cdot\text{mol}^{-1} = -45.8\text{kJ}\cdot\text{mol}^{-1}$$

因 $\Delta C_p=0$，则 $\Delta_r H_m^{\ominus}$ 为常数，所以：

$$\begin{aligned}\ln K^{\ominus}(600\text{K}) &= \ln K^{\ominus}(298\text{K}) + \frac{\Delta_r H_m^{\ominus}}{R}\left(\frac{1}{298\text{K}}-\frac{1}{600\text{K}}\right)\\ &= 3.3097-\frac{45.8\times10^3}{8.314}\left(\frac{1}{298}-\frac{1}{600}\right)\\ &= -5.9948\\ K^{\ominus}(600\text{K}) &= 2.492\times10^{-3}\end{aligned}$$

② 推导 $K^{\ominus}$与平衡组成的关系，即导出 $K_x$ 值。对于高压气相反应：

$$K^{\ominus} = \frac{f(C_2H_5OH)}{f(C_2H_4)f(H_2O)} = \frac{\gamma(C_2H_5OH)}{\gamma(C_2H_4)\gamma(H_2O)}\times\frac{p_x(C_2H_5OH)/p^{\ominus}}{[p_x(C_2H_4)/p^{\ominus}][p_x(H_2O)/p^{\ominus}]}$$

$$= \frac{0.400p^{\ominus}}{0.930\times0.500p}K_x = 4.301\times10^{-3}K_x$$

$$K_x = \frac{2.492\times10^{-3}}{4.358\times10^{-3}} = 0.579$$

③ 求算 $C_2H_5OH$ 的最大产率。设起始时刻向系统投料 1mol $C_2H_4$，平衡时生成 $y$mol $C_2H_5OH$，那么反应系统的组成为：

$$C_2H_4(g)+H_2O(g) = C_2H_5OH(g)$$

| | $C_2H_4(g)$ | $H_2O(g)$ | $C_2H_5OH(g)$ | |
|---|---|---|---|---|
| 起始时： | 1 | 0.7 | 0 | |
| 平衡时： | $1-y$ | $0.7-y$ | $y$ | $\sum n_i = 1.7-y$ |

$$K_x = \frac{y/(1.7-y)}{[(1-y)/(1.7-y)][(0.7-y)/(1.7-y)]} = 0.579$$

可得：$y=0.168$

所以 $C_2H_5OH$ 的最大产率为：0.168/1×100％=16.8％

**例题分析 5.10**

求 298K 时 $C_4H_6O_4$（丁二酸）在水溶液中的第一电离常数 $K^{\ominus}$。已知此温度下 $C_4H_6O_4(s)$ 在水中的溶解度为 0.715mol·kg$^{-1}$。

**解析：**

从热力学手册查到数据如下：

| 物质 | $\Delta_f G_m^{\ominus}$（298K）/kJ·mol$^{-1}$ |
|---|---|
| $C_4H_6O_4$（s） | −747.38 |
| $C_4H_5O_4^-$（aq） | −722.34 |
| $H^+$（aq） | 0 |

为求水溶液中丁二酸的 $\Delta_f G_m^{\ominus}$，可设计如下途径：

因为

$$C_4H_6O_4(s) \xrightarrow{\Delta G^{\ominus}} C_4H_6O_4 \quad (aq,\ b^{\ominus}=1mol \cdot kg^{-1})$$

$\Delta G_1$ ↘　　↗ $\Delta G_2$

$$C_4H_6O_4 \ (饱和溶液\ b=0.715mol \cdot kg^{-1})$$

$$\Delta_r G_m^{\ominus}=\Delta_f G_m^{\ominus}(C_4H_6O_4,aq)-\Delta_f G_m^{\ominus}(C_4H_6O_4,s)$$

所以
$$\begin{aligned}\Delta_f G_m^{\ominus}(C_4H_6O_4,\ aq)&=\Delta_f G_m^{\ominus}(C_4H_6O_4,\ s)+\Delta_r G_m^{\ominus}\\&=\Delta_f G_m^{\ominus}(C_4H_6O_4,\ s)+\Delta G_1+\Delta G_2\\&=\Delta_f G_m^{\ominus}(C_4H_6O_4,\ s)+\Delta G_2\\&=-747.38\times10^3 J \cdot mol^{-1}+8.314J \cdot mol^{-1} \cdot K^{-1}\\&\quad\times298.15K\times\ln\frac{1mol \cdot kg^{-1}}{0.715mol \cdot kg^{-1}}\\&=-746.55kJ \cdot mol^{-1}\end{aligned}$$

对于丁二酸的第一电离反应：$C_4H_6O_4(aq) = C_4H_5O_4^-(aq)+H^+(aq)$

$$\begin{aligned}\Delta_r G_m^{\ominus}&=\Delta_f G_m^{\ominus}(H^+)+\Delta_f G_m^{\ominus}(C_4H_5O_4^-)-\Delta_f G_m^{\ominus}(C_4H_6O_4,aq)\\&=0kJ \cdot mol^{-1}+(-722.34kJ \cdot mol^{-1})-(-746.55kJ \cdot mol^{-1})=24.21kJ \cdot mol^{-1}\end{aligned}$$

$$K^{\ominus}=\exp\left(\frac{-\Delta_r G_m^{\ominus}}{RT}\right)=\exp\left(\frac{-24.21\times10^3 J \cdot mol^{-1}}{8.314J \cdot mol^{-1} \cdot K^{-1}\times298.15K}\right)=5.73\times10^{-5}$$

**例题分析 5.11**

已知 298.15K，CO(g) 和 $CH_3OH(g)$ 的标准摩尔生成焓 $\Delta_f H_m^{\ominus}(298K)$ 分别为 $-110.52kJ \cdot mol^{-1}$ 及 $-200.7kJ \cdot mol^{-1}$。CO(g)、$H_2(g)$、$CH_3OH(l)$ 的标准摩尔熵 $S_m^{\ominus}(298K)$ 分别为 $197.67J \cdot mol^{-1} \cdot K^{-1}$、$130.68J \cdot mol^{-1} \cdot K^{-1}$ 及 $127J \cdot mol^{-1} \cdot K^{-1}$。又知 298.15K 甲醇的饱和蒸气压为 16.59kPa，摩尔蒸发焓 $\Delta_{vap}H_m=38.0kJ \cdot mol^{-1}$。蒸气可视为理想气体。

利用上述数据，求 298.15K 时，反应 $CO(g)+2H_2(g) \rightleftharpoons CH_3OH(g)$ 的 $\Delta_r G_m^{\ominus}$ 和 $K^{\ominus}$。

**解析：**

用下列过程，先求出 298.15K 时 $S_m^{\ominus}(CH_3OH,\ g)$。

$$CH_3OH(l) \xrightarrow[①]{} CH_3OH(l) \xrightarrow[②]{} CH_3OH(g) \xrightarrow[③]{} CH_3OH(g)$$

$$p_1=100kPa \quad p_2=16.59kPa \quad p_3=16.59kPa \quad p_4=100kPa$$

整个过程恒温 298.15K，过程①压力变化不大，对液态物质熵的影响可忽略不计，则有 $\Delta S_1=0$。

过程②为 $dT=0$、$dp=0$ 的可逆相变过程。

$$\Delta S_2=\Delta_{vap}H_m/T=38.0\times10^3 J \cdot mol^{-1}/298.15K=127.453J \cdot mol^{-1} \cdot K^{-1}$$

过程③为理想气体恒温压缩过程。

$$\Delta S_3=R\ln(p_3/p_4)=8.3145J \cdot mol^{-1} \cdot K^{-1}\ln(16.59/100)=-14.936J \cdot mol^{-1} \cdot K^{-1}$$

$$\begin{aligned}S_m^{\ominus}(CH_3OH,g)&=S_m^{\ominus}(CH_3OH,l)+\Delta S_1+\Delta S_2+\Delta S_3\\&=(127+127.453-14.936)J \cdot mol^{-1} \cdot K^{-1}=239.52J \cdot mol^{-1} \cdot K^{-1}\end{aligned}$$

$$\Delta_r S_m^\ominus(298.15\text{K}) = S_m^\ominus(CH_3OH,g) - S_m^\ominus(CO) - 2S_m^\ominus(H_2)$$
$$= (239.52 - 197.67 - 2\times 130.68)\text{J}\cdot\text{mol}^{-1}\cdot\text{K}^{-1}$$
$$= -219.51\text{J}\cdot\text{mol}^{-1}\cdot\text{K}^{-1}$$

$$\Delta_r H_m^\ominus(298.15\text{K}) = \Delta_f H_m^\ominus(CH_3OH,g) - \Delta_f H_m^\ominus(CO)$$
$$= -200.7\text{kJ}\cdot\text{mol}^{-1} - (-110.52\text{kJ}\cdot\text{mol}^{-1}) = -90.18\text{kJ}\cdot\text{mol}^{-1}$$

$$\Delta_r G_m^\ominus(298.15\text{K}) = \Delta_r H_m^\ominus(298.15\text{K}) - T\Delta_r S_m^\ominus(298.15\text{K})$$
$$= -90.18\text{kJ}\cdot\text{mol}^{-1} - 298.15\text{K}\times(-219.51\text{J}\cdot\text{mol}^{-1}\cdot\text{K}^{-1})$$
$$= 24.73\text{kJ}\cdot\text{mol}^{-1}$$

$$\ln K^\ominus(298.15\text{K}) = -\Delta_r G_m^\ominus(298.15\text{K})/(RT) = 24.73\times 10^3/(8.3145\times 298.15) = 9.9759$$
$$K^\ominus(298.15\text{K}) = 2.150\times 10^4$$

**例题分析 5.12**

已知 298K 时的下列数据：

① $CO_2(g) + 4H_2(g) \xlongequal{} CH_4(g) + 2H_2O(g)$　　$\Delta_r G_{m,1}^\ominus = -112.6\text{kJ}\cdot\text{mol}^{-1}$

② $2H_2(g) + O_2(g) \xlongequal{} 2H_2O(g)$　　$\Delta_r G_{m,2}^\ominus = -456.1\text{kJ}\cdot\text{mol}^{-1}$

③ $2C(s) + O_2(g) \xlongequal{} 2CO(g)$　　$\Delta_r G_{m,3}^\ominus = -272.0\text{kJ}\cdot\text{mol}^{-1}$

④ $C(s) + 2H_2(g) \xlongequal{} CH_4(g)$　　$\Delta_r G_{m,4}^\ominus = -51.1\text{kJ}\cdot\text{mol}^{-1}$

试求反应 $CO_2(g) + H_2(g) \xlongequal{} H_2O(g) + CO(g)$ 在 298K 时的 $\Delta_r G_m^\ominus$ 和 $K^\ominus$。

**解析：**

所求反应可以表示为①－②/2＋③/2－④

$$\Delta_r G_m^\ominus = \Delta_r G_{m,1}^\ominus - \Delta_r G_{m,2}^\ominus/2 + \Delta_r G_{m,3}^\ominus/2 - \Delta_r G_{m,4}^\ominus = 30.55\text{kJ}\cdot\text{mol}^{-1}$$
$$K^\ominus = \exp[-\Delta_r G_m^\ominus/(RT)] = 4.41\times 10^{-6}$$

## 思考与讨论：吸烟者在露天游泳池吸烟会中毒吗？

游泳池的水是用氯气进行消毒处理的。有人认为在露天游泳池吸烟会影响人的寿命，因为 $CO(g) + Cl_2 \xrightarrow{h\nu} COCl_2$（光气），光气剧毒，在空气中的含量若超过 $0.1\mu\text{L}\cdot\text{L}^{-1}$ 即可使人永久性中毒。但实际中，上述反应在光照下是瞬间即可达成平衡的。请结合以上内容进行讨论。

# 5.3 影响化学平衡的因素

**案例 5.3 为什么蛋清煮的时候会变性，但在常温下保持液态?**

煮鸡蛋的过程中，透明、胶状的蛋白会变性，成为白色不透明的固体。像所有的化学反应一样，变性过程包括化学键的重排——此例中是氢键。

鸡蛋在常温条件下即使放置很长时间，都不会变性。我们可以认为在某一温度下（25℃）变性过程是非自发的，只有温度上升到一定的**临界温度**（critical temperature，用 $T_c$ 表示，对鸡蛋来说为 70℃），该过程才自发。

吉布斯函数的符号决定着反应的自发性，$\Delta G$ 为负，反应自发；$\Delta G$ 为正，不能自发。当反应处在介于自发和非自发之间的 $T_c$ 时，$\Delta G=0$。$\Delta G$ 随温度的变化可以用**吉布斯-亥姆霍兹方程**（Gibbs-Helmholtz equation）计算：

$$\frac{\Delta G_2}{T_2}-\frac{\Delta G_1}{T_1}=\Delta H\left(\frac{1}{T_2}-\frac{1}{T_1}\right)$$

$\Delta G_2$ 是温度在 $T_2$ 时吉布斯函数的变化；$\Delta G_1$ 是温度在 $T_1$ 时吉布斯函数的变化；$T$ 必须使用热力学温度表示；$\Delta H$ 是化学过程或反应的焓变。

蛋清变性的 $\Delta_r H_m$ 是非常小的，因为其仅仅牵涉到氢键的变化。298K 时，蛋清变性反应的 $\Delta_r G_m$(298K) 值近似为 $5.7\mathrm{kJ \cdot mol^{-1}}$，因此该过程为非自发反应。

若计算当温度升至 373K 时，反应的 $\Delta_r G_m$(373K) 为多少? 设 $\Delta_r H_m$ 在此温度变化范围内近似为常数 $35\mathrm{kJ \cdot mol^{-1}}$。可将数值代入吉布斯-亥姆霍兹方程，近似计算得：

$$\frac{\Delta_r G_m(373\mathrm{K})}{373\mathrm{K}}-\frac{5700\mathrm{J \cdot mol^{-1}}}{298\mathrm{K}}=35000\mathrm{J \cdot mol^{-1}}\left(\frac{1}{373\mathrm{K}}-\frac{1}{298\mathrm{K}}\right)$$

$$\Delta_r G_m(373\mathrm{K})=-1.67\mathrm{kJ \cdot mol^{-1}}$$

即 $\Delta_r G_m$(373K) 值为负，意味着在更高温度下反应变为自发。因此实际当中，在沸水中煮鸡蛋，蛋清可变性为蛋白。

化学平衡在温度、压力、组成等条件恒定时，平衡状态不变化。若改变条件，旧平衡被破坏，在新条件下建立起新的平衡。这种由于条件改变，系统从一个平衡状态变到另一个平衡状态的过程称为**平衡移动**。影响平衡移动的因素有温度、压力、组成及惰性组分含量等。本节将对这些影响因素分别讨论。

## 5.3.1 温度对化学平衡的影响

化学反应的标准平衡常数 $K^\ominus$ 仅是温度的函数，当温度变化时，$K^\ominus$ 也相应地变化。$K^\ominus$ 的变化必然引起平衡组成的变化，即平衡发生移动。

根据 Gibbs-Helmholtz 方程式，在标准压力下，化学反应的 $\Delta_r G_m^\ominus$ 与温度 $T$ 的关系为：

$$\frac{d(\Delta_r G_m^\ominus/T)}{dT}=\frac{-\Delta_r H_m^\ominus}{T^2} \tag{5-37}$$

把式(5-17) 代入式(5-37)，得到：

$$\frac{d\ln K^\ominus}{dT}=\frac{\Delta_r H_m^\ominus}{RT^2} \tag{5-38}$$

此式称为范特霍夫（Van't Hoff）方程式，它反映标准平衡常数与温度的关系。此方程式表明：

① 反应焓的大小$|\Delta_r H_m^\ominus|$决定了平衡常数对温度变化的敏感程度，即反应焓越大，则$|d\ln K^\ominus/dT|$值越大，表明当温度变化时 $K^\ominus$的改变越大。

② 若 $\Delta_r H_m^\ominus>0$，即吸热反应，则 $d\ln K^\ominus/dT>0$，表明 $K^\ominus$随温度上升而增大，故温度升高会使吸热反应的平衡向右移动。

③ 若 $\Delta_r H_m^\ominus<0$，即放热反应，则 $d\ln K^\ominus/dT<0$，表明 $K^\ominus$随温度上升而减小，故温度升高会使放热反应平衡向左移动。

总之，当反应温度变化时，平衡总是向削弱温度变化的方向移动。

为了定量地计算出不同温度下的 $K^\ominus$值，需将式(5-38) 的微分方程求解。Kirchhoff 定律给出 $\Delta_r H_m^\ominus$ 与 $T$ 的关系：

$$\Delta_r H_m^\ominus=\int \Delta_r C_{p,m}dT+I$$

把此式代入式(5-38)，积分后得

$$\ln K^\ominus=\int\left[\frac{\int \Delta_r C_{p,m}dT+I}{RT^2}\right]dT+I' \tag{5-39}$$

式中，$I$，$I'$均为积分常数。借助热力学手册数据，计算出某个温度（通常是 298.15K）的 $\Delta_r H_m^\ominus$ 和 $\Delta_r G_m^\ominus(K^\ominus)$ 以确定 $I$，$I'$的值，从而确定了 $\Delta_r H_m^\ominus$ 和 $\Delta_r G_m^\ominus(K^\ominus)$ 以 $T$ 为变量的函数关系，于是就可以求出任一温度的 $K^\ominus$值。

若反应物和产物的热容值接近，在较小的温度范围内 $\Delta_r C_{p,m}$ 近似为零，$\Delta_r H_m^\ominus$ 可认为是与温度无关的常数，将式(5-38) 进行不定积分可得：

$$\ln K^\ominus=-\frac{\Delta_r H_m^\ominus}{R}\times\frac{1}{T}+C \tag{5-40}$$

式中，$C$ 为积分常数，只要知道一个温度的 $K^\ominus$及 $\Delta_r H_m^\ominus$，就能求出积分常数 $C$。由式(5-40) 可以看出，若 $\ln K^\ominus$对 $1/T$ 作图，为一条直线，其斜率为 $\Delta_r H_m^\ominus/R$，因而由直线的斜率可以求出在一定温度范围内反应的平均标准摩尔焓变 $\Delta_r H_m^\ominus$。如果以 $K^\ominus(T_1)$ 和 $K^\ominus(T_2)$ 分别代表两个不同温度时的平衡常数，则由式(5-40) 可得

$$\ln\frac{K^\ominus(T_2)}{K^\ominus(T_1)}=\frac{\Delta_r H_m^\ominus}{R}\left(\frac{1}{T_1}-\frac{1}{T_2}\right) \tag{5-41}$$

如果某温度下的平衡常数已知，可用此式方便地计算其他温度下的平衡常数。

**例题分析 5.13：** 假设 $\Delta_r H_m^\ominus$ 的值与温度无关，298.15K 时 $K^\ominus$为 0.148。求反应 $N_2O_4(g) \rightleftharpoons 2NO_2(g)$ 在 100℃下 $K^\ominus$和 $\Delta_r G_m^\ominus$ 的值。

**解析：**

$$\begin{aligned}\Delta_r H_m^\ominus &= 2\Delta_f H_m^\ominus(NO_2) - \Delta_f H_m^\ominus(N_2O_4) \\ &= 2\times(33.095\text{kJ/mol}) + (-1)\times(9.179\text{kJ/mol}) \\ &= 57.011\text{kJ/mol}\end{aligned}$$

$$\ln\frac{K^\ominus(373.15\text{K})}{K^\ominus(298.15\text{K})} = \frac{57011\text{J}\cdot\text{mol}^{-1}}{8.314\text{J}\cdot\text{K}^{-1}\cdot\text{mol}^{-1}}\times\left(\frac{1}{373.15\text{K}} - \frac{1}{298.15\text{K}}\right) = 4.622$$

$$K^\ominus(373.15\text{K}) = K^\ominus(298.15\text{K})\times e^{4.622} = 0.148\times 101.7 = 15.05$$

$$\begin{aligned}\Delta_r G_m^\ominus(373.15\text{K}) &= -RT\ln[K^\ominus(373.15\text{K})] \\ &= -(8.314\text{J}\cdot\text{K}^{-1}\cdot\text{mol}^{-1})\times(373.15\text{K})\times\ln 15.05 \\ &= -8412\text{J}\cdot\text{mol}^{-1}\end{aligned}$$

**例题分析 5.14** 70.9℃时，每 100g 水中硝酸钾的溶解度 $s$ 为 140g；39.9℃时，每 100g 水中的溶解度降低到 63.6g。计算结晶过程的焓变 $\Delta_{结晶} H^\ominus$。

**解析：**

设高温是 $T_2$，低温是 $T_1$。①范特霍夫等温式，按比率的形式书写，所以不需要知道它们的绝对值。换句话说，在该例中，可以对溶解度 $s$ 不做进一步处理，直接使用。同样原因，省掉 $s$ 的单位。②把两个温度转化为开氏温标，范特霍夫等温式要求是热力学温度，因此 $T_2 = 343.9\text{K}$，$T_1 = 312.0\text{K}$。③把数值代入范特霍夫方程：

$$\ln\left(\frac{140}{63.6}\right) = -\frac{-\Delta_{结晶} H^\ominus}{8.314\text{J}\cdot\text{K}^{-1}\cdot\text{mol}^{-1}}\times\left(\frac{1}{343.9\text{K}} - \frac{1}{312.0\text{K}}\right)$$

$$\ln(2.20) = -\frac{-\Delta_{结晶} H^\ominus}{8.314\text{J}\cdot\text{K}^{-1}\cdot\text{mol}^{-1}}\times(-2.973\times10^{-4}\text{K}^{-1})$$

又 $\ln 2.20 = 0.7889$，

等式两边除以“$2.973\times10^{-4}\text{K}^{-1}$”，得

$$\frac{0.7889}{2.973\times10^{-4}\text{K}^{-1}} = \frac{-\Delta_{结晶} H^\ominus}{8.314\text{J}\cdot\text{K}^{-1}\cdot\text{mol}^{-1}}$$

$$\begin{aligned}\Delta_{结晶} H^\ominus &= -2.654\times10^3\text{K}\times 8.314\text{J}\cdot\text{K}^{-1}\cdot\text{mol}^{-1} \\ &= -22.1\text{kJ}\cdot\text{mol}^{-1}\end{aligned}$$

## 5.3.2 压力和惰性气体对化学平衡的影响

仅以理想气体反应系统为例，讨论压力对化学平衡的影响。

根据理想气体反应的等温方程式：

$$\Delta_r G_m = -RT\ln K^\ominus + RT\ln J_p$$

当反应在一定条件下达到平衡时，$\Delta_r G_m = 0$，$K^\ominus = J_p$。在等温条件下，改变系统的压力或惰性组分含量，都会引起 $J_p$ 的变化，而 $K^\ominus$保持不变，于是 $\Delta_r G_m$ 不再为零，系统内将发生宏观过程，引起平衡移动，改变平衡组成。下面分别讨论压力和惰性组分对化学平衡的影响。

**(1) 压力对理想气体反应化学平衡的影响**

用通式 $0 = \sum_B \nu_B B$ 表示的理想气体反应，$J_p$ 的表达式可写作：

$$J_p=\prod_B\left(\frac{p_B}{p^{\ominus}}\right)^{\nu_B}=\prod_B\left(\frac{x_B p}{p^{\ominus}}\right)^{\nu_B}=\left(\frac{p}{p^{\ominus}}\right)^{\sum_B \nu_B}\left(\prod_B x_B{}^{\nu_B}\right) \quad (5\text{-}42)$$

式中，$p$ 为反应系统的总压；$x_B$ 为各反应组分的物质的量分数。由上式可知，对增分子反应，$\sum_B \nu_B B>0$，在温度不变的条件下当 $p$ 增加时，$J_p$ 也增加，而 $K^{\ominus}$ 不变，因而使得 $J_p>K^{\ominus}$，反应将向左移动，重新达到平衡时，系统中产物的浓度将减少；当 $p$ 减少时，$J_p$ 也将减小，因而使 $J_p<K^{\ominus}$，反应向右移动，重新达到平衡时系统中产物的浓度将增加。由此可见，对增分子的反应，减小反应系统压力，对正向反应是有利的；对减分子反应，$\sum_B \nu_B B<0$，压力的影响与上述情况正好相反；对等分子反应，$\sum_B \nu_B B=0$，压力的变化不会改变 $J_p$ 值，因而不会引起平衡的移动。

在一定温度下，增大系统压力则体积缩小，所以增大压力与缩小体积对反应平衡的影响是一样的。

**(2) 惰性气体对平衡组成的影响**

在实际生产中，往往由于原料不纯，或为了生产的需要，反应系统中存在一些不参与反应的物质，称为惰性组分。这些惰性组分虽不参与反应，但却可能引起平衡移动，影响平衡组成。下面讨论在保持反应系统的温度和压力不变的条件下，惰性气体对理想气体反应平衡的影响。

一个理想气体平衡混合物，在保持温度和总压不变的条件下往系统中添加惰性气体，系统的体积增大，使得参与反应的各气体的分压都减小了同样的倍数，这与减小反应系统的总压等效。因而在等温、等压下加入情性气体，相当于减小压力；加入情性气体，使理想气体反应平衡向着增分子方向移动，对于等分子反应不产生影响。惰性气体使平衡移动是通过改变反应的 $J_p$ 实现的，因为 $K^{\ominus}$ 不受惰性气体的影响。

例如乙苯脱氢制苯乙烯的反应：

$$C_6H_5C_2H_5(g) = C_6H_5C_2H_3(g)+H_2(g)$$

该反应为增分子反应，在实际生产中为了提高乙苯的转化率，要向反应系统中通入大量惰性组分（水蒸气）；对于减分子反应，则情况相反，即加入惰性组分将使平衡向左移动，减少平衡混合物中产物的含量，对生产不利。

对增分子的反应，如上述乙苯脱氢制苯乙烯的反应，减压和添加惰性组分虽然都能提高乙苯的转化率，但在实际生产中，由于减压后空气容易从外界漏进反应器内，在较高温度下有爆炸的危险，为了安全起见，常常采用通入水蒸气的方法提高乙苯的转化率。

在定容条件下，理想气体反应系统达到平衡时，若通入惰性气体，则反应系统的总压增加，但由于各反应组分的分压没有改变，因而反应的 $J_p$ 不变，因此不会引起平衡的移动，只会提高反应器的耐压要求，所以生产中不会在定容条件下充入惰性气体。

**例题分析 5.15** 苯乙烯是一种重要的工业原料，常采用乙苯脱氢来制备，$C_6H_5C_2H_5(g) = C_6H_5C_2H_3(g)+H_2(g)$。如反应在 900K 下进行，其 $K^{\ominus}=1.51$。试计算在以下三种不同的反应条件下，乙苯的平衡转化率。

① 反应压力为 100kPa；

② 反应压力为 10kPa；

③ 反应压力为 100kPa，且加入水蒸气，使原料气中水蒸气与乙苯蒸气的物质的量之比为 10∶1。

**解析**：设乙苯初始物质的量为1mol，其平衡转化率为 $\alpha$

①

$$C_6H_5C_2H_5(g) \xrightarrow{900K,100kPa} C_6H_5C_2H_3(g) + H_2(g)$$

| | | | |
|---|---|---|---|
| 起始时 $n_B$/mol | 1 | 0 | 0 |
| 平衡时 $n_B$/mol | $1-\alpha$ | $\alpha$ | $\alpha$ |

$$n_{总}=(1+\alpha)\ \text{mol},\ \sum\nu_B=1$$

$$K^{\ominus}=\frac{\left(\frac{\alpha}{1+\alpha}\times\frac{p}{p^{\ominus}}\right)^2}{\frac{1-\alpha}{1+\alpha}\times\frac{p}{p^{\ominus}}}=\frac{\alpha^2}{1-\alpha^2}\times\frac{p}{p^{\ominus}}$$

$$\alpha=\sqrt{\frac{K^{\ominus}}{K^{\ominus}+(p/p^{\ominus})}}$$

$p=100\text{kPa}$ 时

$$\alpha=\sqrt{\frac{1.51}{1.51+1}}=0.776=77.6\%$$

② 当 $p=10\text{kPa}$ 时

$$\alpha=\sqrt{\frac{1.51}{1.51+0.1}}=0.9680=96.8\%$$

③

$$C_6H_5C_2H_5(g) \xrightarrow{900K,100kPa} C_6H_5C_2H_3(g) + H_2(g), H_2O(g)$$

| | | | | |
|---|---|---|---|---|
| 起始时 $n_B$/mol | 1 | 0 | 0 | 10 |
| 平衡时 $n_B$/mol | $1-\alpha$ | $\alpha$ | $\alpha$ | 10 |

$$N_{总}=(11+\alpha)\ \text{mol},\ \sum\nu_B=1$$

$$K^{\ominus}=\frac{\alpha^2}{1-\alpha}\times\frac{p}{(11+\alpha)p^{\ominus}}=\frac{p\alpha^2}{(11-10\alpha+\alpha^2)p^{\ominus}}$$

$$[K^{\ominus}+(p/p^{\ominus})]\alpha^2+10K^{\ominus}\alpha-11K^{\ominus}=0$$

$$2.52\alpha^2+15.1\alpha-16.61=0$$

$$\alpha=\frac{-1.51+\sqrt{1.51^2-4\times2.52\times16.61}}{2\times2.52}=0.949=94.9\%$$

**例题分析 5.16** 反应 $N_2O_4(g) \rightleftharpoons 2NO_2(g)$ 在60℃时 $K^{\ominus}=1.33$。试求算在60℃及标准压力时：

① 纯 $N_2O_4$ 气体的解离度；

② 1mol $N_2O_4$ 与2mol惰性气体中，$N_2O_4$ 的解离度；

③ 当反应系统的总压力为 $1.0\times10^6$Pa时，纯 $N_2O_4$ 的解离度。

**解析**：

① 设 $N_2O_4$ 起始物质的量为1mol，平衡转化率为 $\chi$

$$N_2O_4(g) \rightleftharpoons 2NO_2(g)$$

| | | | |
|---|---|---|---|
| 平衡时 $n_B$/mol | $1-\alpha$ | $2\alpha$ | $n_{总}=(1+\alpha)$mol |

$$K^{\ominus}=K_x(p/p^{\ominus})=K_x=4\alpha^2/(1-\alpha^2)=1.33$$

解得 $\alpha=0.50$

② $n_{总}=(3+\alpha)\text{mol}$

$$K^{\ominus}=K_x(p/p^{\ominus})=K_x=4\alpha^2/[(1-\alpha)(3+\alpha)]=1.33$$

解得 $\alpha=0.651$

③ $K^{\ominus}=K_x(p/p^{\ominus})=K_x=\dfrac{4\alpha^2}{1-\alpha}\times 10=1.33$

解得 $\alpha=0.18$

## 5.3.3 组成对化学平衡的影响

改变参与反应物质的组成，在气相反应中与改变反应物质的分压有同样的效果，不改变标准平衡常数，但改变了反应中各物质的分压从而使平衡移动。当增加反应物组成（分压）或减少产物组成（分压）时，反应继续正向进行，直到建立新的平衡。实际生产过程中，为提高某种昂贵原料的转化率，经常采用加入过量的廉价易得的其他原料或不断把产物从系统中分离出来的方法，推动反应正向进行。

总之，平衡移动是有规律的。任何处于化学平衡的系统，如果影响平衡的某一个因素发生改变，平衡就向着减弱这个改变的方向移动。升高系统温度，平衡向吸热反应的方向移动，使升高了的温度再降低；增大平衡系统的压力，平衡向着气相减分子反应的方向移动，使增大的压力再逐步减小；若增大平衡系统中反应物的组成，平衡就向着生成物的方向移动，使反应物的组成再逐步降低。这就是**勒夏特列原理**（Le Chatelier's principle/The Equilibrium raw）。

**例题分析 5.17** 可将 $H_2O(g)$ 通过红热的 Fe 来制备 $H_2(g)$。如果此反应在 1273K 时进行，已知反应的标准平衡常数 $K^{\ominus}=1.49$。

① 试计算欲产生 1mol $H_2(g)$ 所需要的 $H_2O(g)$ 为多少？

② 1273K 时，若将 1mol $H_2O(g)$ 与 0.8mol Fe 反应，试求达到平衡时气相的组成如何？Fe 和 FeO 各为多少？

③ 若将 1mol $H_2O(g)$ 与 0.3mol Fe 接触，结果会怎样？

**解析：** ① 反应为： $Fe(s)+H_2O(g) = FeO(s)+H_2(g)$

$$K^{\ominus}=K_p=p_{平衡}(H_2)/p_{平衡}(H_2O)=n_{平衡}(H_2)/n_{平衡}(H_2O)=1.49$$

$$n_{平衡}(H_2O)=\frac{n(H_2)}{1.49}=\frac{1}{1.49}=0.67$$

生成 1mol $H_2$ 消耗 1mol $H_2O$，所以需要的水蒸气为 1.67mol。

② 设平衡时生成 $n(H_2)$ 的氢气。则：

$$n(H_2)/[1\text{mol}-n(H_2)]=1.49$$

解得：$n(H_2)=0.6\text{mol}$

则平衡时：$n(H_2O)=0.4\text{mol}$，$n(FeO)=0.6\text{mol}$，$n(Fe)=0.2\text{mol}$。

③ 最多可生成 0.3mol $H_2$，此时 $n(H_2O)=0.7\text{mol}$，$n(FeO)=0.3\text{mol}$，$n(Fe)=0$。

思考与讨论：平衡常数改变则平衡必定移动吗？平衡移动了则平衡常数必定改变吗？

标准平衡常数的数值取决于温度、参与反应物质的标准化学势及其在反应式中的计量系数，而标准化学势除了是温度的函数，还取决于标准态的选择，包括压力和浓度标度的选定。

平衡移动指的是平衡态的改变，影响状态改变的因素通常只是温度、压力和组成，与标准态的选定以及反应式中的计量系数无关。

## 习题5

5.1 ① 写出反应 $CaCO_3(s) \rightleftharpoons CaO(s)+CO_2(g)$ 的平衡常数商式；

② 已知 25℃下该反应的 $\Delta_r G_m^\ominus$ 为 130.2kJ·mol$^{-1}$，求出 298.15K 时标准平衡常数值和 $p^{eq}(CO_2)$。

[知识点：化学反应平衡常数]

5.2 ① 求出298.15K 时下面反应的标准平衡常数，已知 25℃下该反应的 $\Delta_r G_m^\ominus$ 为 −141.71 kJ·mol$^{-1}$。

$$2SO_2(g)+O_2(g) \rightleftharpoons 2SO_3(g)$$

② 保持总压恒为 $1.013\times10^5$Pa，温度恒为 298.15K，0.20mol $SO_2$ 与 0.10mol $O_2$ 混合，求反应到达平衡态时各气体的分压。

[知识点：化学反应平衡常数、平衡组成的计算]

5.3 ① 求下面反应在298.15K 时的标准平衡常数，已知 25℃下该反应的 $\Delta_r G_m^\ominus$ 为 −16.45kJ·mol$^{-1}$。

$$N_2(g)+3H_2(g) \rightleftharpoons 2NH_3(g)$$

② 保持恒温 298.15K，恒压 $1.013\times10^5$Pa，系统初始组成为 0.25mol $N_2$ 和 0.75mol $H_2$，求系统平衡态的组成。

[知识点：化学反应平衡常数、平衡组成的计算]

5.4 含有 1mol $SO_2$ 和 1mol $O_2$ 的混合气体，在 630℃和 $1.013\times10^5$Pa 下通过一个盛有铂催化剂的定温管，经反应后气体冷却，再用 KOH 吸收 $SO_2$ 和 $SO_3$，然后测量剩余 $O_2$ 的体积。在 0℃、$1.013\times10^5$Pa 下测得剩余 $O_2$ 的体积为 13780cm$^3$。

① 计算 630℃时，$SO_3$ 解离的平衡常数 $K_p$；

② 计算 630℃、$1.013\times10^5$Pa，平衡混合物中 $O_2$ 的分压为 $2.533\times10^4$Pa 时，$SO_3$ 和 $SO_2$ 的物质的量之比。

[知识点：化学反应平衡常数、平衡组成的计算]

5.5 反应：$N_2O_4(g) \rightleftharpoons 2NO_2(g)$，已知 25℃下该反应的 $\Delta_r H_m^\ominus$ 为 57.02kJ·mol$^{-1}$，$\Delta_r S_m^\ominus$ 为 175.83J·mol$^{-1}$。

① 计算 298.15K 时 $\Delta_r G_m^\ominus$ 的值；

② 计算 298.15K 时 $K^\ominus$的值；

③ 在一固定体积为 24.46L 的容器中，初始 $N_2O_4$ 为 1.000mol，计算 298.15K 时系统的平衡压力。假设其为理想气体。

[知识点：$\Delta_r G_m^\ominus$、$K^\ominus$的计算、平衡组成]

5.6 已知 298.15K 时，下列反应：

① $CO_2(g)+2NH_3(g) = H_2O(g)+CO(NH_2)_2(s)$，$\Delta_r G_{m,1}^\ominus=1908J\cdot mol^{-1}$

② $H_2O(g) = H_2(g)+\frac{1}{2}O_2$，$\Delta_r G_{m,2}^\ominus=228597J\cdot mol^{-1}$

③ C(石墨)$+O_2(g) = CO_2(g)$，$\Delta_r G_{m,3}^\ominus=-394384J\cdot mol^{-1}$

④ $N_2(g)+3H_2(g) = 2NH_3(g)$，$\Delta_r G_{m,4}^\ominus=-32434J\cdot mol^{-1}$

试求：

① 尿素 $CO(NH_2)_2(s)$ 的标准生成吉布斯自由能 $\Delta_f G_m^\ominus$；

② 由单质生成尿素反应的标准平衡常数 $K^\ominus$；

[知识点：标准生成吉布斯自由能 $\Delta_f G_m^\ominus$、标准平衡常数 $K^\ominus$]

5.7　在 721℃、101325Pa 下，使纯 $H_2$ 慢慢地通过过量的 $CoO(s)$，则氧化物部分地被还原为 $Co(s)$。流出的已达平衡气体中 $H_2$ 体积分数为 0.025，在同一温度，若用一氧化碳还原 $CoO(s)$，平衡后气体中含一氧化碳 0.0192。求等摩尔的一氧化碳和水蒸气的混合物在 721℃下，通过适当催化剂进行反应，其平衡转化率为多少？

[知识点：平衡组成的计算]

5.8　有人尝试用甲烷和苯为原料来制备甲苯 $CH_4(g)+C_6H_6(g)=\!=\!=C_6H_5CH_3(g)+H_2(g)$，通过不同的催化剂和选择不同的温度，但都以失败告终。而在石化工业上，利用该反应的逆反应，使甲苯加氢来获得苯。试通过如下两种情况，从理论上计算平衡转化率。

① 在 500K 和 100kPa 的条件下，选用适当的催化剂，若原料甲烷和苯的摩尔比为 1∶1，利用热力学数据估算一下，可能获得的甲苯所占的摩尔分数；

② 若反应条件同上，使甲苯和氢气的摩尔比为 1∶1，请计算甲苯的平衡转化率。已知 500K 时，这些物质的标准摩尔生成 Giibs 自由能分别为：

$$\Delta_f G_m^\ominus(CH_4,g)=-33.08kJ\cdot mol^{-1}$$

$$\Delta_f G_m^\ominus(C_6H_6,g)=162.0kJ\cdot mol^{-1}$$

$$\Delta_f G_m^\ominus(C_6H_5CH_3,g)=172.4kJ\cdot mol^{-1}$$

$$\Delta_f G_m^\ominus(H_2,g)=0kJ\cdot mol^{-1}$$

[知识点：平衡组成的计算]

5.9　在 298.15K 时，丁烯脱氢制取丁二烯的反应 $C_4H_8(g)=\!=\!=C_4H_6(g)+H_2(g)$，根据热力学数据表，试计算：

① 298.15K 时反应的 $\Delta_r H_m^\ominus$ 和 $\Delta_r S_m^\ominus$ 的值；

② 298.15K 时的标准摩尔 Gibbs 自由能变 $\Delta_r G_m^\ominus$ 和标准平衡常数 $K^\ominus$；

③ 830K 时的 $K^\ominus$，设 $\Delta_r H_m^\ominus$ 与温度无关；

④ 若在反应气体中加入水蒸气，加入量与丁烯的比例为：$C_4H_8(g)∶H_2O(g)=1∶15$(摩尔比)，试计算反应在 830K、200kPa 条件下，丁烯的平衡转化率。

已知，298.15K 时参与反应物质的热力学数据如下表：

| 物质 | $C_4H_8$ (g) | $C_4H_6$ (g) | $H_2$ (g) |
|---|---|---|---|
| $\Delta_f H_m^\ominus/J\cdot mol^{-1}$ | −0.13 | 110.16 | 0 |
| $S_m^\ominus/J\cdot K^{-1}\cdot mol^{-1}$ | 305.71 | 278.85 | 130.68 |

[知识点：$\Delta_r G_m^\ominus$、$\Delta_r H_m^\ominus$、$\Delta_r S_m^\ominus$ 及平衡组成的计算]

5.10　乙烯加氢反应的方程式为 $C_2H_4(g)+H_2(g)=\!=\!=C_2H_6(g)$，设所有的 $C_{p,m}$ 与温度无关。试求：

① 反应在 350K 时的标准平衡常数；

② 反应的转折温度。

已知在 298K 时的热力学数据如下表：

| 物质 | $C_2H_6$ (g) | $C_2H_4$ (g) | $H_2$ (g) |
|---|---|---|---|
| $\Delta_f H_m^\ominus/J\cdot mol^{-1}$ | −84.68 | 52.26 | 0 |
| $S_m^\ominus/J\cdot K^{-1}\cdot mol^{-1}$ | 229.6 | 219.6 | 130.68 |

[知识点：范特霍夫方程]

5.11 反应 $CO(g)+H_2O(g)$═══$H_2(g)+CO_2(g)$ 的标准平衡常数与温度的关系为：

$$\lg K^{\ominus}=2150\text{K}/T-2.216$$

当 $CO$、$H_2O$、$H_2$、$CO_2$ 的起始组成分别为 0.3、0.3、0.2、0.2（皆为物质的量分数），总压为 101.325kPa 时，在什么温度以下（或以上）反应才能向生成物的方向进行？

［知识点：温度对化学平衡的影响］

5.12 将 $CO_2(g)$ 和 $CF_4(g)$ 的混合气体通过 1000℃的盛有铂催化剂的高温炉。将反应达到平衡后流出的气体冷却，取在 0℃及标准压力时体积为 $524\text{cm}^3$ 的该气体与 $Ba(OH)_2$ 溶液反应，以全部吸收 $COF_2$ 及 $CO_2$：

$$2Ba(OH)_2+COF_2 \text{═══} BaCO_3+2H_2O+BaF_2$$

$$Ba(OH)_2+CO_2 \text{═══} BaCO_3+H_2O$$

此时气相中剩余的 $CF_4$ 在 0℃及标准压力下的体积为 $191\text{cm}^3$。再使 $Ba(OH)_2$ 溶液中的沉淀物与乙酸溶液共热，使碳酸盐溶解，余下不溶的 $BaF_2$ 固体，干燥后称重为 1.0652g。试依据上述实验求算 1000℃时反应 $2COF_2(g)$═══$CO_2(g)+CF_4(g)$ 的 $K^{\ominus}$。已知 1000℃时，$CO_2(g)$ 和 $CF_4(g)$ 的标准生成吉布斯自由能分别为 $-397.2\text{kJ}\cdot\text{mol}^{-1}$ 和 $-489.3\text{kJ}\cdot\text{mol}^{-1}$，试求该温度时 $COF_2(g)$ 的标准生成吉布斯自由能 $\Delta_r G_m^{\ominus}$。

［知识点：温度对化学平衡的影响］

5.13 298.15K 时，正辛烷的标准燃烧焓是 $-5512.4\text{kJ}\cdot\text{mol}^{-1}$，$CO_2(g)$ 和液态水的标准生成热为 $-393.5\text{kJ}\cdot\text{mol}^{-1}$ 和 $-285.8\text{kJ}\cdot\text{mol}^{-1}$；正辛烷、氢气和石墨的标准熵分别为 $463.71\text{kJ}\cdot\text{mol}^{-1}$、$130.59\text{kJ}\cdot\text{mol}^{-1}$ 和 $5.69\text{kJ}\cdot\text{mol}^{-1}$。

① 试求算 298.15K 时正辛烷生成反应的 $K^{\ominus}$；

② 增加压力对提高正辛烷的产率是否有利？为什么？

③ 升高温度对提高其产率是否有利？为什么？

④ 若在 298.15K 及标准压力下进行此反应，达到平衡时正辛烷的摩尔分数能否达到 0.1？若希望正辛烷的摩尔分数达到 0.5，试求算 298.15K 时需要多大的压力？

［知识点：温度、压力对化学平衡的影响］

5.14 设在某一温度下，有一定量的 $PCl_5(g)$ 在 100kPa 压力下的体积为 $1\text{dm}^3$，在该条件下 $PCl_5(g)$ 的解离度 $\alpha=0.5$。计算说明在下列几种情况下，$PCl_5(g)$ 的解离度是增大还是减小。

① 使气体的总压降低，直到体积增加到 $2\text{dm}^3$；

② 通入 $N_2(g)$，使体积增加到 $2\text{dm}^3$，而压力仍为 100kPa；

③ 通入 $N_2(g)$，使压力增加到 200kPa，而体积仍维持在 $1\text{dm}^3$；

④ 通入 $Cl_2(g)$，使压力增加到 200kPa，而体积仍维持在 $1\text{dm}^3$。

［知识点：压力对化学平衡的影响］

5.15 373K 时，$2NaHCO_3(s)$═══$Na_2CO_3(s)+CO_2(g)+H_2O(g)$反应的 $K^{\ominus}=0.231$。

① 在 $0.01\text{m}^3$ 的抽空容器中，放入 0.1mol $Na_2CO_3(s)$，并通入 0.2mol $H_2O(g)$，最少需通入多少摩尔的 $CO_2(g)$ 才能将 $Na_2CO_3(s)$ 全部转变成 $NaHCO_3(s)$？

② 在 373K、总压为 101325Pa 时，要在 $CO_2(g)$ 及 $H_2O(g)$ 的混合气体中干燥潮湿的 $NaHCO_3(s)$，混合气体中 $H_2O(g)$ 的分压应为多少才不致使 $NaHCO_3(s)$ 分解？

［知识点：组成对化学平衡的影响］

5.16 某原料空气中含有微量 $NO_2$，且存在如下平衡：

$$NO(g)+1/2O_2(g) \text{═══} NO_2(g)$$

NO 的浓度不得超过 $1.0\times10^{-8}\text{mol}\cdot\text{m}^{-3}$，当原料气中氮氧化物的总浓度为 $5\times10^{-6}\text{mol}\cdot\text{m}^{-3}$ 时，原料空气是否需要处理以脱除 NO？已知原料气中 $O_2$ 含量为 0.21（物质的量分数），进料温度为 298.15K。压力为 101325Pa，在 298.15K 时，标准生成吉布斯自由能为：

$$\Delta_f G_m^{\ominus}(NO)=86567J\cdot mol^{-1},\Delta_f G_m^{\ominus}(NO_2)=51317J\cdot mol^{-1}。$$

[知识点：组成对化学平衡的影响]

5.17　一个可能大规模制备氢气的方法是将 $CH_4(g)+H_2O(g)$ 的混合气通过灼热的催化剂床，若原料气组成的摩尔比为 $n_{H_2O}:n_{CH_4}=5:1$，温度为 873K，压力为 100kPa，并假设只发生如下两个反应：

$$CH_4(g)+H_2O(g)=\!=\!=CO(g)+3H_2(g),\Delta_r G_{m,1}^{\ominus}=4.435kJ\cdot mol^{-1}$$

$$CO(g)+H_2O(g)=\!=\!=CO_2(g)+H_2(g),\Delta_r G_{m,2}^{\ominus}=-6.633kJ\cdot mol^{-1}$$

试计算达到平衡并除去 $H_2O(g)$ 后，平衡干气的组成，用摩尔分数表示。

[知识点：组成对化学平衡的影响]

# 第6章

# 化学反应动力学

**内容提要**

化学反应热力学与化学反应动力学是物理化学最重要的两大部分。化学反应热力学主要解决反应进行的方向和程度的问题，而化学反应动力学则主要解决反应的速率和反应机理的问题。

化学反应的速率是指化学反应的快慢；反应机理是指反应物分子经过哪些具体途径变成产物分子。对于热力学上可以发生的反应，反应速率却有快有慢。化学反应动力学的基本任务是研究各种因素（如反应物的浓度、温度、压力、催化剂、光等）对化学反应速率的影响，同时揭示化学反应发生所经历的具体过程（即反应机理），研究物质的结构和反应性能之间的关系（即构效关系）。

化学反应动力学比化学反应热力学复杂得多，研究内容更为丰富。本章主要介绍了反应物浓度与反应温度对反应速率的影响，同时介绍了简单级数反应和复合反应的动力学规律和基元反应速率理论，最后分别介绍了溶剂和催化剂对反应速率的影响以及光化学反应动力学。

## 6.1 化学反应速率与浓度的关系

案例 6.1　强效漂白剂还是普通漂白剂?

漂白剂在日常生活中经常被用于清除污渍、消毒杀菌和漂白衣物。漂白剂的活性成分为次氯酸根离子（$ClO^-$），漂白过程的实质是次氯酸根在水溶液中与有色物质发生反应，生成无色物质。

漂白剂分为强效漂白剂和普通漂白剂。强效漂白剂不仅比普通漂白剂的漂白速度更快，而且漂白效果也更好，主要原因在于强效漂白剂中有效成分的浓度更高，即单位体积溶液中所含有的次氯酸根离子更多。

漂白反应的主要过程为：$ClO^- +$污渍$\longrightarrow$P

式中，P为漂白后生成的无色物质。对于任意化学反应，化学反应速率等于单位时间内反应物浓度的减少或生成物浓度的增加。所以：

漂白反应速率：

$$r=\frac{\mathrm{d}p}{\mathrm{d}t}=kc_{\mathrm{ClO^-}}^{m}c_{\text{污渍}}^{n}$$

式中，$m$、$n$ 分别为漂白反应中 $ClO^-$ 和污渍的反应级数。

从上式中可以看出，漂白反应的反应速率与 $ClO^-$ 以及污渍的浓度正相关。由于强效漂白剂的 $ClO^-$ 浓度更高，所以漂白速度更快。

由此案例可见，化学反应速率与反应物的浓度有密切的关系，具体关系将在下面详细介绍。

## 6.1.1 化学反应速率

**化学反应速率**（chemical reaction rate）也简称为反应速率，是指化学反应进行的快慢，以符号 $r$ 来表示。对于某一确定的化学反应，反应速率可用单位时间内反应物浓度的减少或者生成物浓度的增加来表示。

对于反应：

$$a\mathrm{A}+b\mathrm{B}\longrightarrow c\mathrm{C}+d\mathrm{D}$$

反应速率定义如下：

$$r=\frac{1}{\nu}\times\frac{\mathrm{d}c}{\mathrm{d}t} \tag{6-1}$$

式中，$c$ 为反应中某物质的浓度；$t$ 为反应时间；$\nu$ 为化学反应的计量系数。在表达式中反应物的浓度不断减少，生成物的浓度不断增加，因此对于反应物而言，物质的浓度改变为负，在计算式中要加上“$-$”号；对于生成物而言，物质的浓度改变为正，因此计算式前为“$+$”号，“$+$”可略去。

根据反应速率的定义，可以选取任何一种物质来计算反应的反应速率：

$$r=-\frac{1}{a}\times\frac{\mathrm{d}c_{\mathrm{A}}}{\mathrm{d}t}=-\frac{1}{b}\times\frac{\mathrm{d}c_{\mathrm{B}}}{\mathrm{d}t}=\frac{1}{c}\times\frac{\mathrm{d}c_{\mathrm{C}}}{\mathrm{d}t}=\frac{1}{d}\times\frac{\mathrm{d}c_{\mathrm{D}}}{\mathrm{d}t}$$

反应速率的单位是 $[c][t]^{-1}$，其中浓度 $c$ 的单位通常采用 $\mathrm{mol \cdot dm^{-3}}$；时间 $t$ 的单位可以是 s、min、h、d、a 等。

反应速率的另一种表示方法为用单位时间、单位体积中发生的化学反应进度来表示。

$$r=\frac{\mathrm{d}\xi}{\mathrm{d}t}\times\frac{1}{\nu} \tag{6-2}$$

式(6-2) 中 $\xi$ 为化学反应进度。由反应进度定义（见第1章）可知：

$$\Delta\xi=\frac{\mathrm{d}n}{\nu}=-\frac{c-c_0}{\nu} \tag{6-3}$$

对于反应：

$$
\begin{array}{lcc} & aA \longrightarrow & bB \\ t=0 & c_{A_0} & c_{B_0} \\ t=t & c_A & c_B \end{array}
$$

将式(6-3) 代入式(6-2) 可得：

$$r=\frac{d\xi}{dt}\times\frac{1}{V}=\frac{1}{\nu_B}\times\frac{dn_B}{V}\times\frac{1}{dt}=\frac{1}{b}\times\frac{dc_B}{dt} \tag{6-4}$$

对比式(6-1) 和式(6-4) 可以发现，两种方法得到的化学反应的速率方程是一致的，本质上是反应物或者生成物浓度随时间的变化。化学反应速率的大小取决于反应物的温度、压力和浓度，气相反应中反应速率和各种物质的分压有关。在一定温度下，很多反应的反应速率仅仅取决于反应物的浓度。

**例题分析 6.1**

对于气相反应：$N_2+3H_2 = 2NH_3$，在恒温、恒容条件下，请分别用三种物质来表示该反应的化学反应速率。

**解析：**

由化学反应速率的定义得，该反应的反应速率可表示为：

$$r=-\frac{dc_{N_2}}{dt}=-\frac{1}{3}\times\frac{dc_{H_2}}{dt}=\frac{1}{2}\times\frac{dc_{NH_3}}{dt}$$

上述关系式就是该反应的正反应速率方程。由上述反应速率方程可知，化学反应的正反应速率通常与每种反应物浓度的若干次幂的乘积成比例，同理其逆反应也如此。

值得注意的是，由反应速率定义式(6-1) 可知，在参与反应的物质中，可选用任一种物质表示其反应速率，即反应速率的量值与物质的选择无关，但与化学计量式的写法有关。计量系数不同，反应物的消耗速率不同，产物的增长速率也不同。

### 6.1.2 化学反应速率的测定

测定化学反应速率的经典方法是测定反应物或生成物在不同反应时刻的浓度，然后代入化学反应速率方程，即可求得反应速率。在化学反应速率测定的过程中，反应物或者生成物浓度的测定是关键。

目前反应物或生成物浓度的测定方法包括物理法和化学法。物理法是利用反应物或生成物的某一物理性质的变化与浓度之间的关系，来测定物质浓度。可以利用的物理性质包括压力、电导率、旋光度、折射率等。化学法是利用骤然降温，移走催化剂或者极度稀释某一物质的浓度等方法使反应在某个时刻的反应速率迅速降低，甚至冻结反应，使反应瞬间停止，然后直接测定系统中各物质的浓度。

物理法的优点在于无需采样，操作方便，可以连续测定反应系统的物质浓度，缺点在于物质浓度的测量是通过与物理量之间的关系间接获得，因此系统中发生的副反应或者少量杂质的存在会对所测量物质的物理性质有较大的影响，导致测量误差。化学法的优点在于物质浓度是直接测定的，比较准确，缺点在于待测系统必须具有合适的冻结方法，否则难以测定。

下面来看一个通过测定反应系统的压力变化，来测定化学反应速率的例子。

**例题分析 6.2**

在定容反应器中氯代甲酸甲酯分解为光气的反应如下：

$$ClCOOCCl_3(g) \longrightarrow 2COCl_2(g)$$

试用压力法测定该反应的化学反应速率。

**解析：**

对于该反应，随着反应的进行，系统的总压力增加，可通过压力计记录反应的起始压力 $p_0$，然后连续记录不同时刻系统的总压力 $p_{总}$，就可以求出不同时刻反应物的分压 $p_1$ 和产物的分压 $p_2$。

$$ClCOOCCl_3(g) \longrightarrow 2COCl_2(g)$$

| | | |
|---|---|---|
| $t=0$ | $p_0$ | $0$ |
| $t=t$ | $p_0-\Delta p$ | $2\Delta p$ |

根据上式可知，$t$ 时刻系统的总压力为：

$$p_{总}=p_0-\Delta p+2\Delta p=p_0+\Delta p$$

可见，任意时刻反应物分压 $p_1$ 为：

$$p_1=p_0-\Delta p=2p_0-p_{总}$$

对于气相反应系统，当系统的温度和体积一定时，各气体的分压即可表示其浓度。根据化学反应速率的定义得该反应的化学反应速率为：

$$r=-\frac{(2p_0-p_{总})-p_0}{t}=\frac{p_{总}-p_0}{t}$$

下面再来看一个通过测定反应系统电导率的变化，来测定化学反应速率的例子。

**例题分析 6.3**

乙酸乙酯水解反应的离子反应方程式如下：

$$CH_3COOC_2H_5+OH^- \longrightarrow CH_3COO^-+C_2H_5OH$$

试简要叙述利用测定反应系统离子的电导率，来测定该反应的化学反应速率的原理。

**解析：**

由反应速率定义可知，上述反应的化学反应速率方程可表示如下：

$$r=-\frac{dc_{OH^-}}{dt}=\frac{dc_{CH_3COO^-}}{dt}$$

在上述反应系统中，导电离子为 $CH_3COO^-$ 和 $OH^-$。不同离子的导电能力不同，其中 $OH^-$ 的电导率远大于 $CH_3COO^-$ 的电导率，因此在误差允许的范围内，可认为溶液电导率的减少仅由 $OH^-$ 的减少引起。利用电导仪测量出溶液电导率的变化，利用溶液的电导率与离子浓度之间的线性关系，可求得反应时间 $t$ 内 $OH^-$ 浓度的变化，从而求得化学反应速率。

测定化学反应的反应速率，关键在于测定系统中各物质在不同时刻的浓度。除了上述两个例子以外，通过物理或化学方法测定物质浓度的例子还有很多。如在一定波长（给定反应物或产物的吸收波长）下测定发射光的吸收；在一定波长（产物或反应物发射出的波长）下测定系统激发光谱的强度；测定系统的质谱等方法，均可测出系统中物质的浓度。

上面已经介绍了化学反应速率的测定，那么如何建立化学反应的速率方程呢？

## 6.1.3 化学反应的速率方程

化学反应的**速率方程**（rate equation）也称**动力学方程**（kinetic equation），是指反应速率与各物质浓度等参数之间的函数关系式。一个反应的速率方程通常有微分式和积分式两种形式。

确定反应的速率方程是研究化学反应的一个重要步骤。一方面，速率方程可以预测该反应的速率；另一方面，速率方程的形式还可以提供构成该反应的分子反应过程的信息，即反应机理。

化学反应的速率方程需由实验测定，和化学反应计量方程之间无必然关系。

例如，$H_2$ 与三种不同卤素气体的反应，其化学反应方程式是相似的：

$$H_2+Cl_2 \longrightarrow 2HCl$$

$$H_2+Br_2 \longrightarrow 2HBr$$

$$H_2+I_2 \longrightarrow 2HI$$

通过实验测得，上述三个化学反应的速率方程依次如下：

$$r=\frac{kc_{H_2}c_{Br_2}^{\frac{1}{2}}}{1+k'\frac{c_{HBr}}{c_{Br_2}}}$$

$$r=kc_{H_2}c_{Cl_2}^{\frac{1}{2}}$$

$$r=kc_{H_2}c_{I_2}$$

因此，无法通过一个化学反应的计量方程式来预测其速率方程。以上三个反应的速率方程之所以不同，是由于它们的反应机理不同。

根据机理的不同，反应可以分为基元反应和非基元反应。**基元反应**（elementary reaction）是指反应物分子经过碰撞，一步转变成为产物分子的反应。反应物分子不能一步生成产物分子的反应则称为**非基元反应**。

在一定温度下，基元反应的速率只与反应物的浓度有关。这种反应速率与反应物浓度之间的关系称为**质量作用定律**（law of mass action）。此种关系严格来说只适用于基元反应。

例如对于基元反应：$aA+bB \longrightarrow cC+dD$，其速率方程可以表示为：

$$r=kc_A^a c_B^b \tag{6-5}$$

非基元反应的速率方程不能通过反应方程式简单推导，而需要通过实验进行测定。

从式(6-5) 中可以看出，化学反应速率主要取决于两个方面，反应物浓度和 $k$ 值，下面分别对其进行介绍。

**(1) 反应级数**

为了衡量浓度对反应速率的影响程度，人们定义了**反应级数**（order of reaction）的概念。对于某化学反应：

$$aA+bB \longrightarrow cC+dD$$

若其反应速率方程为 $r=kc_A^m c_B^n$，指数 $m$ 则代表该反应对物质 A 的级数，同样指数 $n$ 代表该反应对物质 B 的级数，各种反应物的级数的总和（$m+n$）就是该反应的总级数。例如，如果 $m$ 和 $n$ 均为 1，那么该反应分别对于物质 A 和物质 B 来说都是一级反应，对于总反应来说即是二级反应。其他的级数也是类似地累加。值得注意的是 $m$ 和 $a$，$n$ 和 $b$ 之间并没有必然的等量关系。反应级数可以是正、负整数或正、负分数，也可以为 0。有些反应的速率方程比较复杂，如 $H_2$ 与 $Br_2$ 的反应方程，它们没有确定的反应级数。

**例题分析 6.4**

请写出下列反应的速率方程及反应级数。

① $H_2+I_2 \longrightarrow 2HI$

② $H_2+Cl_2 \longrightarrow 2HCl$

**解析：**

对于反应①，由实验得出反应的速率方程为：

$$r_1=kc_{H_2}c_{I_2}$$

由反应级数的定义可知，该反应对于 $H_2$ 和 $I_2$ 来说，都是一级反应，总反应为二级反应。

对于反应②，由实验得出反应的速率方程为：

$$r_2=kc_{H_2}c_{Cl_2}^{\frac{1}{2}}$$

该反应对于 $H_2$ 为一级，对于 $Cl_2$ 为 0.5 级，总反应级数为 1.5 级。

因此，反应级数可以是正、负整数或正、负分数，也可以为 0。

**(2) 速率常数**

式(6-5) 中的 $k$ 称为**速率常数**（rate constant），它代表速率方程式中各物质的浓度均为单位浓度时的反应速率。速率常数 $k$ 是化学动力学中一个重要的物理量，其量值直接反映了化学反应速率的大小。$k$ 值的大小与浓度无关，取决于温度、反应物的本性和溶剂等各种因素。在同一温度下，比较几个反应的 $k$ 值，可大致判断其反应能力。它也是确定反应机理的主要依据，还可以根据不同温度下测定的同一反应的速率常数，结合阿伦尼乌斯公式（本章见 6.5 小节）确定反应的活化能。在化学工程中，它也是设计合理反应器的重要依据。

由式(6-5) 可以发现，速率常数 $k$ 的单位和反应级数有关，对于不同级数的反应，其速率常数 $k$ 的单位是不同的。

**例题分析 6.5**

已知某个反应的速率常数 $k$ 的单位为 $mol^{-1}\cdot dm^3\cdot s^{-1}$，试求该反应为几级反应？

**解析：**

由速率常数的定义可得，对于一个 $n$ 级反应，速率常数计算如下：

$$k=\frac{r(mol\cdot dm^{-3}\cdot s^{-1})}{[c(mol\cdot dm^{-3})]^n}=\frac{r}{c}[(mol\cdot dm^{-3})^{1-n}\cdot s^{-1}]$$

由上式可知，对于 $n$ 级反应，其速率常数 $k$ 的单位为 $(mol\cdot dm^{-3})^{1-n}\cdot s^{-1}$。

由题意知，该反应速率常数 $k$ 的单位为 $mol^{-1}\cdot dm^3\cdot s^{-1}$。

所以，$1-n=-1$，则 $n=2$，所以该反应为二级反应。

**思考与讨论：如何利用蔗糖的旋光度来测定蔗糖水解反应的速率常数？**

蔗糖的水解是一级反应，蔗糖是右旋物质，水解后的葡萄糖是右旋，果糖却是左旋。由于果糖的旋光度大，所以水解后的产物整体呈左旋。试回答如何利用旋光度与物质浓度之间的关系求算反应的速率常数。

［参考文献：屈景年，莫运春，等.旋光法测蔗糖水解反应速率常数实验的改进.大学化学［J］，2005.］

# 6.2 简单级数反应的动力学规律

案例 6.2　古文物年代的确认

一件古文物，若经仪器检测其中$^{14}C$的含量与原始含量的比为 80%，则该古文物大致是多少年之前的？

这是一个利用一级反应动力学规律解决实际问题的例子。应该明确的是，碳元素在自然界中最主要的存在形式是$^{12}C$,$^{14}C$是由碳原子被宇宙高能粒子撞击后，发生了放射性的改变而生成的。生物可以通过呼吸和食物两种途径摄取$^{14}C$，一旦生物死亡后，生物遗体或者残骸内的$^{14}C$会由于自身衰变而逐渐减少。

科学家发现放射性元素的衰变反应多为**一级反应**，即反应速率仅与反应物浓度的一次方成正比。目前已经确定$^{14}C$的**半衰期**（反应物消耗一半所用的时间）是 5730 年，所以通过检测生物体中的$^{14}C$的含量与原始含量之比，结合一级反应的动力学规律，即可以求出样品存在的时间，据此可以求出古文物所处的年代。

$^{14}C$是放射性元素，$^{14}C$原子的衰变反应如下：

$$^{14}C \longrightarrow {}^{14}N + \beta^- \tag{6-6}$$

$$\begin{array}{cccc} t=0 & c_{A_0} & & 0 \\ t=t & c_A & & x \end{array}$$

上述反应是一个典型的一级反应，即反应速率和反应物浓度的一次方成正比的反应。反应的微分速率方程为：

$$r=-\frac{dc_A}{dt}=kc_A$$

移项并积分得到：

$$\ln\frac{c_{A_0}}{c_A}=kt$$

当 $c_A=\frac{1}{2}c_{A_0}$ 时，解得半衰期 $t_{1/2}=\frac{\ln 2}{k}$

将 $k=\frac{\ln 2}{t_{1/2}}$代入 $t=\ln\frac{c_{A_0}}{c_A}\times\frac{1}{k}$可得

$$t=\frac{t_{1/2}}{\ln 2}\ln\frac{c_{A_0}}{c_A} \tag{6-7}$$

利用现代仪器检测技术，测得反应式(6-6) 的半衰期是 5730 年。

代入式 (6-7) 计算可得：

$$t=\frac{t_{1/2}}{\ln 2}\times\ln\frac{c_{A_0}}{c_A}$$

$$=\frac{5730}{\ln 2}\times\ln\frac{1}{80\%}$$

$$\approx 1845\text{ 年}$$

通过计算可以发现，该古文物距今有 1845 年。

可见，研究不同级数的化学反应的动力学规律是有现实意义的，本节重点介绍一级、二级、零级和 $n$ 级反应的动力学规律。

## 6.2.1 一级反应

反应速率只与反应物浓度的一次方成正比的反应称为**一级反应**（first order reaction）。上述案例中 $^{14}C$ 的衰变即为典型的一级反应。常见的一级反应除了放射性元素的衰变，还有分子重排、五氧化二氮的分解等。

$$N_2O_5(g)=\!=\!=N_2O_4(g)+\frac{1}{2}O_2(g)$$

五氧化二氮的分解是典型的一级反应，该反应的反应速率和五氧化二氮的浓度成一次方的关系。

下面以简单的一级反应来推导其化学反应的速率方程。

对于常温下发生的典型一级反应：

$$\begin{array}{ccc} & A \xrightarrow{k_1} & B \\ t=0 & c_{A_0} & 0 \\ t=t & c_A & c_B \end{array}$$

反应的微分速率方程可以表示如下：

$$r=-\frac{dc_A}{dt}=k_1c_A \tag{6-8}$$

对式(6-8) 移项并积分，得到：

$$\int_{c_{A_0}}^{c_A}-\frac{dc_A}{c_A}=\int_0^t k_1\,dt \tag{6-9}$$

积分后得：

$$\ln\frac{c_{A_0}}{c_A}=k_1t \text{ 或 } c_A=c_{A_0}e^{-k_1t} \tag{6-10}$$

由式(6-10) 可知，对于一级反应，$\ln c$ 和反应时间 $t$ 之间存在线性关系，如图 6.1 所示，这是一级反应的一个重要特征，由直线的斜率可求得反应速率常数 $k$。

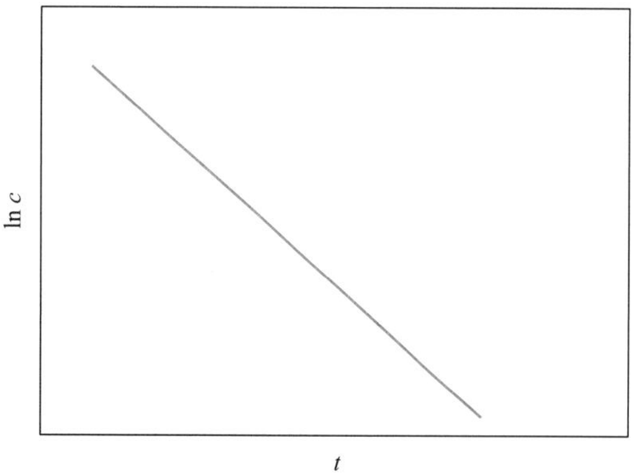

图 6.1　一级反应的 $\ln c$-$t$ 关系曲线

动力学中通常将反应物消耗一半，即 $c_A=\frac{1}{2}c_{A_0}$ 时所需要的时间称为**半衰期**（half life），用符号 $t_{1/2}$ 表示。由式(6-10)

可知，对于一级反应，其半衰期的计算如下：

$$t_{1/2}=\frac{\ln 2}{k_1} \tag{6-11}$$

一级反应的半衰期和反应物的初始浓度无关，和反应的速率常数成反比。由于对于一定温度下确定的一级反应，其速率常数的值是确定的，所以反应的半衰期 $t_{1/2}$ 也是确定的，这是一级反应的另一个重要特征。显然，一级反应的速率常数 $k$ 的单位为（时间）$^{-1}$。

**例题分析 6.6**

药物进入人体后，会随着人体新陈代谢排出体外。某小组在人体内注射了 0.5g 阿莫西林，用于研究阿莫西林在人体内的浓度随时间的变化，下表为在不同时刻测定的血液中的阿莫西林的浓度：

| $t$/h | 4 | 8 | 12 | 16 |
|---|---|---|---|---|
| $c$/(mg/100mL) | 0.48 | 0.31 | 0.24 | 0.15 |

已知，阿莫西林在人体内的代谢为一级反应。

① 证明：$\ln c$ 和 $t$ 之间存在线性关系。

② 求阿莫西林在血液中的半衰期。

③ 欲使血液中阿莫西林浓度不低于 0.40mg/100mL，需间隔几小时注射第二次？

**解析：**

① 由题设知，该反应为一级反应，因此化学反应式如下：

$$\begin{array}{ccc} & A \xrightarrow{k_1} & B \\ t=0 & c_{A_0} & 0 \\ t=t & c_A & c_B \end{array}$$

由 $-\frac{dc_A}{dt}=k_1c_A$，知 $-\frac{dc_A}{c_A}=k_1dt$

对上式进行定积分，得到：

$$-\int_{c_{A_0}}^{c_A}\frac{dc_A}{c_A}=\int_0^t k_1 dt$$

$$\ln c_A=-k_1t+\ln c_{A_0}$$

可见，$\ln c$ 和 $t$ 之间存在线性关系。

② 以 $\ln c$ 对 $t$ 作图，如图 6.2 所示：

图中直线的斜率为 $-0.0936$，则 $k_1=0.0936\text{h}^{-1}$。

$$t_{1/2}=\frac{\ln 2}{k_1}=\frac{\ln 2}{0.0936}=7.4(\text{h})$$

③ 由直线的截距得初始浓度

$$c_{A_0}=0.925\text{mg}/100\text{mL}$$

血液中阿莫西林浓度降为 0.40mg/100mL 所需的时间为：

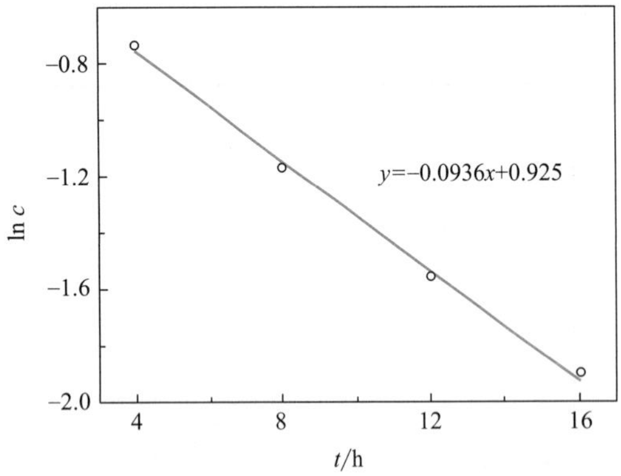


图 6.2　阿莫西林代谢的 $\ln c$-$t$ 关系曲线

$$t=\ln\frac{c_{A_0}}{c_A}\times\frac{1}{k}=\ln\frac{0.925}{0.40}\times\frac{1}{0.0936}=8.96(\mathrm{h})$$

可见，欲使血液中阿莫西林浓度不低于0.40mg/100mL，需间隔8.96h注射第二针。

### 6.2.2 二级反应

反应速率与一种反应物浓度的平方成正比或与两种反应物浓度的乘积成正比的反应称为**二级反应**（second order reaction）。二级反应是一类常见的反应，溶液中的许多有机反应，包括加成、取代、消除反应等，都符合二级反应规律。

对于常温下发生的典型二级反应：

$$\begin{array}{cccccc} & A & + & B \xrightarrow{k_2} & C+\cdots \\ t=0 & c_{A_0} & & c_{B_0} & 0 \\ t=t & c_A & & c_B & x \end{array}$$

反应的微分速率方程表示如下：

$$r_A=-\frac{dc_A}{dt}=-\frac{dc_B}{dt}=\frac{dx}{dt}=k_2c_Ac_B \tag{6-12}$$

对于二级反应存在两种情况：一种是两种反应物的初始浓度相等，这种情况比较简单；另一种是两种反应物的初始浓度不相等，这种情况相对来说比较复杂。下面分别对两种情况进行介绍：

① 若反应物初始浓度相等，即 $c_{A_0}=c_{B_0}$，上述微分速率方程可简化为：

$$-\frac{dc_A}{dt}=k_2c_A^2 \tag{6-13}$$

对式(6-13) 移项并积分，得到

$$\int_{c_{A_0}}^{c_A}-\frac{dc_A}{c_A^2}=\int_0^t k_2dt$$

$$k_2t=\frac{1}{c_A}-\frac{1}{c_{A_0}} \tag{6-14}$$

由上式可以看出，对于初始反应物浓度相等的二级反应而言，$\frac{1}{c_A}$-$t$ 之间存在线性关系，其关系曲线图如图6.3所示，由直线的斜率可求得 $k$。这是这类二级反应的一个重要特征。

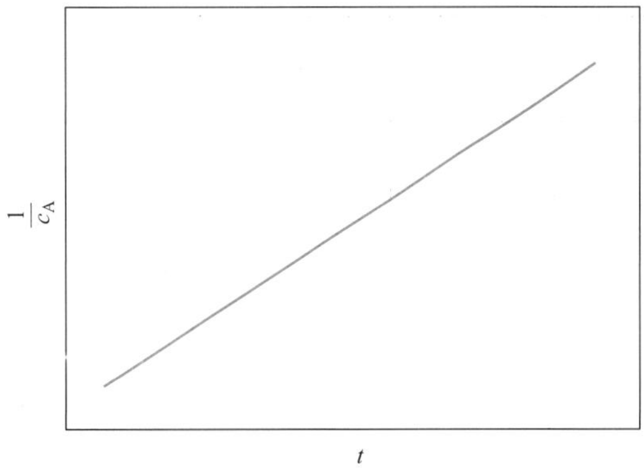

图6.3　二级反应的 $1/c_A$-$t$ 的关系曲线

当原始反应物消耗一半时，$c_A=\frac{1}{2}c_{A_0}$ 则，

$$t_{1/2}=\frac{1}{k_2c_{A_0}}$$

可见，二级反应的半衰期与一级反应不同。一级反应的半衰期与初始浓度无关，而二级反应的半衰期与初始浓度成反比，与反

应速率常数也成反比。二级反应的速率常数 $k_2$ 的单位为（浓度）$^{-1}$·（时间）$^{-1}$。

② 若反应物初始浓度不相等，即 $c_{A_0} \neq c_{B_0}$，则

$$r=\frac{dx}{dt}=k_2 c_A c_B \tag{6-15}$$

对式(6-15）移项作定积分后得

$$k_2 t=\frac{1}{c_{A_0}-c_{B_0}}\ln\frac{c_{B_0}c_A}{c_{A_0}c_B}$$

此处应该注意的是反应物浓度的倒数和反应时间 $t$ 之间不再存在线性关系，同时由于 A 和 B 的初始浓度不同，所以半衰期对于 A 和 B 不一样，没有统一的表达式。

**例题分析 6.7**

在 298K 时，测定乙酸乙酯水解反应速率。

反应开始时，溶液中乙酸乙酯和氢氧化钠的浓度都为 0.01mol·dm$^{-3}$，每隔一定时间，测定系统中的氢氧化钠的含量，得到如下实验结果：

| $t$/min | 3 | 5 | 7 | 10 | 15 | 21 | 25 |
|---|---|---|---|---|---|---|---|
| $c_{NaOH}$/mol·dm$^{-3}$ | 7.40 | 6.34 | 5.50 | 4.64 | 3.63 | 2.88 | 2.54 |

① 假设反应为二级反应，求出速率常数 $k$ 值；

② 若乙酸乙酯和 NaOH 的初始浓度都为 0.003mol·dm$^{-3}$，试计算该反应完成 80% 所需的时间及该反应的半衰期。

**解析：**

① 根据二级反应动力学方程（反应物初始浓度相等）：

$$\frac{1}{c_A}-\frac{1}{c_{A_0}}=kt$$

变形得，$k=\frac{1}{t}\left(\frac{1}{c_A}-\frac{1}{c_{A_0}}\right)$

分别代入数据计算，计算结果如下表所示：

| $t$/min | 3 | 5 | 7 | 10 | 15 | 21 | 25 |
|---|---|---|---|---|---|---|---|
| $k$/mol$^{-1}$·dm$^3$·min$^{-1}$ | 11.7 | 11.6 | 11.7 | 11.6 | 11.7 | 11.8 | 11.8 |

由上表可见，$k$ 值基本不变，故为二级反应，其中

$\overline{k}=11.7$mol$^{-1}$·dm$^3$·min$^{-1}$。

② 由 $k=\frac{1}{t}\left(\frac{1}{c_A}-\frac{1}{c_{A_0}}\right)$，得 $t=\frac{1}{k}\left(\frac{1}{c_A}-\frac{1}{c_{A_0}}\right)$

$$c_{A_0}=0.003\text{mol}\cdot\text{dm}^{-3}$$

$$c_A=0.003\times(1-80\%)\text{mol}\cdot\text{dm}^{-3}=0.0006\text{mol}\cdot\text{dm}^{-3}$$

代入数据得：

$$t=\frac{1}{11.7}\times\left(\frac{1}{0.0006}-\frac{1}{0.003}\right)=114(\text{min})$$

$$t_{1/2}=\frac{1}{k_2 c_{A_0}}=\frac{1}{11.7\times 0.003}=28.5(\text{min})$$

## 6.2.3 零级反应

反应速率与反应物浓度的零次方成正比的反应称为**零级反应**（zero order reaction）。

对于常温下发生的典型零级反应：

$$\begin{array}{ccc} & A \xrightarrow{k_0} B & \\ t=0 & c_{A_0} \quad\quad 0 & \\ t=t & c_A \quad\quad c_B & \end{array}$$

其反应的微分速率方程可以表示如下：

$$r=-\frac{dc_A}{dt}=\frac{dc_B}{dt}=k_0 c_A^{\ 0}=k_0 \tag{6-16}$$

如上式所示，零级反应的反应速率与反应物的起始浓度无关，无论反应物的浓度是多少，单位时间内发生反应的数量是一定的。例如一些光化学反应在某些特定条件下，反应速率只与光的强度有关，而与反应物的浓度无关，此种光化学反应就表现为零级反应。还有一些表面催化反应，其反应速率只与催化剂表面状态有关，当催化剂表面吸附反应物达到饱和后，再增加反应物的浓度对反应速率不再有影响，则该特定条件下的表面催化反应也表现为零级反应。

对于零级反应，反应速率常数 $k_0$ 表示单位时间内反应物浓度改变的多少，显然，对于零级反应，$k_0$ 的单位与反应速率的单位相同，为（浓度）$^1$ ·（时间）$^{-1}$，通常为 $mol\cdot dm^{-3}\cdot min^{-1}$。

对式(6-16）移项并定积分得到：

$$\int_0^t dt=\int_{c_{A_0}}^{c_A} -\frac{dc_A}{k}$$

$$k_0 t=c_{A_0}-c_A \tag{6-17}$$

式(6-17）即为零级反应速率方程。由上式可见对于零级反应，反应物浓度与反应时间存在线性关系，这是零级反应的重要特征。其线性关系曲线如图 6.4 所示，由直线斜率可求得 $k_0$ 值。

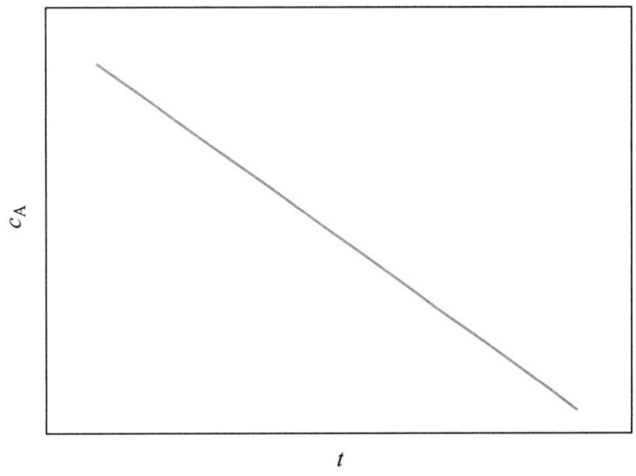

图 6.4　零级反应的 $c_A$-$t$ 关系曲线

当反应物消耗一半时，代入式(6-17）可求出其半衰期表达式为：

$$t_{1/2}=\frac{c_{A_0}}{2k_0}$$

可见，虽然零级反应的反应速率与反应的初始浓度无关，但是其半衰期与反应物的初始浓度成正比，与反应的速率常数成反比。

**例题分析 6.8**

对于溶液中发生的反应：A ⟶B

A 的起始浓度为 2.0mol・dm$^{-3}$，若上述反应进行 10min 后，A 已消耗了 60%，再继续反应 5min，试计算此时溶液中 A 的浓度为多少？已知该反应是零级反应。

**解析：**

对于零级反应，反应物浓度和反应时间之间存在下式关系：

$$c_{A_0} - c_A = k_0 t$$

代入数值计算得到：

$$2.0 - 2.0 \times (1 - 60\%) = k_0 \times 10$$

解得：$k_0 = 0.12\ \mathrm{mol \cdot dm^{-3} \cdot min^{-1}}$

此时将 $k_0 = 0.12\ \mathrm{mol \cdot dm^{-3} \cdot min^{-1}}$ 和 $t = 15\mathrm{min}$ 代入反应速率方程可得

$$2.0 - c_A = 0.12 \times 15$$

$$c_A = 0.2\mathrm{mol \cdot dm^{-3}}$$

因此，再反应 5min 后，溶液中 A 的浓度为 0.2mol・dm$^{-3}$。

零级反应的计算相较于一级反应和二级反应而言比较简单，这是因为零级反应的动力学规律比较简单。

## 6.2.4 *n* 级反应

反应速率与反应物浓度的 $n$ 次方成正比的反应称为 ***n* 级反应**（$n$ order reaction）。

对于常温下典型 $n$ 级反应：

$$\begin{array}{lcc} & \mathrm{A} \xrightarrow{k_n} & \mathrm{B} \\ t=0 & c_{A_0} & 0 \\ t=t & c_A & c_B \end{array}$$

其反应的微分速率方程可以表示如下：

$$r = -\frac{dc_A}{dt} = \frac{dc_B}{dt} = k_n c_A{}^n \tag{6-18}$$

对式(6-18) 移项并积分得到，

$$\int_0^t dt = \int_{c_{A_0}}^{c_A} -\frac{dc_A}{kc_A^n}$$

$$k_n t = \frac{1}{n-1}\left(\frac{1}{c_A^{n-1}} - \frac{1}{c_{A_0}^{n-1}}\right)$$

$n$ 级反应，其半衰期为：

$$t_{1/2} = \frac{1}{(n-1)k_n}\left[\frac{1}{(c_{A_0}/2)^{n-1}} - \frac{1}{c_{A_0}^{n-1}}\right]$$

$$= \frac{2^{n-1}-1}{(n-1)k_n c_{A_0}^{n-1}}$$

可见，$n$ 级反应的半衰期与 $c_{A_0}^{n-1}$ 和反应的速率常数的乘积成反比。

对于 $n$ 级反应的速率方程以及半衰期的计算公式均为一般形式，其适用条件为 $n$ 不等于 1。例如对于三级反应，反应速率方程为：

$$k_3 t = \frac{1}{3-1}\left(\frac{1}{c_A^{3-1}} - \frac{1}{c_{A_0}^{3-1}}\right)$$
$$= \frac{1}{2}\left(\frac{1}{c_A^2} - \frac{1}{c_{A_0}^2}\right)$$

半衰期计算公式为：

$$t_{1/2} = \frac{1}{(3-1)k_3} \times \left[\frac{1}{(c_{A_0}/2)^{3-1}} - \frac{1}{c_{A_0}^{3-1}}\right]$$
$$= \frac{3}{2k_3 c_{A_0}^2}$$

**例题分析 6.9**

对于任意一个反应级数不为 1 的简单级数的反应

$$A \xrightarrow{k_n} B$$

在温度为 $T_1$ 和 $T_2$ 时的反应速率常数分别为 $k_1$ 和 $k_2$，在初始浓度相同的条件下分别发生如下两个反应：

$$A \xrightarrow{t_1} B_1$$

$$A \xrightarrow{t_2} B_2$$

求证：$\frac{k_1}{k_2} = \frac{t_2}{t_1}$

**证明：**

对于 $n$ 级反应，速率方程的关系式如下：

$$k_n t = \frac{1}{n-1}\left(\frac{1}{c_A^{n-1}} - \frac{1}{c_{A_0}^{n-1}}\right)$$

则温度 $T_1$ 和 $T_2$ 下反应的速率方程式分别为：

$$k_1 t_1 = \frac{1}{n-1}\left[\frac{1}{c_{A(T_1)}^{n-1}} - \frac{1}{c_{A_0(T_1)}^{n-1}}\right]$$

$$k_2 t_2 = \frac{1}{n-1}\left[\frac{1}{c_{A(T_2)}^{n-1}} - \frac{1}{c_{A_0(T_2)}^{n-1}}\right]$$

由题设知两个过程的初始反应浓度相同，两式相比得到：

$$k_1 t_1 = k_2 t_2$$

变形得：$\frac{k_1}{k_2} = \frac{t_2}{t_1}$

**例题分析 6.10**

某反应：$A \longrightarrow B + C$，已知反应物 A 的初始浓度为 $1.5\text{mol} \cdot \text{dm}^{-3}$，初始反应速率 $r$

为 0.015mol·dm$^{-3}$·min$^{-1}$，求该反应分别为零级反应、一级反应、二级反应时的速率常数 $k$ 以及半衰期 $t_{1/2}$。

**解析：**

① 若该反应为零级反应，则

$$r=k_0=0.015\text{mol}\cdot\text{dm}^{-3}\cdot\text{min}^{-1}$$

$$t_{1/2}=\frac{c_{A_0}}{2k_0}=\frac{1.5\text{mol}\cdot\text{dm}^{-3}}{2\times0.015\text{mol}\cdot\text{dm}^{-3}\cdot\text{min}^{-1}}=50\text{min}$$

② 若该反应为一级反应，则

$$r=k_1c_A$$

$$k_1=\frac{r}{c_A}=\frac{r_0}{c_{A_0}}=\frac{0.015\text{mol}\cdot\text{dm}^{-3}\cdot\text{min}^{-1}}{1.5\text{mol}\cdot\text{dm}^{-3}}=0.01\text{min}^{-1}$$

$$t_{1/2}=\frac{\ln2}{k_1}=\frac{\ln2}{0.01\text{min}^{-1}}=69.3\text{min}$$

③ 若该反应为二级反应，则

$$r=k_1c_A^2$$

$$k_2=\frac{r}{c_A^2}=\frac{r_0}{c_{A_0}^2}=\frac{0.015\text{mol}\cdot\text{dm}^{-3}\cdot\text{min}^{-1}}{(1.5\text{mol}\cdot\text{dm}^{-3})^2}=0.0067\text{mol}^{-1}\cdot\text{dm}^3\cdot\text{min}^{-1}$$

$$t_{1/2}=\frac{1}{k_2c_{A_0}}=\frac{1}{0.0067\text{mol}^{-1}\cdot\text{dm}^3\cdot\text{min}^{-1}\times1.5\text{mol}\cdot\text{dm}^{-3}}=99.5\text{min}$$

对比上述计算结果可以发现，当反应物初始浓度和初始反应速率均相同时，反应级数越大，反应速率随着浓度下降得越快，因而浓度下降一半时所需要的时间就越长，即半衰期也就越长，从零级反应到二级反应 $t_{1/2}$ 由 50min 变到 69.3min 再到 99.5min。

对简单级数反应的速率公式和相关动力学参数的总结，详见表 6.1。

**表 6.1 具有简单级数反应的速率公式和相关动力学参数**

| 级数 | 微分式 | 积分式 | $t_{1/2}$ | 线性关系 |
|---|---|---|---|---|
| 零级 | $-\frac{dc_A}{dt}=k_0$ | $k_0t=c_{A_0}-c_A$ | $\frac{c_{A_0}}{2k_0}$ | $c_A$-$t$ |
| 一级 | $-\frac{dc_A}{dt}=k_1c_A$ | $k_1t=\ln\frac{c_{A_0}}{c_A}$ | $\frac{\ln2}{k_1}$ | $\ln c_A$-$t$ |
| 二级 | $-\frac{dc_A}{dt}=k_2c_A^2$ | $k_2t=\frac{1}{c_A}-\frac{1}{c_{A_0}}$ | $\frac{1}{k_2c_{A_0}}$ | $\frac{1}{c_A}$-$t$ |
| | $-\frac{dc_A}{dt}=k_2c_Ac_B$ | $k_2t=\frac{1}{(c_{A_0}-c_{B_0})}\ln\left(\frac{c_{B_0}c_A}{c_{A_0}c_B}\right)$ | 无特定形式 | $\ln\left(\frac{c_{B_0}c_A}{c_{A_0}c_B}\right)$-$t$ |
| 三级 | $-\frac{dc_A}{dt}=k_3c_A^3$ | $k_3t=\frac{1}{2}\left(\frac{1}{c_A^2}-\frac{1}{c_{A_0}^2}\right)$ | $\frac{3}{2k_3c_{A_0}^2}$ | $\frac{1}{c_A^2}$-$t$ |
| $n$ 级 | $-\frac{dc_A}{dt}=k_nc_A^n$ | $k_nt=\frac{1}{(n-1)}\left(\frac{1}{c_A^{n-1}}-\frac{1}{c_{A_0}^{n-1}}\right)$ | $\frac{2^{n-1}-1}{(n-1)k_nc_{A_0}^{n-1}}$ | $\frac{1}{c_A^{n-1}}$-$t$ |

### 思考与讨论：什么是准级反应？

对于某一化学反应的反应速率 $r=kc_A^a c_B^b$，该反应的级数为（$a+b$），此时反应比较复杂，一般采用以下处理方式：大大增加一种反应物 A 的浓度，则在反应过程中可近似地认为 A 的浓度不发生变化，此时 $c_A^a$ 可看作常数，反应速率可简化为 $r=k'c_B^b$，该反应此时变为级数为 $b$ 的反应，称为准 $b$ 级反应。试结合例子阐述该种处理方法在实际应用中的重要性。

## 6.3 反应级数的确定和反应速率常数的计算

案例 6.3 为什么在工业中乙烯催化加氢的反应速率会随着乙烯浓度的增加而减慢？

乙烯催化加氢的反应方程式如下：

$$C_2H_4 + H_2 \xrightarrow{Cu} C_2H_6$$

可见，乙烯在铜催化剂下的加成反应是一个多相催化反应。乙烯对催化剂铜而言为强吸附剂，反应过程中几乎覆盖了催化剂的全部表面，因此会阻碍反应的进行。

根据实验测得反应速率方程为：

$$r = k p_{H_2} p_{C_2H_4}{}^{-1}$$

根据速率方程可知，该催化反应对乙烯是负级数反应，所以随着乙烯浓度的增加，反应速率反而会下降。

从该案例可以看出，化学反应速率随浓度的变化受反应级数的影响，并非所有化学反应的反应速率都随着反应物浓度的增加而增加，对于很多化学反应，反应物浓度的增加，反而会降低化学反应速率，因此了解化学反应级数对研究反应是很重要的。

### 6.3.1 反应级数的确定

确定反应级数需要确定反应的瞬时速率和反应系统中各物质的浓度，而在化学动力学的研究中，一般不能直接得到反应的瞬时速率和相应的物质浓度，因此只能通过间接的方法测得反应级数。确定反应级数的方法有三类，分别介绍如下。

**(1) 积分法测定反应级数**

利用速率公式的积分形式来确定反应级数的方法称为积分法，积分法又可以分为：代数法、几何作图法和半衰期法。

① 代数法。代数法求反应级数非常简单，将根据实验测出的各个时间段的反应物浓度数据代入各反应级数不同的积分速率方程中，如果求出的速率常数 $k$ 为一定值，则此方程的级数即为所求的反应级数。

② 几何作图法。如图 6.5 所示，若以 $\ln c$ 对 $t$ 作图得一直线，则该反应为一级反应，直线斜率的绝对值即为速率常数；若以 $1/c$ 对 $t$ 作图得到一条直线，则该反应为二级反应，直线斜率即为速率常数；若以 $1/c^2$ 对 $t$ 作图得到一条直线，则该反应为三级反应，直线斜率即为反应速率常数；若以 $c$ 对 $t$ 作图得到一条直线，则该反应为零级反应，直线斜率的绝对值即为反应速率常数。

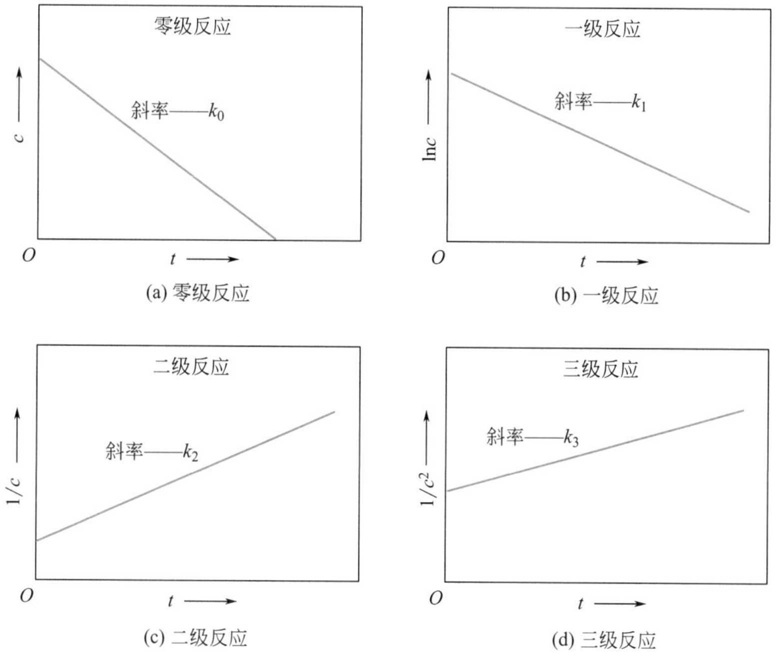


图 6.5 零级、一级、二级和三级反应的线性关系图

**例题分析 6.11**

甲酸甲酯在碱性溶液中的反应如下：

$$HCOOCH_3 + OH^- \longrightarrow HCOO^- + CH_3OH$$

在 25℃下，两种反应物初始浓度 $a$ 均为：0.064mol · dm$^{-3}$。在不同时刻取样 25.00cm$^3$，立即向样品中加入 25.00cm$^3$ 浓度为 0.064mol · dm$^{-3}$ 的盐酸，使反应停止进行。多余的酸用 0.1000mol · dm$^{-3}$ 的 NaOH 溶液滴定，所用碱液的量列于下表：

| $t$/min | 0.00 | 5.00 | 15.00 | 25.00 | 35.00 | 55.00 | ∞ |
|---|---|---|---|---|---|---|---|
| $V$（OH$^-$）/cm$^3$ | 0.00 | 5.76 | 9.87 | 11.68 | 12.69 | 13.69 | 16.00 |

a. 用代数法求反应级数及速率常数；

b. 用几何作图法求反应级数及速率常数。

**解析：**

设 $t$ 时刻已被反应掉的反应物浓度为 $x$，则：

$$x \times 25.00\text{cm}^3 = 0.1000\text{mol} \cdot \text{dm}^{-3} \times V(\text{OH}^-)$$

可得

$$x = \frac{0.1000\text{mol} \cdot \text{dm}^{-3} \times V(\text{OH}^-)}{25.00\text{cm}^3}$$

a. 代数法。

首先确定该反应为一级反应还是二级反应，计算出所需数据列于下表：

| $t$/min | 0.00 | 5.00 | 15.00 | 25.00 | 35.00 | 55.00 |
|---|---|---|---|---|---|---|
| $x$/mol · dm$^{-3}$ | 0.00 | 0.023 | 0.039 | 0.047 | 0.050 | 0.055 |
| $(a-x)$ /mol · dm$^{-3}$ | 0.064 | 0.041 | 0.025 | 0.017 | 0.014 | 0.009 |

先假设该反应为一级反应，将第二列及第六列数据分别代入一级反应速率公式 $k=\frac{1}{t}\ln\frac{a}{a-x}$，得

$$k=\frac{1}{t}\ln\frac{a}{a-x}=\frac{1}{5}\ln\frac{0.064}{0.041}=8.92\times10^{-2}\,\text{min}^{-1}$$

$$k=\frac{1}{t}\ln\frac{a}{a-x}=\frac{1}{55}\ln\frac{0.064}{0.009}=3.57\times10^{-2}\,\text{min}^{-1}$$

很显然，算出来的两个 $k$ 值不一致，故反应不是一级反应。

再假设该反应为二级反应，将第二列及第六列的数据分别代入二级反应速率公式 $k=\frac{1}{t}\times\frac{x}{a(a-x)}$，得

$$k=\frac{1}{t}\times\frac{x}{a(a-x)}=\frac{1}{5}\times\frac{0.023}{0.064\times0.041}=1.75\text{mol}^{-1}\cdot\text{dm}^{3}\cdot\text{min}^{-1}$$

$$k=\frac{1}{t}\times\frac{x}{a(a-x)}=\frac{1}{55}\times\frac{0.055}{0.064\times0.009}=1.74\text{mol}^{-1}\cdot\text{dm}^{3}\cdot\text{min}^{-1}$$

故在实验误差允许的情况下，两个 $k$ 值基本相等。为了验证结果的真实性，再将其他组的数据代入二级公式，得出 $k$ 的值分别为 1.71、1.73、1.60（舍去）$\text{mol}^{-1}\cdot\text{dm}^{3}\cdot\text{min}^{-1}$，由此可知 $k$ 值基本一致，故该反应为二级反应。

取四次 $k$ 值的平均值得：

$$k=\frac{1}{4}\times(1.75+1.74+1.71+1.73)$$
$$=1.73(\text{mol}^{-1}\cdot\text{dm}^{3}\cdot\text{min}^{-1})$$

可见，由代数法求得该反应为二级反应，反应的速率常数为：$1.73\text{mol}^{-1}\cdot\text{dm}^{3}\cdot\text{min}^{-1}$。

b. 几何作图法。

计算所需数据列于下表：

| $t$/min | 0.00 | 5.00 | 15.00 | 25.00 | 35.00 | 55.00 |
|---|---|---|---|---|---|---|
| $\ln(a-x)$ | −2.75 | −3.19 | −3.69 | −4.07 | −4.27 | −4.71 |
| $1/(a-x)$ /mol$^{-1}$ · dm$^{3}$ | 15.6 | 24.4 | 40.0 | 58.8 | 71.4 | 1111.1 |

由图 6.6 可见，以 $\ln(a-x)$ 对 $t$ 作图，不为直线，由此推断该反应不是一级反应。$1/(a-x)$ 对 $t$ 作图得一直线，因此 $n=2$。

直线的斜率即为：

$$k=[(111.1-15.6)/55]\text{mol}^{-1}\cdot\text{dm}^{3}\cdot\text{min}^{-1}$$
$$=1.73\text{mol}^{-1}\cdot\text{dm}^{3}\cdot\text{min}^{-1}$$

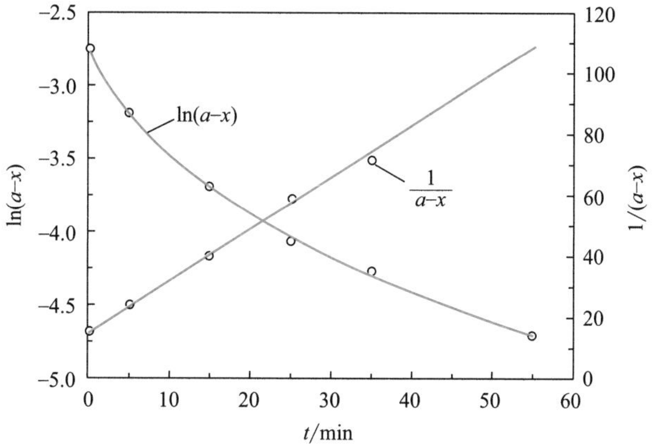


图 6.6　$\ln(a-x)$ 和 $1/(a-x)$ 与时间的关系曲线

上述两种方法都是利用积分法测定反应级数。其特点就是只需要一次实验的数据就能进行代数或几何作图，但是精确度不高，只能适用于简单级数反应。

③ 半衰期法。通过测定在相同温度下，不同初始浓度的多个反应来确定其反应级数。如果反应的半衰期与浓度无关，那么反应是一级反应。为了测定其反应级数，对式子 $t_{1/2}=ka^{1-n}$ 两边都取自然对数，可得：

$$\ln t_{1/2}=\ln k+(1-n)\ln a$$

为了利用上式，采用不同的起始浓度 $a$，并找出对应的 $t_{1/2}$ 的值，作 $\ln t_{1/2}$ 对 $\ln a$ 的关系图，可以得到一线性关系图，斜率等于 $-(n-1)$，由此可以得出反应级数。也可以通过测定单个反应在不同时刻的浓度，来测定反应级数。对于整个反应，其副反应必须是可以忽略不计的。

利用 $\ln t_{1/2}=\ln k+(1-n)\ln a$ 也可得出：

$$n=1+\frac{\ln(t_{1/2}/t'_{1/2})}{\ln(a'/a)}$$

**例题分析 6.12**

对于在 300℃下进行的气相反应：

$$C_2F_4 \longrightarrow \frac{1}{2}C_4F_8$$

测定了 $C_2F_4$ 的实验浓度数据。在此温度下，求算该反应的反应级数和速率常数。假设过程中的副反应可以忽略不计。

| $t$/min | $c$/mol·dm$^{-3}$ | $t$/min | $c$/mol·dm$^{-3}$ |
|---|---|---|---|
| 0 | 0.0500 | 1750 | 0.00625 |
| 250 | 0.0250 | 3750 | 0.00312 |
| 750 | 0.0125 | | |

**解析：**

由数据可知，每一种物质的浓度都变为先前的物质浓度的一半，故从给定的实验数据中得到的时间间隔是用上述数据进行的实验（被看作是初始状态）的时间的一半。可得：

| 半衰期/min | $c_0$/mol · dm$^{-3}$ | 半衰期/min | $c_0$/mol · dm$^{-3}$ |
|---|---|---|---|
| 250 | 0.0500 | 1000 | 0.0125 |
| 500 | 0.0250 | 2000 | 0.00625 |

作 ln（$t_{1/2}$)-ln$c_0$ 的曲线，如图 6.7 所示。

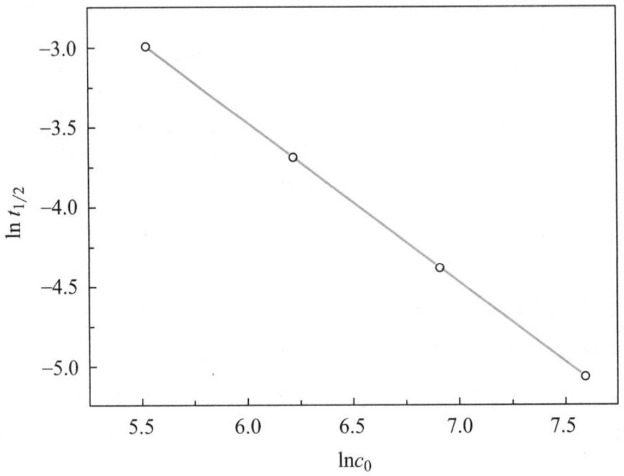


图 6.7　ln$t_{1/2}$-ln$c_0$ 的关系曲线

每当初始反应浓度降低一半，半衰期时间就增长一倍。这种性质表明这是一个二级反应。ln($t_{1/2}$）对 ln$c_0$ 的线性最小平方关系图中，直线斜率即为 $k_f$ 值，因此 $k_f=0.060\mathrm{dm^3 \cdot mol^{-1} \cdot min^{-1}}=1.0\times10^{-3}\mathrm{dm^3 \cdot mol^{-1} \cdot s^{-1}}$。

**(2) 微分法确定反应级数**

利用速率方程的微分形式来确定反应级数的方法称为微分法。

对于各反应物浓度相同或者只有一种反应物的 $n$ 级反应，其反应速率公式的微分形式为：

$$r=-\frac{\mathrm{d}c}{\mathrm{d}t}=kc^n$$

取对数得：

$$\ln r=\ln k+n\ln c$$

由上式可以看出，以 ln$r$ 对 ln$c$ 作图应为一直线，其斜率就是反应级数 $n$，其截距就是 ln$k$。

当然也可以测定不同时刻反应物的浓度，作出反应物浓度 $c$ 与时间 $t$ 之间的曲线图，根据微分的几何意义，曲线上任何一点切线的斜率对应于该浓度下的瞬时速率 $r$。只需在曲线上任意取两点，则这两点上的瞬时速率为：

$$r_1=kc_1^n$$

$$r_2=kc_2^n$$

将上式取对数后，两式相减得反应级数：

$$n=\frac{\ln r_1-\ln r_2}{\ln c_1-\ln c_2}=\frac{\ln(r_1/r_2)}{\ln(c_1/c_2)}$$

**例题分析 6.13**

已知某反应 $2A \longrightarrow B$ 的产物浓度随时间增长的情况如下：

| $t$/min | 0 | 10 | 20 | 30 | 40 | $\infty$ |
| --- | --- | --- | --- | --- | --- | --- |
| $c_B$/mol·dm$^{-3}$ | 0 | 0.089 | 0.153 | 0.200 | 0.230 | 0.312 |

且当 $t \rightarrow \infty$ 时，$c_A \rightarrow 0$。试问该反应的级数为多少？

**解析：**

需先确定反应物浓度 $c_A$ 随时间的变化情形。从已知条件看，该反应是能进行到底的，$c_{B_\infty} = \frac{1}{2} c_{A_0}$，所以

$$c_{A_0} = 2c_{B_\infty} = 0.624\text{mol}\cdot\text{dm}^{-3}$$

$$c_A = c_{A_0} - 2c_B$$

于是可求得不同时刻的 $c_A$，如下表所示：

| $t$/s | 0 | 600 | 1200 | 1800 | 2400 |
| --- | --- | --- | --- | --- | --- |
| $c_A$/mol dm$^{-3}$ | 0.624 | 0.446 | 0.318 | 0.224 | 0.164 |

以 $c_A$ 对 $t$ 作图（图 6.8），可得：

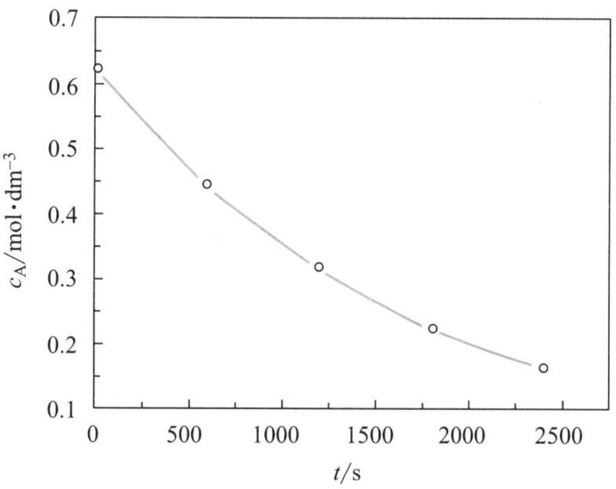


图 6.8　$c_A$-$t$ 的关系曲线

从图中取两个点，得到斜率 $r_1 = -0.000185$，$r_2 = -0.000255$，根据

$$n = \frac{\ln r_1 - \ln r_2}{\ln c_1 - \ln c_2} = \frac{\ln(r_1/r_2)}{\ln(c_1/c_2)} = \frac{\ln(0.000185/0.000255)}{\ln(0.318/0.446)} = 0.948 \approx 1$$

在误差允许范围内，该反应符合一级反应的特征，即反应级数为 1。

**(3) 过量浓度法和孤立法**

该方法适用于两种或两种以上物质参加，且各反应物的起始浓度不同的反应，这时采用积分法或微分法都比较麻烦，可以用过量浓度法或孤立法，则比较方便。

过量浓度法：在一组实验中保持除 A 以外的其他反应物大大过量，则可以认为在反应过程中只有 A 的浓度发生变化，其他反应物的浓度基本保持不变。

孤立法：在每次实验中，固定除 A 以外其他物质的起始浓度，而只改变 A 的起始浓度。这时速率公式可以表示为：

$$r=k'c_{\mathrm{A}}^{\alpha}(k'=kc_{\mathrm{B}}^{\beta})$$

再结合上述的微分法或积分法，求解其中的反应级数 $\alpha$。再在另一组实验中保持除 B 以外的物质过量或除 B 以外的物质的起始浓度均固定而只改变 B 的起始浓度，求出 $\beta$。依次类推，求出反应级数 $n=\alpha+\beta+\cdots\cdots$

**例题分析 6.14**

如何用孤立法测定丙酮碘化反应的级数？

**解析：**

丙酮碘化是一个复合反应，这类复合反应的反应速率和反应物浓度之间的关系大多不能用质量作用定律预测。

丙酮碘化反应式如下：

$$\mathrm{CH_3{-}\overset{\overset{\displaystyle O}{\|}}{C}{-}CH_3+I_2 \rightleftharpoons CH_3{-}\overset{\overset{\displaystyle O}{\|}}{C}{-}CH_2I+I^-+H^+}$$

设反应动力学方程为：

$$-\frac{\mathrm{d}c_{\mathrm{I_2}}}{\mathrm{d}t}=kc_{\mathrm{A}}^{x}c_{\mathrm{H^+}}^{y}c_{\mathrm{I_2}}^{z}$$

式中，$c_{\mathrm{A}}$、$c_{\mathrm{H^+}}$、$c_{\mathrm{I_2}}$ 分别为丙酮（A）、氢离子、碘的浓度，$\mathrm{mol\cdot dm^{-3}}$；$x$、$y$、$z$ 分别代表丙酮、氢离子、碘的反应级数；$k$ 为速率系数。将上式两边取对数得：

$$\lg\left(-\frac{\mathrm{d}c_{\mathrm{I_2}}}{\mathrm{d}t}\right)=\lg k+x\lg c_{\mathrm{A}}+y\lg c_{\mathrm{H^+}}+z\lg c_{\mathrm{I_2}}$$

从上式可以看出，反应级数 $x$、$y$、$z$ 分别是 $\lg\left(-\frac{\mathrm{d}c_{\mathrm{I_2}}}{\mathrm{d}t}\right)$ 对 $\lg c_{\mathrm{A}}$、$\lg c_{\mathrm{H^+}}$、$\lg c_{\mathrm{I_2}}$ 的偏微分，如果用图解法，可以这样处理：在三种物质中，固定两种物质的浓度，配制出第三种物质浓度不同的一系列溶液，以 $\lg\left(-\frac{\mathrm{d}c_{\mathrm{I_2}}}{\mathrm{d}t}\right)$ 对该组分浓度的对数作图，所得斜率即为该物质在此反应中的反应级数。

因碘在可见光区有一个很宽的吸收带。而在此吸收带中盐酸、丙酮、碘化丙酮和氯化钾溶液没有明显的吸收，所以可采用分光光度法直接观察碘浓度随时间的变化。根据朗伯-比尔定律：

$$A=\lg\frac{1}{T}=\lg\frac{I_0}{I}=\varepsilon bc_{\mathrm{I_2}}$$

从而有：

$$A=\varepsilon bc_{\mathrm{I_2}}$$

式中，$A$ 为吸光度；$T$ 为透光率；$I$ 和 $I_0$ 分别为某一波长的光线通过待测溶液和空白溶液的光强度；$\varepsilon$ 为吸光系数；$b$ 为比色皿厚度。测出反应系统不同时刻的吸光度，作 $A$-$t$ 图，其斜率为：

$$\frac{\mathrm{d}A}{\mathrm{d}t}=\varepsilon b\frac{\mathrm{d}c_{\mathrm{I_2}}}{\mathrm{d}t} \quad 或 \quad -\frac{\mathrm{d}c_{\mathrm{I_2}}}{\mathrm{d}t}=-\frac{1}{\varepsilon b}\times\frac{\mathrm{d}A}{\mathrm{d}t}$$

如已知 $\varepsilon$ 和 $b$（$b=1\mathrm{cm}$），即可算出反应速率。

若反应物$I_2$是少量的，而丙酮和酸对碘是过量的，则反应在碘完全消耗以前，丙酮和酸的浓度可认为基本保持不变，即 $c_A \approx c_{H^+} \gg c_{I_2}$（本实验浓度范围：丙酮浓度为 0.1～0.4mol·dm$^{-3}$，氢离子浓度为 0.1～0.4mol·dm$^{-3}$，碘的浓度为 0.0001～0.01mol·dm$^{-3}$），实验发现 $A$-$t$ 图为一条直线，说明反应速率与碘的浓度无关，所以，$z=0$，同时，可认为反应过程中 $c_A$ 和 $c_{H^+}$ 保持不变，对速率方程两边积分得：

$$c_{I_{21}} - c_{I_{22}} = kc_A^x c_{H^+}^y (t_2 - t_1)$$

将 $A = \varepsilon b c_{I_2}$ 代入上式并整理得：

$$k = \frac{A_1 - A_2}{t_2 - t_1} \times \frac{1}{\varepsilon b} \times \frac{1}{c_A^x c_{H^+}^y}$$

因 $A$-$t$ 图为直线，$\dfrac{A_2 - A_1}{t_2 - t_1} = \dfrac{\mathrm{d}A}{\mathrm{d}t}$，所以

$$k = -\frac{\mathrm{d}A}{\mathrm{d}t} \times \frac{1}{\varepsilon b} \times \frac{1}{c_A^x c_{H^+}^y}$$

## 6.3.2 反应速率常数的计算

对于指定的反应来说，反应速率常数 $k$ 值的大小与浓度无关，只与反应的温度及所用催化剂有关。所以反应速率常数的计算通常有两种方法：已知各反应物的浓度和反应速率，根据化学反应的速率方程的变形求出 $k$ 值；根据阿伦尼乌斯公式，已知一个温度下的反应速率常数和活化能，求另一个温度下的反应速率常数。

**例题分析 6.15**

0.02mol·dm$^{-3}$ 的乙酸乙酯与 0.1mol·dm$^{-3}$ 的氢氧化钠发生水解反应。若在该浓度条件下的瞬时反应速率为 $3\times10^2$mol·dm$^{-3}$·s$^{-1}$，计算反应的速率常数 $k$。

**解析：**

乙酸乙酯水解反应的速率方程为：

$$r = kc_{CH_3COOCH_2CH_3} c_{NaOH}$$

整理上式得

$$k = r/(c_{CH_3COOCH_2CH_3} c_{NaOH})$$

代入数值得

$$k = 3\times10^2 \text{mol}\cdot\text{dm}^{-3}\cdot\text{s}^{-1}/(0.02\text{mol}\cdot\text{dm}^{-3}\times0.1\text{mol}\cdot\text{dm}^{-3})$$

得

$$k = 1.5\times10^5 \text{mol}^{-1}\cdot\text{dm}^3\cdot\text{s}^{-1}$$

这个反应常数比较大，说明乙酸乙酯在碱性条件下的水解反应发生得很快。由此可知，在同一条件下要得到一个反应的速率常数，需要知道反应速率和反应物的起始浓度，通过速率方程变形，求出速率常数。

**例题分析 6.16**

$H_2O_2$ 单独分解反应的活化能为 220kJ·mol$^{-1}$。测得 283K 时的速率常数 $k$(283K)＝$5.0\times10^{-4}$s$^{-1}$，试求 303K 时的速率常数。

**解析：**

由阿伦尼乌斯公式（见6.5节）：

$$\ln\frac{k_2}{k_1}=\frac{E_a(T_2-T_1)}{RT_2T_1}$$

$$\ln[k(T_2)/s^{-1}]=\ln[k(T_1)/s^{-1}]+\frac{E_a(T_2-T_1)}{RT_1T_2}$$

代入数据得：

$$\ln[k(303K)/s^{-1}]=\ln(5\times10^{-4})+\frac{220\times10^3\times(303-283)}{8.314\times283\times303}=-1.43$$

$$k(303K)=0.24s^{-1}$$

## 思考与讨论：是否存在负级数的反应？

讨论化学反应的级数时，讨论的反应要么是正级数反应，要么是零级反应。在化学反应中是否存在负级反应呢？请举实例说明。

## 6.4 复合反应的动力学

案例 6.4-1 为何砷是有毒的?

砷是一种广为人知的毒药，微量的砷就可以影响人体组织的新陈代谢，造成神经系统病变，甚至引起死亡。砷有毒的一个原因为砷元素的原子结构和磷元素以及氮元素相似，与上述两种元素在生命体中的电子转移过程存在着竞争反应，具体表示如下：

$$\text{电子}+\text{N/P}\xrightarrow{k_1}\text{A}_1$$

$$\text{电子}+\text{As}\xrightarrow{k_2}\text{A}_2$$

对于上述两个反应，反应速率表达式如下：

$$r_1=k_1c_{\text{电子}}^{a}\ c_{\text{N/P}}^{b}$$

$$r_2=k_2c_{\text{电子}}^{c}\ c_{\text{As}}^{d}$$

其中，生成 $A_1$ 的反应是人体正常代谢过程；生成 $A_2$ 的反应是对人体不利的代谢过程。由于 $k_2>k_1$，所以当 As 进入人体内后，人体代谢会按照生成 $A_2$ 的方式进行不正常代谢，造成人体代谢功能的紊乱，因此 As 具有生物毒性。

生活中我们常见的反应就如上述反应一样，不是简单的基元反应，而是由若干个基元反应组成的**复合反应**。

例如非基元反应：$H_2+Cl_2 = 2HCl$ 就是反应级数为 1.5 的典型的复合反应。实验证明该反应的实际过程是一个自由基式的链反应。

复合反应的反应速率方程和反应级数与基元反应不同，不再和反应物成简单的级数关系，这是因为复合反应的实际过程往往比较复杂，包含若干个基元反应，反应所表现出的反应速率方程和反应级数是这些基元反应的总结果。

基元反应组合方式的不同会构成不同类型的复合反应，本节介绍四种经典的复合反应：平行反应、对峙反应、连续反应和链反应。

### 6.4.1 平行反应

反应物可同时进行几种不同的反应，这类反应称为**平行反应**（parallel reaction)。如苯环发生二甲基取代时，会同时生成邻二甲苯、间二甲苯、对二甲苯三种取代产物。在化工生产中，通常将生成期望产物的反应称为主反应，其余反应称为副反应。

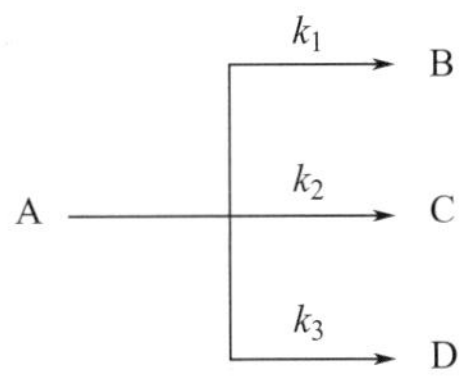

常见的平行反应如上图所示，组成平行反应的几个分反应的反应级数可以相同，也可以不同。

现以最简单的1-1级平行反应为例来推导其反应速率方程，并研究其反应特点。

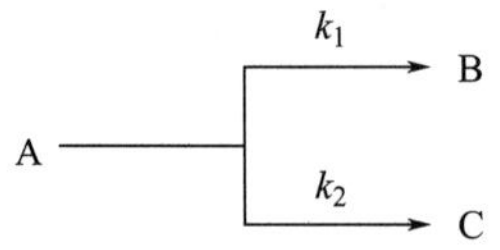


对于上述两个分反应均为一级反应的平行反应，反应的总速率是两个分反应的速率之和，总的微分速率方程为：

$$r=-\frac{dc_A}{dt}=\frac{dc_B}{dt}+\frac{dc_C}{dt} \tag{6-19}$$

由于两个反应均为一级反应，所以 $\frac{dc_B}{dt}=k_1c_A$，$\frac{dc_C}{dt}=k_2c_A$

代入式(6-19) 得

$$r=-\frac{dc_A}{dt}=k_1c_A+k_2c_A=(k_1+k_2)c_A \tag{6-20}$$

对上式进行移项并积分：

$$\int_{c_{A_0}}^{c_A}-\frac{dc_A}{c_A}=\int_0^t(k_1+k_2)dt \tag{6-21}$$

得：

$$\ln\frac{c_{A_0}}{c_A}=(k_1+k_2)t \tag{6-22}$$

对比式(6-10) 和式(6-22) 可见，两个分反应均为一级反应的平行反应的速率方程与一般的一级反应的速率方程形式相同，只不过平行反应的速率常数是两个分反应的速率常数的加和。

将 $\frac{dc_B}{dt}=k_1c_A$ 和 $\frac{dc_C}{dt}=k_2c_A$ 两式相除并进行积分可得到下式：

$$\frac{c_B}{c_C}=\frac{k_1}{k_2} \tag{6-23}$$

上式的物理意义在于，对于1-1级平行反应，任意时刻的两个分反应所得产物的浓度之比等于二者的速率常数之比。此时若知道起始浓度 $c_{A_0}$ 和反应时间 $t$，测出生成产物的浓度之比，就可以得到 $k_1/k_2$，再联合速率方程求出 $(k_1+k_2)$，即可分别求出 $k_1$ 和 $k_2$ 的值。

**例题分析 6.17**

对于如下平行反应：

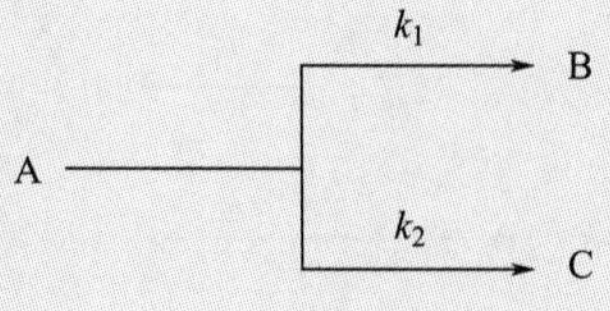

已知上述两个分反应均为一级反应，A 的起始浓度为 $2.0\text{mol}\cdot\text{dm}^{-3}$，反应进行 10min 后，生成的 B 和 C 的浓度分别为 $1.0\text{mol}\cdot\text{dm}^{-3}$ 和 $0.2\text{mol}\cdot\text{dm}^{-3}$，求 $k_1$ 和 $k_2$ 的值。

**解析：**

| | A | B | C |
|---|---|---|---|
| $t=0$ | $c_{A_0}$ | 0 | 0 |
| $t=t$ | $c_A$ | $c_B$ | $c_C$ |

已知两个分反应均为一级反应，可得下式：

$$\ln\frac{c_{A_0}}{c_A}=(k_1+k_2)t$$

$$\frac{c_B}{c_C}=\frac{k_1}{k_2}$$

由题意知：

$$c_{A_0}=2.0\text{mol}\cdot\text{dm}^{-3},\ c_B=1.0\text{mol}\cdot\text{dm}^{-3},\ c_C=0.2\text{mol}\cdot\text{dm}^{-3}$$

则：

$$c_A=c_{A_0}-c_B-c_C=2.0-1.0-0.2=0.8(\text{mol}\cdot\text{dm}^{-3})$$

将 $c_{A_0}$、$c_A$、$c_B$、$c_C$ 代入数值计算：

$$\begin{cases}\ln\dfrac{2.0}{0.8}=(k_1+k_2)\times 10\\[2ex] \dfrac{k_1}{k_2}=\dfrac{1.0}{0.2}\end{cases}$$

解得，$k_1=0.0764\text{min}^{-1}$，$k_2=0.0153\text{min}^{-1}$。

可以证明，对于所有级数相同的平行反应，其分反应产物的浓度之比都等于各反应的速率常数之比，而与反应物的初始浓度和反应时间的长短无关。在实际工业生产中经常遇到平行反应，此时往往只有一种产物是人们想要的，尽可能提高主反应的比例是人们想要达到的目标。根据平行反应的速率方程以及动力学规律可知，通过改变主反应与副反应的速率常数之比来最大程度上获得想要的产品。方法一为选择最适宜的反应温度，该方法主要是利用不同平行反应具有不同的活化能，由阿伦尼乌斯公式可知，温度升高有利于活化能大的反应，温度降低有利于活化能小的反应，据此通过调节温度来改变主副反应的速率常数比，从而增加目标产物的产率。方法二是加入适于主反应的催化剂，该方法主要是利用催化剂可以大大增加反应的平衡常数，基于此原理，通过选择合适的催化剂，可以使向生产目标产物方向进行的分反应的速度大大加快，从而提高目标产物的产率。

**案例 6.4-2　工业合成氨为什么要在高温高压条件下进行？**

工业合成氨是一种重要的工业过程。以氮气和氢气为原料，在铁催化剂的催化下，高温高压下进行合成，涉及的主要化学反应如下：

$$N_2+3H_2 \underset{k_{-1}}{\overset{k_1}{\rightleftharpoons}} 2NH_3$$

从反应方程式可以看出，上述反应是一个**对峙反应**，即反应向生成氨气的正反应进行的同时也向生成氮气和氢气的方向进行。

对于对峙反应，正向反应的净反应速率为正反应速率与逆反应速率之差，所以氨气生成的净反应速率如下：

$$r=r_{正}-r_{逆}=k_1c_A-k_{-1}(c_{A_0}-c_A)$$

$$r=r_{正}-r_{逆}=k_1c_{N_2}c_{H_2}-k_{-1}c_{NH_3}$$

298K 下，上述正反应的热力学数据如下：

$\Delta H=-92.2\text{kJ}\cdot\text{mol}^{-1}$，$\Delta S=-198.2\text{J}\cdot\text{K}\cdot\text{mol}^{-1}$，$\Delta E=167\text{kJ}\cdot\text{mol}^{-1}$

可见，生成目标产物氨气的正反应是一个气体体积缩小的放热反应。

其中反应的平衡常数为：

$$K_p=\frac{p_{NH_3}}{p_{N_2}^{0.5}p_{H_2}^{1.5}}$$

下表为合成氨的平衡常数 $K_p$ 与反应温度和压力的关系表。

| $T$/K<br>$p$/MPa | 350 | 400 | 450 | 500 | 550 |
|---|---|---|---|---|---|
| 0.1013 | 0.2591 | 0.1254 | 0.064086 | 0.036555 | 0.021302 |
| 10.13 | 0.29796 | 0.13842 | 0.07131 | 0.039882 | 0.023870 |
| 15.20 | 0.32933 | 0.14742 | 0.074939 | 0.041570 | 0.024707 |
| 20.27 | 0.35270 | 0.15759 | 0.07899 | 0.043359 | 0.025630 |
| 30.39 | 0.42346 | 0.18175 | 0.08835 | 0.047461 | 0.027618 |
| 40.53 | 0.51357 | 0.21146 | 0.099615 | 0.052259 | 0.029883 |

若要尽可能多地获得氨气，$K_p$ 越大越好，就应该选择高压的制备条件；同时考虑到在 500℃的条件下，铁催化剂的催化活性最高，这就是为什么工业合成氨选择高温高压催化剂合成条件的原因。

## 6.4.2 对峙反应

**对峙反应**（opposing reaction）也称对行反应，是指同一时刻既向正反应方向进行，也向逆反应方向进行的反应。常见的对峙反应包括分子内重排、异构化、酯化等。

例如对于乙酸和乙醇的酯化反应：

$$CH_3COOH+C_2H_5OH \underset{k_{-1}}{\overset{k_1}{\rightleftharpoons}} CH_3COOC_2H_5+H_2O$$

常温下该反应既不是只向生成乙酸乙酯和水的方向进行，也不是只向生成乙酸和乙醇的方向进行，而是正、逆反应同时进行，这即为典型的对峙反应。

常见的对峙反应包括以下几种：

$$A \underset{k_{-1}}{\overset{k_1}{\rightleftharpoons}} B$$

$$A \underset{k_{-1}}{\overset{k_1}{\rightleftharpoons}} B+C$$

$$A+B \underset{k_{-1}}{\overset{k_1}{\rightleftharpoons}} C+D$$

下面以最简单的 1-1 级对峙反应为例来推导其反应速率方程，并研究反应特点。

$$A \underset{k_{-1}}{\overset{k_1}{\rightleftharpoons}} B$$

$$\begin{array}{lll} t=0 & c_{A_0} & 0 \\ t=t & c_A & c_{A_0}-c_A \\ t=t_e & c_{A_e} & c_{A_0}-c_{A_e} \end{array}$$

对于上述对峙反应，关心的是该反应向右的净反应速率，动力学中定义，对峙反应向右的净反应速率等于正反应方向和逆反应方向反应速率的差值，即

$$r=-\frac{\mathrm{d}c_A}{\mathrm{d}t}=r_{正}-r_{逆}=k_1c_A-k_{-1}(c_{A_0}-c_A) \tag{6-24}$$

系统达到平衡时的状态为正逆反应速率相等的状态，此时 $r_{正}=r_{逆}$，

即
$$k_1c_{A_e}=k_{-1}(c_{A_0}-c_{A_e})$$

可见

$$\frac{k_1}{k_{-1}}=\frac{c_{A_0}-c_{A_e}}{c_{A_e}}=K \tag{6-25}$$

式中，$K$ 为反应的平衡常数。将式(6-25) 代入式(6-24) 中得到

$$\begin{aligned} r &= r_{正}-r_{逆} \\ &= k_1c_A-k_1\frac{c_{A_e}}{c_{A_0}-c_{A_e}}(c_{A_0}-c_A) \\ &= k_1\frac{c_{A_0}(c_A-c_{A_e})}{c_{A_0}-c_{A_e}} \end{aligned} \tag{6-26}$$

对上式进行不定积分得到：

$$k_1=\frac{c_{A_0}-c_{A_e}}{tc_{A_0}}\ln\frac{c_{A_0}-c_{A_e}}{c_A-c_{A_e}} \tag{6-27}$$

求出 $k_1$ 后代入式(6-25)，即可以求出 $k_{-1}$，或者从式中已知的平衡常数 $K$ 也可求出 $k_{-1}$。

对于 2-2 级对峙反应或者其他对峙反应，处理的方法基本相同，此处不再介绍。

**例题分析 6.18**

现有如下反应

$$A \underset{k_{-1}}{\overset{k_1}{\rightleftharpoons}} B$$

已知该反应的正、逆反应均为一级反应的对峙反应，现向反应系统中加入 2mol·dm$^{-3}$ 的反应物 A，求反应进行 10min 后，系统中 B 的含量。已知，上述正、逆反应的半衰期均为 $t_{1/2}=5$min。

**解析：**

设在 $t$ 时刻 B 的浓度为 $x$，则 A 的浓度为 $2-x$ 上述反应的微分速率方程为

$$r=\frac{dx}{dt}=k_1(2-x)-k_{-1}x$$

对于一级反应有 $t_{1/2}=\dfrac{\ln 2}{k}$

正、逆反应的 $t_{1/2}$ 相等，所以 $k_1=k_{-1}=\dfrac{\ln 2}{t_{1/2}}$

$$r=\frac{dx}{dt}=k_1(2-2x) \tag{6-28}$$

对式(6-28) 移项并积分：

$$\int_0^x \frac{dx}{2-2x}=\int_0^t k_1 dt$$

得

$$-\frac{1}{2}\ln(2-2x)=k_1 t$$

当 $t=10\text{min}$ 时

$$-\frac{1}{2}\ln(2-2x)=\frac{\ln 2}{5}\times 10$$

解得：$x=0.97\text{mol}\cdot\text{dm}^{-3}$。

**例题分析 6.19**

已知 $A+B\underset{k_{-1}}{\xrightarrow{k_1}}C+D$ 为正逆反应均为二级的对峙反应，若反应平衡时测得 $c_{A_e}=0.3\text{mol}\cdot\text{dm}^{-3}$，$c_{B_e}=0.2\text{mol}\cdot\text{dm}^{-3}$，C 和 D 的平衡浓度均为 $0.45\text{mol}\cdot\text{dm}^{-3}$。试求该对峙反应的平衡常数 $K$ 的值。

**解析：**

$$A \quad + \quad B \underset{k_{-2}}{\overset{k_2}{\rightleftharpoons}} C \quad + \quad D$$

| | | | | |
|---|---|---|---|---|
| $t=0$ | $c_{A_0}$ | $c_{B_0}$ | 0 | 0 |
| $t=t$ | $c_A$ | $c_B$ | $x$ | $x$ |
| $t=t_e$ | $c_{A_e}$ | $c_{B_e}$ | $x_e$ | $x_e$ |

由该反应的正逆反应均为二级反应，可得向右的净反应速率为：

$$r=\frac{dx}{dt}=k_2c_Ac_B-k_{-2}x^2$$

平衡时净反应速率为 0

$$k_2c_{A_e}c_{B_e}=k_{-2}x_e^2$$

$$K=\frac{k_2}{k_{-2}}=\frac{x_e^2}{c_{A_e}c_{B_e}}$$

代入数据可求得 $K=\dfrac{0.45^2}{0.3\times 0.2}=3.38$

所以上述2-2级对峙反应的平衡常数为3.38。

**案例6.4-3　醒酒的奥秘**

红酒，尤其是质量较好的红酒在喝之前需要醒酒。做法是在喝酒之前将塞子拿掉，使空气进入酒中，经过大约几个小时的时间。醒后的酒闻起来和尝起来都会更加醇香，这是为什么？

这是由于，红酒的主要成分是乙醇，在醒酒的过程中，空气中的氧气进入红酒，与乙醇发生作用，生成了芳香的酯类，涉及的主要化学反应过程如下：

$$CH_3CH_2OH \xrightarrow[k_1]{O_2} CH_3COOH \xrightarrow[k_2]{CH_3CH_2OH} CH_3COOCH_2CH_3$$

醒酒过程中生成酯的反应并不是简单的一步反应，而是由两个反应组成的复合反应，前一步反应的产物作为后一步反应的反应物，这样的反应称为连续反应。

$$CH_3CH_2OH + O_2 \xrightarrow{k_1} CH_3COOH + H_2O$$

$$CH_3COOH + CH_3CH_2OH \xrightarrow{k_2} CH_3COOCH_2CH_3 + H_2O$$

上述两个反应均为二级反应，由于反应的速率常数 $k_1$ 值比较小，且红酒中氧气的浓度很低，所以第一步反应很慢。第二步反应的速率常数要比第一步的速率常数大，即 $k_2 > k_1$，所以反应的第二步更快一些。

总的表现为生成乙酸的反应较慢，但是乙酸一旦生成就可以较迅速地生成具有芳香气味的酯类，所以经过一段时间的醒酒后，红酒中的溶解氧增加，从而生成更多的酯，使红酒闻起来和尝起来都会更加醇香。

从案例中可见，连续反应有自己的动力学规律与特点。

## 6.4.3　连续反应

**连续反应**（onsecutive reaction）也称连串反应，是指前一步反应的生成物是下一步反应的反应物的一类反应。

例如苯的氯化：

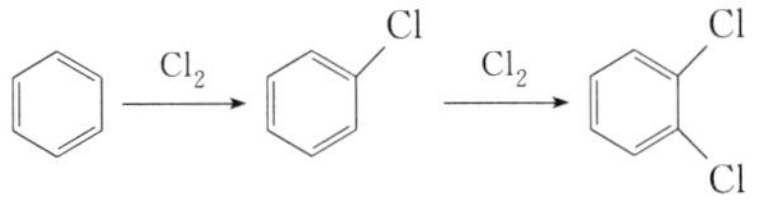


苯分子首先和一个单位的氯气分子作用生成氯苯，随后生成的氯苯作为下一步的反应物继续和一个单位的氯气分子发生取代反应生成二氯苯，二氯苯还可以再和氯气分子作用生成三氯苯。该反应就是一个典型的连续反应。

现以最简单的两个单向的一级反应组成的连续反应为例，推导其反应速率方程，并研究其反应特点。

$$A \xrightarrow{k_1} B \xrightarrow{k_2} C$$

| | | | |
|---|---|---|---|
| $t=0$ | $c_{A_0}$ | 0 | 0 |
| $t=t$ | $c_A$ | $c_B$ | $c_C$ |

对于分若干步进行的连续反应，通常这些反应中反应最慢的一步决定着整个反应的速率，称其为整个连续反应的速率控制步骤。对于上述反应，存在下面两种极端情况：若 $k_1 > k_2$，则第二步反应是整个反应的速率控制步骤，此时整个反应的反应速率近似等于第二步反应的反应速率；若 $k_1 < k_2$，则第一步反应是整个反应的速率控制步骤，此时整个反应的反应速率近似等于第一步反应的反应速率。由于上述两步反应均为一级反应，反应速率方程在 6.2 节已介绍，因此此处不再赘述。若 $k_1$ 和 $k_2$ 数值接近，则连续反应的反应速率与上述两步反应均有关系。具体分析如下：

A 的浓度 $c_A$ 只与第一个反应有关，由于涉及的反应均为一级反应，可得

$$-\frac{dc_A}{dt} = k_1 c_A \tag{6-29}$$

对式(6-29) 移项并积分后得到下式

$$k_1 t = \ln\frac{c_{A_0}}{c_A} \text{ 或 } c_A = c_{A_0} e^{-k_1 t} \tag{6-30}$$

B 的浓度 $c_B$ 的计算相对比较复杂，在第一步反应中 B 是产物，而在第二步反应中 B 又是反应物。B 的净生成速率等于其生成速率与消耗速率之差。

$$\frac{dc_B}{dt} = k_1 c_A - k_2 c_B \tag{6-31}$$

将式(6-30) 代入式(6-31) 可得到

$$\frac{dc_B}{dt} + k_2 c_B = k_1 c_{A_0} e^{-k_1 t} \tag{6-32}$$

对式(6-32) 进行积分后可得

$$c_B = \frac{k_1 c_{A_0}}{k_2 - k_1}(e^{-k_1 t} - e^{-k_2 t}) \tag{6-33}$$

C 的浓度可由 $c_{A_0} = c_A + c_B + c_C$ 求得

$$c_C = c_{A_0} - c_{A_0} e^{-k_1 t} - \frac{k_1 c_{A_0}}{k_2 - k_1}(e^{-k_1 t} - e^{-k_2 t}) \tag{6-34}$$

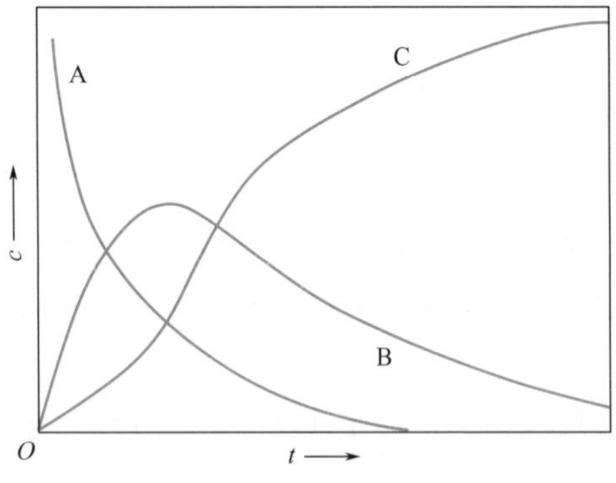

图 6.9 连续反应系统物质浓度随时间关系曲线

可见对于连续反应，初始反应物 A 的浓度仅与第一个反应有关，中间产物 B 的浓度取决于两个连续反应，C 的浓度取决于第二个反应。此处，根据式(6-30)、式(6-33)、式(6-34) 绘制 $c$-$t$ 曲线图，可得到如图 6.9 所示的三种曲线关系。

从图 6.9 可以看出，物质 A 的浓度随时间的增加而减少；物质 B 的浓度随时间的变化呈现先增加后减少的趋势，存在一个浓度的极大值；物质 C 的浓度随时间的增加而增加。中间产物 B 的浓度有极大值，这是连续反应的一个重要的特征，中间产物出现极大值点时对应的反应时间称为中间产物的最佳时间。利用在极大值处浓度对时间的导数为 0 可以求出该最佳时间。

$$\frac{dc_B}{dt}=0 \tag{6-35}$$

将式(6-33) 代入式(6-35) 可得

$$\frac{dc_B}{dt}=\frac{k_1 c_{A_0}}{k_2-k_1}(k_2 e^{-k_2 t}-k_1 e^{-k_1 t})=0$$

可得

$$t_m=\frac{\ln k_2-\ln k_1}{k_2-k_1} \tag{6-36}$$

代入式(6-33)，可求得

$$c_{B_m}=c_{A_0}\left(\frac{k_1}{k_2}\right)^{\frac{k_2}{k_2-k_1}} \tag{6-37}$$

$c_{B_m}$ 和 $t_m$ 即为中间产物 B 的浓度处于极大值时的浓度和时间。

在连续反应中，若最终产物 C 为目标产物，则需要改变外界反应条件，使连续反应最大程度地向生成最终产物的方向进行；若中间产物 B 为目标产物，由于中间产物 B 存在一个浓度最大值和对应的最佳反应时间 $t_m$，此时应控制反应进行的时间，超过最佳反应时间，会造成目标产物浓度的降低和副产物浓度的增加。

**例题分析 6.20**

常温下存在连续反应：

$$A \xrightarrow{k_1} B \xrightarrow{k_2} C$$

已知 $k_1=0.4\text{min}^{-1}$，$k_2=0.6\text{min}^{-1}$。反应初始时，系统中仅含有物质 A，且 $c_{A_0}=2\text{mol}\cdot\text{dm}^{-3}$。试求：中间产物 B 的浓度达到最大值时对应的时间 $t_m$，并求出该时刻系统中 A、B、C 的浓度各为多少？

**解析：**

由速率常数的单位为 $\text{min}^{-1}$ 可知，两步反应均为一级反应。

| | $A \xrightarrow{k_1}$ | $B \xrightarrow{k_2}$ | $C$ |
|---|---|---|---|
| $t=0$ | $c_{A_0}$ | 0 | 0 |
| $t=t$ | $c_A$ | $c_B$ | $c_C$ |

对上述连续反应分别列出 A、B、C 的速率方程

对于物质 A：　$-\frac{dc_A}{dt}=k_1 c_A$

解得　$c_A=c_{A_0}e^{-k_1 t}$

对于物质 B：$\frac{dc_B}{dt}=k_1 c_A-k_2 c_B$，可知 $\frac{dc_B}{dt}+k_2 c_B=k_1 c_{A_0}e^{-k_1 t}$

对上式积分得到 $c_B=\frac{k_1 c_{A_0}}{k_2-k_1}(e^{-k_1 t}-e^{-k_2 t})$，

$t_m$ 时刻存在下式：

$$\frac{dc_B}{dt}=\frac{k_1c_{A_0}}{k_2-k_1}(k_2e^{-k_2t}-k_1e^{-k_1t})=0$$

积分得到
$$t_m=\frac{\ln k_2-\ln k_1}{k_2-k_1}$$

已知 $k_1=0.4\text{min}^{-1}$，$k_2=0.6\text{min}^{-1}$，

$$t_m=\frac{\ln 0.6-\ln 0.4}{0.6-0.4}=2(\text{min})$$

此时
$$c_A=c_{A_0}e^{-k_1t_m}=2\times e^{-0.4\times2}=0.9(\text{mol}\cdot\text{dm}^{-3})$$

$$c_B=\frac{k_1c_{A_0}}{k_2-k_1}(e^{-k_1t_m}-e^{-k_2t_m})=\frac{0.4\times2}{0.6-0.4}\times(e^{-0.4\times2}-e^{-0.6\times2})=0.6(\text{mol}\cdot\text{dm}^{-3})$$

$$c_C=c_{A_0}-c_A-c_B=2.0-0.9-0.6=0.5(\text{mol}\cdot\text{dm}^{-3})$$

可见，中间产物B的浓度达到最大值时对应的时间 $t_m$ 为2min，且此时刻系统中A、B、C的浓度分别为 $0.9\text{mol}\cdot\text{dm}^{-3}$、$0.6\text{mol}\cdot\text{dm}^{-3}$、$0.5\text{mol}\cdot\text{dm}^{-3}$。

**案例 6.4-4　煤气为什么会发生爆炸？**

生活中所用煤气的主要成分是一氧化碳（CO），当空气中CO的体积分数为12.5%～74%时，从火花、光照等吸收一定的能量后就会发生爆炸，这主要是由于CO发生了链反应所致。

CO的爆炸反应是个复杂的反应，有文献给出了体积分数为12.5%和74%时的爆炸反应方程式：

$$13.35CO+O_2+3.76N_2\longrightarrow 11.35CO+2CO_2+3.76N_2+h\nu$$

$$2CO+2.94O_2+11.06N_2\longrightarrow 2CO_2+1.94O_2+11.06N_2+h\nu$$

当煤气泄漏后，CO进入空气中，形成了爆炸性混合物（$CO+O_2+N_2$），此时与火源等接触后，反应物分子发生分解，生成两个或两个以上的自由基。自由基具有很大的化学活性，会成为反应连续进行的活化中心，随后每一个自由基又可以进一步分解，再产生两个或两个以上的自由基。这样循环往复，自由基越来越多，化学反应速率急剧增加，最后发生爆炸。

## 6.4.4　链反应

**链反应**（chain reaction）也称连锁反应，是指由大量反复循环的连续反应所组成的一类复杂的复合反应。链反应往往需要光、热等外界条件来引发反应，从而在系统中产生具有较强反应能力的活性组分如自由基或者自由原子，进而引发下一循环反应的进行。工业上许多工艺过程都与链反应密切相关，如各类高聚物的合成、石油的裂解、碳氢化合物的氧化等。

例如，氢气和氯气制备氯化氢的反应即为一个链反应，表观反应方程式如下：

$$H_2+Cl_2=\!=\!=2HCl$$

实验已经证明该反应的反应机理为：

$$Cl_2 + M \xrightarrow{k_1} 2Cl\cdot + M \quad \text{链的引发}$$

$$\left.\begin{array}{l} Cl\cdot + H_2 \xrightarrow{k_2} HCl + H\cdot \\ H\cdot + Cl_2 \xrightarrow{k_3} HCl + Cl\cdot \\ \cdots\cdots \end{array}\right\} \text{链的增长}$$

$$2Cl\cdot + M \xrightarrow{k_4} Cl_2 + M \quad \text{链的终止}$$

根据反应过程中链的增长方式的不同，可将链反应分为两种类型：**直链反应**（straight chain reaction）和**支链反应**（side chain reaction）。不管是直链反应还是支链反应，都由下列三个基本步骤组成。

**(1) 链的引发**（chain initiation）

反应开始阶段，分子首先在光、热或引发剂等外加因素作用下生成活性自由基。如上述系统中 $Cl_2$ 在 M 的作用下产生了氯自由基。

**(2) 链的增长**（chain propagation）

即自由基与稳定分子作用生成新的分子和新的自由基，新的自由基继续作为活性传递物，使反应不断交替进行下去。如上式反应中氯自由基和氢气分子作用生成新的氯化氢分子和新的氢自由基，氢自由基作为活性传递物继续与氯分子作用生成氯化氢和氯自由基，如此反复，使得反应如同锁链一样交替进行下去。

**(3) 链的终止**（chain termination）

当活性自由基在气相中相互碰撞结合生成稳定分子，或自由基与器壁碰撞形成稳定分子时，该链反应即不再继续，发生终止。如上式中两个氯自由基在 M 的作用下结合生成氯气分子的反应。

现仍以氢气和氯气反应生成氯化氢的链反应为例来推导链反应的速率方程。

由反应机理知，

$$\frac{dc_{HCl}}{dt} = k_2 c_{Cl\cdot} c_{H_2} + k_3 c_{H\cdot} c_{Cl_2} \tag{6-38}$$

上式中 Cl· 和 H· 均为链反应过程中生成的中间产物，它们在反应系统中参与了许多化学反应，不断产生的同时也在不断消耗，此时可近似地认为在反应达到稳定状态后，自由基的浓度不再发生变化，即

$$\frac{dc_{Cl\cdot}}{dt} = 0,\quad \frac{dc_{H\cdot}}{dt} = 0$$

这种认为系统达到稳定状态以后自由基浓度不再变化的近似处理方法称为**稳态近似法**（steady state approximation method）。

$$\frac{dc_{Cl\cdot}}{dt} = 2k_1 c_{Cl_2} c_M - k_2 c_{Cl\cdot} c_{H_2} + k_3 c_{H\cdot} c_{Cl_2} - 2k_4 c_{Cl\cdot}^2 c_M = 0$$

$$\frac{dc_{H\cdot}}{dt} = k_2 c_{Cl\cdot} c_{H_2} - k_3 c_{H\cdot} c_{Cl_2} = 0 \tag{6-39}$$

联立两式可以解得下式：

$$2k_1 c_{Cl_2} = 2k_4 c_{Cl\cdot}^2$$

$$c_{Cl\cdot}=\left(\frac{k_1}{k_4}c_{Cl_2}\right)^{\frac{1}{2}} \tag{6-40}$$

将式(6-39) 和式(6-40) 代入式(6-38) 可得

$$\frac{dc_{HCl}}{dt}=k_2c_{Cl\cdot}c_{H_2}+k_3c_{H\cdot}c_{Cl_2}=2k_2c_{Cl\cdot}c_{H_2}$$

$$=2k_2\left(\frac{k_1}{k_4}\right)^{\frac{1}{2}}(c_{Cl_2})^{\frac{1}{2}}c_{H_2}=k(c_{Cl_2})^{\frac{1}{2}}c_{H_2}$$

上式中，$k=2k_2\left(\frac{k_1}{k_4}\right)^{\frac{1}{2}}$

结合速率方程可知，$Cl_2$ 和 $H_2$ 生成 HCl 的反应是 1.5 级反应。

**例题分析 6.21**

在固定体积的反应容器中，氢气和溴蒸气可以发生下列反应：

$$H_2+Br_2 \xlongequal{} 2HBr$$

实验测定反应的机理如下：

① $Br_2+M \xrightarrow{k_1} 2Br\cdot+M$

② $Br\cdot+H_2 \xrightarrow{k_2} HBr+H\cdot$

③ $H\cdot+Br_2 \xrightarrow{k_3} HBr+Br\cdot$

④ $H\cdot+HBr \xrightarrow{k_4} H_2+Br\cdot$

⑤ $Br\cdot+Br\cdot+M \xrightarrow{k_5} Br_2+M$

推导上述反应生成溴化氢的反应速率方程式。

**解析：**

由反应机理可得：

$$\frac{dc_{HBr}}{dt}=r_2+r_3-r_4=k_2c_{Br\cdot}c_{H_2}+k_3c_{H\cdot}c_{Br_2}-k_4c_{H\cdot}c_{HBr} \tag{6-41}$$

对中间产物 Br· 和 H· 采用稳态近似处理，可得下式：

$$\frac{dc_{Br\cdot}}{dt}=2k_1c_{Br_2}c_M-k_2c_{Br\cdot}c_{H_2}+k_3c_{H\cdot}c_{Br_2}+k_4c_{H\cdot}c_{HBr}-2k_5c_{Br\cdot}^2c_M$$

$$=0 \tag{6-42}$$

$$\frac{dc_{H\cdot}}{dt}=k_2c_{Br\cdot}c_{H_2}-k_3c_{H\cdot}c_{Br_2}-k_4c_{H\cdot}c_{HBr}=0 \tag{6-43}$$

由式(6-43) 变形可得：

$$c_{H\cdot}=\frac{k_2c_{Br\cdot}c_{H_2}}{k_3c_{Br_2}+k_4c_{HBr}} \tag{6-44}$$

将式(6-44) 代入式(6-43)，可得下式

$$c_{Br\cdot}=\left(\frac{k_1}{k_5}\right)^{\frac{1}{2}}(c_{Br_2})^{\frac{1}{2}} \tag{6-45}$$

将式(6-45) 代入式 (6-44) 式得：

$$c_{H\cdot}=k_2\left(\frac{k_1}{k_5}\right)^{\frac{1}{2}}\frac{(c_{Br_2})^{\frac{1}{2}}c_{H_2}}{k_3c_{Br_2}+k_4c_{HBr}} \tag{6-46}$$

将式(6-45) 和式(6-46) 代入式(6-41) 得：

$$\frac{dc_{HBr}}{dt}=2k_3c_{H\cdot}\,c_{Br_2}$$

$$=2k_2\left(\frac{k_1}{k_5}\right)^{\frac{1}{2}}\frac{(c_{Br_2})^{\frac{1}{2}}c_{H_2}}{1+\dfrac{k_4c_{HBr}}{k_3c_{Br_2}}}$$

$$=\frac{k(c_{Br_2})^{\frac{1}{2}}c_{H_2}}{1+k'\dfrac{c_{HBr}}{c_{Br_2}}}$$

式中，$k=2k_2\left(\frac{k_1}{k_5}\right)^{\frac{1}{2}}$，$k'=\frac{k_4}{k_3}$

上式即为氢气和溴蒸气反应生成溴化氢的反应速率方程。

支链反应速率方程的推导是在知道其反应机理的前提下，结合质量作用定律和稳态近似法进行求解。值得一提的是在支链反应中，活性自由基是成倍增长的，因此不能建立稳态，也无法通过稳态近似法推导其速率方程。支链反应速率方程的推导相对比较复杂，此处不再介绍。

**支链反应与爆炸**：爆炸是瞬间完成的高速化学反应。引起爆炸的原因除了由于反应系统温度急剧升高而引发以外，还有一个更重要的原因是支链反应。支链反应引起爆炸的原因在于随着支链反应的不断进行，反应系统中活性自由基的数量剧增，反应速率急剧增大，最后导致爆炸。并不是所有的支链反应都会引起爆炸，爆炸反应的温度、压力、组成通常都有一定的范围，称为爆炸界限。

现以氢气和氧气反应生成水为例。

$$H_2+\frac{1}{2}O_2 = H_2O$$

反应机理如下：

$H_2 \longrightarrow H\cdot + H\cdot$ 链的引发

$H\cdot + O_2 + H_2 \longrightarrow H_2O + OH\cdot$
$OH\cdot + H_2 \longrightarrow H_2O + H\cdot$ } 直链反应

$H\cdot + O_2 \longrightarrow OH\cdot + O\cdot$
$O\cdot + H_2 \longrightarrow OH\cdot + H\cdot$ } 支链反应

$2H\cdot + M \longrightarrow H_2 + M$
$OH\cdot + H\cdot + M \longrightarrow H_2O + M$ } 链的终止

图 6.10(a) 为氢氧混合系统的爆炸情况随压力的变化关系。从图中可见，当系统的总压力小于 $p_1$ 时，反应系统不发生爆炸；当总压力位于 $p_1$ 和 $p_2$ 之间时，反应加速进行，系统发生爆炸；当总压力位于 $p_2$ 和 $p_3$ 之间时，反应系统又不发生爆炸；而当压力超过 $p_3$

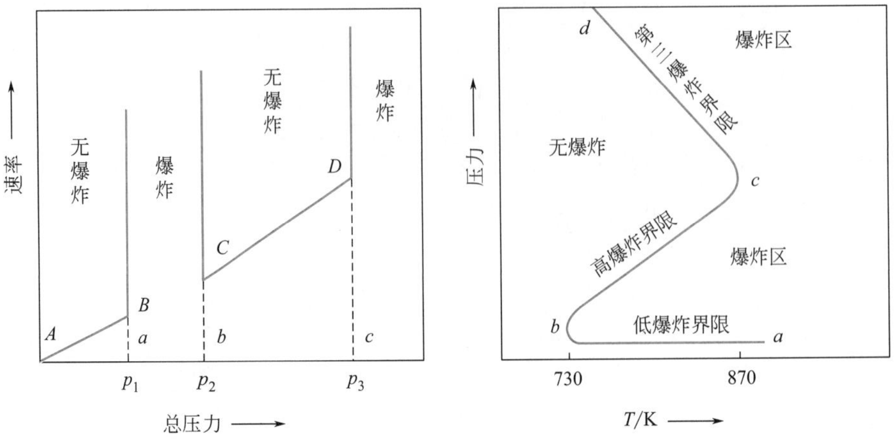


(a) 速率与压力的关系　　(b) M与温度和压力的关系

图 6.10　$H_2$ 和 $O_2$ 混合系统的 M 与温度和压力的关系

时，系统又会发生爆炸。对于该系统而言，$p_1$ 为爆炸下限，$p_2$ 为爆炸上限，$p_3$ 为第三界限。

图 6.10(b) 为系统爆炸情况和温度与压力的关系图。由图中可见，在温度低于 730K 时，系统在任何压力下均不发生爆炸，在温度高于 730K 的区域内，随着压力的不同有不同的爆炸界限。其中 *ab* 为低爆炸界限，*bc* 为高爆炸界限，*cd* 为第三爆炸界限。

外界实验条件的选择对支链反应系统是否发生爆炸有重要的影响，在实际工业生产中应该严格控制反应条件。

就如氢气和氧气发生反应时有不同的爆炸界限一样，很多可燃气体都有其特定的爆炸界限。其中爆炸除了受反应系统的温度和压力影响之外，还受气体成分的影响。表 6.2 列出了常温常压下，一些常见气体在空气中的爆炸界限。

**表 6.2　常见气体的爆炸界限**

| 气体 | 爆炸低限（体积分数）$\varphi\times100/\%$ | 爆炸高限（体积分数）/% |
|---|---|---|
| $H_2$ | 4 | 74 |
| $NH_3$ | 16 | 28 |
| CO | 12.5 | 74 |
| $CH_4$ | 5.3 | 14 |
| $C_2H_2$ | 2.5 | 80 |
| $C_2H_4$ | 3.0 | 29 |
| $C_2H_6$ | 3.2 | 12.5 |
| $C_3H_6$ | 2 | 11 |
| $C_3H_8$ | 2.4 | 9.5 |
| $C_6H_6$ | 1.4 | 6.7 |

## 思考与讨论：如何提高目标产物的产率？

工业生产中总是希望尽可能多地获得目标产物，而工业生产中涉及的反应多为复合反应。如工业合成氨以及基础有机合成工业等都涉及若干复合反应。对于几种经典的复合反应如平行反应、对峙反应、连续反应以及链反应，应该如何提高目标产物的产率呢？请结合具体例子说明分析。

# 6.5 温度对反应速率的影响

**案例 6.5　为什么要在冰箱中储存食物？**

用冰箱储存食物可以减慢食物腐败的过程。如牛奶或黄油在冰箱里可以保存更长时间，但是在常温环境下就很容易变质。

在自然界中，食物腐败是由于食物中的一些成分在酶和微生物的作用下发生反应，生成一些新的物质，在此过程中微生物也会繁殖。当这些物质达到一定的浓度后，食物尝起来就会有些变质，而且可能是有毒的。每种微生物和酶都有自己的反应速率。冰箱所能起到的作用就是将这些反应速率常数变小。在常温下，这些反应速率分别等于 $k$ 乘以所有反应物的浓度。例如，引起牛奶变质的反应中，乳酸和酶发生反应，速率方程可以写作：

$$\text{速率}=k_2[\text{乳酸}][\text{酶}]$$

式中，$k$ 的下标 2 代表的此反应是二级反应，[乳酸] 和 [酶] 都不随温度的改变而改变，所以由于温度下降而引起的反应速率常数 $k_2$ 的改变，肯定会引起反应速率的变化。

反应速率常数 $k_2$ 在一定的温度下是常数，它的值与温度存在以下关系：

$$k=A\mathrm{e}^{-E_a/(RT)}$$

由上式可知，在冰箱中储存食物，主要是为了降低温度，温度越低反应的速率常数越小，食物的变质反应速率会相应地降低，所以在冰箱中储存食物，可以防止食物很快变质。

由此可见，在反应物浓度一定时，速率常数的大小是影响反应速率的主要因素，而速率常数的大小主要受温度的影响。

## 6.5.1 阿伦尼乌斯公式

**阿伦尼乌斯公式**（Arrhenius equation）反映了速率常数 $k$ 与温度 $T$ 之间的定量关系。反应速率很大程度上取决于反应温度，当温度升高的时候，一般反应速率也会增大。19 世纪下半叶，科学家们对温度和速率常数之间的关系进行了大量研究试验，提出了各种经验式。1889 年提出的阿仑尼乌斯公式得到了广泛应用，因为它是基于基元反应的物理学背景提出的，而且通常能够和实验结果拟合得很好。

阿仑尼乌斯假设只有“活化”分子（那些具有高能量的分子）才能进行反应，同时这种活化分子的数量受到玻尔兹曼概率分布的控制。通过这个假设推出了阿仑尼乌斯方程：

$$k=A\mathrm{e}^{-\varepsilon_a/(k_BT)} \tag{6-47}$$

$\varepsilon_a$ 是分子要进行反应必须具有的能量，被称为**活化能**。与温度无关的因子 $A$ 被称作指前因子。也可以用以下形式来表示：

$$k = A\mathrm{e}^{-E_a/(RT)} \tag{6-48}$$

式中，$E_a = N_{AV}\varepsilon_a$，是摩尔活化能，$R = k_B N_{AV}$ 是理想气体常数。实验得到的摩尔活化能数值通常在 50～200kJ · mol$^{-1}$ 之间，比打断化学键所要求的能量略低。如果把活化过程描述为半打断旧键半形成新键的过程，这点差距看上去似乎也合理。

**例题分析 6.22**

对于一个气相反应：$H_2 + I_2 \longrightarrow 2HI$

在 373.15K 时，速率常数等于 $8.74\times10^{-15}\mathrm{dm^3\cdot mol^{-1}\cdot s^{-1}}$；在 473.15K 时速率常数等于 $9.53\times10^{-10}\mathrm{dm^3\cdot mol^{-1}\cdot s^{-1}}$，试计算活化能和指前因子。

**解析：**

对于任意两个温度 $T_1$ 和 $T_2$，式(6-47) 可以变换为：

$$E_a = \frac{R\ln\left(\dfrac{k_{T_2}}{k_{T_1}}\right)}{\dfrac{1}{T_1} - \dfrac{1}{T_2}} \tag{6-49}$$

将数值代入：

$$E_a = \frac{(8.3145\mathrm{J\cdot K^{-1}\cdot mol^{-1}})\ln\left(\dfrac{9.53\times10^{-10}}{8.74\times10^{-15}}\right)}{\dfrac{1}{373.15\mathrm{K}} - \dfrac{1}{473.15\mathrm{K}}} = 1.70\times10^5\mathrm{J\cdot mol^{-1}}$$

$$A = k\mathrm{e}^{E_a/(RT)} = (8.74\times10^{-15}\mathrm{dm^3\cdot mol^{-1}\cdot s^{-1}})\exp\left(\frac{1.70\times10^5\mathrm{J\cdot mol^{-1}}}{(8.3145\mathrm{J\cdot K^{-1}\cdot mol^{-1}})\times(373.15\mathrm{K})}\right)$$

$$= 5.47\times10^9\mathrm{dm^3\cdot mol^{-1}\cdot s^{-1}}$$

由此可见，一个反应的活化能的大小决定着反应速率常数的大小。

## 6.5.2 活化能

活化分子比普通分子能量高出的部分称为**活化能**（active energy），也可以表示为活化分子的平均能量 $E^*$ 与所有分子平均能量 $E$ 之差，即 $E_a = E^* - E$，见图 6.11。

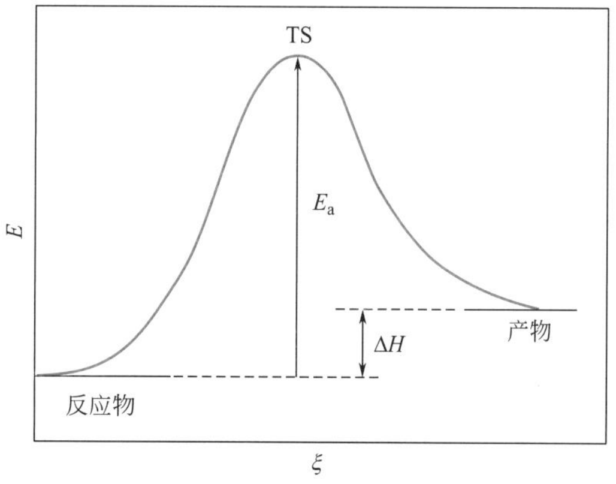

图 6.11　活化能示意图

不是所有的反应物分子都可以通过一次作用发生反应，只有能量较高的分子之间的直接作用方能发生反应。其中，在直接作用中能发生反应的、能量较高的分子称为“活化分子”。

不同反应所需要活化能的量值不同，因此对于不同的反应，在反应物总分子数相同的情况下，活化分子的数目是不同的，活化分子的碰撞数也不同，这正是不同的反应其速率可以相差很多的原因。温度升高能加快化学反应速率的原因在于温度升高之后，活化分子数目增多。

研究动力学过程中，如何得到一个反应的活化能呢？

活化能的测定与计算：活化能的数值是根据实验数据，利用阿伦尼乌斯公式求得的。一般情况下，有两种方法：

**(1) 代数法**

由阿伦尼乌斯公式：$\frac{\mathrm{d}\ln k}{\mathrm{d}T}=\frac{E_a}{RT^2}$，可推导出下式：

$$\ln\frac{k_{T_2}}{k_{T_1}}=\frac{E_a(T_2-T_1)}{RT_2T_1}$$

因此，只要将两个任意温度下的 $k$ 值代入上式，即可算出反应的活化能。

**(2) 几何作图法**

由阿伦尼乌斯公式变形可得：$\ln k=-\frac{E_a}{RT}+B$

测定不同温度 $T$ 下的反应速率常数 $k$，以 $\ln k$ 对 $1/T$ 作图，所得曲线的斜率即为 $-E_a/R$，$E_a=-(\text{斜率})\times R$

**例题分析 6.23**

温度对反应速率影响，室温下 van't Hoff 规则是：温度每升高 10K，反应速率大约增加 2～4 倍。那么该反应的活化能大小应在什么范围内？

**解析：**

按照阿伦尼乌斯公式：

$$\ln\frac{k_2}{k_1}=\frac{E_a(T_2-T_1)}{RT_2T_1}$$

得

$$E_a=\frac{RT_2T_1}{T_2-T_1}\ln\frac{k_2}{k_1}$$

温度每升高 10K，反应速率增加 2 倍时，

$$E_a=\frac{RT_2T_1}{10}\times\ln 2=\frac{R\times 298\times 308}{10}\times\ln 2=52.9(\mathrm{kJ\cdot mol^{-1}})$$

温度每升高 10K，反应速率增加 4 倍时，

$$E_a=\frac{RT_2T_1}{10}\times\ln 4=\frac{R\times 298\times 308}{10}\times\ln 4=105.8(\mathrm{kJ\cdot mol^{-1}})$$

因此，该反应的活化能大小在 50～110kJ · mol$^{-1}$ 范围内。

**例题分析 6.24**

已知 $H_2O_2$ 在 KI 系统中的分解反应：

$$H_2O_2 \longrightarrow H_2O+\frac{1}{2}O_2$$

实验测得在不同温度 $t$ 时的速率常数 $k$，其数据如下：

| $t$/℃ | 0 | 25 | 35 | 45 | 55 | 65 |
|---|---|---|---|---|---|---|
| $k$/$min^{-1}$ | 0.0172 | 0.0387 | 0.0749 | 0.1440 | 0.2779 | 0.5335 |

求该反应的活化能 $E_a$。

**解析：**

根据题所给数据算出所需数据列于下表：

| $T$/K | 273 | 298 | 308 | 318 | 328 | 338 |
|---|---|---|---|---|---|---|
| $\frac{10^3}{T}$/$K^{-1}$ | 3.66 | 3.36 | 3.25 | 3.14 | 3.05 | 2.96 |
| $\ln k$/$s^{-1}$ | −8.16 | −7.35 | −6.69 | −6.03 | −5.37 | −4.72 |

以 $\ln k$ 对 $1/T$ 作图（图 6.12），得一直线，且直线斜率为 $-6.67\times10^3$。

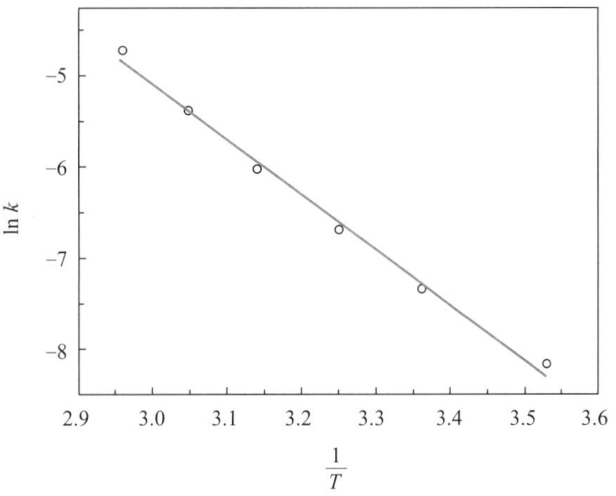


图 6.12　$\ln k$-$T$ 关系曲线

求得 $E_a=8.314\times6.67\times10^3=5.54\times10^5\,J\cdot mol^{-1}$

**例题分析 6.25**

溴乙烷分解反应的活化能 $E_a=229.3kJ\cdot mol^{-1}$，650K 时的速率常数 $k=2.14\times10^{-4}s^{-1}$。现欲使此反应在 20min 内完成 85%，那么应将反应温度控制为多少？

**解析：**

根据 $k=Ae^{-E_a/(RT)}$ 可知：

$$k=Ae^{-E_a/(RT)}=A\times e^{2.293\times10^5/(8.314\times650)}=2.14\times10^{-4}s^{-1}$$

可得：

$$A=5.73\times10^{14}s^{-1}$$

因此该反应的 $k$ 对 $T$ 的函数关系是：

$$k=5.73\times10^{14}\times e^{-2.293\times10^5K/(8.314T)}s^{-1}$$

该反应的速率公式为：

$$\ln(c_0/c)=kt$$

代入数据得

$$\ln[1.00/(1.00-0.85)]=5.73\times10^{14}\times e^{-2.293\times10^{5}\mathrm{K}/(8.314T)}\times20.0\times60$$

$$T=682\mathrm{K}$$

## 思考与讨论：牛奶的保质期？

牛奶是日常生活中我们补充蛋白质、维生素以及矿物质等营养成分的上佳选择，然而牛奶的储存条件却比较苛刻。牛奶要在低温条件下（一般低于 10℃）进行储存，否则容易腐坏变质。牛奶变质的主要原因为空气中的细菌等微生物进入牛奶中，吸收其中的营养成分，自身进行大量繁殖所致。试查阅资料解释为何在冰箱中牛奶可以储存一个月甚至更久，而在室温下，牛奶放置一到两天就发生变质？

# 6.6 基元反应速率理论

**案例 6.6　为什么烹饪都需要加热?**

自然食材大多都是有机物，烹饪就是这些有机物发生化学反应的过程。生食物发生化学反应变成熟食物，可用如下简单反应式表示：

$$\text{生食物} \xrightarrow{\triangle} \text{熟食物}$$

发生化学反应需要有活化分子发生碰撞，而且是发生有效碰撞。大多数分子的平动能在平均值附近，只有少量分子的平动能比平均值低，也有少量分子的平动能比平均值要高，只有平动能比平均值高的分子才更有机会发生有效碰撞，所以要增加有效碰撞的概率，这就需要提高反应物分子的平动能，而分子的平动能和温度是成正相关的，烹饪中加热的目的就是增加分子的平动能，增加有效碰撞的概率，使更多的分子参与到反应中来。所以在烹饪中加热，使生食熟化的过程得以实现。

由此可见，发生化学反应的前提就是反应物的能量要达到活化能，无论是碰撞理论还是过渡态理论都从微观的角度解释了基元反应发生化学反应的本质。下面对这两大理论分别进行阐述。

## 6.6.1 碰撞理论

碰撞理论主要有两点假设：两个反应物分子发生反应的前提条件是必须发生碰撞；不是所有发生了碰撞的反应物分子都能发生反应，只有两个反应物分子的能量超过一定值时，碰撞后才能发生反应。

那么根据上述两个假设，得出一个定论：化学反应的速率实质上是两个反应物分子在单位时间内的有效碰撞数。因此，可以将反应速率表示成如下形式：

$$r=-\frac{\mathrm{d}c}{\mathrm{d}t}=Zq$$

$Z$ 为反应系统中单位体积、单位时间内分子之间的碰撞总数；$q$ 为有效碰撞占碰撞总数的分数。因此简单碰撞理论要求出反应速率，就必须求出碰撞数 $Z$ 和有效碰撞分数 $q$。

不妨假设两个反应物分子 1 和分子 2，它们都为刚性球体。根据普通物理学中的气体分子运动理论得，分子 1 和分子 2 两种分子在单位体积、单位时间中的碰撞数为：

$$\begin{aligned}Z&=\left(\frac{\sigma_1+\sigma_2}{2}\right)^2\left(8\pi RT\,\frac{M_1+M_2}{M_1M_2}\right)^{1/2}\frac{N_1}{V}\times\frac{N_2}{V}\\&=\pi d_{12}^2\left(8\pi RT\,\frac{M_1+M_2}{M_1M_2}\right)^{1/2}\frac{N_1}{V}\times\frac{N_2}{V}\end{aligned}$$

式中，$\sigma_1$、$\sigma_2$ 为分子 1、2 的直径；$M_1$、$M_2$ 为分子 1、2 的摩尔质量；$V$ 为体积；$N_1$、$N_2$ 为分子 1、2 的分子数；$d_{12}=\dfrac{\sigma_1+\sigma_2}{2}$为分子 1、2 的平均直径；$\pi d_{12}^2$ 为碰撞截面面积。

发生在同种分子之间的碰撞数为

$$Z_{11}=2\sigma_1^2\left(\frac{\pi RT}{M_1}\right)^{1/2}\left(\frac{N_1}{V}\right)^2=\frac{\sqrt{2}}{2}\pi d_1^2\left(\frac{\pi RT}{M_1}\right)^{1/2}\left(\frac{N_1}{V}\right)^2$$

**例题分析 6.26**

求在一个标准大气压和 400K 下，HI 分子在单位体积、单位时间内的碰撞数。（已知 HI 的分子碰撞直径为 $\sigma_{HI}=3.5\times10^{-10}$m，摩尔质量 $M_{HI}=1.28\times10^{-1}\text{kg}\cdot\text{mol}^{-1}$）

**解析：**

根据公式 $Z_{11}=2\sigma_1^2\left(\frac{\pi RT}{M_1}\right)^{1/2}\left(\frac{N_1}{V}\right)^2$

$$Z_{HI}=\left\{2\times(3.5\times10^{-10})^2\times\left(\frac{3.14\times8.314\times400}{1.28\times10^{-1}}\right)^{1/2}\times(1.81\times10^{25})^2\right\}$$

$$=2.29\times10^{34}(\text{m}^{-3}\cdot\text{s}^{-1})$$

其中，$\frac{N_{HI}}{V}=L\frac{p}{RT}=6.02\times10^{23}\times\frac{1.0\times10^5}{8.314\times400}=1.81\times10^{25}$（分子数 $\cdot\ \text{m}^{-3}$）

例题中得到的碰撞数值很大，假设每次的碰撞都能发生反应，则该反应可瞬时完成。但实际上，分子之间碰撞后如要发生反应，分子不仅要具有至少最小的相对能量，而且在许多反应中必须有适当的指向。即使像 $H_2$ 和 $I_2$ 这样的小分子也要有正确的指向才能使反应发生。

根据分子能量分布的近似公式，即 Boltzmann 公式，具有能量 $E$ 的活性分子在总分子中所占的分数 $q$ 为

$$q=e^{-\frac{E_c}{RT}}$$

式中，$E_c=\varepsilon_c L$ 为反应的活化能（临界能），注意，这里的活化能与阿伦尼乌斯公式中的活化能是不同的。

## 6.6.2 过渡态理论

过渡态理论宗旨是通过势能面来讨论反应速率问题。理论假定反应分子在碰撞时，相互作用分子的势能是分子间相对位置的函数。从反应物作用到产物生成的过程中，要经过一个与活化能有关的过渡状态，此过渡状态是反应物分子以一定的构型存在的活化络合物，并与反应物分子之间建立一定形式的化学平衡。其反应速率可由络合物分子分解生成产物的分解速率所决定。从系统总的势能来看，过渡态具有比反应物分子高的能量，这个能量就是反应进行时必须克服的势能垒，该势能又比可能的其他中间状态的势能要低，相对来说它又是所有可能的各中间状态中的势阱。从这个意义上说，活化络合物只是最低势能的一种构型。此理论在原则上提供了一种只用反应物分子的某些基本物性，如大小、振动频率、质量等，就可计算出反应速率的方法，故人们称它为绝对反应速率理论。

例如，$O_3$ 和 NO 要发生反应必须发生碰撞，只有那些具有足够能量（分子的动能大于临界能 $\varepsilon_c$）的分子碰撞后才有可能引起旧键的断裂和新键的生成，最终发生反应。

由于反应物分子有一定的几何构型，分子内原子的排列有一定的方位。如果分子碰撞时的几何方位不适应，尽管碰撞的分子有足够的能量，反应也不能发生。只有几何方位适应的有效碰撞才可能导致反应的发生。

以量子力学对反应过程中能量变化的研究为依据，从反应物到生成物之间形成了势能较高的活化络合物，活化络合物所处的状态叫过渡态。

例如，对于反应：

$$NO(g)+O_3(g) \longrightarrow NO_2(g)+O_2(g)$$

其活化络合物为 $NO_4(g)$，具有较高的势能 $E_{ac}$。它很不稳定，很快分解为产物分子 $NO_2$ 和 $O_2$。

根据活化络合物理论，通常认为化学反应过程中的能量变化如图 6.13 所示。

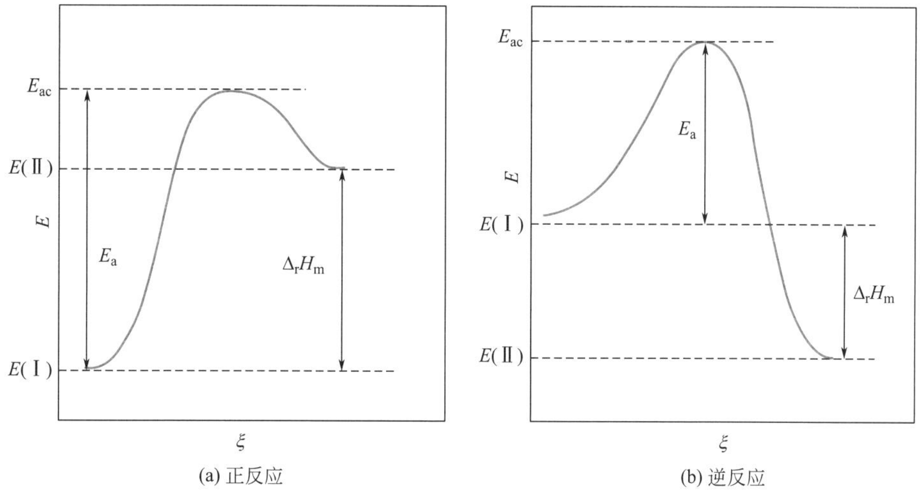


图 6.13 化学反应过程中的能量变化曲线

$E$（Ⅰ）—反应物的势能（始态）；$E$（Ⅱ）—生成物的势能（终态）；$E_{ac}$—活化络合物的平均势能

正反应的活化能 $E_a(\text{正})=E_{ac}-E(Ⅰ)$

逆反应的活化能 $E_a(\text{逆})=E_{ac}-E(Ⅱ)$

系统的终态与始态的能量差等于化学反应的摩尔焓变。

**例题分析 6.27**

气相反应 $CO+Cl_2 \longrightarrow COCl_2$ 的速率方程为

$$dp(COCl_2)/dt=kp(CO)p(Cl_2)$$

若 $p_0(CO)=p_0(Cl_2)=0.1p^{\ominus}$，298K 时 $t_{1/2}=1h$，308K 时 $t_{1/2}=30min$。试求 $k$ 值、活化能 $E_a$、指前因子 $A$ 以及过渡态理论中的 $\Delta_r^{\neq} H_m$，$\Delta_r^{\neq} S_m$。

**解析：**

对于二级反应有：

$$t_{1/2}=1/(k_p p_0)$$

所以 $k_p(308K)=(30\times 60\times 0.1\times 1.01\times 10^5)^{-1}=5.50\times 10^{-8}Pa^{-1}\cdot s^{-1}$

$k_p(298K)=(1\times 60\times 60\times 0.1\times 1.01\times 10^5)^{-1}=2.75\times 10^{-8}Pa^{-1}\cdot s^{-1}$

由公式 $\ln\frac{k_2}{k_1}=\frac{E_a}{R}\times\frac{T_2-T_1}{T_2T_1}$ 得

$$E_a=52.88kJ\cdot mol^{-1}$$

由阿伦尼乌斯公式 $k_p = A(p^{\ominus})^{1-n} \mathrm{e}^{-E_a/(RT)}$ 代入数据得

$$A = 5.16 \times 10^6 \mathrm{s}^{-1}$$

对于气相反应，

$$\begin{aligned} \Delta_r^{\neq} H_m &= E_a - nRT \\ &= 52.88 - 2 \times 8.314 \times 10^{-3} \times 298 \\ &= 47.93 \mathrm{kJ \cdot mol^{-1}} \end{aligned}$$

又，$k_p = (k_B T/h)(p^{\ominus})^{1-n} \mathrm{e}^{\Delta_r^{\neq} S_{m,p}^{\ominus}/R} \times \mathrm{e}^{-\Delta_r^{\neq} H_{m,p}/(RT)}$

将 $T = 298\mathrm{K}$ 及 $k_p$、$\Delta_r^{\neq} H_{m,p}$ 等数据代入上式：

$$2.75 \times 10^{-8} = 0.62 \times 10^{13} \times (1.01 \times 10^5)^{-1} \mathrm{e}^{\Delta_r^{\neq} S_{m,p}/R} \times 3.0 \times 10^{-9}$$

整理得

$$\Delta_r^{\neq} S_{m,p} = R\ln(1.49 \times 10^{-9}) = -131(\mathrm{J \cdot K^{-1} \cdot mol^{-1}})$$

思考与讨论：由过渡态理论如何计算反应速率常数？

过渡态向产物转化是整个反应的决速步骤，即活化络合物的分解速率可作为整个反应的速率，如果再知道平衡常数的值，就可计算出反应速率常数。

## 6.7 溶剂对反应速率的影响

案例 6.7　为何泡沫灭火器用溶解的硫酸铝和碳酸氢钠，而不用固态硫酸铝和碳酸钠？

泡沫灭火器内的玻璃筒里盛硫酸铝溶液，铁筒里盛碳酸氢钠溶液，当需要灭火时，把灭火器倒立，两种溶液混合在一起，会产生大量的二氧化碳气体，此时打开开关，能喷射出大量二氧化碳及泡沫，它们能黏附在可燃物上，将可燃物与空气隔绝，破坏燃烧条件，达到灭火的目的。涉及的化学反应方程式如下：

$$Al_2(SO_4)_3(aq)+6NaHCO_3(aq)\xrightarrow{k_1}3Na_2SO_4(aq)+2Al(OH)_3(s)+6CO_2(g)$$

硫酸铝和碳酸氢钠为固态时反应非常缓慢，为何在溶液中反应速率大大加快？

上述液相反应的实质为离子反应：

$$HCO_3^- + H^+ \longrightarrow CO_2 + H_2O$$

$$Al^{3+} + 3H_2O \longrightarrow Al(OH)_3 + 3H^+$$

总的离子反应方程式为：$Al^{3+} + 3HCO_3^- \longrightarrow Al(OH)_3 + 3CO_2$

液相中离子运动剧烈，所以反应发生较快，硫酸铝和碳酸氢钠为固态时，系统内不存在自由的离子，所以固相时上述反应发生得很缓慢。

由以上案例可知，对于同一化学反应，溶剂分子的存在会对在其中进行的化学反应的反应速率产生较大影响。

化学反应在液相中进行与在气相中进行有明显的不同。液相反应系统比气相反应系统复杂，在液相反应系统中除了有反应物分子以外，还有大量的溶剂分子。溶液中溶质分子之间同样需要碰撞才能发生化学反应，然而溶质分子却不像气体分子那样能在空间自由运动，相互碰撞，它要通过扩散穿过周围溶剂分子后才能彼此碰撞。另一方面，气体分子仅占整个系统体积的极少部分，分子之间的相互作用可以忽略，此时可将气体分子看作质点，利用分子运动理论研究气体系统。而溶剂分子和溶质分子之间的距离很近，因此溶剂分子和溶质分子之间的作用不能忽略。可见溶剂对溶液中的反应有直接影响，下面主要介绍溶剂的笼效应和溶剂自身的物理、化学性质对其中反应速率的影响。

### 6.7.1 溶剂的笼效应

溶液中存在大量的溶剂分子，每个反应物分子都处在由溶剂分子形成的笼中，处于溶剂笼中的反应物分子不断振动，同时也在不断地与周围分子碰撞，处在不同笼中的两个反应物分子 A 和 B 扩散至同一个笼中相互接触，称为反应物分子的一次**遭遇**（encounter）。溶剂笼的存在对反应的影响是复杂的，溶剂笼的存在使得反应物分子不易遭遇，但是一旦遭遇之后，由于反应物分子此时处于同一个溶剂笼中，因此通过碰撞获得能量发生化学反应的概率又大大增加，综合作用的结果是总的反应物分子之间的碰撞频率并未减少。这种由于反应物分子处于溶剂分子的包围之中，不能像气体分子那样通过自由碰撞而发生反应，反应前必须首先扩散至同一个溶剂笼中才能发生反应的现象称为**笼效应**（cage effect），如图 6.14 所示。

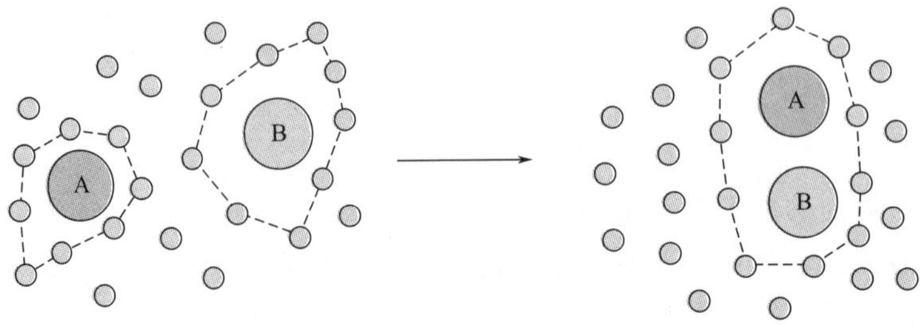


(a) (b)

图 6.14　反应物 A 和 B 在溶液中扩散的示意图

溶液中的反应主要分为两个步骤：第一步，反应物分子扩散至同一笼中而遭遇；第二步，遭遇分子对发生反应，形成产物。

$$A+B \underset{k_{-1}}{\overset{k_1}{\rightleftharpoons}} AB \xrightarrow{k_2} C$$

可见溶液中的化学反应类似于连续反应，至于反应到底受哪个过程控制，要根据化学反应活化能的大小来判断。对于活化能较小的化学反应，反应物分子一旦遭遇后即发生化学反应，整个反应是受扩散步骤控制的；对于活化能较大的化学反应，反应物分子扩散的速率比发生化学反应的速率快得多，此时整个反应是受化学反应步骤控制的。

上述反应的微分速率方程如下：

$$r=\frac{dc_C}{dt}=k_2 c_{AB}$$

$$\frac{dc_{AB}}{dt}=k_1 c_A c_B - k_{-1} c_{AB} - k_2 c_{AB}$$

对中间产物 AB 采用稳态近似法处理：

$$\frac{dc_{AB}}{dt}=k_1 c_A c_B - k_{-1} c_{AB} - k_2 c_{AB}=0$$

可见，$c_{AB}=\dfrac{k_1 c_A c_B}{k_{-1}+k_2}$

代入速率方程可得到如下结果：

$$\frac{dc_C}{dt}=\frac{k_1 k_2}{k_{-1}+k_2} c_A c_B$$

上式为二级反应速率方程，其中速率常数 $k=\dfrac{k_1 k_2}{k_{-1}+k_2}$。若此时 $k_2 \gg k_{-1}$，上式 $k \approx k_1$，整个过程属于扩散控制；若此时 $k_2 \ll k_{-1}$，上式 $k \approx k_2$，整个过程属于反应控制或者活化控制。

## 6.7.2 溶剂自身性质对反应速率的影响

溶剂对反应速率的影响是一个比较复杂的问题，除了笼效应以外，溶剂自身的物理和化学性质也会对反应速率产生影响。

例如对于反应：

$$(C_2H_5)_3N + C_2H_5I \longrightarrow (C_2H_5)_4NI$$

在不同溶剂中其反应速率常数以及活化能的数据如下表所示：

| 溶剂 | $k\times10^6/dm^{-3}\cdot mol^{-1}\cdot s^{-1}$ | $E/kJ\cdot mol^{-1}$ |
|---|---|---|
| 苯 | 3.98 | 47.7 |
| 甲苯 | 2.53 | 54.4 |
| 硝基苯 | 13.83 | 48.5 |

上表为同一反应在不同溶剂中发生时的动力学参数表，从表中可以得出如下结论，对于同一化学反应，反应的溶剂不同，化学反应的速率常数相差很大。

**(1) 离子强度的影响**

离子强度是指溶液中每种离子 B 的摩尔质量 $M_B$ 和该离子的化合价数 $z_B$ 的平方相乘所得的各项之和的一半。以符号 $I$ 表示，计算式如下：

$$I = \frac{1}{2}\sum_B M_B z_B^2$$

离子强度会明显影响离子之间的相互作用。在稀溶液中如果反应物都是电解质，离子强度将影响反应速率。因此在工业生产和实验室中经常采用加盐的方法来调整溶液的离子强度，从而改变反应速率。化学动力学中也将这种离子强度对化学反应速率的影响称为**原盐效应**（primary salt effect）。

**(2) 溶剂化的影响**

溶剂化作用是溶液中广泛存在的一类溶剂-溶质之间的相互作用。溶液中反应物、产物以及活化络合物一般均能发生溶剂化作用。如水溶液中的 $H^+$ 通常不是以单独的离子形式存在，而是以水合氢离子 $H_3O^+$ 的形式存在。溶液中溶质发生溶剂化后，会使溶剂化产物的能量降低。因此，若活化络合物的溶剂化比反应物强，则该溶剂能减小活化络合物与反应物间的能量差，使活化能降低而加速反应；反之，若活化络合物的溶剂化比反应物弱，则该溶剂会增大活化络合物与反应物之间的能量差，使活化能增大而阻滞反应。

**(3) 溶剂介电常数的影响**

溶剂的介电常数能明显改变离子间的相互作用，所以会对离子间的反应产生影响。设 A 和 B 两种离子发生如下反应

$$A^{z_A} + B^{z_B} \xrightarrow{k} C$$

式中，C 代表反应的产物；$z_A$ 和 $z_B$ 分别代表离子 A 和 B 的化合价数，则该反应的速率常数 $k$ 与溶剂介电常数之间的关系为：

$$\ln\frac{k}{k_0} = -\frac{Le^2}{\varepsilon RTa} z_A z_B \qquad (6\text{-}50)$$

式中，$\varepsilon$ 为介电常数；$L$ 和 $e$ 分别为阿伏伽德罗常数和单位电荷的电量；$a$ 为离子的直

径；$k_0$ 为理想态（即无限稀释溶液）时反应的速率常数。

式(6-50) 两边同时对介电常数进行微分可得下式：

$$\left(\frac{\partial(\ln k)}{\partial \varepsilon}\right)_T=\frac{Le^2}{\varepsilon^2 RTa}z_A z_B$$

上式表明，如果 $z_A$ 和 $z_B$ 同号（即两种反应物离子同为正离子或者同为负离子），则反应速率随溶剂介电常数的增大而增加；反之，若 $z_A$ 和 $z_B$ 异号，则反应随溶剂介电常数的增大而减小。由于溶液中的反应均为异号离子之间的反应，因此溶剂的介电常数越大，越不利于溶液中离子反应的进行。

除了上述介绍的溶剂性质以外，溶剂的极性、黏度等性质也会对反应速率有显著的影响。如，溶剂的极性越大，越有利于产物极性比反应物极性大的反应，同时越不利于反应物的极性大于产物极性的反应。可见，溶液中的反应非常复杂，这也是至今溶液反应动力学也没有完整建立起来的原因之一。

### 思考与讨论：溶剂对水性聚氨酯合成的影响

水性聚氨酯作为一种新型的聚氨酯，近年来受到了广泛的关注。它的合成过程可概述为：以水作为溶剂或分散介质，异氰酸酯和多元醇等原料在其中缩合生成聚氨酯。由于水性聚氨酯的合成是以水为溶剂，因而具有无污染、无毒、节能等优点。目前水性聚氨酯在涂料、胶黏剂等越来越多的领域展现出应用价值。试查阅相关文献，总结溶剂的性质对水性聚氨酯合成的影响。

## 6.8 催化剂对反应速率的影响

**案例 6.8　稻谷降解过程的差异**

稻谷晾干后自然条件下可以存放数年也不分解，而在人体内（温度 37℃左右）短则几个小时，长则一天即可被降解为 $CO_2$ 和 $H_2O$ 等小分子物质。这是为什么？

稻谷的主要成分是淀粉，稻谷的消化涉及的主要化学反应方程式如下：

$$(C_6H_{10}O_5)n + nH_2O \longrightarrow CO_2 + H_2O$$

对于上述化学反应，自然条件下水解的速率方程为：

$$r_1 = k_1 c^a_{(C_6H_{10}O_5)_n} c^b_{H_2O}$$

在人体内水解的速率方程式为：

$$r_2 = k_2 c^a_{(C_6H_{10}O_5)_n} c^b_{H_2O}$$

由 $r_2 \gg r_1$ 得到 $k_2 \gg k_1$

由阿伦尼乌斯公式

$$k_2 = Ae^{-E_{a_2}/(RT)}, \ k_1 = Ae^{-E_{a_1}/(RT)}$$

可得到 $E_{a_2} < E_{a_1}$。可见稻谷在人体内很快被分解的主要原因在于淀粉的降解反应在人体内发生时的活化能相较于在自然条件下大大降低。这主要归功于人体内存在的淀粉酶，淀粉酶作为一种生物催化剂可以使被催化反应的活化能大大降低，从而加快化学反应速率。

从上述案例可以看出，催化剂和浓度与温度一样，都是影响反应速率的一种因素。

### 6.8.1 催化剂

存在少量就能显著加速反应而不改变反应的吉布斯函变的物质被称为该反应的催化剂(catalyst)。催化剂的这种作用被称为催化作用（catalysis)。降低反应速率的物质叫作阻化剂（inhibitors)。有时，反应物之一也对反应本身起催化作用，这称为自动催化作用（auto-catalysis)。催化剂无论在工业生产上还是在科学实验中都使用得非常广泛，如常见的工业合成氨以及工业制备硫酸过程中均采用催化剂。

催化反应可分为三大类：一是均相催化，即催化剂与反应物质处于同一相，如酸对蔗糖水解的催化；二是生物催化，也称酶催化，如馒头的发酵、制酒过程中的发酵等；三是复相催化，即催化剂和反应物质不处在同一相中，如 $V_2O_5$ 对 $SO_2$ 氧化为 $SO_3$ 的催化。这三类催化反应的机理各不相同，但它们都是催化反应，都遵循催化反应的基本原理。

## 6.8.2 催化反应的基本原理

**(1) 催化剂不能改变反应的方向和限度**

催化剂能显著加快反应的速率，那么催化剂能不能使原本不能发生的化学反应发生呢？回答是否定的，即催化剂不能改变反应的方向和限度。因为一个化学反应能否发生取决于反应的吉布斯自由能函数的变化 $\Delta_r G$，只有 $\Delta_r G<0$ 的反应才能进行。从热力学的角度看，催化剂无法改变反应的 $\Delta_r G$，只是 $\Delta_r G<0$ 的反应不一定能以显著的速率进行，选择适当的催化剂可以大大加快反应。总的来说，催化剂不能使热力学上不能进行的反应发生，而只能增加热力学上可能发生反应的反应速率。

催化剂能否改变一个反应的平衡常数呢？回答也是否定的。由 $\Delta_r G^{\ominus}=-RT\ln K^{\ominus}$ 可知，一个反应的平衡常数取决于该反应的标准吉布斯函数的变化。催化剂不能改变反应的 $\Delta_r G^{\ominus}$，所以也不能改变化学反应的标准平衡常数 $K^{\ominus}$，而只能缩短反应到达平衡的时间。

**(2) 催化剂参与化学反应，改变反应活化能**

催化剂改变化学反应速率的机理在于催化剂参与化学反应的过程中改变了反应的活化能。催化剂在反应前后虽然自身数量和化学性质没有变化，但往往催化剂的物理性质发生了变化，如粉末状催化剂变成了块状。这就说明催化剂实际上参与了催化反应，催化剂可首先与反应物反应，生成中间化合物，这种中间化合物可通过与另外的反应物继续反应或者自身分解，生成产物和催化剂。例如，对于反应：

$$A+B \longrightarrow AB$$

催化剂 C 参与反应的形式可表示如下：

$$A+C \longrightarrow AC$$

$$AC+B \longrightarrow AB+C$$

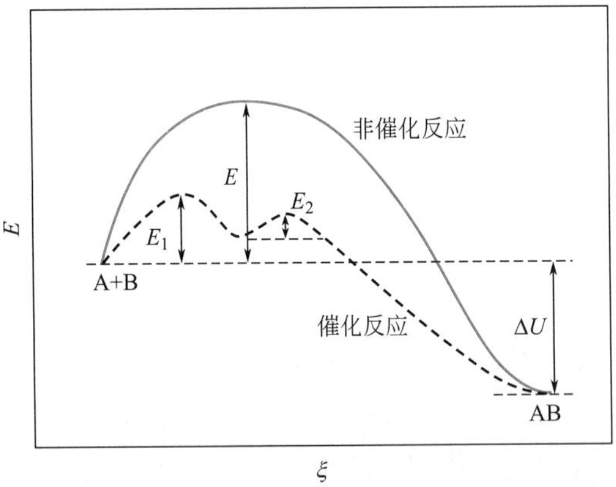


图 6.15　催化反应和非催化反应的活化能比较示意图

催化剂在选择时应该注意，催化剂 C 与反应物分子 A 之间要有一定的亲和力，否则不利于中间化合物 AC 的形成，同时这种亲和力不能太大，否则会形成稳定的产物 AC，而得不到目标产物 AB。

图 6.15 是催化反应与非催化反应的活化能比较示意图。由图可见，催化剂参与了化学反应，改变了化学反应的途径，使得化学反应沿着活化能比较低的方向进行，因而可以大大增加反应速率。下表列出了几种反应在加催化剂和不加催化剂的情况下，活化能量值的比较。

**表 6.3　催化反应与催化反应活化能数值的比较**

| 反应 | $2NH_3 = N_2+3H_2$ | $2HI = H_2+I_2$ | $2SO_2+O_2 = 2SO_3$ |
|---|---|---|---|
| $E_{非催化}/kJ\cdot mol^{-1}$ | 326.4 | 184.1 | 251.0 |
| 催化剂 | W | Pt | Pt |
| $E_{催化}/kJ\cdot mol^{-1}$ | 163.2 | 58.6 | 62.7 |

由表 6.3 可见，催化剂的加入会使反应的活化能降低，且不同的催化剂使反应活化能降低的程度不同。表 6.3 所列的催化反应的活化能至少比非催化时降低 80kJ·mol$^{-1}$，由阿伦尼乌斯公式 $k=Ae^{-\varepsilon_a/(k_B T)}$ 不难算出，假若指前因子 $A$ 不变，则常温下催化反应的速率常数是非催化时的近 $10^{14}$ 倍。

## 6.8.3 几种经典的催化反应

**(1) 均相催化反应**

常见的均相催化反应可分为两种类型。若均相催化反应发生在气相中，则称为气相催化反应，这类反应为数不多；若均相催化反应发生在溶液中，则称为液相催化反应，其中以酸碱催化反应和配位催化反应最多。

酸碱催化反应是溶液中最重要和最常见的一种催化反应。其中有的仅受 $H^+$ 催化，有的仅受 $OH^-$ 催化，有的既受 $H^+$ 催化也受 $OH^-$ 催化。对于酸催化反应，反应物分子接收质子 $H^+$ 首先形成中间产物，然后不稳定的中间产物再与反应物反应或自身分解生成 $H^+$ 和产物，碱催化反应的过程与酸催化反应类似。

例如，在 $H^+$ 存在下，乙醇和乙酸的酯化反应机理为：

$$CH_3CH_2OH+H^+ \longrightarrow CH_3CH_2\overset{+}{O}H_2$$

$$CH_3CH_2\overset{+}{O}H_2+CH_3COOH \longrightarrow CH_3COOC_2H_5+H^+$$

既然酸碱催化的实质是质子的转移，因此溶液中很多有关质子转移的反应，如配合和水解、水合和脱水、烷基化与脱烷基等反应，往往都可以来用酸碱进行催化。后来，人们定义了广义酸和广义碱，即凡能提供质子 $H^+$ 的物质（质子供体）都称为酸；凡能接收质子的物质（质子受体）都称为碱。酸碱催化剂也不再仅仅局限于 $H^+$ 和 $OH^-$。人们将除了 $H^+$ 和 $OH^-$ 以外的酸性或碱性物质所催化的反应称为广义酸碱催化反应。凡是反应物需要获得质子的反应，都可能被广义酸催化，而且其催化能力与其提供质子的能力成正比；同理，凡是反应物需要失去质子的反应，都可能被广义碱催化。

**(2) 酶催化反应**

酶是一种蛋白质分子，是由氨基酸按一定顺序聚合起来生成的大分子，也有一些酶中含有金属元素，例如固氮酶中含有铁、铂、钒等金属离子。酶催化反应在生物体中比较常见，如生物体内蛋白质和糖类的合成等反应基本上都是酶催化反应。由于酶分子的大小为 10～100nm，因此就催化剂的大小而言，酶催化反应处于均相催化与复相催化之间。

酶催化反应具有以下四个特点：

① 高选择性：酶的选择性超过了任何一种人造催化剂。一种酶只能催化一种反应，而对其他反应无催化作用。

② 高效性：就催化效果而言，酶比一般无机或有机催化剂高得多，约为一般催化剂的 $10^8$～$10^{11}$ 倍。

③ 催化条件温和：酶催化反应一般在常温、常压下即可。例如，工业合成氨反应必须在高温、高压的条件下在特殊设备中进行，且生成氨的效率很低。而植物茎部的固氮酶能在常温、常压下将空气中的氮还原成氨。

④ 催化机理复杂：由于酶本身结构复杂，同时酶催化反应受溶液酸度、离子强度以及温度等条件的影响显著，因此其反应的机理相当复杂。

**例题分析 6.28**

在某些生物体中存在一种超氧化物歧化酶（E），它可以将有害的 $O_2^-$ 变为 $O_2$，反应如下：$2O_2^- + 2H^+ \xrightarrow{E} O_2 + H_2O_2$。

今在 pH 值=9.1，酶的初始浓度 $c_{E_0} = 0.4\mu mol \cdot dm^{-3}$ 的条件下，测得以下实验数据：

| $c_{O_2^-}/(mol \cdot dm^{-3})$ | $7.69\times10^{-6}$ | $3.33\times10^{-5}$ | $2.00\times10^{-4}$ |
|---|---|---|---|
| $r/(mol \cdot dm^{-3} \cdot s^{-1})$ | $3.85\times10^{-3}$ | $1.67\times10^{-2}$ | 0.1 |

$r$ 为以产物 $O_2$ 表示的反应速率。如果上述反应的机理如下：

$$E + O_2^- \xrightarrow{k_1} E^- + O_2$$

$$E^- + O_2^- \xrightarrow[k_2]{2H^+} E + H_2O_2$$

已知 $k_2 = 2k_1$，同时 $E^-$ 是中间产物，可看作自由基，试计算 $k_1$ 和 $k_2$。

**解析：**

由反应机理知，生成 $O_2$ 的速率方程为：

$$r = \frac{dc_{O_2}}{dt} = k_1 c_E c_{O_2^-} \tag{6-51}$$

对中间产物 $E^-$ 采用稳态近似法处理：

$$\frac{dc_{E^-}}{dt} = k_1 c_E c_{O_2^-} - k_2 c_{E^-} c_{O_2^-} = 0$$

$$c_{E^-} = \frac{k_1}{k_2} c_E = \frac{k_1}{2k_1} c_E = \frac{1}{2} c_E$$

则

$$c_{E_0} = c_E + c_{E^-} = \frac{3}{2} c_E$$

$$c_E = \frac{2}{3} c_{E_0}$$

将 $c_E$ 代入式(6-51) 可得：

$$r = \frac{dc_{O_2}}{dt} = k_1 c_E c_{O_2^-} = \frac{2}{3} k_1 c_{E_0} c_{O_2^-}$$

所以：

$$k_1 = \frac{3}{2} \times \frac{r}{c_{E_0} c_{O_2^-}} \tag{6-52}$$

分别将题中数据代入式(6-52) 中计算，可得到下列计算结果：

| $r$/mol·dm$^{-3}$·s$^{-1}$ | $3.85\times10^{-3}$ | $1.67\times10^{-2}$ | 0.1 |
|---|---|---|---|
| $c_{O_2^-}$/mol·dm$^{-3}$ | $7.69\times10^{-6}$ | $3.33\times10^{-5}$ | $2.00\times10^{-4}$ |
| $k_1$/mol$^{-1}$·dm$^3$·s$^{-1}$ | $1.88\times10^{9}$ | $1.88\times10^{9}$ | $1.88\times10^{9}$ |

所以，$\overline{k_1}=1.88\times10^9\,\text{mol}^{-1}\cdot\text{dm}^3\cdot\text{s}^{-1}$，$\overline{k_2}=3.76\times10^9\,\text{mol}^{-1}\cdot\text{dm}^3\cdot\text{s}^{-1}$。

可见酶催化反应的速率常数 $k$ 值很大，远远大于普通化学反应的速率常数的 $k$ 值。

酶催化虽然具有高效率、高选择性等优点，但催化剂不易回收和循环利用。因此，目前酶催化还远不如复相催化应用广泛。

**(3) 复相催化反应**

复相催化在化学工业中所占的地位比均相催化重要得多。常见的复相催化是催化剂为固体而反应物为气体或液体的反应，目前研究较多的是气体在固体催化剂上的反应。一些重要的化学工业如基本有机合成工业、原油裂解工业、合成氨、硝酸工业和硫酸工业等，几乎都属于复相催化。但是复相催化反应比较复杂，至今尚未建立起比较统一的复相催化理论。

一般来说，气-固复相催化反应需由下列几个步骤构成：

① 反应物分子扩散到固体催化剂表面；

② 反应物分子在固体催化剂表面发生吸附；

③ 吸附分子在固体催化剂表面进行反应；

④ 产物分子从固体催化剂表面解吸；

⑤ 产物分子通过扩散离开固体催化剂表面。

上述的五个步骤中每一步都有相应的反应机理，其中步骤①和⑤是扩散过程，属于物理过程；步骤②、③、④都是反应分子在表面上的化学变化，通称为表面化学过程。物理过程的机理相对简单，表面化学过程是复相催化动力学研究的重点。上述五个步骤都会对复相催化反应速率产生影响，而整个复相催化的反应速率取决于上述反应中反应速率最小的步骤。如果扩散过程的速率最小，则整个催化反应受扩散控制，此时提高反应速率应该从增加扩散速率入手；如果表面化学过程中的某一步最慢，整个催化反应受表面化学动力学控制，此时提高反应速率需从提高催化剂活性方面入手。

对于气固催化反应，催化反应速率取决于气体在固体表面的浓度，在气-固催化反应中用覆盖率（$\theta$）来表示。所谓覆盖率是指吸附剂表面被气体分子覆盖的比例，气体在某一确定吸附剂表面的覆盖率取决于气体的压力和温度。

若某一经典气-固催化反应方程式如下：

$$A \xrightarrow{k} B$$

已知其具体反应步骤如下所述：

$$\underset{p_A}{A+C} \xrightarrow{k_1} \underset{\theta_A}{AC} \xrightarrow{k_2} BC \xrightarrow{k_3} \underset{p_B}{B+C}$$

若上述反应受表面化学动力学控制，则上述表面化学反应的微分速率方程如下：

$$r=-\frac{dp_A}{dt}=k_2\theta_A \tag{6-53}$$

根据 Langmuir 吸附等温式：

$$\theta_A=\frac{b_A p_A}{1+b_A p_A} \tag{6-54}$$

上式中，$b_A$ 为 A 物质的吸附系数。

将式(6-54) 代入式(6-53) 得到：

$$r=-\frac{dp_A}{dt}=k_2\frac{b_A p_A}{1+b_A p_A} \tag{6-55}$$

可见，对于表面反应为速控步骤的反应，表面反应速率和反应速率常数以及气体压力有关。

① 若气体 A 的压强很高，则 $b_A p_A \gg 1$，此时 $1+b_A p_A \approx b_A p_A$，此时

$$r=k_2\frac{b_A p_A}{1+b_A p_A}=k_2$$

可见，反应为零级反应，即反应速率与气体压强无关，仅与反应速率常数有关。

② 若气体 A 的压强很低，则 $b_A p_A \ll 1$，此时 $1+b_A p_A \approx 1$，此时

$$r=k_2\frac{b_A p_A}{1+b_A p_A}=k_2 b_A p_A=kp_A$$

可见，此时反应为一级反应，即反应速率和气体的压强以及反应速率常数有关。

若除了气体 A 在固体催化剂上发生吸附以外，还有另外一种物质 D 也发生吸附，则此时系统的 Langmuir 吸附等温式为

$$\theta_A=\frac{b_A p_A}{1+b_A p_A+b_D p_D} \tag{6-56}$$

将式(6-56) 代入式(6-53) 得到：

$$r=-\frac{dp_A}{dt}=k_2\frac{b_A p_A}{1+b_A p_A+b_D p_D}$$

① 若气体 A 的压强很高，同只吸附一种物质 A 的情况类似，$b_A p_A \gg 1+b_D p_D$，此时 $1+b_A p_A+b_D p_D \approx b_A p_A$，此时

$$r=k_2\frac{b_A p_A}{1+b_A p_A+b_D p_D}=k_2$$

此时反应也近似为零级。

② 若气体 A 的压强很低，则 $b_A p_A+1 \ll b_D p_D$，此时 $1+b_A p_A+b_D p_D \approx b_D p_D$，

$$r=k_2\frac{b_A p_A}{1+b_A p_A+b_D p_D}=k_2\frac{b_A p_A}{b_D p_D}$$

此时反应比较复杂，对于气体 A 为一级反应，而对于气体 D 则为负一级反应，即气体 D 对上述反应起到负催化作用。若物质 D 为反应系统引入的杂质，则 D 称为催化剂的毒物，此时也说催化剂中毒。

### 思考与讨论：催化剂的选择性

催化剂除了能够显著改变化学反应速率（高效性）以外，还有一个重要的特性即催化剂的选择性。该选择性包含两种情况：不同类型的反应需要选择不同的催化剂；对同样的反应物，如果选择不同的催化剂，可以得到不同的产物。试查阅相关资料与文献，了解催化剂的选择性。

# 6.9 光化学反应动力学

案例 6.9 为什么在阳光强烈的夏、秋季，天空中会出现一种极淡蓝色的“烟雾”?

在工业化城市，由于汽车排放的尾气和石油化工厂排出的废气中含有氮氧化合物（$NO_x$，主要是 NO 和 $NO_2$）及碳氢化物，在阳光强烈的夏、秋季，在高温、无风、湿度小的气象条件下，受污染的空气中含有的氮氧化合物在紫外线的强烈照射下，发生一系列光化学反应，产生臭氧、过氧乙酰硝酸酯（PAN）等刺激性物质，形成一种极淡蓝色的“烟雾”，即光化学烟雾。

研究表明，光化学烟雾主要发生在阳光强烈的夏、秋季节。随着光化学反应的不断进行，生成物不断蓄积，光化学烟雾的浓度不断升高，约 3～4h 后达到最大值，污染的高峰出现在中午或午后。由于日光照射情况不同，光化学烟雾除显淡蓝色外，有时显紫色，有时显褐色。这种光化学烟雾可随气流飘移数百公里，使远离城市的农村也受到污染。

光化学烟雾产生的机理极为复杂，一般认为有如下过程：

首先，被污染空气中的 $NO_2$ 光分解：

$$NO_2 \xrightarrow[\lambda \leqslant 397.9\text{nm}]{\text{光照}（k_1）} NO\cdot + O\cdot \quad \text{初级过程}$$

$$O\cdot + O_2 + M \xrightarrow{k_2} O_3 + M\cdot \quad \text{次级过程}$$

$$\frac{dc_{M\cdot}}{dt} = kI_a c_{NO_2}$$

式中，$I_a$ 为光照强度；$c_{NO_2}$ 为空气中 $NO_2$ 浓度；$c_{M\cdot}$ 为有机物分解后产物的浓度。

由上述光化学反应速率方程知，光照强度 $I_a$ 越强，光化学反应速率越大。

由此可见，在阳光强烈的夏天或秋天，空气中的有机污染物与 $NO_2$ 光分解产生的强氧化性物质发生了光化学反应。

光化学反应在生活中随处可见，下面将阐述其中包含的化学原理。

## 6.9.1 光化学反应基本定律及量子效率

光化学反应指的是物质吸收光量子引起的化学反应。生活中见到的胶片的感光作用、植物的光合作用、橡胶和塑料制品的光照老化、染料的光照褪色等都是光化学反应过程。这些光化学反应过程都遵循光化学反应基本定律。

光化学反应可以用两条经验定律来描述。第一条是格罗图斯-德雷珀定律：只有光被系统有效吸收才可能产生光化学反应。如果没有被吸收，即使一束非常强烈的入射光也不能产生光化学反应。第二条是斯塔克-爱因斯坦的光化学等量定律：一个光子被吸收可以活化一个分子。但在一个独立的光化学过程中，一个分子可以吸收高能激光的几个光子，这是斯塔克-爱因斯坦定律的一个特例。

光化学反应的量子效率（$\Phi$）为发生光反应分子的数量与被吸收的总光量子数之比。$\Phi$ 的数值范围为 $0\sim1\times10^6$。当 $\Phi$ 值大于 1 时一般预示着一个链反应可以发生。

例如以下光化学反应的初级过程：

$$A + h\nu \longrightarrow A^*$$

$A^*$ 为 A 的电子激发态，常称为活化分子。活化分子一方面可能在相继的次级过程中引起多个分子反应（如引发一个链反应等），另一方面也可能在没有反应之前碰撞了低能分子而失活（失去所得的光能）。因此，为衡量光子导致光化学反应的效率，定义了量子产率（$\Phi'$）：

$$\Phi' = \frac{\text{产物的分子数}}{\text{吸收的光量子数}} \tag{6-57}$$

据此定义，若某一光化学反应只进行初级过程，则 $\Phi'=1$，但多数光化学反应的 $\Phi'\neq 1$，对于可以进行次级过程的光化学反应，$\Phi'>1$。

**例题分析 6.29**

已知 HI 在光的作用下，分解为 $H_2$ 和 $I_2$ 的机理如下：

$$HI \xrightarrow{h\nu} H\cdot + I\cdot$$

$$H\cdot + HI \longrightarrow H_2 + I\cdot$$

$$I\cdot + I\cdot + M \longrightarrow I_2 + M$$

那么量子效率 $\Phi$ 和量子产率 $\Phi'$ 各为多少？

**解析：**

量子效率是对反应物而言的，由上面反应机理可知，吸收一个光子引起 2 个 HI 分子反应，因此量子效率 $\Phi=2$。量子产率是对产物而言的，吸收一个光子生成一个 $H_2$ 或一个 $I_2$ 分子，因此无论对产物 $H_2$ 还是产物 $I_2$，量子产率 $\Phi'=1$。

## 6.9.2 分子的光化学过程

光化学过程即为光化学反应的过程。分子吸收某些波长的光活化成激发态分子，部分激发态分子能够发生光化学反应。这些光化学反应中，有的反应物能直接吸收光子而进行反应，有的反应物不能直接吸收某波长光的光子，而需要加入另一种能吸收光子的物质，再将光能传给反应物后进行反应，这种加入的物质称为光敏剂或感光剂，由光敏剂引发的反应称为“光敏反应”。例如，光合作用中，$CO_2$ 和 $H_2O$ 分子均不能直接吸收阳光，必须依赖叶绿素作为光敏剂才可发生光合作用，反应如下：

$$6CO_2 + 6H_2O \xrightarrow[\text{叶绿素}]{h\nu} C_6H_{12}O_6 + 6O_2$$

很显然，光合作用中的叶绿素即为光敏剂。

光化学反应主要可以分为光合成、光分解、光异构化反应等。

① 光合成反应：光合成反应包括反应物直接光合成和通过光敏剂合成的反应。上述的光合作用就是典型的光合成反应，比较常见还有反应物直接吸光（$Cl_2 \xrightarrow{h\nu} Cl\cdot + Cl\cdot$）的合成反应。

② 光分解反应：光分解反应也包括反应物直接吸光分解和通过光敏剂分解的反应。目前，利用光催化降解有机物就是典型的光分解反应。有机物的光降解可分为直接光降解、间接光降解。前者是指有机物分子吸收光能后进一步发生化学反应。后者是周围环境存在的某些物质吸收光能，活化成激发态，再诱导一系列有机物降解的反应。间接光降解对环境中难生物降解的有机污染物更为重要。紫外光降解水中有机物就是直接光降解；Fenton 反应通过光催化产生 ·OH 对有机物的降解就是间接光降解。

③ 光异构化反应：光异构化反应是在光作用下，顺反异构发生转变的反应，也可称为光异构化作用（photo-isomerization），是生色团吸收光子后发生分子构型变化的反应。例如，视紫质漂白过程中的原初光化反应就有异构化作用。视紫质的光异构化作用是视觉形成中产生光感的前期光化学过程；采用激光引起脱氧核糖核酸分子中氢键的选择性断裂实现基因改造，并达到变异可控，也利用了光异构化作用。

## 6.9.3 光反应动力学

光反应动力学研究的也是关于该光反应的反应速率问题。

设有如下光反应：

$$B_2 \xrightarrow{h\nu} 2B \text{（激发活化）}$$

其机理为：

$$\text{①}\ B_2 + h\nu \xrightarrow{k_1} B_2^* \qquad \text{初级过程}$$

$$\left.\begin{array}{l} \text{②}\ B_2^* \xrightarrow{k_2} 2B \text{（离解）} \\ \text{③}\ B_2^* + B_2 \xrightarrow{k_3} 2B_2 \text{（失活）} \end{array}\right\} \text{次级过程}$$

式中，$k$ 均为反应速率常数。

生成产物 B 的只有步骤②，则总反应速率为

$$\frac{dc_B}{dt} = 2k_2 c_{B_2^*}$$

光化学反应的初级反应速率一般只与入射光强度有关，与反应物浓度无关，即 $B_2$ 的活化速率正比于吸收光的强度 $I_a$（单位时间、单位体积中吸收光子的数目）。

故 $\qquad B_2^*$ 的生成速率 $= k_1 I_a$

$B_2^*$ 的消耗速率由机理步骤②、③决定，对 $c_{B_2^*}$ 作稳态近似处理，得

$$k_1 I_a = k_2 c_{B_2^*} + k_3 c_{B_2^*} c_{B_2}$$

或

$$c_{B_2^*} = \frac{k_1 I_a}{k_2 + k_3 c_{B_2}}$$

将此式代入 $\frac{dc_B}{dt}$ 表达式中，得

$$\frac{dc_B}{dt} = \frac{2k_2 k_1 I_a}{k_2 + k_3 c_{B_2}}$$

据机理，每生成 2 个 B 要消耗一个 $B_2$，因此，量子效率为

$$\Phi=\frac{r}{I_a}=\frac{\frac{1}{2}\times\frac{dc_B}{dt}}{I_a}=\frac{k_1k_2}{k_2+k_3c_{B_2}}$$

**例题分析 6.30**

氯仿在光照下的反应

$$CHCl_3+Cl_2\xrightarrow{h\nu}CCl_4+HCl$$

试求此反应的光化学反应速率方程。

**解析：** 设机理为

$$Cl_2\xrightarrow[h\nu]{k_1}2Cl\cdot$$

$$Cl\cdot+CHCl_3\xrightarrow{k_2}CCl_3\cdot+HCl$$

$$CCl_3\cdot+Cl_2\xrightarrow{k_3}CCl_4+Cl\cdot$$

$$2CCl_3\cdot+Cl_2\xrightarrow{k_4}2CCl_4$$

在 $k_1$ 很小的条件下，可依上述同样处理方法得到光化学反应速率为

$$\frac{dc_{CCl_4}}{dt}=kI_a^{1/2}c_{Cl_2}^{1/2}$$

## 思考与讨论：用光化学原理解释萤火虫的发光

化学发光是物质在化学反应过程中伴随的一种光辐射现象。当反应物分子吸收能量后变为激发态分子，激发态分子不稳定，会通过辐射的方式放出能量而回到基态，该过程会伴随着化学发光现象的产生。化学发光可看作光反应过程的逆过程。那么萤火虫的发光是否能用光化学反应来解释呢？萤火虫的发光物质是什么？萤火虫发光的光化学原理是什么？

## 习题6

6.1 下列反应均为基元反应，请用各物质分别表示各反应的反应速率，并根据质量作用定律写出各反应的速率方程。

① $C+D\longrightarrow 2Q$

② $2C+D\longrightarrow 2Q$

③ $C+2D\longrightarrow Q+2R$

④ $2Cl+P\longrightarrow Cl_2+P$

[知识点：化学反应速率的定义及速率方程的表示]

6.2 NO 和 $Cl_2$ 的反应可用以下两种不同的计量方程式表达：

$$2NO+Cl_2\longrightarrow 2NOCl$$

$$NO+\frac{1}{2}Cl_2\longrightarrow NOCl$$

① 已知第一个反应的反应速率为 $7.1\times10^{-5}\ mol\cdot dm^{-3}$，那么第二个反应的反应速率是多少？

② 以反应物和产物的浓度变化分别写出上述两个反应的反应速率表达式，并指出两个反应由该表达式得到的速率值是否相等？

[知识点：反应速率与化学计量数之间的关系]

6.3 在 298K 时，用旋光仪测定蔗糖的转化速率，在不同时间所测得的旋光度 $\alpha_t$ 如下：

| $t$/min | 0 | 10 | 20 | 40 | 80 | 180 | 300 | $\infty$ |
|---|---|---|---|---|---|---|---|---|
| $\alpha_t$/(°) | 6.60 | 6.17 | 5.79 | 5.00 | 3.71 | 1.40 | −0.24 | −1.98 |

试求该反应的速率常数 $k$ 的值。

[知识点：物理法测定反应速率的原理]

6.4 某气相反应的方程为 $a\mathrm{A} \longrightarrow \mathrm{B}$，且气体均可看成理想气体。

① 若用物质 A 的浓度和分压随时间的变化表示的反应速率分别为 $r_c$ 和 $r_p$，请求 $r_c$ 和 $r_p$ 之间有什么关系？

② 若 $k_p$ 是以压力表示的速率常数，在反应级数为 $n$ 时，如何从 $k_p$ 求得 $k_c$？

[知识点：反应速率方程的表示方法以及速率常数之间的关系]

6.5 反应 $\mathrm{M}+2\mathrm{N} \longrightarrow \mathrm{P}$ 的速率方程为 $-\mathrm{d}c_{\mathrm{M}}/\mathrm{d}t = kc_{\mathrm{M}}c_{\mathrm{N}}$，25℃时 $k=3.2\times10^{-4}\mathrm{dm^3\cdot mol^{-1}\cdot s^{-1}}$。

① 若初始浓度 $c_{\mathrm{M},0}=0.01\mathrm{mol\cdot dm^{-3}}$，$c_{\mathrm{N},0}=0.02\mathrm{mol\cdot dm^{-3}}$，求半衰期 $t_{1/2}$。

② 若将反应物 M 与 N 的挥发性固体装入 5L 的密闭容器中，已知 25℃时 M 和 N 的饱和蒸气压分别为 10kPa 和 2kPa，求 25℃时 0.5molM 转化为产物需要多长时间。

[知识点：速率方程的应用]

6.6 假设有一个只有一种反应物，且逆反应可以忽略不计的化学反应，在某固定的温度下在 185s 时反应完成了 40.0%，初始反应物浓度为 $0.100\mathrm{mol\cdot dm^{-3}}$。

① 如果反应是一级反应，计算出反应速率常数和半衰期。

② 如果反应是二级反应，计算出反应速率常数和半衰期。

[知识点：一级反应、二级反应的速率常数与半衰期的计算]

6.7 气相反应溴乙烷的热分解是一级反应。在 500℃时，速率常数为 $0.1068\mathrm{s^{-1}}$。假设溴乙烷的初始分压为 0.1MPa，求算在 10.00s 时溴乙烷的分压（假设溴乙烷的分解是在固定的体积内进行的，且反应温度为 500℃）。

[知识点：气相反应的速率方程]

6.8 气相反应 $N_2O_3$ 的分解实验得到的数据如下：

| 时间/s | 0 | 1109 | 2218 |
|---|---|---|---|
| 浓度/$\mathrm{mol\cdot dm^{-3}}$ | 0.500 | 0.250 | 0.125 |

① 求算该反应的级数。

② 求算该反应的速率常数。

[知识点：气相反应速率常数和反应级数的计算]

6.9 气相反应：

$$SO_2Cl_2 \longrightarrow SO_2 + Cl_2$$

服从一级反应动力学方程，且在 320℃下，$k_f=2.2\times10^{-5}\mathrm{s^{-1}}$。

① 求算在 320℃时的半衰期。

② 求算在 320℃时反应完成 90.0%所需要的时间。

[知识点：一级反应半衰期的计算]

6.10 气相反应：

$$N_2O_5 \longrightarrow 2NO_2 + \frac{1}{2}O_2$$

是一级反应。该反应在固定体积且温度为337.6K时进行，初始分压为0.01MPa，且反应开始前除了$N_2O_5$外没有其他物质。在100s后反应器的总压为0.016MPa。

① 求算在该温度下反应的速率常数。

② 求算反应100s后$N_2O_5$的分压（忽略副反应）。

③ 求算该反应的半衰期以及该时刻的总压。

[知识点：气相反应用压力表示反应速率，一级反应的半衰期]

6.11 下面是在固定温度下三氧化氮的分解实验得到的数据：

| 时间 $t$/s | 0 | 184 | 526 | 867 | 1877 |
|---|---|---|---|---|---|
| 浓度 $c$/mol·dm$^{-3}$ | 2.33 | 2.08 | 1.67 | 1.36 | 0.72 |

假设可以忽略过程中的副反应。

① 根据在该温度下速率常数的结果，判断该反应是一级、二级还是三级反应。

② 分别以$\ln c$、$1/c$和$1/c^2$或者其他的量来作出适合该反应的最小平方线性关系图。

③ 用分压代替浓度来表达反应速率常数。

[知识点：反应级数的确定]

6.12 下面的反应对于每一种反应物而言都是一级反应：

$$C_6H_5N(CH_3)_2 + CH_3I \longrightarrow C_6H_5N(CH_3)_3^+ + I^-$$

假设过程中的副反应可以忽略不计。在24.8℃且硝基苯作为反应溶剂的条件下，速率常数为$8.39\times10^{-5}dm^3\cdot mol^{-1}\cdot s^{-1}$。若两种反应物都有相同的初始浓度$0.100mol\cdot dm^{-3}$。

① 计算在该温度下反应的半衰期。

② 计算在24.8℃时反应物反应75%所需要的时间。

③ 计算在24.8℃时反应物反应95%所需要的时间。

[知识点：一级反应的半衰期]

6.13 很多药物自身会发生分解反应，因此一般应放置在低温通风处。有一药物A，若A分解了20%，则视为失效。若将这种药物放置在4℃的冰箱中，保存期为三年。某人购回此新药物，放于室温(25℃)下两周，试通过计算说明药物A是否已经失效。

已知该药物分解半衰期与浓度无关，且分解活化能$E_a=140kJ\cdot mol^{-1}$。

[知识点：阿伦尼乌斯公式以及反应速率常数与半衰期的关系]

6.14 大气中$CO_2$的含量较少，但可通过同位素$^{14}C$标定来测出$CO_2$的含量。植物的光合作用需要以空气中的$CO_2$作为碳源，研究发现$^{14}C$的半衰期为5730年，且其衰变过程为一级反应。现从某一古树的木髓中取样，测定其$^{14}C$含量是大气中$CO_2$的$^{14}C$含量的56%，求该树的树龄？

[知识点：一级反应的应用]

6.15 反应$C_3H_7Br + S_2O_3^{2-} = C_3H_7S_2O_3^- + Br^-$是双分子反应，在310K时的速率常数是$1.64\times10^{-3}mol^{-1}\cdot dm^3\cdot s^{-1}$，在某次实验中，反应物$C_3H_7Br$、$S_2O_3^{2-}$的起始浓度均为$0.2mol\cdot dm^{-3}$，求反应速率$-dc_{C_3H_7Br}/dt$降到起始速率的1/2时所需的时间。

[知识点：二级反应的应用]

6.16 物质B的热分解反应：$B(g) \longrightarrow C(g) + D(g)$在密闭容器中恒温下进行，测得其总压力变化如下：

| $t$/min | 0 | 10 | 30 | ∞ |
|---|---|---|---|---|
| $p\times10^5$/Pa | 1.30 | 1.95 | 2.28 | 2.60 |

① 试确定该反应的级数；

② 计算反应的速率常数；

③ 试计算反应经过 30min 时的转化率。

[知识点：反应级数的确定以及反应速率常数的计算]

6.17 药物阿司匹林的水解为一级反应，在 100℃时的速率常数为 $7.92\mathrm{d}^{-1}$，活化能为 $56.43\mathrm{kJ \cdot mol^{-1}}$。求在 17℃时，阿司匹林水解 30%需要多长时间？

[知识点：一级反应的应用]

6.18 791K 时，某物质 B 的蒸气热分解反应 $B(g) \xlongequal{} C(g)+D(g)$，反应从 B 压力为 $p_0$ 时开始，反应 $t$ 时刻时，系统总压为 $p$。

① 写出反应 $t$ 时刻 $p_B$（B 的分压力）与 $p_0$ 和 $p$ 的关系；

② 作 $1/p_B$-$t$ 图，得一直线，斜率为 $4.85\times10^{-8}\mathrm{Pa^{-1} \cdot s^{-1}}$，求反应级数及速率常数（以 $\mathrm{mol^{-1} \cdot cm^3 \cdot s^{-1}}$ 表示）。

[知识点：反应级数的确定及反应速率常数的计算]

6.19 通过测量系统的电导率可以探测反应：

$$CH_3CONH_2+HCl+H_2O \xlongequal{} CH_3COOH+NH_4Cl$$

在 63℃时，混合等体积的 $2\mathrm{mol \cdot dm^{-3}}$ 乙酰胺和 HCl 溶液后，观测到电导率数据如下表：

| $t$/min | 0 | 13 | 34 | 50 |
|---|---|---|---|---|
| $\kappa$/S·m$^{-1}$ | 40.9 | 37.4 | 33.3 | 31.0 |

已知在 63℃时，$H^+$、$Cl^-$ 和 $NH_4^+$ 的离子摩尔电导率分别是 $0.0515\mathrm{S \cdot m^2 \cdot mol^{-1}}$、$0.0133\mathrm{S \cdot m^2 \cdot mol^{-1}}$ 和 $0.0137\mathrm{S \cdot m^2 \cdot mol^{-1}}$，不考虑非理想性的影响，确定反应级数并计算反应速率常数。

[知识点：反应级数的确定]

6.20 在 313K 时，$N_2O_5$ 在 $CCl_4$ 溶剂中进行分解，反应为一级反应，起始速率 $r_0=1.00\times10^{-5}\mathrm{mol \cdot dm^{-3} \cdot s^{-1}}$，1h 后速率 $r=3.26\times10^{-6}\mathrm{mol \cdot dm^{-3} \cdot s^{-1}}$。

试求：

① 反应的速率常数 $k$（313K）；

② 313K 时反应的半衰期；

③ $N_2O_5$ 的初始浓度 $c_0$。

[知识点：一级反应的应用]

6.21 反应 $A \longrightarrow B$，反应物 A 的初始浓度为 $2.0\mathrm{mol \cdot dm^{-3}}$，初始速率为 $0.02\mathrm{mol \cdot dm^{-3} \cdot s^{-1}}$。若假定该反应为：①零级；②一级；③二级；④2.5 级，试分别求出不同级数时的速率常数 $k$，并求不同级数时的半衰期及反应物 A 浓度达到 $0.10\mathrm{mol \cdot dm^{-3}}$ 时需要的时间。

[知识点：不同级数的应用]

6.22 某溶液中的反应 $A+B \longrightarrow M$，当 $c_{A_0}=1\times10^{-4}\mathrm{mol \cdot dm^{-3}}$，$c_{B_0}=1\times10^{-2}\mathrm{mol \cdot dm^{-3}}$ 时，实验测得不同温度下吸光度随时间的变化如下表：

| $t$/min | 0 | 57 | 130 | $\infty$ |
|---|---|---|---|---|
| 298K 时 A（吸光度） | 1.390 | 1.030 | 0.706 | 0.100 |
| 308K 时 A（吸光度） | 1.460 | 0.542 | 0.210 | 0.110 |

当固定 $c_{A_0}=1\times10^{-4}\mathrm{mol \cdot dm^{-3}}$，改变 $c_{B_0}$ 时，实验（298K）测得 $t_{1/2}$ 随 $c_{B_0}$ 的变化如下：

| $c_{B_0}/mol\cdot dm^{-3}$ | $1\times10^{-2}$ | $2\times10^{-2}$ |
|---|---|---|
| $t_{1/2}/min$ | 120 | 30 |

设速率方程为 $r=kc_A^{\alpha}c_B^{\beta}$，求该反应的反应级数、速率常数及活化能。

[知识点：反应级数的确定]

6.23　A与B进行如下反应：$2A(g)+2B(g)\longrightarrow C(g)+2D(g)$，在一定温度下，某密闭容器中等体积的A与B的混合物在不同起始压力下的半衰期如下：

| $p_0/kPa$ | 50.0 | 45.4 | 38.4 | 32.4 | 26.9 |
|---|---|---|---|---|---|
| $t_{1/2}/min$ | 95 | 102 | 140 | 176 | 224 |

求该反应的总级数。

[知识点：反应级数的确定]

6.24　某对峙反应 $A\underset{k_-}{\overset{k_+}{\rightleftharpoons}}B$，反应起始时，物质A的浓度为 $16.28mol\cdot dm^{-3}$；实验测得各时刻物质B的浓度数据如下：

| $t/min$ | 0 | 21 | 100 | ∞ |
|---|---|---|---|---|
| $c_B/mol\cdot dm^{-3}$ | 0 | 2.41 | 8.90 | 13.28 |

试求正、逆反应的速率常数。

[知识点：对峙反应动力学的计算]

6.25　室温下存在某连串反应：

$$A\xrightarrow{k_1}B\xrightarrow{k_2}C$$

其中 $k_1=0.2min^{-1}$，$k_2=0.4min^{-1}$，在 $t=0$ 时，$c_B=0$，$c_C=0$，$c_A=2mol\cdot dm^{-3}$。试计算：

① B的浓度达到最大的时间 $t_B$ 为多少？

② 该时刻A、B、C的浓度各为多少？

[知识点：连续反应动力学的计算]

6.26　反应 $A+2B\longrightarrow C$ 的速率方程为：

$$r=kc_A^{0.5}c_B^{1.5}$$

已知，A和B的初始反应浓度为：

$$c_{A,0}=0.2mol\cdot dm^{-3},c_{B,0}=0.4mol\cdot dm^{-3}，\text{试计算：}$$

① 300K下反应20s后 $c_A=0.02mol\cdot dm^{-3}$，继续反应30s后A的浓度为多少。

② 初始浓度相同的条件下，恒温500K下反应30s后，$c_A=0.005mol\cdot dm^{-3}$，求该反应的活化能。

[知识点：阿伦尼乌斯公式计算反应的活化能]

6.27　某链反应可用189nm波长的光引发，已知反应分子对光的吸收系数 $k_T$ 为 $1.0\times10^{-2}$，产物的量子产率为 $\Phi=1.0\times10^4$，现重复用频率为5、波长为189nm的脉冲准分子激光照射反应系统。若每脉冲激光能量为100mJ，问每分钟可以生成多少该产物分子？(已知：$h=6.626\times10^{-34}J\cdot s$，光速 $c=3\times10^8m\cdot s^{-1}$)

[知识点：光化学反应的应用]

6.28　用波长为266nm的单色光照射气态丙酮，发生下列分解反应：

$$(CH_3)_2CO\xrightarrow{h\nu}C_2H_6+CO$$

若反应池的容量是 $0.06dm^3$，丙酮吸收入射光的占比为0.875，在反应过程中，得到下列数据：

| 反应温度 | 照射时间 | 入射能 | 起始压力 | 终止压力 |
|---|---|---|---|---|
| 850K | $t=6\text{h}$ | $4.82\times10^{-4}\text{J}\cdot\text{s}^{-1}$ | 102.36kPa | 104.52kPa |

计算此反应的量子效率。

[知识点：光化学反应的应用]

6.29 光气生成和解离的总反应是：

$$CO+Cl_2 = COCl_2$$

其反应机理如下：

$$① \ Cl_2+M \xrightarrow{k_1} 2Cl\cdot+M$$

$$② \ Cl\cdot+CO \xrightarrow{k_2} COCl\cdot$$

$$③ \ COCl\cdot \xrightarrow{k_3} Cl\cdot+CO$$

$$④ \ COCl\cdot+Cl_2 \xrightarrow{k_4} COCl_2+Cl\cdot$$

$$⑤ \ COCl_2+Cl\cdot \xrightarrow{k_5} COCl\cdot+Cl_2$$

$$⑥ \ 2Cl\cdot+M \xrightarrow{k_6} Cl_2+M$$

反应①、⑥和②、③均易达到平衡。对于光气的生成，反应④为速率控制步骤；对于光气的解离，反应⑤为速率控制步骤。

试分别推导出光气生成和解离的速率方程。

[知识点：光化学反应动力学的应用]

# 第7章

# 电化学

**内容提要**

电化学研究的是化学能和电能相互转化过程中所遵循的规律。电化学装置可分为两大类：原电池和电解池。将化学能转化为电能的装置称为原电池；将电能转化为化学能的装置称为电解池。无论是原电池还是电解池，都必须含有电解质溶液、电极和组成回路的装置三部分。

在实际应用中，没有真正的可逆电池，对于不可逆电池，必须考虑电极的极化。不论是可逆电池还是不可逆电池，电池的电动势都可以通过两个电极的电势差计算得到。

## 7.1 电解质溶液

案例 7.1　为什么将铝箔放进嘴里会感觉到疼痛?

大多数补过牙的人都会有这样的经历，在吃甜品时，意外地吃到一块包装纸后，牙齿会感到剧烈疼痛。

甜品的包装纸一般由铝制成，也称为“银纸”。铝易溶于酸性介质，而唾液 pH 值约为 6.5～7.2，能溶解少量的铝。铝的溶解是一个氧化过程，并生成电子。

$$Al \longrightarrow Al^{3+} + 3e^-$$

溶液中产生的铝离子聚集在金属铝附近，$Al \mid Al^{3+}$ 为氧化还原电对，即“相同材料的氧化还原两个状态”。

目前补牙常用的填充材料为银汞合金，在人口腔中，这些填充物表面会发生腐蚀而覆盖上一层氧化银薄膜，该氧化银又与牙齿的填充物形成一个氧化还原电对，此时银和氧化银共存。

$$2H^+ + Ag_2O + 2e^- \longrightarrow 2Ag + H_2O$$

因此，当牙齿接触到铝时，人口腔内存在两个氧化还原电对，由此形成了一个微型的原电池，其中铝为正极（阴极），填充物为负极（阳极），唾液在此充当着电解质溶液的角色。

氧化和还原反应同时进行，铝被氧化释放的电子，对填充物表面的氧化银薄膜进行还原，这个过程形成了微小的电流，造成了牙齿的疼痛。

## 7.1.1 原电池和电解池

**原电池**（primary cell）是将化学能转化为电能的装置，图 7.1(a) 为铜锌原电池原理图。用导线将两电极相连，锌电极上发生氧化反应，释放电子，称为阳极（anode）。由于其电势较低，所以又称为负极。负极上氧化反应释放的电子通过导线输送到铜电极上，铜电极接收电子发生还原反应，称为阴极（cathode）。由于电势较高，所以又称为正极。在电解质溶液（electrolytic solution）中，正负离子分别向两电极定向迁移，正离子向阴极移动，负离子向阳极移动。

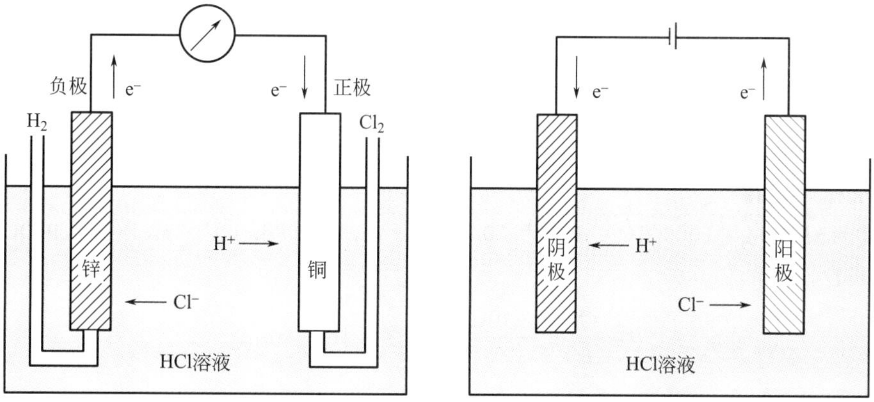


(a) 原电池　　(b) 电解池

图 7.1　原电池和电解池原理图

**电解池**（electrolytic cell）是将电能转化为化学能的装置，图 7.1(b) 为电解池原理图。将两个惰性电极分别与外电源的正负极连接，然后插入 HCl 溶液中，与电源正极相连的电极失去电子，发生氧化反应，称为阳极；与电源负极相连的电极得到电子，发生还原反应，称为阴极。接通电源后，溶液中的 $H^+$ 离子向阴极移动，在电极表面发生还原反应；$Cl^-$ 向阳极移动，在电极表面发生氧化反应。反应式如下：

阴极：$2H^+(aq) + 2e^- \longrightarrow H_2(g)$

阳极：$2Cl^-(aq) \longrightarrow Cl_2(g) + 2e^-$

总反应：$2HCl \longrightarrow Cl_2(g) + H_2(g)$

原电池和电解池中都发生了氧化还原反应，同时伴随着能量的转化。在原电池中，化学能转化为电能；在电解池中，电能转化为化学能。

不管是原电池还是电解池，在两极上都发生了氧化还原反应，那么，在电极上发生反应的物质的量与电流之间到底存在什么样的关系呢?

1833 年,法拉第(Faraday)归纳了大量实验结果,总结出了一条对电解池和原电池都适用的基本定律,称为**法拉第定律**:当电流通过电解质溶液时,在电极界面发生化学反应的物质的量与通过电极的电量成正比。此定律可用于定量计算。若通电于若干个电解池串联的线路中,则每个电极上发生反应所消耗电子的量相同。设电极反应为:

$$\text{氧化态} + ze^- \text{——} \text{还原态}$$

$$\text{还原态} \text{——} \text{氧化态} + ze^-$$

如果引入反应进度的概念,则法拉第定律可表示成式(7-1)的形式,即当上述反应式的反应进度为 $\xi$ 时,通入的电量为:

$$Q = zeL\xi = zF\xi \tag{7-1}$$

式中,$\xi = n_B/\nu_B$,$n_B$ 为电极反应的任意物质 B 的物质的量,$\nu_B$ 为化学反应式中物质 B 的化学计量数;$z$ 为电极反应的电子计量数;$F$ 称为法拉第常量,等于 1mol 元电荷的电量:

$$F = Le = 6.022 \times 10^{23}\,\text{mol}^{-1} \times 1.6022 \times 10^{-19}\,\text{C}$$

$$= 96484.6\,\text{C} \cdot \text{mol}^{-1} \approx 96500\,\text{C} \cdot \text{mol}^{-1}$$

**例题分析 7.1**

在体积为 100mL、浓度为 $0.2\text{mol} \cdot \text{dm}^{-3}$ 的 $Fe_2(SO_4)_3$ 溶液中通入 2A($A = C \cdot s^{-1}$)的电流,需要多少时间能将 $Fe_2(SO_4)_3$ 完全还原为 $FeSO_4$?

**解析:**

电极反应 $Fe^{3+} + e^- \longrightarrow Fe^{2+}$

根据法拉第定律

$$Q = zF\xi = 1 \times 100 \times 10^{-3}\,\text{dm}^{-3} \times 0.2\,\text{mol} \cdot \text{dm}^{-3} \times 96500\,\text{C} \cdot \text{mol}^{-1} = 1930\,\text{C}$$

又 $Q = It$,即:

$$t = \frac{Q}{I} = \frac{1930\,\text{C}}{2\,\text{A}} = 965\,\text{s} = 16.08\,\text{min}$$

## 7.1.2 电解质溶液的电导

清楚了物质在电极上反应的物质的量与电流的关系之后,还需要了解离子在电解质溶液中的运动情况。

当电解质溶液接通电源后,溶液中的正、负离子在电场的作用下将分别向阴、阳两极定向移动,并在电极上分别发生还原和氧化反应。在电化学中,离子的这种在电场作用下定向移动的现象称为**离子的电迁移**(electro migration)。

离子做电迁移时,正、负离子迁移的电量总和($Q_+ + Q_-$)应等于通过溶液的总电量 $Q$。现将某种离子 B 迁移的电量占通过溶液的总电量的分数定义为该离子的迁移数(transference number),用 $t_B$ 表示。若电解质溶液中只含有一种正离子和一种负离子,则正、负离子的迁移数可分别表示为:

$$t_+ = \frac{Q_+}{Q} = \frac{Q_+}{Q_+ + Q_-} \qquad t_- = \frac{Q_-}{Q} = \frac{Q_-}{Q_+ + Q_-} \tag{7-2}$$

或者

$$t_+=\frac{r_+}{r_++r_-} \qquad t_-=\frac{r_-}{r_++r_-}$$

可见，$t_++t_-=1$。

式中，$r$ 为离子迁移速率，它除受到离子半径、离子所带电荷、温度、电解质溶液影响外，同时受到电场的电位梯度（electric potential gradient）$\mathrm{d}E/\mathrm{d}l$ 的影响，当电位梯度增加时，离子的迁移速率也会增加，即

$$r_+=u_+\frac{\mathrm{d}E}{\mathrm{d}l} \qquad r_-=u_-\frac{\mathrm{d}E}{\mathrm{d}l} \tag{7-3}$$

式(7-3) 的比例系数 $u_+$ 和 $u_-$ 称为离子淌度或**离子电迁移率**（ionic mobility），它相当于在单位电位梯度（$1\mathrm{V\cdot m^{-1}}$）下离子的运动速率。

各种离子在溶液中迁移的电量不同，需要针对具体的离子进行分析。一般情况下，带有相同电荷的离子迁移速率越快，则在相同时间内，该离子迁移的电量就越多。

金属导体的导电能力通常用电阻 $R$（resistance，单位为欧姆，Ω）表示，而电解质溶液的导电能力则用电阻的倒数——**电导 $G$**（electric conductance）来表示，$G=1/R$，单位为 S（西门子，siemens）或 $\Omega^{-1}$。根据欧姆定律，电压、电流和电阻三者之间的关系为：

$$R=\frac{U}{I}$$

式中，$U$ 为外加电压（单位为 V）；$I$ 为电流强度（单位为 A）。由于 $G=R^{-1}$，有

$$G=R^{-1}=\frac{I}{U} \tag{7-4}$$

即导体的电阻与其长度 $l$ 成正比，而与其截面积 $A$ 成反比

$$R\propto\frac{l}{A} \text{ 或 } R=\rho\frac{l}{A}$$

式中，$\rho$ 是比例系数，称为电阻率（resistivity），单位是 $\Omega\cdot\mathrm{m}$；$l/A$ 为电导池常数。**电导率 $\kappa$**（electric conductivity）是电阻率的倒数，即：

$$\kappa=\frac{1}{\rho} \tag{7-5}$$

则电解质溶液的电导可表示为

$$G=\kappa\frac{A}{l} \tag{7-6}$$

比例系数 $\kappa$ 是指单位长度（1m）、单位截面积（$1\mathrm{m^2}$）导体的电导，单位是 $\mathrm{S\cdot m^{-1}}$（或 $\Omega^{-1}\cdot\mathrm{m^{-1}}$）。

为比较各个电解质溶液的导电能力，这里引入了**摩尔电导率**（molar conductivity）的概念。在相距单位距离的两个平行平板电极之间加入含 1mol 电解质的溶液时所测得的电导（图 7.2），称为该溶液的摩尔电导率，以符号 $\Lambda_\mathrm{m}$ 表示。

在摩尔电导率的定义中，由于电极相距 1m，所以浸入溶液的电极面积应等于含单位物质的量电解质的溶液体积 $V_\mathrm{m}$，按 $\Lambda_\mathrm{m}$ 定义应有 $\Lambda_\mathrm{m}=\kappa V_\mathrm{m}$，而溶液的物质的量浓度 $c$（单位为 $\mathrm{mol\cdot m^{-3}}$）与 $V_\mathrm{m}$ 的关系为 $V_\mathrm{m}=1/c$，因此 $\Lambda_\mathrm{m}=\kappa/c$，由此式可看出 $\Lambda_\mathrm{m}$ 的单位是 $\mathrm{S\cdot m^2\cdot mol^{-1}}$。

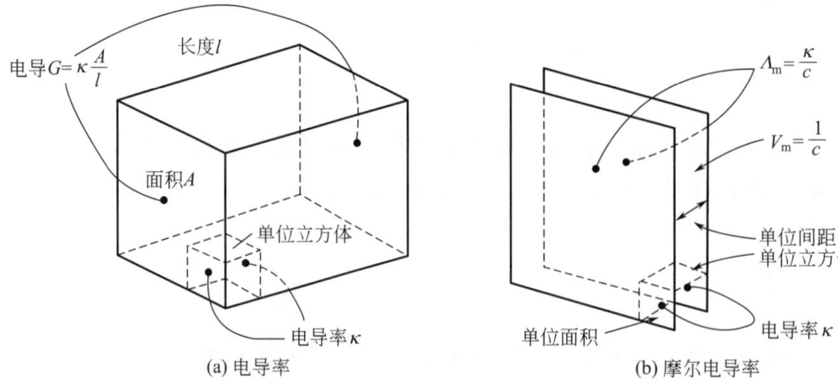


图 7.2 电导率与摩尔电导率定义示意图

**例题分析 7.2**

在 298.15K 时，某电导池中盛有 $0.01\text{mol}\cdot\text{dm}^{-3}$ 的 KCl 溶液，测得其电阻为 115.7Ω，用同一电导池测得同浓度的乙酸溶液的电阻为 1983.2Ω。试计算电导池常数以及乙酸溶液的摩尔电导率。已知 $0.01\text{mol}\cdot\text{dm}^{-3}$ KCl 溶液的电导率为 $0.141\text{S}\cdot\text{m}^{-1}$。

**解析：**

因为

$$\kappa=\frac{1}{R}\times\frac{l}{A}$$

$$l/A=\kappa_1R_1=0.141\text{S}\cdot\text{m}^{-1}\times115.7\Omega=16.3\text{m}^{-1}$$

$$\Lambda_m=\frac{\kappa_2}{c}=\frac{l/A}{cR_2}=\frac{16.3\text{m}^{-1}}{0.01\times10^3\text{mol}\cdot\text{m}^{-3}\times1983.2\Omega}=8.22\times10^{-4}\text{S}\cdot\text{m}^2\cdot\text{mol}^{-1}$$

在表示电解质的摩尔电导率时，应标明物质的量的基本单元，通常用元素复合和化学式指明基本单元。例如，在一定条件下：

$$\Lambda_m(K_2SO_4)=0.02485\text{S}\cdot\text{m}^2\cdot\text{mol}^{-1}$$

$$\Lambda_m\left(\frac{1}{2}K_2SO_4\right)=0.012425\text{S}\cdot\text{m}^2\cdot\text{mol}^{-1}$$

显然

$$\Lambda_m(K_2SO_4)=2\Lambda_m\left(\frac{1}{2}K_2SO_4\right)$$

电导率只指明了电解质溶液的体积，但没有限制电解质的数量，所以原则上讲，电解质浓度越高，导电离子越多，电导率也越高。强电解质溶液的电导率开始随着电解质浓度的升高而升高，但到一定程度时，当浓度继续增加时，由于正、负离子间的相互作用力增大，电导率反而下降。对于弱电解质溶液来说，其电导率随浓度的变化不大，这是因为浓度增加使其解离度下降，在一定温度下，离子的浓度受解离常数所限，基本为一定值。

摩尔电导率随电解质浓度的变化不同于电导率。科尔劳施（Kohlrausch）从大量电导实验中观察到强电解质稀溶液的摩尔电导率服从下述经验关系：

$$\Lambda_m=\Lambda_m^\infty(1-\beta\sqrt{c/c^\ominus})\tag{7-7}$$

$\Lambda_m^\infty$ 表示某电解质溶液在无限稀释时的摩尔电导率或称极限摩尔电导率（limiting molar conductivity），其值用作图法可以求得：将 $\Lambda_m$ 对 $\sqrt{c/c^\ominus}$ 作图，外推到浓度为零时所获得的

摩尔电导率即是 $\Lambda_m^{\infty}$；$\beta$ 是经验常数，是直线的斜率。Kohlrausch 经验公式来自实验，但它也可以从强电解质溶液理论推导出来，$\beta$ 的数值也可以从理论上计算出来。

但是，对于弱电解质来说，其解离度随溶液浓度的变化而变化，当浓度减小时，解离度增大，使得 $\Lambda_m$ 随浓度的降低而显著地增大。当溶液稀释到无穷大时，弱电解质完全电离。弱电解质的稀释过程不满足上述公式。Kohlrausch 的离子独立运动定律则很好地解决了这一问题。

Kohlrausch 在研究了大量电解质的相关数据后，发现具有相同正离子或负离子的一对电解质，其无限稀释摩尔电导率的差值为常数。即在无限稀释的溶液中，每一种离子的运动不受其他离子的影响，是独立的。因此，电解质溶液的无限稀释摩尔电导率 $\Lambda_m^{\infty}$ 为一定值。

对任意电解质 $M_{\nu_+}A_{\nu_-}$，无限稀释摩尔电导率为

$$\Lambda_m^{\infty}=\nu_+\Lambda_{m,+}^{\infty}+\nu_-\Lambda_{m,-}^{\infty} \tag{7-8}$$

式中，$\Lambda_{m,+}^{\infty}$ 及 $\Lambda_{m,-}^{\infty}$ 分别为无限稀释时正、负离子的摩尔电导率；$\nu_+$ 和 $\nu_-$ 分别为正、负离子的化学计量数。式(7-8) 称为 Kohlrausch 离子独立运动定律（law of independent migration）。

根据离子独立运动定律，在温度和溶剂一定的情况下，在极稀的溶液中，每一种离子的摩尔电导率都有恒定的数值。这样，弱电解质的 $\Lambda_m^{\infty}$ 可以由离子的 $\Lambda_m^{\infty}$ 或强电解质的 $\Lambda_m^{\infty}$ 计算得到，一些强电解质的无限稀释摩尔电导率如表 7.1 所示。

**表 7.1　298.15K 时，一些强电解质的无限稀释摩尔电导率 $\Lambda_m^{\infty}$**

| 电解质 | $\Lambda_m^{\infty}/S\cdot m^2\cdot mol^{-1}$ | 差值 | 电解质 | $\Lambda_m^{\infty}/S\cdot m^2\cdot mol^{-1}$ | 差值 |
|---|---|---|---|---|---|
| KCl | 0.01499 | 0.00349 | HCl | 0.04262 | 0.00049 |
| LiCl | 0.01150 | | $HNO_3$ | 0.04213 | |
| $KNO_3$ | 0.01450 | 0.00349 | KCl | 0.01499 | 0.00049 |
| $LiNO_3$ | 0.01101 | | $KNO_3$ | 0.01450 | |
| KOH | 0.02715 | 0.00348 | LiCl | 0.01150 | 0.00049 |
| LiOH | 0.02367 | | $LiNO_3$ | 0.01101 | |

从表 7.1 可知，指定温度下，可由无限稀释时各种离子的摩尔电导率值，根据式(7-8) 计算无限稀释时任意电解质的摩尔电导率。

**例题分析 7.3**

在 298.15K 时，$Ba(OH)_2$、$Ba(NO_3)_2$ 及 $KNO_3$ 溶液无限稀释时摩尔电导率分别为 $4.60\times10^{-2}S\cdot m^2\cdot mol^{-1}$、$2.07\times10^{-2}S\cdot m^2\cdot mol^{-1}$、$1.45\times10^{-2}S\cdot m^2\cdot mol^{-1}$。试求算该温度时 KOH 的 $\Lambda_m^{\infty}$。

**解析：**

$$\Lambda_m^{\infty}(KOH)=\Lambda_m^{\infty}(K^+)+\Lambda_m^{\infty}(OH^-)$$

$$=\Lambda_m^{\infty}(K^+)+\Lambda_m^{\infty}(NO_3^-)-\left[\Lambda_m^{\infty}(NO_3^-)+\Lambda_m^{\infty}\left(\frac{1}{2}Ba^{2+}\right)\right]+\left[\Lambda_m^{\infty}(OH^-)+\Lambda_m^{\infty}\left(\frac{1}{2}Ba^{2+}\right)\right]$$

$$=\Lambda_m^{\infty}(KNO_3)-\Lambda_m^{\infty}\left[\frac{1}{2}Ba(NO_3)_2\right]+\Lambda_m^{\infty}\left[\frac{1}{2}Ba(OH)_2\right]$$

$$=\Lambda_m^\infty(KNO_3)-\frac{1}{2}\Lambda_m^\infty[Ba(NO_3)_2]+\frac{1}{2}\Lambda_m^\infty[Ba(OH)_2]$$

$$=(1.45-\frac{1}{2}\times 2.07+\frac{1}{2}\times 4.60)\times 10^{-2}\,S\cdot m^2\cdot mol^{-1}$$

$$=2.72\times 10^{-2}\,S\cdot m^2\cdot mol^{-1}$$

### 7.1.3 电解质溶液的离子活度

由于离子间存在相互作用，因此在电解质溶液中的情况要比非电解质溶液复杂得多。在强电解质溶液中，溶质几乎全部解离成离子，正、负离子共存于溶液中，因为所带电荷相反，会相互吸引，不能看作是自由的存在，所以常常需要考虑正、负离子间相互影响的平均值。

即使在理想稀溶液中，也不能忽视离子间的静电作用，此时溶液的行为偏离热力学理想溶液，在讨论电解质溶液的化学势时，就需要引入活度$\left(a_B=\gamma_B\dfrac{m_B}{m^\ominus}\right)$对浓度加以校正。

对于任意强电解质 $M_{\nu_+}A_{\nu_-}$，其在溶液中的解离方程式为：

$$M_{\nu+}A_{\nu-}\longrightarrow \nu_+M^{z+}+\nu_-A^{z-}$$

电解质化学势为

$$\mu_B=\nu_+\mu_++\nu_-\mu_- \tag{7-9}$$

电解质及其解离的正、负离子的化学势与活度的关系分别为

$$\mu_B=\mu_B^\ominus(T)+RT\ln a_B$$
$$\mu_+=\mu_+^\ominus(T)+RT\ln a_+$$
$$\mu_-=\mu_-^\ominus(T)+RT\ln a_-$$

由于电解质溶液始终维持电中性，因此无法由实验直接测得单个离子的活度。为此，引入了**离子平均活度**$a_\pm$（mean activity of ions）、**离子平均活度因子** $\gamma_\pm$（mean activity factor of ions）和**离子平均质量摩尔浓度** $m_\pm$（mean molality of ions）的概念，并分别定义为：

$$a_\pm=(a_+^{\nu_+}a_-^{\nu_-})^{1/\nu} \tag{7-10a}$$

$$\gamma_\pm=(\gamma_+^{\nu_+}\gamma_-^{\nu_-})^{1/\nu} \tag{7-10b}$$

$$m_\pm=(m_+^{\nu_+}m_-^{\nu_-})^{1/\nu} \tag{7-10c}$$

根据热力学中的讨论，三者之间的关系为

$$a_\pm=\gamma_\pm m_\pm/m^\ominus=\gamma_\pm m_{\gamma,\pm}$$

于是，有：

$$\mu_B=\mu_B^\ominus(T)+RT\ln a_B=\nu_+\mu_++\nu_-\mu_-$$
$$=\nu_+[\mu_+^\ominus(T)+RT\ln a_+]+\nu_-[\mu_-^\ominus(T)+RT\ln a_-]$$
$$=[\nu_+\mu_+^\ominus(T)+\nu_-\mu_-^\ominus(T)]+RT\ln(a_+^{\nu_+}a_-^{\nu_-})$$

由式(7-9）和式(7-10）可得：

$$a_B=a_\pm^\nu=(\gamma_\pm m_{\gamma,\pm})^\nu \tag{7-11}$$

如果知道了电解质溶液的离子平均活度因子 $\gamma_\pm$ 及平均摩尔质量浓度 $m_\pm$，即可求得该电极的活度 $a$ 及离子平均活度 $a_\pm$。$\gamma_\pm$ 可通过依数性、电池电动势和溶解度等方法测得。

采用不同的方法测定强电解质的离子平均活度因子 $\gamma_{\pm}$，其实验结果一般都能较好地吻合。大量实验结果表明，在稀溶液中，强电解质离子平均活度因子 $\gamma_{\pm}$ 主要受浓度和离子电荷数的影响，且离子电荷数的影响更加显著。

1921 年路易斯提出"离子强度"的概念，并总结出了强电解质溶液离子平均活度因子 $\gamma_{\pm}$ 与离子强度之间的经验关系，称溶液**离子强度**（ionic strength）$I$，定义为：

$$I \stackrel{\text{def}}{=\!=} \frac{1}{2}\sum_{B} m_B z_B^2$$

式中，$m$ 是离子的质量摩尔浓度；$z$ 是离子电荷数；B 是溶液中某种离子。

在实验的基础上，Lewis 进一步指出：在稀溶液的范围内，活度因子和离子强度的关系符合如下经验式：

$$\lg\gamma_{\pm} = -A'\sqrt{I} \tag{7-12}$$

式中常数 $A'$ 是与温度和溶剂等因素有关的量值。

Lewis 从实验上总结了理想稀溶液中活度因子和离子强度的关系式，那么从理论上怎么解释呢？

德拜（Debye）和休克尔（Huckel）于 1923 年提出了强电解质溶液理论（**Debye-Huckel 理论**）。即在稀溶液状态下，强电解质完全电离，电解质溶液与理想溶液的偏差主要是由于离子之间的静电引力造成的。由此他们提出了"离子氛（ionic atmosphere）"的模型。即在溶液中任一离子的周围都被带相反电荷的离子所包围。离子间的相互作用，使得离子的分布不均匀。在任一离子（可作为中心离子）的周围带相反电荷的离子平均密度大于同号离子的平均密度，从而形成了一个球形对称的离子电场，称为离子氛。德拜（Debye）和休克尔（Huckel）通过这一理论模型以及离子氛的概念，导出了强电解质稀溶液离子活度因子的极限公式，即：

$$\lg\gamma_B = -Az_B^2\sqrt{I} \tag{7-13}$$

式中，$A$ 对于确定的溶剂在某一温度下是定值，在 298.15K 的水溶液中 $A = 0.509\ \mathrm{mol^{-\frac{1}{2}}\cdot kg^{\frac{1}{2}}}$。由于单个离子的活度因子无法直接测定，需要将式(7-13) 转换为离子平均活度因子的表达形式，即：

$$\lg\gamma_{\pm} = -Az_{+}|z_{-}|\sqrt{I} \tag{7-14}$$

式(7-13) 和式(7-14) 均称为德拜-休克尔极限定律，适用于离子强度小于 $0.01\mathrm{mol\cdot kg^{-1}}$ 的强电解质稀溶液。

**例题分析 7.4**

在 298.15K 时，试运用德拜-休克尔极限公式计算，$0.002\mathrm{mol\cdot kg^{-1}}\ CuCl_2$ 和 $0.002\mathrm{mol\cdot kg^{-1}}\ ZnSO_4$ 混合液中 $Zn^{2+}$ 的活度因子。

**解析：**

首先计算混合溶液中总的离子强度为：

$$I = \frac{1}{2}\sum_{B} c_B z_B^2 = \frac{1}{2}(0.002\mathrm{mol\cdot kg^{-1}}\times 2^2 + 0.004\mathrm{mol\cdot kg^{-1}}\times 1^2$$

$$+ 0.002\mathrm{mol\cdot kg^{-1}}\times 2^2 + 0.002\mathrm{mol\cdot kg^{-1}}\times 2^2)$$

$$=0.014\text{mol}\cdot\text{kg}^{-1}$$

再运用德拜-休克尔公式计算混合液中 $Zn^{2+}$ 的活度因子：

$$\lg\gamma_{Zn^{2+}}=-Az_{Zn^{2+}}^{2}\sqrt{I}=-0.509(\text{mol}^{-1}\cdot\text{kg})^{\frac{1}{2}}\times2^{2}\sqrt{0.014\text{mol}\cdot\text{kg}^{-1}}=-0.2409$$

$$\gamma_{Zn^{2+}}=0.574$$

**思考与讨论：所有阴离子中，为什么 $OH^{-}$ 的电迁移率最大？**

298.15K，无限稀释水溶液中，$OH^{-}$ 的电迁移率为 $20.52\times10^{-8}\text{m}^{2}\cdot\text{s}^{-1}\cdot\text{V}^{-1}$，远远大于 $Cl^{-}$ 的 $7.91\times10^{-8}\text{m}^{2}\cdot\text{s}^{-1}\cdot\text{V}^{-1}$、$NO_3^{-}$ 的 $7.40\times10^{-8}\text{m}^{2}\cdot\text{s}^{-1}\cdot\text{V}^{-1}$，这是为什么？在阳离子中，情况又是如何呢？

## 7.2 可逆电池的电动势及其应用

案例 7.2　新型“水锂电”可使电动车行程达 400km?

随着手机、电脑及电动汽车的普及，锂电池也越来越多地走入我们的生活。目前市场上售卖的电动汽车所采用的是传统的锂电池，这些电池耐用性差，续航里程在 150～180km 左右。

科学家研发出了新型水溶液可充锂电池系统（简称为“水锂电”），该电池如果用于电动汽车上，可以将续航里程增加到 400km。传统锂电池的电流是通过锂离子在正负电极之间的迁移而产生的。但是锂离子易与水溶液发生电化学反应而导致电池自损耗，而水锂电将金属锂包裹在由高分子材料和无机材料组成的复合膜内，防止锂离子与水溶液反应。

水锂电的正极材料为尖晶石锰酸锂，电解液为 pH 呈中性的水溶液。该电池平均充电电压 $U_{充}$ 为 4.2V、放电电压 $U_{放}$ 为 4.0V，充电时间更短，储存电量 $Q$ 更多，耐用时间更长。

实际上，水锂电并不是可逆电池，我们所说的可逆电池（reversible cell）在实际生活中其实是很难达到的。

### 7.2.1 可逆电池

将化学能转化为电能的装置称为原电池（简称为电池），若此转化是以热力学可逆方式进行的，则这个电池称为“可逆电池”。可逆电池必须符合如下条件：

（1）电池放电时的反应与充电时物质的转变可逆，即化学反应可逆。图 7.3 中的电池基本上符合这个条件。

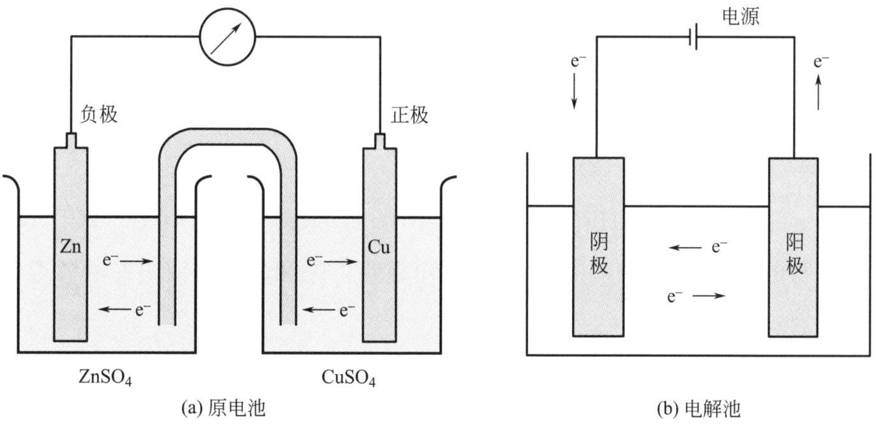


图 7.3　原电池和电解池

该电池在放电时的反应为：

Zn 极发生氧化：$Zn(s) \longrightarrow Zn^{2+} + 2e^-$

Cu 极发生还原：$Cu^{2+} + 2e^- \longrightarrow Cu(s)$

总反应：$Zn(s) + Cu^{2+} \longrightarrow Zn^{2+} + Cu(s)$

该电池充电时的反应为：

Zn 极发生还原：$Zn^{2+} + 2e^- \longrightarrow Zn(s)$

Cu 极发生氧化：$Cu(s) \longrightarrow Cu^{2+} + 2e^-$

总反应：$Zn^{2+} + Cu(s) \longrightarrow Cu^{2+} + Zn(s)$

充电与放电时的两个半反应互为逆反应，所以具备了组成可逆电池的第一个条件。严格来讲这样的电池仍有不可逆的地方，在两个溶液之间，充、放电时离子迁移的方向不完全相同。这里需要使用盐桥，盐桥的使用可使其近似地作为可逆电池来对待。

(2) 电池在充电和放电时能量必须可逆，即热力学可逆。即不论是充电还是放电，通过电极的电流必须无限小，电池反应在接近平衡的条件下进行。当电池放电时对外能做出最大电功，在充电时环境只消耗最小能量。如果把放电时的电能全部贮存起来，再用来充电，可以使系统和环境全部恢复原状。

如果可逆电动势为 $E$ 的电池按电池反应式进行，当反应进度 $\xi = 1\text{mol}$ 时，Gibbs 自由能的变化值可表示为

$$(\Delta_r G_m)_{T,p} = -\frac{nEF}{\xi} = -zEF \tag{7-15}$$

电池是由两个半电池组成，而每个半电池又由电极和电解液组成。对于可逆电池而言，其电极也必须是**可逆电极**。常见的可逆电极主要有以下三种类型：

① 第一类电极，主要包括金属电极和气体电极。其中金属电极表示式和电极反应为：

作负极发生氧化：$M(s) \mid M^{z+}(a_+)$　　$M(s) \longrightarrow M^{z+} + ze^-$

作正极发生还原：$M^{z+}(a_+) \mid M(s)$　　$M^{z+} + ze^- \longrightarrow M(s)$

气体电极表示式和电极反应分别为：

$H^+(a_+) \mid H_2(p) \mid Pt$　　$2H^+ + 2e^- \longrightarrow H_2(p)$

$OH^-(a_+) \mid H_2(p) \mid Pt$　　$2H_2O + 2e^- \longrightarrow H_2(p) + 2OH^-(a_-)$

$H^+(a_+) \mid O_2(p) \mid Pt$　　$O_2(p) + 4H^+ + 4e^- \longrightarrow 2H_2O$

$OH^-(a_+) \mid O_2(p) \mid Pt$　　$O_2(p) + 2H_2O + 4e^- \longrightarrow 4OH^-(a_-)$

② 第二类电极，主要包括难溶盐电极和难溶氧化物电极。其中金属难溶盐电极，如银-氯化银电极和甘汞电极，它们的电极表示式和还原反应分别为：

$Cl^-(a_-) \mid AgCl(s) \mid Ag(s)$　　$AgCl(s) + e^- \longrightarrow Ag(s) + Cl^-(a_-)$

$Cl^-(a_-) \mid Hg_2Cl_2(s) \mid Hg(l)$　　$Hg_2Cl_2(s) + 2e^- \longrightarrow 2Hg(l) + 2Cl^-(a_-)$

难溶氧化物电极 $H^+$ 或 $OH^-$ 如银-氧化银电极在酸性和碱性溶液中的电极表示式和还原电极反应分别为：

$H^+(a_+) \mid Ag_2O(s) \mid Ag(s)$　　$Ag_2O(s) + 2H^+(a_+) + 2e^- \longrightarrow 2Ag(s) + H_2O$

$OH^-(a_+) \mid Ag_2O(s) \mid Ag(s)$　　$Ag_2O(s) + H_2O + 2e^- \longrightarrow 2Ag(s) + 2OH^-(a_-)$

③ 第三类电极为氧化还原电极。将一惰性金属插入含有某种离子的不同氧化态所组成

的溶液中，即构成了氧化还原电极，在此电极中，惰性金属仅起导电作用。例如

$Fe^{3+}(a_1),Fe^{2+}(a_2)\mid Pt$　　$Fe^{3+}(a_1)+e^- \longrightarrow Fe^{2+}(a_2)$

$Sn^{4+}(a_1),Sn^{2+}(a_2)\mid Pt$　　$Sn^{4+}(a_1)+2e^- \longrightarrow Sn^{2+}(a_2)$

$Cu^{2+}(a_1),Cu^{+}(a_2)\mid Pt$　　$Cu^{2+}(a_1)+e^- \longrightarrow Cu^{+}(a_2)$

为了方便、科学地表达电池电极，规定**电池的书写原则**如下：

① 按照真实的接触关系排列电池中各物质，用单垂线“|”表示电极与溶液的接触界面，用逗号“,”表示可混溶的两种溶液间的接界。若电池中使用盐桥（salt bridge），则用双垂线表示“‖”，盐桥可以起到降低液体接界电势（junction potential）的作用。

② 写在左边的电极发生氧化反应，为负极；写在右边的电极发生还原反应，为正极。

③ 电池中各物质需要分别注明所处的状态（气、液、固），气体要标明压力，电解质溶液要注明活度。

④ 需要惰性金属作电极导体的，也应标明。例如，$H_2$(g) 吸附在 Pt 片上。

一般，若不加特殊说明，所写电池的工作条件为 298.15K 和标准压力 100kPa。

## 7.2.2 可逆电池的热力学

清楚了可逆电池以及可逆电极的书写方式，还需要了解可逆电极上参与反应的物质会呈现出怎样的规律？这就是可逆电池的热力学将要揭晓的问题。

**(1) 电池反应的 Nernst 方程**

1892 年能斯特（Nernst）将化学反应的吉布斯自由能和可逆电池电动势联系起来，提出了电池电动势与参加电池反应的各物质活度之间的关系，即可逆电池电动势的 **Nernst 方程**。

若在等温等压下，某可逆电池的电池反应为：

$$aA(a_A)+bB(a_B) \longrightarrow yY(a_Y)+zZ(a_Z)$$

根据化学反应等温式可知：

$$\Delta_r G_m = \Delta_r G_m^{\ominus} + RT\ln \frac{a_Y^y a_Z^z}{a_A^a a_B^b} \tag{7-16}$$

将式(7-15) 代入，得：

$$E = E^{\ominus} - \frac{RT}{zF}\ln \frac{a_Y^y a_Z^z}{a_A^a a_B^b} \tag{7-17}$$

式(7-17) 中，$E^{\ominus}$为参加电池反应的各物质均处于标准态时的电动势，一定温度下为定值；$z$ 为电极反应中电子的计量系数。式(7-17) 称为电池反应的能斯特方程。

由式(7-16) 和式(7-17) 可知，当 $\Delta_r G_m<0$ 时，电池反应是热力学上的自发反应，$E>0$；若 $\Delta_r G_m>0$，电池反应为非自发反应，$E<0$。因此，可以根据电池电动势的正、负号，判断电池反应的方向。

**(2) 由标准电动势求电池反应的平衡常数**

当电池反应达到平衡时，$\Delta_r G_m=0$，则 $E=0$。因此，由式(7-17) 可以得出

$$E^{\ominus} = \frac{RT}{zF}\ln \frac{a_Y^y a_Z^z}{a_A^a a_B^b} = \frac{RT}{zF}\ln K^{\ominus} \tag{7-18}$$

若能测出或计算出电池的标准电动势，则可求出**电池反应的平衡常数**。注意，$E^{\ominus}$和 $K^{\ominus}$所处的状态不同。

**(3) 由电池电动势及其温度系数求电池反应的热力学常数**

根据热力学基本公式

$$dG = -SdT + Vdp$$

$$\left(\frac{\partial G}{\partial T}\right)_p = -S \qquad \left[\frac{\partial (\Delta G)}{\partial T}\right]_p = -\Delta S$$

已知 $\Delta_r G_m = -zEF$，代入上式，得

$$\left[\frac{\partial (-zEF)}{\partial T}\right]_p = -\Delta_r S_m$$

所以

$$\Delta_r S_m = zF\left(\frac{\partial E}{\partial T}\right)_p \tag{7-19}$$

在等温条件下，可逆反应的热效应为：

$$Q_r = T\Delta_r S_m = zFT\left(\frac{\partial E}{\partial T}\right)_p \tag{7-20}$$

从热力学函数之间的关系知道，在等温条件下 $\Delta G = \Delta H - T\Delta S$，所以

$$\Delta_r H_m = \Delta_r G_m + T\Delta_r S_m = -zFT + zFT\left(\frac{\partial E}{\partial T}\right)_p \tag{7-21}$$

从实验测得电池的可逆电动势 $E$ 和温度系数 $\left(\frac{\partial E}{\partial T}\right)_p$，就可求出反应的 $\Delta_r H_m$ 和 $\Delta_r S_m$ 的值。由于电动势能够测得很精确，故式(7-21) 所得到的 $\Delta_r H_m$ 值常比化学法得到的 $\Delta_r H_m$ 值要更为精确（随着量热技术精度的提高，这种情况已逐渐有所改变）。

根据 $\left(\frac{\partial E}{\partial T}\right)_p$ 的量值为正或负，可确定可逆电极在工作时是吸热还是放热。

**例题分析 7.5**

在 298.15K 时电池 $Pt\,|\,H_2(101.3kPa)\,|\,OH^-(aq)\,|\,Ag_2O(s)\,|\,Ag(s)$的电动势为 1.1723V，电动势的温度系数为$-5.044\times10^{-4}\,V\cdot K^{-1}$。试计算电池反应

$$Ag_2O(s) + H_2(101.3kPa) \longrightarrow 2Ag(s) + H_2O(l)$$

在 298.15K 时的 $\Delta_r G_m^{\ominus}$、$\Delta_r S_m^{\ominus}$、$\Delta_r H_m^{\ominus}$ 和标准平衡常数$K^{\ominus}$。

**解析：**

$$\Delta_r G_m^{\ominus} = -zFE^{\ominus} = -2\times96485\times1.1723\times10^{-3} = -226.22(kJ\cdot mol^{-1})$$

$$\Delta_r S_m^{\ominus} = zF\left(\frac{\partial E^{\ominus}}{\partial T}\right)_p = 2\times96485\times(-5.044\times10^{-4})$$

$$= -97.33(J\cdot mol^{-1}\cdot K^{-1})$$

$$\Delta_r H_m^{\ominus} = \Delta_r G_m + T\Delta_r S_m = -226.22 + 298.15\times(-97.33\times10^{-3})$$

$$= -255.24(kJ\cdot mol^{-1})$$

$$\Delta_r G_m^{\ominus} = -RT\ln K^{\ominus}$$

$$K^{\ominus}=\exp\left(-\frac{\Delta_r G_m^{\ominus}}{RT}\right)=\exp\left(-\frac{-226.22\times10^3}{8.314\times298.15}\right)=4.51\times10^{39}$$

### 7.2.3 电池电动势的产生

可逆电池热力学问题只是解决了电极电动势和参与反应的物质之间的关系，对于电池电动势是怎么产生的并没有说明，下面将对电池电动势产生的原因进行解释。

电池是最常见的电化学系统，其中存在着各种相界面，如电极与电解质溶液之间，导线与电极之间以及不同电解质溶液之间等，不同相间存在电势差是电池电动势产生的原因。

**(1) 电极与电解质溶液界面间电势**

以金属电极为例，金属由构成晶格的金属离子和能够自由移动的电子构成。将一金属电极 M 浸入含有某种金属离子（$M^{z+}$）的电解质溶液时，如果金属离子在电极与溶液中的化学势不相等，则金属离子会从化学势较高的相转移到化学势较低的相中。可能发生的情况有两种：金属离子由电极相进入溶液相使溶液带正电，剩余的电子留在电极上使电极带负电；金属离子由溶液进入电极，使电极带正电，溶液带负电。无论哪种情况的发生，都使得电极与溶液间出现电势差。

当金属表面带负电荷时［如图 7.4(a) 所示］，溶液中金属附近的正离子会被吸引至金属表面附近，形成一定的浓度梯度分布；负离子被金属电极所排斥，因此在金属电极的附近浓度较低。这样电极表面上的电荷层与溶液中多余的带相反电荷的离子层就形成了**双电层**（double layer）。金属与溶液之间由于电荷不均等而产生电势差，是电动势中最重要的构成部分。

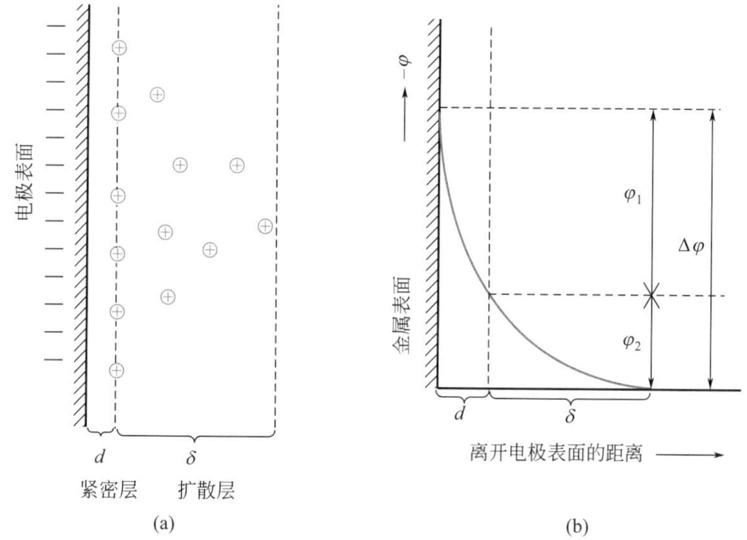


图 7.4　双电层结构示意图（a）和双电层电势示意图（b）

在双电层中，与金属电极靠得较紧密的溶液层称为紧密层（contact double layer），扩散到溶液中的称为扩散层（diffused double layer）。紧密层的厚度一般只有 0.1nm 左右，而扩散层的厚度变动范围较大，受溶液的浓度、金属的电荷以及温度等的影响。图 7.4(b) 为双电层电势示意图。

**(2) 接触电势**

**接触电势**（contact potential）通常指两种金属相接触时，在界面处产生的电势差。由于不同金属在接界处电子的逸出功不同，当两种金属相互接触时，由于相互渗入的电子数目不相等，造成接触界面上电子分布不均匀。当电子在两种金属间的扩散达到相对平衡时，在接触面的两侧便产生了电势差，称为接触电势。

**(3) 液体接界电势**

**液体接界电势**（liquid junction potential）指两种不同电解质溶液，或浓度不同的同一电解质溶液相接触时，由于离子相互扩散时迁移速率不同，在界面两侧形成双电层而产生电势差。其大小一般不超过 0.03V。例如，在两种浓度不同的 HCl 溶液界面上，HCl 将从高浓度一侧向低浓度一侧扩散。由于 $H^+$ 的运动速度比 $Cl^-$ 快，所以在低浓度的一侧将出现过剩的 $H^+$ 而带正电，在高浓度的一侧由于有过剩的 $Cl^-$ 而带负电。所以在两溶液形成的界面两侧产生了电势差。这一电势差的存在使 $H^+$ 的扩散速度减慢，同时加快了 $Cl^-$ 的扩散速度。当两种离子的扩散速度相同时，达到平衡状态，此时，电势差保持恒定。

扩散电池的不可逆性导致实验测定难以得到稳定的数值，减小这种现象的方法是在两个溶液之间插入一个盐桥，从而有效地减小液体接界电势。这是因为用于制作盐桥的电解质溶液中正离子和负离子的迁移速率几乎相等。

理解界面电势差的产生原因，对于理解电池电动势的产生机理具有很大的帮助。

原电池的电动势等于组成电池的各相间的各个界面上所产生的电势差的代数和。例如：

$$(-)\ Cu|Zn|ZnSO_4\ (m_1)\ |CuSO_4\ (m_2)|Cu\ (+)$$

实验测量其电动势（测量时使用铜导线）应包含以下相间电势差：

$$E=\Delta\varphi(Cu,Cu^{2+})+\Delta\varphi(CuSO_4,\ ZnSO_4)+\Delta\varphi(Zn^{2+},\ Zn)+\Delta\varphi\ (Zn,\ Cu)$$

为了正确地表示有接触电势存在，所以将电池符号的两边写成相同的金属（左方的 Cu 实际上是连接 Zn 电极的导线）。$\varphi_{接触}$ 表示接触电势差，$\varphi_{扩散}$ 表示液体接界电势。电极与溶液间的电势差 $\varphi_+$ 和 $\varphi_-$ 则对应于两电极的电势差。

$$\varphi_{接触}=\Delta\varphi(Zn,\ Cu)$$

$$\varphi_{扩散}=\Delta\varphi(CuSO_4,\ ZnSO_4)$$

$$\varphi_-=\Delta\varphi(Zn^{2+},\ Zn)\varphi_+=\Delta\varphi(Cu,\ Cu^{2+})$$

整个电池的电动势 $E$ 为：

$$E=\varphi_++\varphi_-+\varphi_{接触}+\varphi_{扩散} \tag{7-22}$$

即整个原电池的电动势等于组成电池的各相间的各个界面上所产生的电势差的代数和。

## 7.2.4 电极电势

了解了电池电动势的产生及其组成，对于单个电极反应，其电动势又是怎样的呢？

单个电极的电势无法测量，而当其组成电池时，则可以通过实验手段测得两个电极之间的电势差，如果选定一个电极作为标准，则可以通过它们之间的电势差算出待测电极的电势。这样具有相对电动势的电极再彼此组成电池时，就可知道由它们所组成电池的电动势。

1953 年 IUPAC 规定采用**标准氢电极**作为参照。据此，电极的氢标电势就是所给电极与同温下的标准氢电极所组成的电池的电动势。

标准氢电极的基本结构如图 7.5 所示。把镀有铂黑的铂片插入含有 $H^+$ [$m(H^+)=1.0mol \cdot kg^{-1}$，$\gamma(H^+)=1.0$，$a(H^+)=1.0$]的溶液中，并使用处于标准压力下的氢气不断地冲打铂片。电极作为阳极的电极反应为：

$$H_2(g, 100kPa) \longrightarrow 2H^+ (a_{H^+}=1.0) + 2e^-$$

IUPAC 规定，用标准氢电极测定任意电极的相对电极电势时，将标准氢电极作为负极，发生氧化反应；待测电极作为正极，发生还原反应。组成如下电池：

$$Pt \mid H_2(p^\ominus) \mid H^+(a=1) \parallel \text{待测电极}$$

该电池电动势的数值和符号，就是待测电极的电极电势的数值和符号，用 $\varphi$ 表示。若电极处在标准状态下，这时的电极电势为标准电极电势 $\varphi^\ominus$。由于待测电极处于发生还原反应的正极，由此测得的电极电势也称还原电势。若还原电势为正，表明该电极发生还原反应；若还原电势为负，表明该电极发生氧化反应。

由于标准氢电极的制备和使用都比较复杂，所以在实际测定时，往往不使用标准氢电极，而采用二级标准电极，也称为参比电极(reference electrode)，即将二级标准电极与标准氢电极组成电池，精确测定它的相对电极电势值。然后，将该二级标准电极与待测电极组成电池，从所得的电动势值计算待测电极的相对电极电势。甘汞电极(calomel electrode)就是常用的一种二级标准电极，其构造如图 7.6 所示。它在定温下具有稳定的电极电势，而且制备简单，只需在纯汞表面加少量由汞、甘汞[$Hg_2Cl_2(s)$]和 $KCl(s)$ 制成的糊状物，再用饱和了甘汞的氯化钾溶液将上部充满即可制成。电极上的还原反应为：

$$Hg_2Cl_2(s) + 2e^- \longrightarrow 2Hg(l) + 2Cl^- (a_{Cl^-})$$

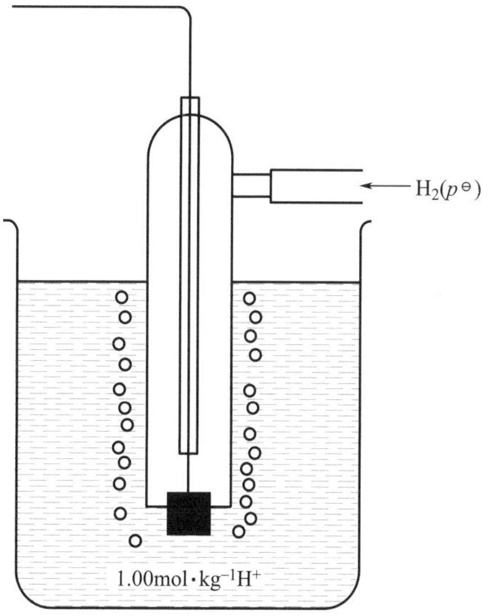


图 7.5　标准氢电极示意图

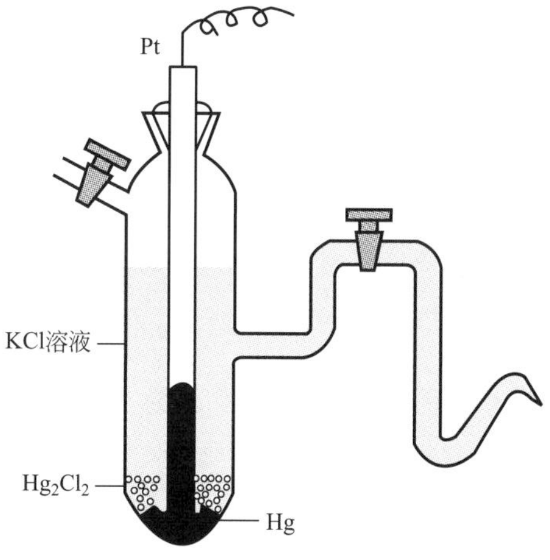


图 7.6　饱和甘汞电极示意图

根据电极中 KCl 溶液浓度不同，除饱和甘汞电极外，还有其他形式的甘汞电极。甘汞电极克服了氢电极的一些弊端，被广泛应用于科学研究和生产过程。如今它已变成商品在市场上出售。

以上介绍了如何测量电极的标准电动势，但是，一个电极上所发生的反应往往不是在标准情况下发生的，这就需要计算实际情况下的电极电动势。

对于任意给定电极，当作为电极时，其电极反应可以写成如下的通式(还原式)：

$$a_{\mathrm{Ox}}+z\mathrm{e}^{-}\longrightarrow a_{\mathrm{Red}}$$

电极电势的计算式为：

$$\varphi_{\mathrm{Ox|Red}}=\varphi^{\ominus}_{\mathrm{Ox|Red}}-\frac{RT}{zF}\ln\frac{a_{\mathrm{Red}}}{a_{\mathrm{Ox}}} \tag{7-23}$$

电极（还原）电势的计算通式为：

$$\varphi_{\mathrm{Ox|Red}}=\varphi^{\ominus}_{\mathrm{Ox|Red}}-\frac{RT}{zF}\ln\prod_{\mathrm{B}}a_{\mathrm{B}}^{\nu_{\mathrm{B}}} \tag{7-24}$$

式(7-23）和式(7-24）称为 **Nernst 公式**。

通过 Nernst 公式可以计算实际情况下电极反应的电极电势，那么根据正极和负极反应的电极电势即可求出整个电池反应的电动势。

组成电池的两电极之间的电势差形成了电池的电动势。用正极的还原电极电势减去负极的氧化电势，即可求得**电池的电动势**。如下式所示：

$$E(\text{电池})=\varphi_{+}(\mathrm{Ox}\mid\mathrm{Red})-\varphi_{-}(\mathrm{Ox}\mid\mathrm{Red})$$

在计算电池电动势时，根据电池书面表示式，首先正确写出电极反应和电池反应，保持物量和电量平衡，标明各物质的物态和活度（或压力），注明电池所处温度。然后用如下方法，计算电池电动势：

**(1）利用电极电势 Nernst 方程计算电池的电动势**

用正极的还原电极电势减去负极的氧化电极电势，代入相应的计算电极电势的 Nernst 方程：

$$\begin{aligned}E&=\varphi_{+}(\mathrm{Ox}\mid\mathrm{Red})-\varphi_{-}(\mathrm{Ox}\mid\mathrm{Red})\\&=\left[\varphi^{\ominus}_{\mathrm{Ox/Red}}-\frac{RT}{zF}\ln\prod_{\mathrm{B}}a_{\mathrm{B}}^{\nu_{\mathrm{B}}}\right]_{+}-\left[\varphi^{\ominus}_{\mathrm{Ox/Red}}-\frac{RT}{zF}\ln\prod_{\mathrm{B}}a_{\mathrm{B}}^{\nu_{\mathrm{B}}}\right]_{-}\end{aligned} \tag{7-25}$$

**(2）利用电池的总反应式的 Nernst 方程计算电池的电动势**

根据所写的电池反应，在物量平衡时有：

$$0=\sum_{\mathrm{B}}\nu_{\mathrm{B}}\mathrm{B}$$

直接代入计算电池电势的 Nernst 方程式(7-24)，得：

$$E=E^{\ominus}-\frac{RT}{zF}\ln\prod_{\mathrm{B}}a_{\mathrm{B}}^{\nu_{\mathrm{B}}} \tag{7-26}$$

如果计算所得的值大于零，则该电池为自发电池，否则为非自发电池。

**例题分析 7.6**

计算 298.15K 时下列电池的电动势：

$$\mathrm{Pb(s)}\,|\,\mathrm{PbCl_2(s)}\,|\,\mathrm{HCl}(m=0.2\mathrm{mol\cdot kg^{-1}})\,|\,\mathrm{H_2}(p_{\mathrm{H_2}}=9\mathrm{kPa})\,|\,\mathrm{Pt}$$

已知：$\varphi^{\ominus}_{\mathrm{Pb^{2+}|Pb}}=-0.126\mathrm{V}$，$PbCl_2$（s）在水饱和溶液中的浓度为 0.039mol・kg$^{-1}$。设所有的活度因子均等于 1。

**解析：**

电极和电池反应分别为：

负极：$\mathrm{Pb(s)}+2\mathrm{Cl^{-}}(a_{\mathrm{Cl^{-}}})\longrightarrow\mathrm{PbCl_2(s)}+2\mathrm{e^{-}}$

正极：$2H^+(a_{H^+})+2e^- \longrightarrow H_2(a_{H_2})$

电池反应：$Pb(s)+2H^+(a_{H^+})+2Cl^-(a_{Cl^-}) \longrightarrow PbCl_2(s)+H_2(a_{H_2})$

电动势的计算公式为：

$$E=(\varphi^\ominus_{H^+|H_2}-\varphi^\ominus_{Cl^-|PbCl_2|Pb})-\frac{RT}{zF}\ln\frac{a_{H_2}}{a^2_{H^+}a^2_{Cl^-}}$$

设计电池，使电池反应为 $PbCl_2(s)$的解离反应：

$$PbCl_2(s) \rightleftharpoons Pb^{2+}(a_{Pb^{2+}})+2Cl^-(a_{Cl^-})$$

显然 $Pb^{2+}$是从一类电极氧化而来的，所以用电极 $Pb(s)|Pb^{2+}(a_{Pb^{2+}})$作阳极，$Cl^-$是从 $PbCl_2(s)$还原得来的，所以用二类电极 $Cl^-|PbCl_2(s)|Pb(s)$作阴极，$Cl^-$与 $Pb^{2+}$不能共存，用盐桥隔开，所以设计电池为：

$$Pb(s)|Pb^{2+}(a_{Pb^{2+}})\|Cl^-(a_{Cl^-})|PbCl_2(s)|Pb(s)$$

电池反应就是 $PbCl_2(s)$的解离反应。该电池的标准电动势等于：

$$E^\ominus=\varphi^\ominus_{Cl^-|PbCl_2|Pb}-\varphi^\ominus_{Pb^{2+}|Pb}$$

$E^\ominus$与 $PbCl_2(s)$解离反应的平衡常数的关系为：

$$E^\ominus=\frac{RT}{zF}\ln K^\ominus$$

$$K^\ominus=a_{Pb^{2+}}a^2_{Cl^-}=0.039\times(2\times0.039)^2=2.37\times10^{-4}$$

$$E^\ominus=\frac{RT}{2F}\ln(2.37\times10^{-4})=-0.107V$$

$$\varphi^\ominus_{Cl^-|PbCl_2|Pb}=E^\ominus+\varphi^\ominus_{Pb^{2+}|Pb}=(-0.107-0.126)V=-0.233V$$

代入计算电动势的 Nernst 方程，得：

$$E=0-\varphi^\ominus_{Cl^-|PbCl_2|Pb}-\frac{RT}{2F}\ln\frac{a_{H_2}}{a^2_{H^+}a^2_{Cl^-}}=0.233-\frac{RT}{2F}\ln\frac{9/100}{(0.2)^2(0.2)^2}=0.181(V)$$

## 7.2.5 电动势测定的应用

通过电动势的测定，再结合 Nernst 方程，就可以知道整个电池的电动势，那么，它能够为我们解决什么问题呢？

**(1)判断氧化还原反应的方向**

电极电势反映了电极中物质得、失电子的能力。电势越高，越容易得到电子；电势越低，则越容易失去电子。在没有明显差别的情况下，必须用 Nernst 方程计算。因为电极电势是由标准电极电势和离子活度两个因素共同决定的。

所以，将一个氧化还原反应设计成电池，同时，使电池反应与该氧化还原反应完全相同，然后计算该电池的电动势。若 $E$(电池)$>0$，则正向进行的反应是自发的；反之，若 $E$(电池)$<0$，则逆反应是自发进行的。

**例题分析 7.7**

在 298.15K 时已知 $\varphi^\ominus(AgCl, Cl^-)=0.2223V$，$\varphi^\ominus(AgBr, Br^-)=0.0713V$，试判断下述电池反应能否自发进行？

$$Ag(s)|AgCl(s)|Cl^-(a=0.1)\|Br^-(a=0.2)|AgBr(s)|Ag(s)$$

**解析：**

电池负极反应：$Ag(s)+Cl^-(a=0.1) \longrightarrow AgCl(s)+e^-$

电池正极反应：$AgBr(s)+e^- \longrightarrow Ag(s)+Br^-(a=0.2)$

电池反应：$AgBr(s)+Cl^-(a=0.1) \longrightarrow AgCl(s)+Br^-(a=0.2)$

$$E=E^{\ominus}-\frac{RT}{zF}\ln\frac{a(Br^-)}{a(Cl^-)}=\varphi^{\ominus}(AgBr, Br^-)-\varphi^{\ominus}(AgCl, Cl^-)-\frac{RT}{zF}\ln\frac{a(Br^-)}{a(Cl^-)}$$

$$=0.0713-0.2223-\frac{RT}{F}\ln\frac{0.2}{0.1}=-0.1688(V)$$

由于 $E<0$，所以该电池反应不可以自发进行。

**(2) 求化学反应的平衡常数**

只要把某些化学反应设计成合适的电池，则其平衡常数都可以用电动势法求算。这些反应包括难溶盐的解离平衡、$H_2O$ 的解离平衡和络合物的解离平衡等。

**例题分析 7.8**

已知电池 $Pt \mid H_2(p^{\ominus}) \mid KOH(aq) \mid Cd(OH)_2 \mid Cd$，$\varphi^{\ominus}_{Cd^{2+}\mid Cd}=-0.403V$，$Cd(OH)_2$ 活度积 $K^{\ominus}_{sp}=7.20\times10^{-15}$，$H_2$ 近似当作理想气体，水的活度积 $K^{\ominus}_{w}=1\times10^{-14}$。

① 写出电极反应和电极电势；

② 计算此反应在 298.15K 时平衡常数 $K^{\ominus}_{a}$。

**解析：**

电极反应

阳极：$H_2(g)+2OH^- \rightleftharpoons 2H_2O+2e^-$

阴极：$Cd(OH)_2(s)+2e^- \rightleftharpoons Cd(s)+2OH^-(aq)$

电池反应

$$H_2(g)+Cd(OH)_2(s) \rightleftharpoons Cd(s)+2H_2O$$

$$\Delta_r G^{\ominus}_m=-zFE^{\ominus}=-RT\ln K^{\ominus}_a$$

先求出 $E^{\ominus}$，再求 $K^{\ominus}_a$

$$E^{\ominus}=\varphi^{\ominus}_{OH^-\mid Cd(OH)_2\mid Cd}-\varphi^{\ominus}_{OH^-\mid H_2}$$

为求得 $E^{\ominus}$，先分别求出 $\varphi^{\ominus}_{OH^-\mid Cd(OH)_2\mid Cd}$ 和 $\varphi^{\ominus}_{OH^-\mid H_2}$

$Cd(OH)_2$ 的溶解反应为：$Cd(OH)_2(s) \rightleftharpoons Cd^{2+}+2OH^-$

根据此反应，设计电池：

$$Cd \mid Cd^{2+}, KOH(aq) \mid Cd(OH)_2(s) \mid Cd$$

$$E^{\ominus}_1=\varphi^{\ominus}_{OH^-\mid Cd(OH)_2\mid Cd}-\varphi^{\ominus}_{Cd^{2+}\mid Cd}=\frac{RT}{2F}\ln K^{\ominus}_{sp}$$

$$=\frac{8.314\times298.15}{2\times96485}\times\ln(7.20\times10^{-15})=-0.418(V)$$

$$\varphi^{\ominus}_{OH^-\mid Cd(OH)_2\mid Cd}=E^{\ominus}_1+\varphi^{\ominus}_{Cd^{2+}\mid Cd}=-0.418+\varphi^{\ominus}_{Cd^{2+}\mid Cd}$$

$$=-0.418+(-0.403)=-0.821(V)$$

为计算 $\varphi^{\ominus}_{OH^-\mid H_2}$，根据 $K^{\ominus}_w$ 设计如下电池：

$$\mathrm{Pt}|H_2(p^{\ominus})|H^+(a_{H^+})\|OH^-(a_{OH^-})|H_2(p^{\ominus})|\mathrm{Pt}$$

电池反应

$$H_2O \rightleftharpoons H^+(a_{H^+})+OH^-(a_{OH^-})$$

$$E_2^{\ominus}=\varphi^{\ominus}_{OH^-|H_2}-\varphi^{\ominus}_{H^+|H_2}=\frac{RT}{F}\ln K_w^{\ominus}=\frac{8.314\times 298.15}{96485}\times\ln 10^{-14}=-0.8282(\mathrm{V})$$

$$\varphi^{\ominus}_{OH^-|H_2}=-0.828\mathrm{V}$$

$$E^{\ominus}=\varphi^{\ominus}_{OH^-|Cd(OH)_2|Cd}-\varphi^{\ominus}_{OH^-|H_2}=-0.821-(-0.828)=0.007(\mathrm{V})$$

$$\ln K_a^{\ominus}=\frac{zFE^{\ominus}}{RT}=\frac{2\times 96485\times 0.007}{8.314\times 298.15}=0.545$$

$$K_a^{\ominus}=1.725$$

**(3) 求离子的平均活度因子**

设计合适的电池，使需要计算的电解质出现在电池的反应式中。再通过实验测定该电池的电动势，由数据表获得对应电极的标准电极电势，于是就可获得 $\gamma_{\pm}$ 值。

**例题分析 7.9**

在 298.15K 时，电池 $Cu(s)|Cu(Ac)_2(0.1\mathrm{mol\cdot kg^{-1}})|AgAc(s)|Ag(s)$ 的电动势 $E=0.383\mathrm{V}$。已知：$\varphi^{\ominus}_{Cu^{2+}|Cu}=0.337\mathrm{V}$，$\varphi^{\ominus}_{Ag^+|Ag}=0.799\mathrm{V}$，AgAc (s) 的浓度积为 $K_{sp}^{\ominus}=1.94\times 10^{-3}$。试计算 $Cu(Ac)_2(0.1\mathrm{mol\cdot kg^{-1}})$ 溶液的平均活度因子 $\gamma_{\pm}$。

**解析：**

首先写出电池的反应

负极：$Cu(s)\longrightarrow Cu^{2+}(a_{Cu^{2+}})+2e^-$

正极：$2AgAc(s)+2e^-\longrightarrow 2Ag(s)+2Ac^-(a_{Ac^-})$

电池反应：$Cu(s)+2AgAc(s)\longrightarrow 2Ag(s)+Cu^{2+}(a_{Cu^{2+}})+2Ac^-(a_{Ac^-})$

溶液的平均活度因子 $\gamma_{\pm}$ 的计算为：

$$E=E^{\ominus}-\frac{RT}{zF}\ln(a_{Zn^{2+}}a^2_{Ac^-})=E^{\ominus}-\frac{RT}{zF}\ln(\gamma_{\pm}\frac{m_{\pm}}{m^{\ominus}})^3$$

$$(\frac{m_{\pm}}{m^{\ominus}})^3=(\frac{m_+}{m^{\ominus}})(\frac{m_-}{m^{\ominus}})^2=0.1\times(2\times 0.1)^2=0.004$$

为了计算$E^{\ominus}$，需要设计如下电池：

$$Ag(s)|Ag^+(a_{Ag^+})\|Cl^-(a_{Cl^-})|AgCl(s)|Ag(s)$$

电池反应：$AgAc(s)\longrightarrow Ag^+(a_{Ag^+})+Ac^-(a_{Ac^-})$

该电池的电动势为：

$$E_1^{\ominus}=\varphi^{\ominus}_{Ac^-|AgAc|Ag}-\varphi^{\ominus}_{Ag^+|Ag}=\frac{RT}{F}\ln K_{sp}^{\ominus}$$

$$\varphi^{\ominus}_{Ac^-|AgAc|Ag}=\frac{RT}{F}\ln K_{sp}^{\ominus}+\varphi^{\ominus}_{Ag^+|Ag}$$

$$=\frac{8.314\times 298}{96485}\times\ln(1.94\times 10^{-3})+0.799$$

$$=0.639(\mathrm{V})$$

所以可以求得已知电池的标准电动势为：

$$E^{\ominus}=\varphi^{\ominus}_{Ac^-|AgAc|Ag}-\varphi^{\ominus}_{Cu^{2+}|Cu}=0.639-0.337=0.302(V)$$

代入式

$$E=E^{\ominus}-\frac{RT}{zF}\ln\left(\gamma_{\pm}\frac{m_{\pm}}{m^{\ominus}}\right)^3$$

$$0.383=0.302-\frac{RT}{2F}\ln(0.004\gamma_{\pm}^3)$$

解得 $\gamma_{\pm}=0.769$

**(4) 求难溶盐的活度积**

习惯上称活度积为浓度积（solubility product），用 $K_{sp}$ 表示，也是一种平衡常数，单位为 1。

**例题分析 7.10**

已知在 298.15K 时，$\varphi^{\ominus}_{Ag^+|Ag}=0.7994V$，$\varphi^{\ominus}_{Ag^+|AgBr}=0.0715V$，请计算 AgBr 的溶度积$K^{\ominus}_{sp}$。

**解析：**

AgBr 的溶解反应式为：

$$AgBr(s)\rightleftharpoons Ag^{+}+Br^{-}$$

$$K^{\ominus}_{sp}=a_{Ag^+}a_{Br^-}=K^{\ominus}_{a}=\exp\left(-\frac{\Delta_r G^{\ominus}_m}{RT}\right)$$

设计可逆电池 $Ag\mid Ag^{+}\parallel Br^{-}\mid AgBr(s)\mid Ag$

负极：$Ag\rightleftharpoons Ag^{+}+e^{-}$

正极：$AgBr+e^{-}\rightleftharpoons Ag+Br^{-}$

电池反应式：$AgBr(s)\rightleftharpoons Ag^{+}+Br^{-}$

$$E^{\ominus}=\varphi^{\ominus}_{Ag|AgBr}-\varphi^{\ominus}_{Ag^+|Ag}=0.0715-0.7996=-0.7281(V)$$

$$\Delta_r G^{\ominus}_m=-zFE^{\ominus}=-RT\ln K^{\ominus}_{sp}$$

$$K^{\ominus}_{sp}=\exp\left(\frac{zFE^{\ominus}}{RT}\right)=\exp\left(\frac{-96485\times0.7281}{8.314\times298.15}\right)=4.92\times10^{-51}$$

## 思考与讨论：能否用伏特计测定可逆电池的电动势？

可逆电池电动势的测定一般采用对消法，此法能够基本控制整个测量的过程中没有电流通过。那么，我们能够使用伏特计来测定可逆电池的电动势吗？

## 7.3 电解与极化

案例 7.3 如何生产彩色（氧化）铝？

平底锅和其他铝制品家具往往有一个明亮、光泽的涂层。这一涂层的成分为氧化铝和少量的染料。

将平底锅浸泡在染料溶液中（通常为酸性，pH 值为 1 或 2），作为电池的正极。随着电解的进行，铝锅表面被氧化：

$$2Al(s)+3H_2O(l) \longrightarrow Al_2O_3(s)+3H_2(g)$$

在施加电位前，铝是白色的，具有金属光泽。在临界电位以下，铝不会发生电化学氧化。当电位等于或高于临界电位，铝的表面原子氧化形成铝离子，铝离子再结合水中的氧离子，形成氧化铝。这一电沉积固定铝氧化物的过程非常迅速，可同时将染料分子固定进来，使其具有颜色。

染料分子被固定在氧化铝层内。它的颜色仍然存在，可防止有害紫外线的辐射，以及机械磨损和化学腐蚀。

实际上，铝的氧化过程是一个电解的过程，铝在正电位下被氧化成铝离子从而结合水形成氧化物。

### 7.3.1 电解与分解电压

电解质溶液通电后，在两电极上将分别发生氧化反应和还原反应，这一过程称为**电解**（electrolysis）。使某电解质在电极上连续不断地进行分解所需的最小电压称为该电解质的**分解电压**（decomposition potential）。因此，理论上，根据电极上发生的反应，可以求出在顺利进行电解时所需的理论分解电压，只要使外加电压略大于理论分解电压就可以使电解顺利地进行。但是，在实际电解时，发现测得的分解电压与理论分解电压有较大的偏差。下面以硫酸水溶液的电解为例加以说明。

如图 7.7(a) 所示，在硫酸水溶液中插入两根铂电极，并接通电源，而后逐渐增加外加电压，并记录电路中通过的电流。以电流对电压作图，可得如图 7.7(b) 所示的电流-电压曲线。由图可见，在电解的开始阶段，电流随电压增加的增幅较小，此时不发生电解。当电压增大到一定值后，电流增加，同时观察到电极上有气泡逸出，表明电解质溶液发生了电解，这一临界电压值就是实际分解电压，也就是电解质溶液发生电解所需的最小电压。通过延长曲线中的线性部分与横轴相交得到的交点即为分解电压的数值。

### 7.3.2 极化作用

电解过程常常是在不可逆的情况下进行的，即实际分解电压会大于可逆电动势。无论是原电池还是电解池，当有电流通过时，就会伴随着极化过程的发生，这是个不可逆过程。

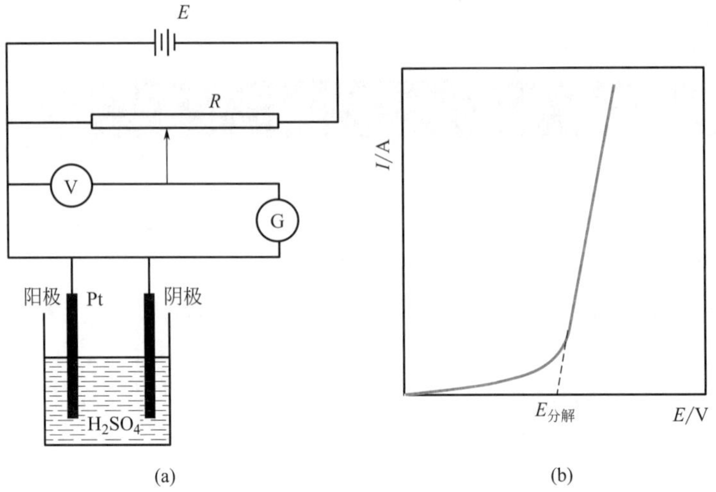


图 7.7　分解电压测定示意图（a）和电流－电压曲线图（b）

当电极上无电流通过时，电极处于平衡状态，对应的电极电势为可逆电极电势 $E(\mathrm{Ox/Red})_R$。当有电流通过时，电极变得不可逆，随着电流密度的增大，电极的不可逆程度也越来越大，其电势值偏离可逆电极电势值也越来越大，这时的电极电势为不可逆电势 $E(\mathrm{Ox/Red})_I$。这种对可逆电极电势的偏离现象称为**极化**（polarization），把偏差的绝对值称为**超电势**（overpotential），用 $\eta$ 表示，即

$$\eta = |\varphi(\mathrm{Ox}\mid\mathrm{Red})_R - \varphi(\mathrm{Ox}\mid\mathrm{Red})_I|$$

无论是电解池还是原电池，由于极化的存在，使阳极的电极电势更正，而使阴极的电极电势更负，所以：

$$E_a(\mathrm{Ox}\mid\mathrm{Red})_I = E(\mathrm{Ox}\mid\mathrm{Red})_R + \eta_a$$

$$E_c(\mathrm{Ox}\mid\mathrm{Red})_I = E(\mathrm{Ox}\mid\mathrm{Red})_R - \eta_c$$

要使电解过程顺利进行，则必须克服对应的可逆电池的电动势、极化带来的超电势以及溶液中的电阻，所以需要的外加电压为

$$E_{分解} = E_a(\mathrm{Ox}\mid\mathrm{Red})_I - E_c(\mathrm{Ox}\mid\mathrm{Red})_I + IR = |E_R| + \eta_a + \eta_c + IR \qquad (7\text{-}27)$$

根据极化产生的不同原因，把极化简单地分为两类：浓差极化和电化学极化。

**浓差极化**（concentration polarization）是由于在电解过程中，电极上产生（或消耗）了某种离子，而溶液中电极附近离子的迁移速率较慢，使电极附近离子的浓度与本体溶液中的浓度不同，从而形成了电势差，这种由于浓度差别引起的极化称为浓差极化。其数值的大小与很多因素有关，如温度、搅拌情况以及电流密度等。这种极化有时也可被加以利用，例如，极谱分析就是利用滴汞电极上所形成的浓差极化来进行分析的一种方法。

**电化学极化**（electrochemical polarization）是指分若干步进行的电极反应，其中可能有一步反应活化能较高（对有气体参与的反应尤其明显），速率较小，需要额外的电能来弥补慢步骤造成的偏离，这样产生的极化称为电化学极化，其超电势称为电化学超电势。

清楚了极化产生的原因，那么接下来研究电极电势随电流会呈现出怎样的变化趋势。

描述电极电势随电流密度变化的曲线称为**极化曲线**。图 7.8（a）、（b）分别是电解池和原电池的极化曲线。两种极化曲线具有如下的相同点：无论是电解池还是原电池，阳极的不可逆电势随着电流密度的增大而不断增高；阴极的不可逆电势随着电流密度的增大而不断下

降，电势开始偏离可逆电势（$E_R$）。两种极化曲线的不同点是：电解池由于极化的存在，电流密度越大，外加分解电压也越大，消耗的电能也越多；原电池输出电流的密度越大，工作电压越小，做功能力下降。总的来说，由于超电势的存在，对能量的利用率下降。但也有有利的一面，在电解池中，可利用 $H_2(g)$ 在大多数金属上的超电势，使得氢气不析出而让比氢气活泼的金属先析出，这样就使得在水溶液中电镀得到 Zn、Sn 和 Ni 等成为可能。在原电池中，由于超电势使实际做功电压下降，两条曲线有靠近的趋势。若能使之相交，电动势等于零，电池就不再反应。

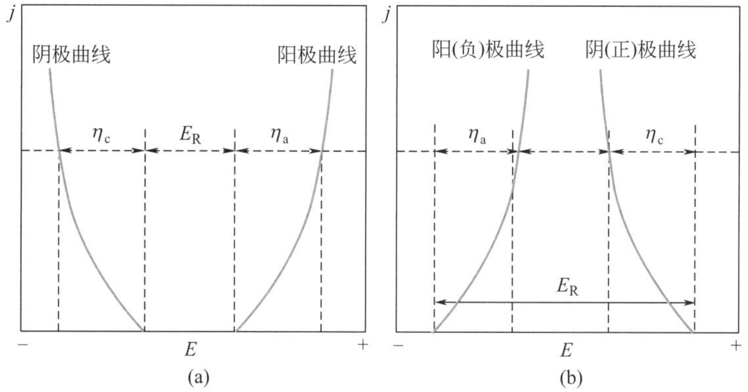


图 7.8　电解池极化曲线（a）和原电池极化曲线（b）

**例题分析 7.11**

在 298.15K、$p^\ominus$下，用 Pt 电极电解 $CuCl_2$ 水溶液，已知溶液中，$a_{Cu^{2+}}=0.10$，$a_{H^+}=0.01$，由于 $H_2$（g）在电极超电势的存在，因此阴极先进行的是 Cu 的沉积，阳极析出的是 $O_2$。

① 请计算电解 Cu 的实际分解电压。

② 假设 $H_2$ 在阴极的析出超电势为 0.6V，请问 $H_2$ 析出时，溶液内$a_{Cu^{2+}}$的值为多少？

已知：$O_2$ 在阳极的超电势为 0.5V，$\varphi^\ominus_{Cu^{2+}|Cu}=0.337V$，$\varphi^\ominus_{O_2|H^+,H_2O}=1.23V$。

**解析：**

① 电解时的电极反应

阴极：$Cu^{2+}(aq)+2e^- \longrightarrow Cu(s)$

阳极：$H_2O(l) \longrightarrow \frac{1}{2}O_2(g)+2H^+(aq)+2e^-$

电池反应：$Cu^{2+}(aq)+H_2O(l) \longrightarrow Cu(s)+\frac{1}{2}O_2(g)+2H^+(aq)$

$$\varphi_{阴，析出}=\varphi_{Cu^{2+}|Cu}=\varphi^\ominus_{Cu^{2+}|Cu}+\frac{RT}{2F}\ln a_{Cu^{2+}}=0.337+\frac{RT}{2F}\ln 0.10=0.307V$$

$$\varphi_{阳，析出}=\varphi_{O_2|H^+,\ H_2O}=\varphi^\ominus_{O_2|H^+,\ H_2O}-\frac{RT}{F}\ln a^2_{H^+}+\eta_{O_2}$$

$$=1.23-\frac{RT}{F}\ln 0.01+0.5=1.848V$$

$$E_{分解} = \varphi_{阳,析出} - \varphi_{阴,析出} = 1.848 - 0.307 = 1.541V$$

② 由于阳极上 $O_2$ 的析出，导致溶液中 $H^+$ 的浓度会发生变化，当 $Cu^{2+}$ 基本析出时，溶液内的 $H^+$ 总活度 $a_{H^+} = 0.01 + 2\times0.1 = 0.21$，当 $H_2$ 析出时

$$\varphi_{Cu^{2+}|Cu} = \varphi_{H_2|H^+} - \eta_{H_2}$$

$$0.337 + \frac{RT}{2F}\ln a_{Cu^{2+}} = \frac{RT}{F}\ln 0.21 - 0.6$$

$$a_{Cu^{2+}} = 9.13 \times 10^{-34}\ mol \cdot kg^{-1}$$

可见，当 $H_2$ 开始析出时，溶液内的 $Cu^{2+}$ 已经析出完毕。

### 7.3.3 电解时电极的竞争反应

在实际的电解过程中，同一电解池往往存在多个带同种电荷的离子，于是，在电极上就会存在一定的竞争反应。

在一个指定的电解池中，每一种离子从溶液中析出都对应着一定的电极。例如 $H^+$ 在阴极上析出 $H_2$ 时的电极是 $H^+ \mid H_2$(101325Pa)，$OH^-$ 在阳极上析出 $O_2$ 时的电极为 $O_2$(101325Pa) $\mid OH^-$，$Cu^{2+}$ 在阴极上析出 Cu 时的电极为 $Cu^{2+} \mid Cu$ 等。这些电极的电极电势称为相应物质的析出电势。例如对于 $a(Cu^{2+})=1$ 的 $CuSO_4$ 溶液，$Cu^{2+} \mid Cu$ 的电极电势为 0.337V，即 $Cu^{2+}$(或 Cu)的析出电势为 0.337V，记作 $\varphi_{Cu^{2+} \mid Cu} = 0.337V$。

某物质的析出电势是指它所对应电极的实际电势。在一定温度下析出电势与物质的组成、溶液的浓度以及超电势有关。

在含有多种离子的溶液中，各种离子的析出电势一般不同。因此当电解池的外加电压从零开始逐渐增大时，在阳极上总是析出电势较低的物质先从电极上析出，析出电势较高的物质在电极上后析出；而在阴极上析出电势较高的物质先析出来，析出电势较低的物质后析出。

**例题分析 7.12**

假设在 298.15K 和标准压力下，采用石墨作为阳极，铂为阴极，电解含 $CdCl_2$(0.02 $mol \cdot kg^{-1}$)和 $CuCl_2$(0.03$mol \cdot kg^{-1}$)的混合水溶液(设活度因子均为 1)，则：

① 何种离子首先在阴极上析出？

② 阴极上第二种离子析出时第一种离子的剩余浓度为多少？

已知：$H_2(g)$在 Pt(s)上的超电势近似为零，在 Cu(s)上的超电势为 0.30V。$O_2(g)$在 C(s，石墨)上的超电势为 0.61V。$\varphi^{\ominus}_{Cd^{2+} \mid Cd} = -0.403V$，$\varphi^{\ominus}_{Cu^{2+} \mid Cu} = 0.337V$。

**解析：**

① 各离子在阴极上发生还原反应，析出电势分别为：

$$\varphi_{Cd^{2+} \mid Cd} = \varphi^{\ominus}_{Cd^{2+} \mid Cd} - \frac{RT}{zF}\ln\frac{1}{a_{Cd^{2+}}} = -0.403V - \frac{RT}{2F}\ln\frac{1}{0.02} = -0.453V$$

$$\varphi_{Cu^{2+} \mid Cu} = \varphi^{\ominus}_{Cu^{2+} \mid Cu} - \frac{RT}{zF}\ln\frac{1}{a_{Cu^{2+}}} = 0.337V - \frac{RT}{2F}\ln\frac{1}{0.03} = 0.292V$$

$$\varphi_{H^+ \mid H_2} = \varphi^{\ominus}_{H^+ \mid H_2} - \frac{RT}{zF}\ln\frac{1}{a^2_{H^+}} = -\frac{RT}{F}\ln\frac{1}{10^{-7}} = -0.414V$$

在阴极上，还原电极电势越大就越容易发生反应，所以 $Cu^{2+}$ 首先在阴极还原成 Cu(s)。

② Cu(s)先沉积在铂电极上，这时阴极变成 Cu(s)电极。此时氢在 Cu(s)上有超电势，即

$$\varphi_{H^+|H_2}=\varphi^{\ominus}_{H^+|H_2}-\frac{RT}{zF}\ln\frac{1}{a^2_{H^+}}+\eta_{H_2}=-0.414-0.30=-0.714V$$

第二个发生反应的将是 $Cd^{2+}$，当 Cd(s)即将析出时两种电极的析出电势相等，即

$$\varphi_{Cu^{2+}|Cu}=\varphi^{\ominus}_{Cu^{2+}|Cu}-\frac{RT}{zF}\ln\frac{1}{a_{Cu^{2+}}}=0.337-\frac{RT}{2F}\ln\frac{1}{a_{Cu^{2+}}}=-0.452V$$

解得 $a_{Cu^{2+}}=2.013\times10^{-27}$，即剩余的 $Cu^{2+}$ 浓度为 $2.013\times10^{-27}\,mol\cdot kg^{-1}$，可以认为 $Cu^{2+}$ 已全部析出。

### 思考与讨论：可逆电极电势相差较大的两种金属能否同时析出？

通过查阅资料，知道 $Ag^+$ 和 $Cu^{2+}$ 在水溶液中的还原电势分别为 +0.80V 和 +0.34V，那么，采取怎样的措施，能够使电极上同时析出金属单质 Ag 和 Cu？

## 7.4 电化学的应用

**案例 7.4 电鳗是如何产生电流的?**

电鳗是一种扁长的鱼，身长 3～5 英尺（1 英尺＝0.3048m）。它能瞬间产生 600V 的电压，从而电晕目标，用于攻击和自身防护。

从本质上来说，电鳗就是一个简单的活体电池。它的尾巴和头部为电池的两极。它的身体占到体型的 80%，由成千上万的血小板组成，交替着丰富的钠、钾离子，与神经元中轴突细胞膜内外电势的形成方式类似。实际上，电势由很多个浓差电池产生，每个小电池可产生 160mV 的电压。电鳗可产生的电势可能也包括了这些微小电池之间产生的液接电势。

当被攻击或者饥饿时，电鳗将攻击敌人。电鳗将其身上的离子电荷重新分布（将电池正负极互换），各个微小电池的 $E_{mf}$ 值加和，就像将一系列串联电路的电势相加一样，产生瞬间的高压。而海水中离子强度极大，所以电流从电鳗向猎物的传递是迅速和高效的。

电化学不仅在生物体内具有很好的应用，在其他方面也具有广泛的应用。

### 7.4.1 金属的电化学腐蚀

金属材料与周围环境发生化学及电化学作用而引起的变质和破坏，称为金属腐蚀，本质是金属被氧化。金属材料和金属制品被腐蚀后，其强度、塑性和韧性等力学性能会显著降低，电学和光学性能也会受到影响，从而缩短了使用寿命。金属腐蚀一般分为**化学腐蚀**（chemical corrosion）和**电化学腐蚀**（electrochemical corrosion）。化学腐蚀是金属与环境中的介质如气体或非电解质液体发生化学反应而被氧化，整个腐蚀过程没有电流的产生。而电化学腐蚀是金属与环境中其他物质形成微电池而发生电化学作用，金属作为阳极发生氧化而被破坏。这种情况尤以钢铁的腐蚀最为明显，下面主要讨论 Fe 的腐蚀情况。

铁板浸没在水中时，空气中的酸性氧化物也会溶在水中产生 $H^+$，于是就形成了原电池。Fe 作为阳极发生氧化，$H^+$ 在 Fe（s）上发生还原

$$Fe(s) \longrightarrow Fe^{2+} + 2e^-$$

$$2H^+ + 2e^- \longrightarrow H_2(g)$$

这里 Fe(s) 既作阳极，又作阴极，常称为“二重电极”，所形成原电池的电动势不大，当 $H^+$ 浓度较小时，腐蚀现象不是很严重。这种腐蚀又称为“析氢腐蚀”。如果 Fe 里含有 Cu 等比 Fe 不活泼的金属，则可形成微电池，其中 Fe 为阳极，Cu 为阴极，腐蚀会变得严重，所以铜板上的铁铆钉很容易生锈。

将铁板露置在空气中，如果有水或水汽凝聚在铁板上，而且空气中又有较多的酸性物质时，铁板就很容易生锈。如化工厂附近的铁制品特别容易被腐蚀就是这个原因，因为在阴极

上发生了吸氧反应，其反应方程式如下

$$O_2(g)+4H^++4e^-\longrightarrow 2H_2O$$

如果阳极上仍是 Fe 氧化成 $Fe^{2+}$，则所形成电池的电动势比析氢腐蚀要大得多，因此腐蚀也就越严重。$O_2(g)$ 的存在不但可以把 Fe 氧化成 $Fe^{2+}$，还可氧化成 $Fe^{3+}$。这种腐蚀也称为耗氧腐蚀。

了解了金属发生电化学腐蚀的原理，就可以找到针对腐蚀的解决方法，从而更好地防止金属腐蚀现象的发生。

根据电化学腐蚀原理，只要能够破坏产生电化学腐蚀的条件，就能够有效地防止电化学腐蚀的发生，这是防止电化学腐蚀的基本原理。一般防止材料腐蚀的方法有：选择耐腐蚀性高的材料，对材料进行表面处理，形成表面防护层，从而防止材料与腐蚀介质接触；电化学保护。

除一般防腐方法以外，电化学保护是防止金属腐蚀的重要措施。它包括：①阴极保护：将被保护金属作为阴极以防止腐蚀，阴极保护包括外加阴极电流和牺牲阳极两种方法；②阳极保护：对易钝化金属外加阳极电流，使金属处在钝化区；③添加缓蚀剂（inhibitor）：例如通过激光表面熔融或离子注入技术改变金属的表面结构或表面组成，以提高耐蚀能力。

**例题分析 7.13**

金属铁在水中开始腐蚀时，如果忽略氧气的影响，是生成 $Fe^{2+}$ 还是 $Fe^{3+}$？如果金属离子活度达 $10^{-6}\text{mol}\cdot\text{dm}^{-3}$ 就认为是被腐蚀了，计算腐蚀原电池的电动势。已知：$H_2$ 在铁上析出时的超电势为 0.1V，$\varphi^{\ominus}_{Fe^{2+}|Fe}=-0.447\text{V}$，$\varphi^{\ominus}_{Fe^{3+}|Fe}=-0.036\text{V}$。

**解析：**

阴极上发生析氢反应的方程式为：

$$2H^+(a_{H^+})+2e^-\longrightarrow H_2(p^{\ominus})$$

考虑到 $H_2$ 在铁上的析出具有超电势，则：

$$\varphi_{H^+|H_2}=\varphi^{\ominus}_{H^+|H_2}-\frac{RT}{zF}\ln\frac{1}{a^2_{H^+}}-\eta_{H_2}=-\frac{RT}{F}\ln\frac{1}{10^{-7}}-0.1=-0.514(\text{V})$$

以 Fe(s)为阳极，发生氧化反应，若生成的是 $Fe^{2+}$，当达到 $a_{Fe^{2+}}=10^{-6}$ 时，电极电势为：

$$\varphi_{Fe^{2+}|Fe}=\varphi^{\ominus}_{Fe^{2+}|Fe}-\frac{RT}{2F}\ln\frac{1}{a_{Fe^{2+}}}=-0.447-\frac{RT}{2F}\ln\frac{1}{10^{-6}}=-0.624(\text{V})$$

这时与阴极组成电池的电动势为

$$E=\varphi_+-\varphi_-=-0.514-(-0.624)=0.110(\text{V})$$

电动势大于零，这是一个自发电池，在这样的条件下，Fe(s)可以被氧化成 $Fe^{2+}$ 而被腐蚀。

若生成的是 $Fe^{3+}$，当达到 $a_{Fe^{3+}}=10^{-6}$ 时，电极电势为

$$\varphi_{Fe^{3+}|Fe}=\varphi^{\ominus}_{Fe^{3+}|Fe}-\frac{RT}{3F}\ln\frac{1}{a_{Fe^{3+}}}=-0.036-\frac{RT}{3F}\ln\frac{1}{10^{-6}}$$

$$=-0.154(\text{V})$$

$$E=\varphi_+-\varphi_-=-0.514-(-0.154)=-0.360(\text{V})$$

这是非自发电池，在这样的条件下，Fe(s)不可能被氧化成 $Fe^{3+}$ 而被腐蚀。

形成的原电池电动势越大，则金属 Fe 被腐蚀的越严重。在本题中没有考虑吸氧腐蚀，而在实际的情况下，空气及水中含氧量比较大，因此金属 Fe 的腐蚀要更加得严重。

## 7.4.2 化学电源

化学电源是将化学能转变成电能的装置，其实质就是原电池，即将化学反应安排在设计的电池中进行。化学电源的品种繁多，按其使用特点可分为以下三类：

**(1) 一次电池**

日常使用的干电池如 1 号、5 号、7 号电池及大大小小的纽扣电池都是一次电池，即电池中的活性物质在进行一次化学反应放电之后全部被消耗，不能再次使用，这不仅造成资源的浪费，也严重污染了环境。一次电池的基本结构基本相同，需要正极、负极和电解质。例如，锌锰干电池，正极为石墨制成的炭棒，负极为锌皮，周围包着二氧化锰粉末，其间充填的电解质为氮化锌和氯化铵的糊状物。电池表示式及所发生的反应大致为：

$$Zn(s)\,|\,ZnCl,\ NH_4Cl\,|\,MnO_2(s)\,|\,C(s)$$

负极：$Zn(s)+2NH_4Cl \longrightarrow Zn(NH_3)_2Cl_2+2H^+ +2e^-$

正极：$2MnO_2(s)+2H^+ +2e^- \longrightarrow 2MnOOH$

总反应：$Zn(s)+2NH_4Cl+2MnO_2(s) \longrightarrow Zn(NH_3)_2Cl_2+2MnOOH$

一次电池使用起来非常方便，所以被广泛应用。

**(2)二次电池**

凡是可以多次反复使用，放电后可以通过充电使活性物质复原并再次放电的电池，称为二次电池或蓄电池。

目前二次电池中使用最广泛、技术最成熟的为铅酸蓄电池。$PbO_2$ 作正极，海绵状 Pb 作负极，$H_2SO_4$ 作为电解液。铅酸蓄电池的表达式为：

$$Pb\,|\,PbSO_4(s)\,|\,H_2SO_4(aq)\,|\,PbSO_4(s)\,|\,PbO_2(s)$$

负极：$Pb+SO_4^{2-}-2e^- \longrightarrow PbSO_4(s)$

正极：$PbO_2(s)+4H^+ +SO_4^{2-}+2e^- \longrightarrow PbSO_4(s)+2H_2O$

总反应：$Pb+PbO_2(s)+4H^+ +2SO_4^{2-} \longrightarrow 2PbSO_4(s)+2H_2O$

由电池反应可知，它的电动势只与硫酸的活度有关。铅酸蓄电池由于具有电动势高、能大电流放电、适用温度范围宽、性能稳定以及价格低廉等优点，而被广泛使用。目前国外蓄电池都在向着免维护、电池内无流动电解液、产生气体再化合的负极吸收式密封型发展。

**(3) 燃料电池**

燃料电池（fuel cell）是借助在电池内发生燃烧反应，将化学能直接转换为电能的装置。它与一次电池和二次电池不同。一次电池的活性物质利用完毕就不能再放电，二次电池在充电时不能输出电能；而燃料电池只要不断地供给其燃料，它便能连续地输出电能。一次或二次电池是一个封闭的电化学系统，与环境没有物质交换而只有能量交换；燃料电池则是一个敞开的电化学系统，与环境既有能量的交换，又有物质的交换。因此，它在化学电源中占有特别重要的地位。以碱性氢氧燃料电池为例。电池的装置如图 7.9 所示，其电池为

$$C(石墨)\,|\,H_2(g)\,|\,NaOH(aq)\,|\,O_2(g)\,|\,C'(石墨)$$

两个电极为多孔性石墨，可增大电极表面积，使电池能通过较大的电流；$H_2(g)$ 和

$O_2(g)$ 连续不断地通入电极并扩散到电极孔中，电解液也有一部分扩散到电极孔中。两极都要使用合适的催化剂，以加速该电极反应的进行。

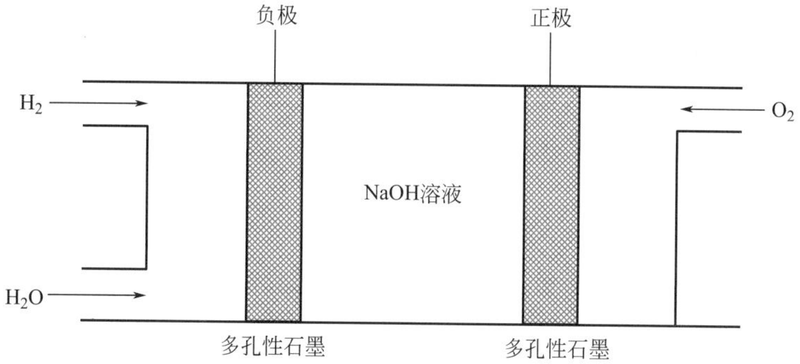


图 7.9　氢氧燃料电池

电极反应为：

负极：$H_2(g)+2OH^- - 2e^- \longrightarrow 2H_2O$

正极：$\frac{1}{2}O_2(g)+H_2O+2e^- \longrightarrow 2OH^-$

总反应：$H_2(g)+\frac{1}{2}O_2(g) \longrightarrow H_2O$

燃料电池要求输入的反应气体相当洁净，否则会使电极催化剂中毒。用于燃料电池的气体，必须预先进行分离有害物的处理步骤。

### 7.4.3　电化学在处理环境污染物方面的应用

除了以上两方面的应用外，电化学方法由于具有设备体积小、操作方便、去除污染物的同时又能回收贵金属等优点，在环境污染物的处理上也得到了越来越多的应用。电化学用于处理水体污染物的方法主要有以下几种：

(1) 电化学还原：使得污染物在阴极发生还原反应而被去除的过程。它包括直接还原和间接还原。直接还原是污染物直接在阴极上得到电子进行还原反应的过程；间接还原是利用一些还原介质如 $Ti^{3+}$、$V^{2+}$ 和 $Cr^{2+}$ 等来还原污染物而达到去除的过程。

(2) 电化学氧化：污染物在阳极的氧化过程，同样包括直接氧化和间接氧化。直接氧化是指污染物直接在阳极失去电子而发生氧化；间接氧化是通过具有强氧化性的介质如 $HO\cdot$、$HO_2\cdot$ 等，来进行污染物的降解。

(3) 电凝聚法：采用铁或铝等可溶性物质作为阳极材料，在电解过程中，阳极电极金属会溶解在溶液中生成 $Fe(OH)_3$、$Al(OH)_3$ 等胶体物质，这些胶体具有絮凝作用，将废水中的胶态污染物沉淀，从而达到去除的目的。

(4) 电浮选法：通过电解过程中氢气和氧气的析出，产生直径小、分散度高的气泡，利用这些气泡吸附污染物中胶体微粒和悬浮固体，然后上浮到水体表面形成泡沫层，再通过机械方法去除泡沫，达到去除污染物的目的。

(5) 光电化学氧化：将半导体材料作为光催化剂，通过施加电压或吸收光能，产生电子-空穴对，并在电场的作用下，实现有效分离，从而实现对污染物的氧化降解去除。

## 思考与讨论：

（1）纽扣电池对人体会造成伤害吗？

纽扣电池也称扣式电池，是指外形尺寸像一颗小纽扣的电池，一般来说厚度较薄。如果小孩不慎吞下纽扣电池，又由于人体体液中含有一定数量游离的离子，可以看作是电解质溶液，那么，在体液的作用下纽扣电池上会发生电化学反应吗？对人体内部器官又会造成怎样的伤害呢？

（2）能做衣服的电池？

太阳能电池是通过光电效应或者光化学效应直接把光能转化成电能的装置。太阳能电池一般都是方方正正的板状物，而最近，一些科学家研制出了世界首款光导纤维太阳能电池。光导纤维的直径比人的头发还细，而且柔软、可弯曲，技术完善的情况下，甚至可以制成衣服，即可以穿的太阳能电池。你能解释一下这种光导纤维太阳能电池的工作原理吗？

## 习题7

7.1 在某电解池中，用惰性 Pt 为电极电解 $ZnCl_2$ 溶液。假设该过程中，溶液中有 6mol 的 $\frac{1}{2}Zn^{2+}$ 迁移至阴极区并析出 Zn；同时有 5mol $Cl^-$ 迁移至阳极区并析出 $Cl_2$。请问析出的 Zn 和 $Cl_2$ 的物质的量各为多少？离子的迁移数分别为多少？

［知识点：离子电迁移数的计算］

7.2 用铜电极电解 $CuSO_4$ 溶液，假设该溶液为每 1000g 的水中溶解 23.05g 的 $CuSO_4$。将溶液通电一定时间后，测得在阴极有 0.06g 的 Cu 析出，阳极区的溶液为 46.47g，其中含 1.02g 的 $CuSO_4$。试求该过程 $Cu^{2+}$ 和 $SO_4^{2-}$ 迁移数。

［知识点：离子迁移数的测定］

7.3 在 298.15K 时，某电导池中盛有 $0.1mol \cdot dm^{-3}$ KCl 溶液，测得其电阻为 25Ω。用同一电导池测得浓度为 $0.555mol \cdot dm^{-3}$ 的 $CaCl_2$ 溶液电阻为 1050Ω。已知：$0.1mol \cdot dm^{-3}$ KCl 溶液的电导率为 $1.289S \cdot m^{-1}$。试计算：

① 电导池系数；

② $CaCl_2$ 溶液的电导率；

③ $CaCl_2$ 溶液的摩尔电导率。

［知识点：电解质溶液的电导率以及摩尔电导率的计算］

7.4 在 298.15K 时，将电导率为 $0.12S \cdot m^{-1}$ 的 KCl 溶液装入一电导池中，测得其电阻为 189Ω。在同一电导池中装入 $15mol \cdot m^{-3}$ 的 HAc 溶液，测得电阻为 1070Ω。已知，$\Lambda_m^\infty(H^+)=349.82\times10^{-4}$，$\Lambda_m^\infty(Ac^-)=40.9\times10^{-4}$，计算 HAc 的解离度 $\alpha$ 及解离常数$K^\ominus$。

［知识点：电导率与解离常数的关系］

7.5 在 298.15K 时，测得高度纯化的蒸馏水的电导率为 $5.80\times10^{-6}S \cdot m^{-1}$，试求水的离子积。已知：在 298K 时，HCl、NaOH 及 NaCl 的摩尔电导率分别为 0.04262、0.02481 及 $0.01265S \cdot m^2 \cdot mol^{-1}$。

［知识点：离子的摩尔电导率与离子积的关系］

7.6 已知在 298.15K 时，$\Lambda_m^\infty(Na_2SO_4)=2.60\times10^{-2}S \cdot m^2 \cdot mol^{-1}$，$\Lambda_m^\infty(H_2SO_4)=8.60\times10^{-2}S \cdot m^2 \cdot mol^{-1}$，则 $NaHSO_4$ 的摩尔电导率$\Lambda_m^\infty(NaHSO_4)$为多少？

［知识点：强电解质摩尔电导率的计算］

7.7 在 326.25K 时，$Ag_2CrO_4$ 在纯水和 $0.04mol \cdot kg^{-1}$ $NaNO_3$ 溶液中的饱和溶液的浓度分别为 8.00×

$10^{-5}$ mol·kg$^{-1}$ 和 $8.84\times10^{-5}$ mol·kg$^{-1}$，试求 $Ag_2CrO_4$ 在 0.04mol·kg$^{-1}$ $NaNO_3$ 溶液中的离子平均活度因子。

[知识点：电解质的平均活度]

7.8 在 298.15K 时，已知电池：

Ag | AgCl(s) | KCl($m$=1mol·kg$^{-1}$，$\gamma_{\pm}$=0.85) | $AgNO_3$($m$=1.5mol·kg$^{-1}$，$\gamma_{\pm}$=0.65) | Ag(s)

的电动势 $E$=0.850V。

试求：① AgCl 的 $K_{sp}^{\ominus}$；

② AgCl 分别在纯水和 1mol·kg$^{-1}$KI 溶液的溶解度。

[知识点：电池电动势的计算]

7.9 在 298.15K 时，浓度分别为 0.001mol·kg$^{-1}$ 的 $FeCl_2$ 和 $FeCl_3$ 两种溶液的离子平均活度因子分别为$(\gamma_{\pm})_1$ 和$(\gamma_{\pm})_2$，请问哪个数值大？

[知识点：离子平均活度]

7.10 试将下列化学反应设计成电池：

① $AgBr(s) = Ag^+(a_{Ag^+}) + Br^-(a_{Br^-})$

② $AgCl(s) + I^-(a_{I^-}) = AgI(s) + Cl^-(a_{Cl^-})$

③ $H_2(p_{H_2}) + HgO(s) = Hg(l) + H_2O(l)$

④ $Fe^{2+}(a_{Fe^{2+}}) + Ag^+(a_{Ag^+}) = Fe^{3+}(a_{Fe^{3+}}) + Ag(s)$

⑤ $O_2(g, p_1) = O_2(g, p_2)$

⑥ $Cl_2(p_{Cl_2}) + 2I^-(s)(a_{I^-}) = I_2(s) + 2Cl^-(a_{Cl^-})$

⑦ $H_2(g) + Hg_2Cl_2(s) = 2Hg(l) + 2HCl(aq)$

⑧ $BaSO_4(s) + 2Ag(s) = Ag_2SO_4(s) + Ba(s)$

[知识点：设计电池]

7.11 写出下列电池的电极反应和电池反应：

① Pt | $H_2(p)$ | $H^+(a_1)$ ‖ $Zn^{2+}(a_2)$ | Zn(s)

② Pt | $H_2(p)$ | $H^+(a_1)$ | $Sb_2O_3(s)$ | Sb(s)

③ Pt | $CO_2(g)$ | $H_2C_2O_4$，$H^+(a_1)$ ‖ $MnO_4^-$，$Mn^{2+}$，$H^+(a_1)$ | Pt

④ Cd(s) | $CdSO_4(a_1)$ ‖ $SO_4^{2-}(a_2)$ | $Hg_2SO_4(s)$ | Hg(l)

⑤ Ag | Ag(s) | KCl(aq) | $Hg_2Cl_2(s)$ | Hg(l)

⑥ Hg(l) | $Hg_2Cl_2(s)$ | KCl(aq) ‖ $AgNO_3(aq)$ | Ag

⑦ Pt | $CH_3CHO(a_1)$，$CH_3COOH(a_2)$，$H^+(a_3)$ ‖ $Fe^{3+}(a_4)$，$Fe^{2+}(a_5)$ | Pt

⑧ Ag(s) | AgI(s) | $I_2(a_1)$ ‖ $SO_4^{2-}(a_2)$ | $PbSO_4(s)$ | Pb(s)

[知识点：电池电极反应的书写]

7.12 下面为各电极符号的书写，请判断是否正确，并说明原因。

① $Cu^{2+}$ | $Cu^+$；② $As_2O_3$ | As(s)；③ $Cl^-$ | AgCl(s)；

④ $SO_4^{2-}$ | Hg(l)；⑤ $H^+$ | $H_2(g)$；⑥ $Hg^{2+}$ | Hg(l)

[知识点：电极反应书写]

7.13 已知某电池的电动势 $E$ 与温度 $T$ 的关系为：

$$E/V = 0.0534 + 1.871\times10^{-3}\,T/K - 2.5\times10^{-6}(T/K)^2$$

① 请计算在 298.15K 时该反应可逆产生 2 个电子时的 $\Delta_r G_m$、$\Delta_r S_m$、$\Delta_r H_m$ 以及电池恒温可逆放电时该反应过程的 $Q$。

② 若上述反应不在电池中进行，求在 298K、标准压力下反应的热效应。

[知识点：可逆电池的热力学]

7.14 根据给出的半反应，如

$$Pb(s)+SO_4^{2-}(aq)\longrightarrow PbSO_4(s)+2e^-$$

$$PbCl_2(s)+2e^-\longrightarrow Pb(s)+2Cl^-(aq)$$

试书写电池的电池符号、电池反应方程式和能斯特方程。

[知识点：能斯特方程]

7.15 在 298.15K 时，一个负极为 $Pb|PbSO_4$ 电极，正极为 $PbO_2|PbSO_4$ 电极的电化学电池，电解质溶液为 $H_2SO_4$ 溶液，浓度为 $0.05mol\cdot kg^{-1}$，试求该电池的电动势。已知：在此浓度下的 $H_2SO_4$ 的平均离子活度因子等于 0.34。

[知识点：电池电动势]

7.16 电池的左边为与带有 $Fe^{2+}$ 和 $Fe^{3+}$ 的溶液接触的铂电极，右边是与带有 $Hg_2^{2+}$ 的溶液接触的汞电极。

① 写出电池符号。

② 写出两个半反应式和电池反应式。

③ 求在 298.15K 时。电池的$E_0$ 值。

[知识点：电池电极反应以及电动势的计算]

7.17 已知反应 $Zn(s)+HgO(s)+H_2O(l)\longrightarrow Zn(OH)_2(s)+Hg(l)$，在 298.15K 时，有如下数据：

| 物质 | Zn(s) | HgO(s) | $Zn(OH)_2(s)$ | Hg(l) | $H_2O$ |
|---|---|---|---|---|---|
| $\Delta_f H_m/kJ\cdot mol^{-1}$ | 0 | −90.8 | −641.9 | 0 | −285.8 |
| $S_m/J\cdot K^{-1}\cdot mol^{-1}$ | 41.6 | 70.3 | 81.2 | 75.9 | 70.0 |

① 将反应设计成电池，并写出电极反应；

② 计算 298.15K 时的电动势 $E$ 和温度系数$\left(\frac{\partial E}{\partial T}\right)_p$；

③ 计算可逆热效应$Q_R$ 与恒压反应热$Q_p$ 二者之差值。

[知识点：电动势与热力学之间的关系]

7.18 在 298.15K 时，已知某个电池的电极都是甘汞电极，两个电极的 HCl 电解质溶液的质量摩尔浓度分别为 $2.50mol\cdot kg^{-1}$ 和 $0.100mol\cdot kg^{-1}$，假定活度因子等于 1。请问该电池的电势为多少？

[知识点：浓差电势的计算]

7.19 在 298.15K 时，计算电极 $Cu^+|Cu$ 的标准电极电势$E^{\ominus}(Cu^+|Cu)$。已知：$E^{\ominus}(Cu^{2+}|Cu)=0.342V$，$E^{\ominus}(Cu^{2+},Cu^+)=0.153V$。

[知识点：电池电动势]

7.20 已知在 298.15K 时电池

$Pt|H_2(g, 150kPa)|$待测 pH 值的溶液$\|1mol\cdot dm^{-3}KCl|Hg_2Cl_2(s)|Hg$ 的电池电动势 $E=0.744V$，试计算待测溶液的 pH 值。

[知识点：利用电动势计算 pH 值]

7.21 在 298.15K 时，计算 AgI 的溶度积常数。请设计电池，并查阅相关的电化学数据。

[知识点：利用电动势求难溶盐的活度积]

7.22 在 298.15K 和标准压力下，若要在某一金属上镀钴一镍合金，试计算镀液中两种离子的活度比至少应为多少？忽略超电势的影响，已知$\varphi^{\ominus}(Co^{2+}|Co)=-0.28V$，$\varphi^{\ominus}(Ni^{2+}|Ni)=-0.23V$。

[知识点：溶液电解]

7.23 在 298.15K 和标准压力下，试写出下列电解池在两电极上所发生的反应，并计算其理论分解电压：改变了浓度和活度因子。

① $Pt(s)|NaOH(0.2mol\cdot kg^{-1}, \gamma_{\pm}=0.73)|Pt(s)$

② $Pt(s) \mid HCl(0.2mol \cdot kg^{-1}, \gamma_{\pm}=0.77) \mid Pt(s)$

③ $Ag(s) \mid AgNO_3(0.2mol \cdot kg^{-1}, \gamma_{\pm}=0.64) \parallel AgNO_3(0.02mol \cdot kg^{-1}, \gamma_{\pm}=0.86) \mid Ag(s)$

[知识点：理论分解电压的计算]

7.24　在 298.15K 时，某电解质中含 $Ag^+(a=0.05)$、$Fe^{3+}(a=0.01)$、$Zn^{2+}(a=0.2)$、$Ni^{2+}(a=0.1)$，pH 值=2，已知$\varphi^{\ominus}(Ag^+ \mid Ag)=0.80V$，$\varphi^{\ominus}(Fe^{3+} \mid Fe)=-0.04V$，$\varphi^{\ominus}(Zn^{2+} \mid Zn)=-0.76V$，$\varphi^{\ominus}(Ni^{2+} \mid Ni)=-0.23V$；$H_2(g)$在 Ag、Fe、Zn 和 Ni 上的析出过电势分别为 0.20V、0.18V、0.72V 和 0.24V。问：

① 当外加电压逐渐增大时，在阴极上将发生什么变化？

② 当阴极刚刚析出氢气时，电解液中各金属离子的活度分别为多少？

[知识点：电解时电极的竞争反应]

7.25　在 298.15K 时，某铁桶内盛 pH 值=4.0 的溶液，若金属离子的活度达到 $10^{-6} mol \cdot dm^{-3}$ 时即认为发生腐蚀，试讨论铁桶在隔绝氧气和有氧气存在时的被腐蚀的情况。已知：$\varphi^{\ominus}_{Fe^{2+} \mid Fe}=-0.447V$，$\varphi^{\ominus}_{Fe^{3+} \mid Fe}=-0.036V$，$\varphi^{\ominus}_{O_2 \mid H^+, H_2O}=1.229V$。

[知识点：电化学腐蚀和电池电势]

7.26　一般情况下，金属的还原电势越负越容易被腐蚀；但在还原性酸性溶液中，锌的腐蚀速率反而小于铁的腐蚀速率。试解释这一现象。已知：$\varphi^{\ominus}_{Fe^{2+} \mid Fe}=-0.447V$，$\varphi^{\ominus}_{Zn^{2+} \mid Zn}=-0.762V$。

[知识点：金属的腐蚀]

7.27　在不同 pH 的条件下，水溶液中可能有下列几种还原作用：

酸性条件：$2H_3O^+ + 2e^- \longrightarrow 2H_2O + H_2(p^{\ominus})$；$O_2(p^{\ominus}) + 4H^+ + 4e^- \longrightarrow 2H_2O$

碱性条件：$O_2(p^{\ominus}) + 2H_2O + 4e^- \longrightarrow 4OH^-$

而金属表面附近金属离子浓度达到 $1 \times 10^{-6} mol \cdot kg^{-1}$ 时，则可认为金属表面发生腐蚀。现有如下 5 种金属：Zn、Cu、Fe、Cd 和 Al，试问哪些金属在下列 pH 条件下会被腐蚀：

①强酸性溶液 pH 值=1；②强碱性溶液 pH 值=14；③弱酸性溶液 pH 值=6；④弱碱性溶液 pH 值=8。设所有活度因子均为 1。

已知：$\varphi^{\ominus}(Al^{3+} \mid Al)=-1.66V$，$\varphi^{\ominus}(Cu^{2+} \mid Cu)=0.337V$，$\varphi^{\ominus}(Fe^{2+} \mid Fe)=-0.440V$，$\varphi^{\ominus}(Cd^{2+} \mid Cd)=-0.403V$，$\varphi^{\ominus}(Zn^{2+} \mid Zn)=-0.762V$。

[知识点：金属的腐蚀]

7.28　已知一个以氢作为燃料的氢氧燃料电池。

① 写出在碱性介质中该电池的反应式，并写出电池的电动势。

② 写出在酸性介质中该电池的反应式，并写出电池的电动势。

③ 若氢气和氧气都在 150kPa，电解质溶液的活度为 $2.50mol \cdot kg^{-1}$ 的 HCl 溶液，求 298.15K 时氢氧燃料电池的可逆电池电压。

[知识点：燃料电池的反应和电动势]

# 第8章

# 胶体与表面化学

**内容提要**

两相之间密切接触的过渡区称为界面。习惯上将其中的气-液和气-固界面称为表面，其余的则称为界面。其实二者并无严格区分，常常通用。表面化学是研究物质在两相间界面上所发生物理化学过程的科学。

对于任何一个相界面，处在表面层的分子与内部的分子在受力情况、能量状态和所处的环境上均不相同。

胶体不是物质的一种聚集状态，而是高分散的多组分、多相系统，具有独特的力学性质、光学性质及电动性质。

## 8.1 界面现象及界面自由能

**案例 8.1　为什么气泡、小液滴都呈球形?**

在自然界中，气泡和液滴都是球形的，这就是一种界面现象。

实际上，在物质表层的分子与在其内部的分子之间，微观上所处的环境是不同的。以液体为例，其内部分子四周都受到液相中相同分子的作用，这些作用力是对称的，可以相互抵消；但是在其表层的分子，既受到来自液相中分子的作用力，又受到来自气相中分子的作用力，这些作用力并不完全对称，不能抵消，因此表面分子会受到一个垂直于液体表面并指向液体内部的合力，此力试图将其拉向液体的内部（如图8.1所示），也就是说液体具有一个表面能。

从上面的分析可以看出，液滴表面分子受力不平衡，因此，液体表面趋向于通过收缩来降低其表面能，使得液滴的形状为球形。

从这一例子不难看出，物质的表面具有不同于其内部的性质。

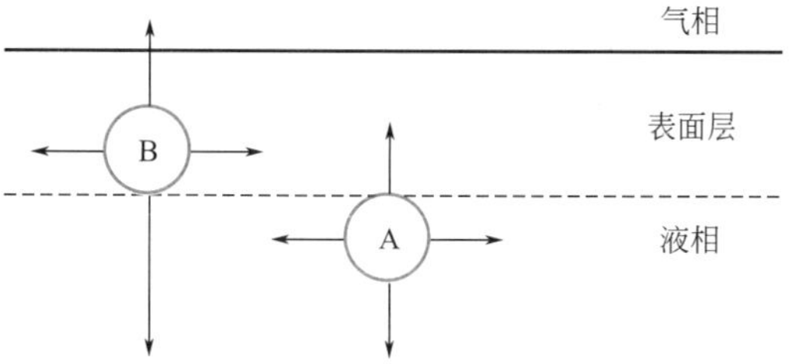

图 8.1　表面分子与内部分子受力情况不同

## 8.1.1　界面现象与界面特征

表面现象与物体的表面积有关，当粒子变小、分散度（dispersion degree）增加时，物体的表面积会增加，表面现象会越发显著。因此，引入比表面的概念可以更为方便地比较不同物质的表面性质。**比表面**（specific surface area）指的是单位质量或单位体积的物质具有的表面积。用公式表示为

$$S_0=\frac{A_s}{m}\quad 或\quad S_0=\frac{A_s}{V}$$

式中，$A_s$ 是物质的表面积；$m$ 是物质的质量；$V$ 是物质的体积；$S_0$ 是比表面，单位是 $m^2\cdot g^{-1}$ 或 $m^2\cdot m^{-3}$（或 $m^{-1}$）。对于球形粒子，若其半径为 $r$，则其表面积为 $4\pi r^2$，体积为 $\frac{4}{3}\pi r^3$，计算得到其比表面与粒子的半径成反比。因此，相同质量的同一物质，分散得到的粒子越小，比表面就越大，表面现象越显著。

## 8.1.2　表面能与表面张力

液体表面分子的受力不均导致物质具有表面能。**表面能**指的是物质内部分子要到达表面层所需要克服的能量。**表面功**指的是在等温、等压、组成不变的条件下，可逆地增大系统的表面积时环境对系统所做的功。表面功与表面积有着直接的关系，具体表达为：

$$-\delta W'=\gamma dA \tag{8-1}$$

式中，$\gamma$ 为比例系数。积分表达式为

$$-W'=\int_{A_1}^{A_2}\gamma dA$$

根据热力学第二定律，在等温、等压下的可逆过程，有 $-\delta W'=dG$，所以式(8-1) 可写作 $dG=\gamma dA$。因此：

$$\gamma=\left(\frac{\partial G}{\partial A}\right)_{T,\ p,\ n_B} \tag{8-2}$$

由式(8-2) 可以看出，在等温、等压、组成不变的条件下，$\gamma$ 表示系统每增加 $1m^2$ 的表面积，系统吉布斯自由能的增加量。因此 $\gamma$ 也被称为比表面吉布斯自由能，简称比表面能，单位 $J\cdot m^{-2}$。由此可见，在考虑表面层分子作用力的情况下，要提高系统的表面积，就必须对系统做功。在这种情况下，热力学基本关系式应加上一项表面功（$\gamma$dA），即

$$dG = -SdT + Vdp + \sum_{B} \mu_B dn_B + \gamma dA$$

可以证明，比表面能的定义除了式(8-2) 以外，还有如下 3 种形式：

$$\gamma = \left(\frac{\partial U}{\partial A}\right)_{S,V,n_B} = \left(\frac{\partial H}{\partial A}\right)_{S,V,n_B} = \left(\frac{\partial A}{A}\right)_{S,V,n_B} \tag{8-3}$$

式中，$A$ 代表亥姆霍兹自由能。

以上式子中 $\gamma$ 的 4 种定义是等价的，但式(8-3) 的 3 种形式用得较少。

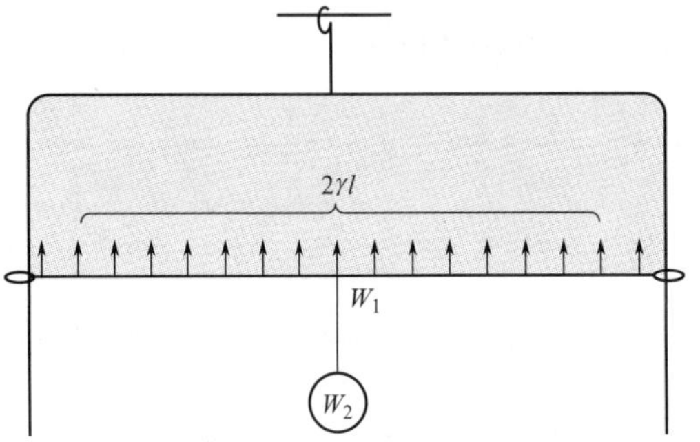


图 8.2　可滑动的金属丝在向上的表面作用力 $2\gamma l$ 与向下的重力作用下处于平衡

液体表面最基本的特性是趋向于收缩，即液体具有**表面张力**。表面张力现象可以通过如图 8.2 所示的实验进行观察。用金属丝弯出 U 形框架，在框架上有一根可以自由滑动的金属丝。把框架置于肥皂液中后小心向上提出，使得框架附上一层肥皂水膜。此时可以观察到可滑动的金属丝会自动上升到框架顶部，这就是表面张力的作用。

在上述例子中，如果在金属丝下面挂上重为 $W_2$ 的物体，要保持金属丝不再滑动，必须满足物体重量 $W_2$ 与可滑动金属丝的重量 $W_1$ 之和 $F$（即 $W_1+W_2$）等于液面的收缩张力（即表面张力）。设金属框边长为 $l$，金属框上的肥皂水膜有一定的体积，正反两面具有两个表面，所以肥皂水膜作用在可滑动金属丝上的力为：$F=2\gamma l$。该力垂直作用于金属丝表面边沿，并指向表面中心。$\gamma$ 相当于在单位长度上液体表面收缩作用的力，也称为表（界）面张力，其单位为 $N \cdot m^{-1}$。

液体表面具有表面张力，那么相互接触的两种不同液体的表面张力呈现出怎样的规则呢？

安托诺夫（Antonoff）发现介于两种液体之间的表面张力等于这两种液体的表面张力之差，即

$$\gamma_{12} = \gamma_1 - \gamma_2 \tag{8-4}$$

式中，$\gamma_1$ 和 $\gamma_2$ 分别代表两种液体的表面张力。这就是**安托诺夫规则**。

一般看到的都是水平的液体表面，但是在较细的管中，情况有所不同，如毛细管的液面是凹形的，而如果是液态汞的话，表面则为凸形的。这就涉及了弯曲表面上的表面现象。

## 8.1.3　弯曲表面上的附加压力

设某液体具有的内压为 $p$，其所受外压为 $p_{外}$，如图 8.3 所示，液面上小面积 $AB$ 会受到周围表面分子的作用力 $f$，这个作用力的方向是与表面相切的。当液体表面是平面时，如图 8.3(a) 所示，各个 $f$ 会相互抵消，此时液体的内外压相等；如果液体表面是曲面，如图 8.3(b) 或 (c) 所示，液面受到的 $f$ 不能相互抵消，液体压力并不等于外压，即存在着压力差。这种压力差称为**附加压力**，它是由液体表面张力和外界压力的综合作用而产生的，用 $\Delta p$ 表示。在凸液面上，$AB$ 曲面受到周围曲面一个指向液体内部的压力；为了达到平衡，液体内部需产生附加压力 $\Delta p$，此时凸液面液体的压力 $p = p_{外} + \Delta p$。对于凹液面，$AB$ 曲面受到的合力是指向液体外面的，结果导致了液体内部压力减小，所以凹液面下液体的压力

$p = p_{外} - \Delta p$。

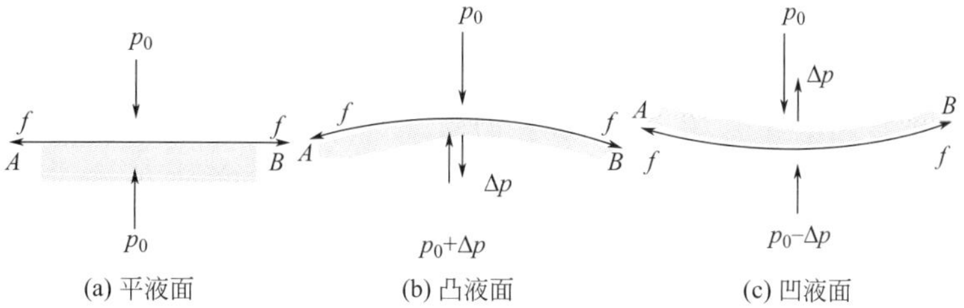


图 8.3　不同液体表面上的附加压力

弯曲液面的附加压力与曲率半径 $r$ 及表面张力 $\gamma$ 之间的关系为：

$$\Delta p = \frac{2\gamma}{r} \tag{8-5}$$

此式叫作**杨-拉普拉斯**（Young-LapLace）**公式**。可见液面具有的附加压力 $\Delta p$ 随液体表面张力的增大而增大，随液面曲率半径的增大而减小。当液面为平面时，曲率半径 $r \to \infty$，$\Delta p = 0$，表明平面液体不产生附加压力；当液面为凸面时，液面受到与外压方向一致的附加压力；当液面为凹面时，液面附加压力与外压方向相反。必须指出的是，肥皂泡这种由液膜构成的气泡，存在着内、外曲率半径大约相同的两个表面，故此时泡内的附加压力应为：

$$\Delta p = \frac{4\gamma}{r}$$

**例题分析 8.1**

已知 373K 时，水的表面张力 $\gamma = 0.0589\text{N} \cdot \text{m}^{-1}$，在 101.325kPa 下水的摩尔气化焓 $\Delta_{vap} H_m = 40.656\text{kJ} \cdot \text{mol}^{-1}$。假设水中气泡的直径为 10nm，则需加热温度为多少才能使这样的水开始沸腾？

**解析：**

101.325kPa 时水的沸点是 373.15K，水中微小气泡的外压力 $p \approx p^{\ominus}$。

根据式(8-5) 可知，气泡球面下的附加压力为：

$$\begin{aligned}\Delta p &= 2\gamma / R' \\ &= 2 \times 0.0589 / (5 \times 10^{-9}) \\ &= 2.36 \times 10^7 (\text{Pa})\end{aligned}$$

则泡内气体需承受的压力为：$(2.36 \times 10^7 + 1.01 \times 10^5)$ Pa。若不考虑泡内空气的分压，则泡内水蒸气压力需达到 $2.36 \times 10^7$ Pa。

将 $\Delta_{vap} H_m$ 近似看作常数，由克劳修斯-克拉贝龙方程可得：

$$\ln \frac{p_2}{p_1} = \frac{\Delta_{vap} H_m}{R} \left(\frac{1}{T_1} - \frac{1}{T_2}\right)$$

$$\ln \frac{2.36 \times 10^7}{1.01 \times 10^5} = \frac{40656}{8.314} \left(\frac{1}{373} - \frac{1}{T_2}\right)$$

$$T_2 = 411\text{K}$$

故过热温度差 $\Delta T = 411 - 373 = 38$（K）。实际上，由于气泡内有气体存在，$\Delta T$ 会小一些。

附加压力的存在，导致毛细管插入液面后会使得液面沿毛细管上升或下降，这种现象称为**毛细管现象**（capillary phenomenon），如图 8.4 所示。利用该现象，可对液体的表面张力进行测定，所建立的方法称为毛细管上升法。

下面介绍毛细管内液柱上升（或下降）的高度（$h$）的计算方法。

当液体能润湿毛细管时，液面呈凹面。设凹面的曲率半径为 $R'$，当系统达到平衡时，管中上升液柱的静压力 $p_{静}$ 就等于弯曲表面上的附加压力 $\Delta p$，根据式 $\Delta p=\dfrac{2\gamma}{R'}$ 得

$$p_{静}=\Delta p=\frac{2\gamma}{R'}=\Delta\rho g h \tag{8-6}$$

式中，$\Delta\rho=\rho_l-\rho_g$，表示管内液相和管外气相的密度差，通常液体的密度远远大于气体，即 $\rho_l\gg\rho_g$，则上式可近似为：

$$h=\frac{2\gamma}{R'\rho_l g} \tag{8-7}$$

当凹面为半球形时，曲率半径 $R'$ 等于毛细管半径 $R$，此时

$$h=\frac{2\gamma}{R\rho_l g}$$

若液面与管壁的接触角（contact angle）为 $\theta$ 时，如图 8.5，通过几何关系，可得 $R'=R/\cos\theta$，所以式(8-7) 写为：

$$\frac{2\gamma\cos\theta}{R}=\Delta\rho g h \tag{8-8}$$

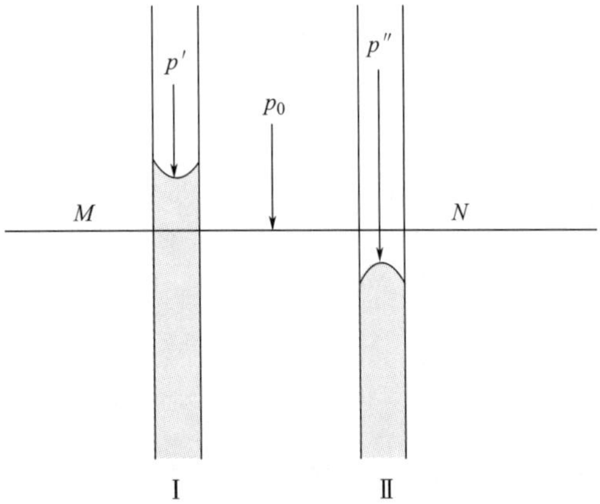

图 8.4　毛细管现象

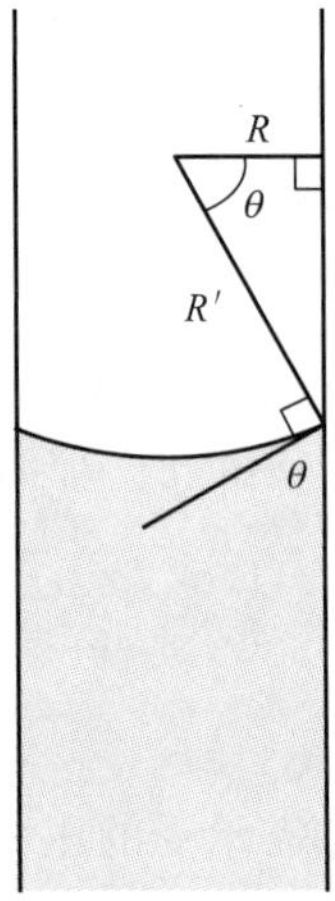

图 8.5　曲率半径与毛细管半径的关系

不能润湿毛细管的液面，高度会下降，而且呈凸面，其计算过程与凹面计算相同。

**例题分析 8.2**

在 298.15K 和 101.325kPa 压力下，将两支洁净的毛细管插入水中后发现，水在两支毛细管上升的液面高度差为 1.0cm，已知毛细管直径分别为 2.0mm 和 1.0mm，空气的密度为 $0.001\text{g}\cdot\text{cm}^{-3}$，液体的密度为 $1.000\text{g}\cdot\text{cm}^{-3}$。

试计算该液体与空气之间的表面张力。(假设该条件下接触角等于零)

**解析：**

将直径为 2.0mm 和 1.0mm 的毛细管分别编号为 1# 和 2#，则

$$\frac{2\gamma\cos\theta}{r_1}=\Delta\rho g h_1$$

$$\frac{2\gamma\cos\theta}{r_2}=\Delta\rho g h_2$$

相同液体在直径细的毛细管内的附加压力大，液体升得高，即 $h_2-h_1=1.0\text{cm}$，则

$$h_2=\frac{2\gamma\cos\theta}{\Delta\rho g r_2}\qquad h_1=\frac{2\gamma\cos\theta}{\Delta\rho g r_1}$$

$$h_2-h_1=\frac{2\gamma\cos\theta}{\Delta\rho g}\left(\frac{1}{r_2}-\frac{1}{r_1}\right)$$

$$1.0\text{cm}=\frac{2\gamma\times 1}{(1.000-0.001)\,\text{g}\cdot\text{cm}^{-3}\times 9.8\text{m}\cdot\text{s}^{-2}}\left(\frac{1}{0.5\text{mm}}-\frac{1}{1.0\text{mm}}\right)$$

$$\gamma=4.895\times10^{-2}\,\text{N}\cdot\text{m}^{-1}$$

## 8.1.4 弯曲表面上的蒸气压

对于弯曲液面而言，由于附加压力的存在，导致了它的蒸气压不同于平液面。弯曲液面上蒸气压的计算公式为：

$$\ln\frac{p_r}{p_0}=\frac{2\gamma M}{RT\rho R'}\tag{8-9}$$

此式称为**开尔文**（Kelvin）方程，式中，$p_r$ 和 $p_0$ 分别是半径为 $R'$ 的小液滴的蒸气压和平面液体的蒸气压；$\gamma$ 是液体的表面张力；$M$ 是摩尔质量；$\rho$ 是液体的密度。

从上式知 $\frac{2\gamma M}{RT\rho R'}>0$，也就是说 $p_r>p_0$，表明小液滴的蒸气压大于平面液体，小液滴更容易挥发。同样地，开尔文方程也适用于小颗粒固体系统蒸气压的计算。

**例题分析 8.3**

已知在 293K 时苯的密度 $\rho$ 为 $0.879\times10^3\,\text{kg}\cdot\text{m}^{-3}$，表面张力 $\gamma$ 为 $2.89\times10^{-2}\,\text{N}\cdot\text{m}^{-1}$。请计算质量为 $10^{-13}$g 苯滴的蒸气压 $p_r$ 与水平面蒸气压 $p_0$ 的比值。

**解析：**

该苯滴的半径 $R'$ 为

$$R'=\left(\frac{3V}{4\pi}\right)^{1/3}=\left(\frac{3m}{4\rho\pi}\right)^{1/3}=\left(\frac{3\times10^{-16}}{4\times879\times3.14}\right)^{1/3}\text{m}=3.01\times10^{-7}\,\text{m}$$

根据开尔文公式

$$\ln\frac{p_r}{p_0}=\frac{2\gamma M}{RT\rho R'}=\frac{2\times0.0289\times0.078}{8.314\times293\times879\times3.01\times10^{-7}}=6.995\times10^{-3}$$

由此可知

$$\frac{p_r}{p_0}=1.007$$

## 8.1.5 表面铺展和润湿

将少许液体滴到一固体表面后，产生的液-固界面取代了部分原有的气-固界面，称为**润湿过程**（wetting）。润湿过程可根据液体在固体表面上接触角 $\theta$ 的不同分为三类，即：若液体在固体上的接触角 $\theta \leqslant 180°$，则表示发生沾湿（或称为黏附）；若接触角 $\theta \leqslant 90°$，则表示发生润湿（亦称为浸湿）；若欲铺展，要求最高，需接触角 $\theta = 0°$。凡能铺展者，必能浸湿，更能沾湿。

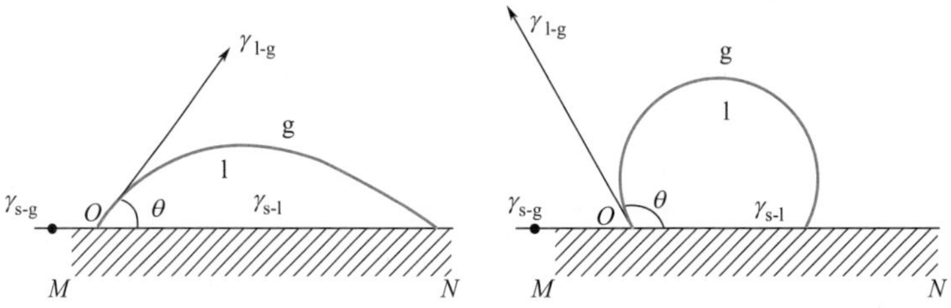


图 8.6 接触角与表面张力的关系

如图 8.6 所示，界面的各个力之间具有以下关系：

$$\gamma_{s-g} - \gamma_{s-l} - \gamma_{l-g}\cos\theta = 0$$

$$\cos\theta = \frac{\gamma_{s-g} - \gamma_{s-l}}{\gamma_{l-g}} \tag{8-10}$$

下面分别对沾湿、浸湿和铺展进行简单介绍。

**沾湿**（adhesion）是指原本的液-气界面和固-气界面部分被固-液界面取代的过程，如图 8.7 所示。

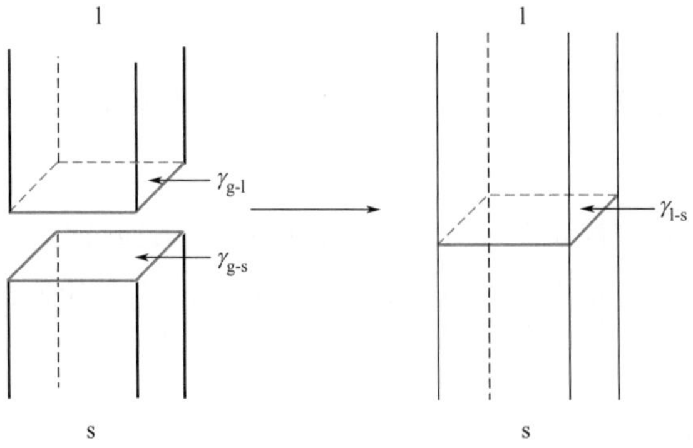


图 8.7 液体在固体上沾湿过程的示意图

对单位面积的界面进行分析，该过程的吉布斯自由能变化值和系统所做的功为：

$$W_a = \Delta G = \gamma_{l-s} - \gamma_{l-g} - \gamma_{s-g} \tag{8-11}$$

式中，$\gamma_{l-s}$、$\gamma_{l-g}$、$\gamma_{s-g}$ 分别代表的是液-固、液-气和固-气的界面张力；$W_a$ 代表该过程系统对外所做的最大功，称为沾湿功（work of adhesion）。$W_a$ 值代表液体沾在固体表面上的能力，绝对值越大，液体越容易沾湿固体。

**浸湿**（immersion）是指气-固界面完全转变为液-固界面的过程，如图 8.8 所示。该过程中液体的界面没有变化。

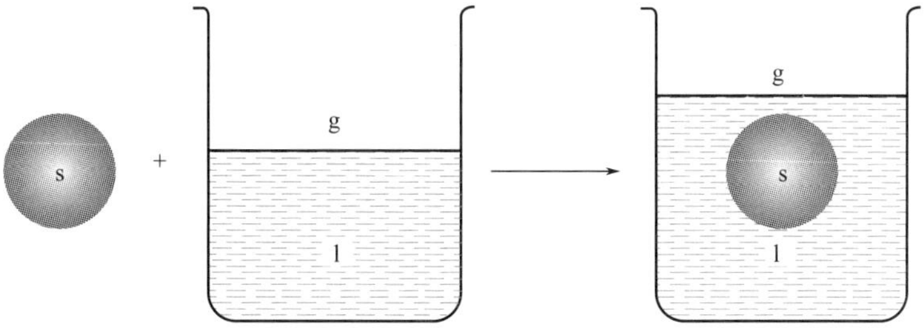


图 8.8　固体浸湿过程示意图

该过程的 Gibbs 自由能的变化值和系统所做的功为：

$$W_i = \gamma_{l\text{-}s} - \gamma_{s\text{-}g} \tag{8-12}$$

$W_i$ 称为浸湿功（work of immersion），又称为黏附张力。$W_i \leqslant 0$ 是液体浸湿固体的条件。

**铺展**（spreading）是指当液体滴到固体表面上后，气-固界面被液-固界面取代的同时，也出现了气-液界面的过程，如图 8.9 所示。

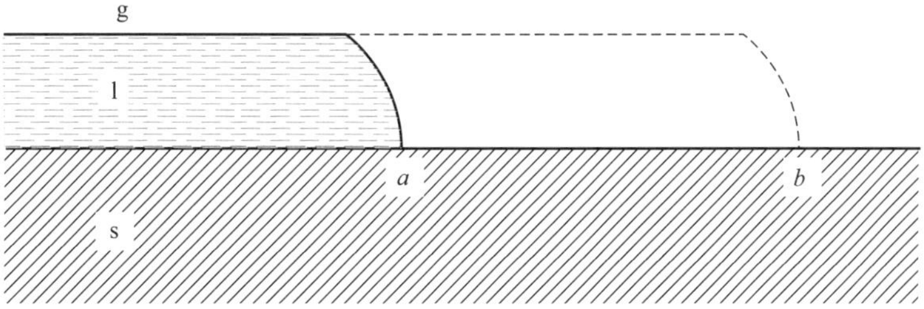


图 8.9　液体在固体表面上的铺展

该系统 Gibbs 自由能的变化值为

$$\begin{aligned} \Delta G &= \gamma_{l\text{-}s} + \gamma_{g\text{-}l} - \gamma_{g\text{-}s} \\ S &= -\Delta G = \gamma_{g\text{-}s} - \gamma_{l\text{-}s} - \gamma_{g\text{-}l} \end{aligned} \tag{8-13}$$

式中，$S$ 称为铺展系数（spreading coefficient），液体可以在固体表面上自动铺展的条件为 $S \geqslant 0$。

**例题分析 8.4**

已知 293K 时水的表面张力为 $7.27 \times 10^{-2}\,\text{N} \cdot \text{m}^{-1}$，水在石蜡上的接触角为 105°，试计算水在石蜡上的铺展系数。

**解析：**

根据铺展系数的计算公式：

$$S = \gamma_{s\text{-}g} - \gamma_{s\text{-}l} - \gamma_{l\text{-}g}$$

又因为：$\cos\theta = \dfrac{\gamma_{s\text{-}g} - \gamma_{s\text{-}l}}{\gamma_{l\text{-}g}}$

所以：$S = \gamma_{l\text{-}g}\left(\dfrac{\gamma_{s\text{-}g} - \gamma_{s\text{-}l}}{\gamma_{l\text{-}g}}\right) - \gamma_{l\text{-}g}$

则：$S=\gamma_{l\text{-}g}(\cos\theta-1)=7.27\times10^{-2}\times(\cos105°-1)=-0.0916\ (N\cdot m^{-1})$

### 思考与讨论：为什么会有“落汤鸡”却不会有“落汤鸭”?

人们都能想象到“落汤鸡”的形象，但是鸭子就不会产生这种尴尬，你知道是为什么吗？如果在一盆清水中加入一定量的有机溶剂，再将鸭子放入水中，你觉得会产生什么现象？

## 8.2 溶液的界（表）面吸附

案例 8.2　为什么生活中很多食物会产生泡沫？

生活中经常会出现“泡沫”现象，如泡黄豆的时候会发现水的表面出现泡沫；煮红枣、燕麦的时候，水面也会浮出一些泡沫；煮骨头汤的时候，汤里面也会有白色泡沫。有些人可能会担心，这些食物里面怎么会出现这么多泡沫呢？有泡沫的食物可以吃吗？

所谓“泡沫”，就是气体被液体隔开的分散系统。泡沫本身属于热力学不稳定系统，通常纯液体不会产生泡沫，但液体中如果含有一种或几种具有起泡和稳泡作用的**表面活性剂**（surface active agent），就能产生持续存在几分钟乃至数小时的泡沫。

食物中的很多生物大分子是蛋白质，比如燕麦，它含有丰富的优质蛋白——燕麦蛋白，燕麦蛋白在燕麦中所占的比例可达 20%，这些蛋白质具有亲水和亲油两种基团，是一种表面活性剂，有很好的起泡性。而燕麦在水中浸泡的时候，燕麦蛋白会融入水中，具有起泡剂的作用，从而产生气泡。这就是食物中常常会产生气泡的原因。

如图 8.10 所示，由于液体的表面吸附作用，表面活性剂会有序地排列在液体表面上，其中憎水基团向上，亲水基团向下。表面活性剂在水面的有序排列极大地降低了液体的表面张力，从而降低了液体的表面自由能，使系统得以稳定。这时表面活性剂在表面层的浓度要大于其在水里面的浓度。

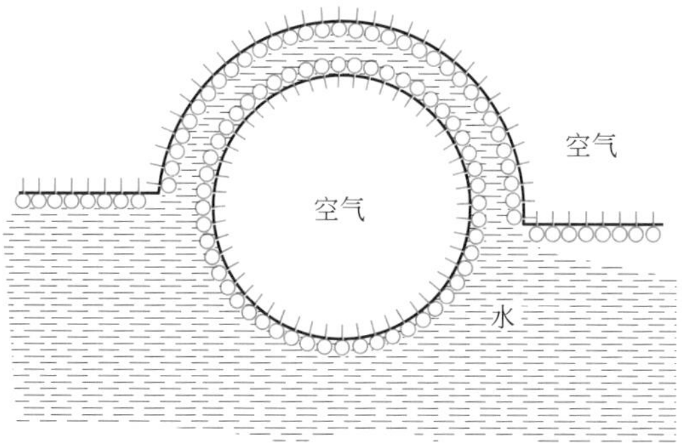


图 8.10　表面活性剂的起泡作用

### 8.2.1 溶液的界面吸附

对于溶液系统，溶质在界面层的浓度与内部的浓度是不同的，这种现象被称作**溶液的界面吸附**（adsorption）。吸附的产生是为了减小表面张力，从而降低整个系统的能量。

如果溶质的加入能降低溶剂的界面张力，此时发生正吸附，溶质在界面层的浓度大于它在溶液本体中的浓度。常见的正吸附物质有醇、醛、酸、酯等有机物。如果溶质的加入会增加溶剂的表面张力，此时发生的是负吸附，溶质在界面层的浓度小于它在溶液本体中的浓度。常见的负吸附物质有无机盐和非挥发性的酸、碱。如果溶质加入后，表面张力不变化，则不发生吸附。

在一定温度下，溶液的吸附量与溶液的浓度、表面张力具有一定关系：

$$\Gamma_2 = -\frac{a_2}{RT} \times \frac{d\gamma}{da_2} \tag{8-14}$$

上式通常称为**吉布斯**（Gibbs）**吸附等温式**，式中，$a_2$ 为溶液中溶质的活度（用注脚 2 表示）；$\gamma$ 为溶液的表面张力；$\Gamma_2$ 为溶质的表面过剩（或称为表面超量），它的值可正可负。

① 若$\frac{d\gamma}{da_2}<0$，即增加溶质活度能使溶液的表面张力降低者，$\Gamma_2$ 为正值，发生的是正吸附。表面活性剂就是属于这种情况。

② 若$\frac{d\gamma}{da_2}>0$，即增加溶质活度能使溶液的表面张力升高者，$\Gamma_2$ 为负值，发生的是负吸附。非表面活性剂就是属于这种情况。必须指出的是，气体吸附是不会出现负吸附的。

**例题分析 8.5**

在 293K 时，酪酸水溶液的表面张力与浓度的关系为 $\gamma = \gamma_0 - 12.94 \times 10^{-3} \ln(1 + 19.64c/c^{\ominus})$，水的表面张力为 $7.27 \times 10^{-2} N \cdot m^{-1}$。请分别计算质量摩尔浓度区间在 $0.01 \sim 0.05 mol \cdot kg^{-1}$ 和 $0.05 \sim 0.10 mol \cdot kg^{-1}$ 的平均表面超量 $\Gamma_2$。（设酪酸水溶液的活度因子都等于 1）

**解析：**

质量摩尔浓度为 $0.01 mol \cdot kg^{-1}$ 的酪酸水溶液表面张力：

$$\begin{aligned}\gamma(0.01) &= \gamma_0 - 12.94 \times 10^{-3} \ln(1 + 19.64c/c^{\ominus}) \\ &= \gamma_0 - 12.94 \times 10^{-3} \ln(1 + 19.64 \times 0.01) \\ &= \gamma_0 - 2.32 \times 10^{-3} N \cdot m^{-1}\end{aligned}$$

质量摩尔浓度为 $0.05 mol \cdot kg^{-1}$ 的酪酸水溶液的表面张力：

$$\begin{aligned}\gamma(0.05) &= \gamma_0 - 12.94 \times 10^{-3} \ln(1 + 19.64c/c^{\ominus}) \\ &= \gamma_0 - 12.94 \times 10^{-3} \ln(1 + 19.64 \times 0.05) \\ &= \gamma_0 - 8.85 \times 10^{-3} N \cdot m^{-1}\end{aligned}$$

质量摩尔浓度为 $0.10 mol \cdot kg^{-1}$ 的酪酸水溶液的表面张力：

$$\begin{aligned}\gamma(0.10) &= \gamma_0 - 12.94 \times 10^{-3} \ln(1 + 19.64c/c^{\ominus}) \\ &= \gamma_0 - 12.94 \times 10^{-3} \ln(1 + 19.64 \times 0.10) \\ &= \gamma_0 - 1.41 \times 10^{-2} N \cdot m^{-1}\end{aligned}$$

在质量摩尔浓度为 $0.01 \sim 0.05 mol \cdot kg^{-1}$ 的区间内：

$$\frac{d\gamma}{da} = \frac{\Delta\gamma}{\Delta a} = \frac{(-8.85 + 2.32) \times 10^{-3} N \cdot m^{-1}}{0.05 - 0.01} = -0.16 N \cdot m^{-1}$$

利用 Gibbs 吸附等温式

$$\Gamma_2 = -\frac{a}{RT} \times \frac{d\gamma}{da}$$

计算时这里的活度可使用平均活度，则：

$$\Gamma_2=-\frac{(0.01+0.05)/2}{8.314\mathrm{J}\cdot\mathrm{K}^{-1}\cdot\mathrm{mol}^{-1}\times293\mathrm{K}}\times(-0.16\times\mathrm{N}\cdot\mathrm{m}^{-1})$$

$$=1.977\times10^{-6}\mathrm{mol}\cdot\mathrm{m}^{-2}$$

同理，在质量摩尔浓度为 $0.05\sim0.10\mathrm{mol}\cdot\mathrm{kg}^{-1}$ 的区间内：

$$\frac{\mathrm{d}\gamma}{\mathrm{d}a}=\frac{\Delta\gamma}{\Delta a}=\frac{(-14.1+8.85)\times10^{-3}\mathrm{N}\cdot\mathrm{m}^{-1}}{0.10-0.05}=-0.105\mathrm{N}\cdot\mathrm{m}^{-1}$$

$$\Gamma_2=-\frac{(0.05+0.10)/2}{8.314\mathrm{J}\cdot\mathrm{K}^{-1}\cdot\mathrm{mol}^{-1}\times293\mathrm{K}}\times(-0.105\mathrm{N}\cdot\mathrm{m}^{-1})$$

$$=3.233\times10^{-6}\mathrm{mol}\cdot\mathrm{m}^{-2}$$

## 8.2.2 表面活性剂

溶液中发生正吸附的物质中，表面活性剂由于其在低浓度时就能显著地降低表面张力，因而具有非常重要的作用。

**表面活性剂**（surface active agent）由亲水性的极性基团（hydrophilic group）和亲油性的非极性基团（hydrophobic group）两部分构成。当溶液系统加入表面活性剂后，系统会产生正吸附，明显降低系统的表面能。表面活性剂在溶液表面，以亲水基团插在溶液中、亲油基团远离水的方式定向排列，这种定向排列可以有效降低溶液的表面张力。

根据表面活性剂的结构可对其进行分类。通常，加入溶液后能电离出离子的表面活性剂，被称为离子型表面活性剂，包括阴离子型表面活性剂、阳离子型表面活性剂和两性表面活性剂。加入溶液后不能电离出离子的表面活性剂，则被称为非离子型表面活性剂。表 8.1 为一些常见的表面活性剂的种类。

**表 8.1 离子型表面活性剂与非离子型表面活性剂的种类**

| 类型 | 离子型表面活性剂 | | | 非离子型表面活性剂 |
|---|---|---|---|---|
| | 阴离子型 | 阳离子型 | 两性 | |
| 实例 | R-COONa<br>（羧酸盐）<br>R-OSO$_3$Na<br>（硫酸酯盐）<br>R-SO$_3$Na<br>（磺酸盐） | R-NH$_3$Cl<br>（伯铵盐）<br>R$_2$-NH$_2$Cl<br>（仲铵盐）<br>R$_3$-NHCl<br>（叔铵盐）<br>R$_4$-NCl<br>（季铵盐） | R-NH$_2$CH$_2$COOH<br>（氨基酸型）<br>R-N(CH$_3$)$_2$CH$_2$COOH<br>（甜菜碱型） | R-O-(CH$_2$CH$_2$O)$_n$H<br>（聚氧乙烯型）<br>R-COOCH$_2$C(CH$_2$OH)$_3$<br>（多元醇型） |

表面活性剂的应用十分广泛，几乎涉及工农业生产、食品和日常生活的各个领域，其中在润湿、起泡、增溶以及乳化和洗涤方面的应用尤为广泛。

**例题分析 8.6**

为什么长时间没洗头之后，再洗头时产生的泡沫较少？

**解析：**

在洗头发过程中泡沫不是单独由洗发水产生的，而是在揉搓头发的过程中产生的。洗发水中的表面活性剂既可以起到稳定泡沫的作用，又有助于小油滴分散在水中，这两种作用都需要表面活性剂分子定向排布在界面上。

长时间不洗头，头皮油脂分泌物增加，因此会有更多的表面活性剂驻扎在水/油界面上，而没法到水/空气的界面上来稳定泡沫。因此，产生的泡沫较少。

### 思考与讨论：为什么刮胡子时常常会用到剃须泡沫？

经常刮胡子的人，胡子会长得比较快。为了避免在刮胡子的时候剃须刀弄伤自己，人们常常会将剃须泡沫涂在胡须上，过一会儿再开始刮胡子。你知道涂抹剃须泡沫的主要目的是什么吗？

# 8.3 固体的界（表）面吸附

案例 8.3　水蒸气如何液化到玻璃上?

在冬天的早晨洗漱时会发现，当浴室里的水槽放满热水，墙壁上冰冷的镜子会变模糊。这时发生了水在镜子上的吸附，镜子作为吸附剂，水蒸气是吸附质。

水槽中的水蒸气一旦逸出就会上升。空气中很少的一部分水（如水蒸气）会在镜子表面液化，接着形成**化学吸附**（chemical adsorption）层覆盖在镜子的表面。吸附层非常薄，但却使得整个镜子都无法看清。这层吸附层称为第一层。第一层中的每一个水分子和普通水在物理性质上都有明显的不同，主要是因为它们的电荷已经传递到基质上了。因此，第一层的每一个水分子与普通水分子相比都存在轻微的“电荷不足”。

水槽中的热水逸出更多的水蒸气，与浴室中温度较低的空气之间发生热交换达到平衡，这个过程会失去一部分能量。由于镜子上已经没有可吸附的位点，因此它们会与处于化学吸附的第一层水分子发生物理吸附，形成第二层。物理吸附层的水分子将电荷传递给第一层的水分子，同样也导致它们存在轻微的“电荷不足”，但程度较小。

第二层上面还可以继续再发生**物理吸附**（physical adsorption），一层覆盖一层。各层水分子电荷不足的程度会减小，在五六次物理吸附之后，从能量上看它们已经和普通水分子没有区别了。此时玻璃上已经有很多吸附层，但不能再称之为吸附层，而应该称为体相液态水。这时候将会有更多的水冷凝到这些液态水上，导致质量增大，最终从玻璃上流下来。

## 8.3.1 吸附作用

固体表面和溶液表面类似，其表层原子/分子同样受力不对称，也有表面张力和表面能的存在。液体是通过收缩表面积来降低其表面能的，但是固体是非流动性的，它只能通过对其他分子（气体分子或液体分子）的吸附，使得表面能降低。对其他物质进行吸附的固体称为**吸附剂**（adsorbent），被吸附的物质称为**吸附质**（adsorbate）。

按吸附质对吸附剂作用力的不同，可将吸附分为两大类：**物理吸附**和**化学吸附**，它们的特点及区别如表 8.2 所示。

**表 8.2　物理吸附和化学吸附的比较**

| 项目 | 物理吸附 | 化学吸附 |
|---|---|---|
| 作用力 | 范德华力 | 化学键力 |
| 吸附层数 | 单层或多层 | 单层 |
| 吸附热 | 比较小，接近于液化热 | 比较大，接近于反应热 |
| 吸附选择性 | 无选择性 | 有选择性 |

续表

| 项目 | 物理吸附 | 化学吸附 |
|---|---|---|
| 吸附稳定性 | 不稳定,容易解吸 | 稳定,不易解吸 |
| 吸附速率 | 较快 | 较慢 |
| 是否需要活化能 | 不需要 | 需要 |
| 吸附量与温度的关系 | 随温度增加而下降 | 随温度增加而上升 |

物理吸附和化学吸附并不是独立存在的，它们不仅可以同时存在，而且在一定条件下是可以相互转化的。例如，在案例 8.3 中，水蒸气首先在镜子上发生化学吸附，再进行物理吸附；在低温条件下，$H_2$ 在金属镍表面发生物理吸附，随着温度的增加，物理吸附会转化为化学吸附。这是因为化学吸附的本质是吸附质和吸附剂之间形成化学键，因此需要活化能，而物理吸附是不需要活化能的。所以物理吸附可以在低温条件下发生，化学吸附则需要在较高的温度下才能进行。

物理吸附和化学吸附所产生的热都可以通过克劳修斯-克拉贝龙（Clausius-Clapeyron）方程来计算，即

$$\left(\frac{\partial \ln p}{\partial T}\right)_q = \frac{Q}{RT^2}$$

式中的 $Q$ 为等量吸附热，可近似为微分吸附热。$Q$ 大于零表示吸附过程吸热，小于零表示吸附过程放热。

固体表面的吸附现象很多，一般情况下，不同的物质在固体表面吸附的性质也不一样；不同的固体，其表面吸附能也不同。那么，如何来描述固体表面的吸附量呢？

## 8.3.2 吸附曲线

固体表面能吸附的物质的量越多，就代表固体的吸附能力越好，因此经常采用吸附达到平衡时的吸附量来表示固体的吸附能力。吸附平衡并不是代表没有吸附过程的发生，而是吸附速率和解吸速率相等。吸附量（$\Gamma$）的定义是：在一定温度和压力下，单位质量的固体对气体的吸附达平衡时，吸附的气体体积（$V$）或摩尔数（$n$），可表示为：

$$\Gamma_v \overset{\text{def}}{=\!=\!=} \frac{V}{m}，\Gamma_n \overset{\text{def}}{=\!=\!=} \frac{n}{m} \tag{8-15}$$

吸附等温线是指恒温条件下，$\Gamma = f(p)$ 对应的曲线，曲线的横坐标为压力比 $p/p_s$，$p_s$ 表示在该温度下吸附质的饱和蒸气压，纵坐标代表吸附量 $\Gamma$。吸附等温线可以分为五大类，如图 8.11 所示。

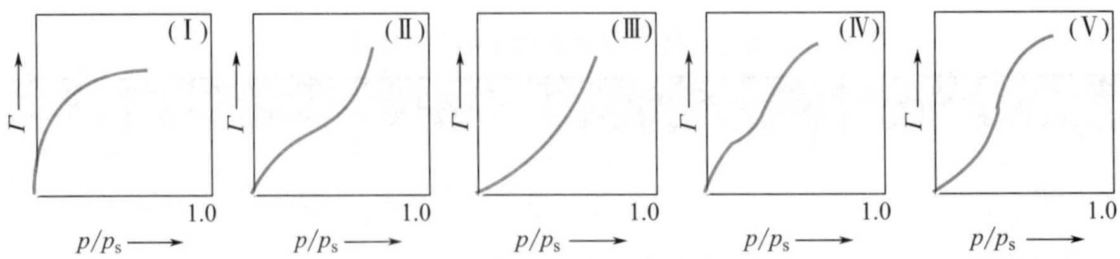


图 8.11　五种类型的吸附等温线

不同的吸附等温线对应着不同的吸附类型，反映了吸附剂的表面性质及其与吸附质之间的相互作用。吸附等温线对吸附过程的研究是相当重要的。

上述的五种吸附等温线是通过实验的方法测得的。如果需要知道恒定温度下的吸附量与压力之间的关系，就需要在理论上加以说明。

恒温条件下，表达吸附量与压力之间的关系式称为**吸附等温式**。常用的有 Langmuir 等温式、Freundlich 等温式和 BET 吸附等温式。下面对这三个等温式进行简单介绍。

**（1）Langmuir 等温式**

该理论是第一个关于气体在固体表面吸附性质的理论，这是 Langmuir 在研究气体吸附到金属表面的基础上总结提出的。它的基本假设是：①只有碰撞到固体空白表面上的气体分子才能被吸附，而且发生的是单分子层吸附。②固体表面各处对吸附质的吸附能力是相同的，即表面是均匀的，而且表面上吸附质分子之间没有相互作用力，分子的解吸过程不受周围分子的影响。吸附平衡是动态平衡，即固体表面仍发生吸附和解吸的过程，只是两者的速率相等。

Langmuir 吸附方程就是在以上假设基础上导出的单分子层吸附等温式：

$$\Gamma = \Gamma_{\max}\theta = \Gamma_{\max}\frac{bp}{1+bp} \tag{8-16}$$

式中，$\theta$ 是表面覆盖度，等于固体表面被气体覆盖的面积除以固体的总表面积；比例常数 $\Gamma_{\max}$ 被称为饱和吸附量，代表 $\theta=1$ 时的吸附量，即固体表面被完全覆盖时的吸附量；$p$ 是吸附平衡时气体的压力；$b$ 称为吸附系数，只和吸附剂、吸附质的特性及温度有关，反映吸附剂的吸附能力，$b$ 的值越大表示吸附剂吸附能力越强。又 $\Gamma = V/m$，$\Gamma_{\max} = V_{\max}/m$，则上式还可写作

$$V = V_{\max}\frac{bp}{1+bp} \tag{8-17}$$

式中，$V_{\max}$ 称为饱和吸附体积，代表 $\theta=1$ 时的气体吸附体积（标准状况）。Langmuir 的基本假设过于理想化，在实际情况下难以实现，但它为后来其他吸附等温式的建立奠定了基础。

**（2）Freundlich 等温式**

由于大多数系统都不能在比较宽的 $\theta$ 范围内符合 Langmuir 等温式，因此才有了 Freundlich 等温式和 BET 等温式。Freundlich 等温式是一种经验公式，并没有明确的物理图像，后来才从理论上得以证明。

Freundlich 通过一些实验结果，归纳出如下的经验公式：

$$\Gamma = kp^{1/n} \tag{8-18}$$

式中，$\Gamma$ 为单位质量固体吸附气体的量，单位为 $cm^3 \cdot g^{-1}$；$p$ 为气体的平衡压力；$k$ 和 $n$ 是与吸附质和吸附剂本质以及温度有关的常数。

作为一个经验公式，Freundlich 等温式虽然使用的 $\theta$ 范围比 Langmuir 等温式要宽，但它具有一定的局限性，不能真实地反映出实际的吸附情况。

**（3）BET 等温式**

在 Langmuir 单分子层吸附理论基础上，Brunauer-Emmet-Teller 于 1938 年提出了多分子层吸附理论，简称 BET 吸附理论。在 Langmuir 吸附理论假设的基础上，增加了以下假设：固体表面发生的是多分子层吸附，第一层的吸附力来源于吸附质和吸附剂间的作用力，

随后的吸附层为吸附质分子之间的作用力，而且并不是第一层吸附饱和后才能进行下一层的吸附，固体表面一开始进行的就是多层分子吸附。对应的吸附等温式称为 BET 吸附方程：

$$V=\frac{V_{\max}cp}{(p_0-p)[1+(c-1)p/p_0]} \tag{8-19}$$

式中，$V$、$V_{\max}$ 和 $p$ 的意义与式(8-17) 中相同；$c$ 是与吸附热有关的常数；$p_0$ 是吸附质在该温度下的饱和蒸气压。BET 理论与 Langmuir 吸附理论一样，都忽视实际过程中的表面不均匀和吸附质之间的相互作用，因此得到的结果会与实际情况有偏差。

## 思考与讨论：五类吸附等温线的特点

1940 年，在前人大量研究报道以及从实验测得的很多吸附系统的吸附等温线基础上，S. Brunauer、L. S. Deming、W. E. Deming 和 E. Teller 等对各种吸附等温线进行分类，将吸附等温线分为 5 类（如图 8.11 所示），称为 BDDT 分类（Brunauer S，Deming L，Deming W，Teller E，J Am. Chem Soc，1940，62 (7)：1723)，也常被简称为 Brunauer 吸附等温线分类。请查阅相关资料，回答五类吸附等温线各自的特点及曲线的各个拐点表示的含义。

# 8.4 胶体性质和结构

案例 8.4 为什么在空气清新时能看见蓝天白云？

在日常生活中，我们常能发现这样的一种现象，当空气比较清新的时候，我们能够清晰地看到蓝天白云；而在空气受到污染时，却是灰蒙蒙的一片。

地球的周围包裹着厚厚的大气层，空气中有许多小到我们肉眼看不见的灰尘和水滴，这些灰尘和水滴的大小是在胶粒范围内的，它们是一种气溶胶，灰尘和水滴称为**分散相**（disperse phase），空气称为**分散介质**（disperse medium）。分散相的粒子小于入射光的波长时会发生光的散射。当太阳光穿过大气层照到地球上时，白光中的紫外线、紫色光以及蓝色光等短波长光会在灰尘和水滴上发生散射，我们看到的蓝天实际上就是这些光。

当空气受污染时，悬浮的颗粒太大、太多，我们看到的是灰蒙蒙的一片，这是悬浮的大粒子上发出的散射光不同的缘故。就像燃烧完全的烟囱冒出的是青烟，那是微小炭颗粒发出的散射光，而燃烧不完全的烟囱冒出的是黑烟，那是处于宏观范围内的炭颗粒发出的反射光。

## 8.4.1 胶体分散系统

胶体的概念是在 1861 年由 Graham 提出的。**胶体**（colloid）表示的是物质存在的一种状态，而不是物质的固有特性。比如将食盐置于水中得到的是溶液，但是置于乙醇中得到的是胶体。

**分散系统**（disperse system）表示的是一种或几种物质分散在另一种物质中所形成的系统，被分散的物质称为分散相，分散相周围的介质称为分散介质。

按分散相粒子的大小，可以把分散系统分为三类：

① 分子分散系统：分散相粒子的半径小于 $10^{-9}$m，相当于分子或离子大小。此时，分散相和分散介质形成单相系统。例如，食盐溶于水后形成的溶液。

② 胶体分散系统：分散相粒子的半径在 $10^{-9}$～$10^{-7}$m 范围内，是大量分子或离子的集合体。它是高度分散的多相系统，为热力学不稳定系统，具有很高的表面能，趋向于通过聚集来降低系统能量，但是分散相的粒子能自动扩散使得整个系统均匀分布，因此胶体分散系统具有动力学稳定性。将难溶于水的固体物质高度分散在水中所形成的胶体分散系统，简称溶胶，例如，$Fe(OH)_3$ 溶胶、$SiO_2$ 溶胶、金溶胶等。

③ 粗分散系统：分散相粒子的半径大于 $10^{-7}$m，为多相系统，通过普通显微镜或者是肉眼可以直接观察到。例如，乳状液（如牛奶）、悬浮液（如泥浆）。

分散系统也可以按照分散相和分散介质的聚集状态分类，如表 8.3 所示。

表 8.3 按分散相和分散介质的聚集状态对分散系统的分类

| 名称 | 分散介质 | 分散相 | 例子 |
| --- | --- | --- | --- |
| 气溶胶 (aerosol) | 气体 | 液体 | 雾 |
| | | 固体 | 烟 |
| 液溶胶 (sol) | 液体 | 气体 | 泡沫 |
| | | 液体 | 牛奶 |
| | | 固体 | 油漆 |
| 固溶胶 (solidsol) | 固体 | 气体 | 泡沫塑料 |
| | | 液体 | 珍珠 |
| | | 固体 | 有色玻璃 |

气体分散在液体里称为泡沫，如剃须用的泡沫（气体是丁烷），洗泡沫浴时往热水里加入沐浴乳产生的泡沫（气体是空气，主要是氮气和氧气）。

气体分散在固体里也称为泡沫。这种形式的胶体在自然界中比较罕见，如果将岩石也归为固体，那浮石就是这样一种胶体。人工泡沫刚开始时是用于制造衬垫和枕头。目前有很多关于金属泡沫的研究，其密度非常低。

一种液体分散在另一种液体中称为乳胶或者乳浊液。除了乳胶漆，黄油也是一个常见的例子，它是由脂肪小液滴分散在水相中形成的，而人造黄油是将水的微小粒子分散到油相里形成的。

液体分散到固体里称为固体乳胶。自然界中除了珍珠和猫眼石这样的例子以外，也很少见，其固相是白垩。

固体或者液体分散在气体中称为气溶胶。烟是固体气溶胶一个很好的例子，喷出的油漆以及香水都是液体气溶胶常见的例子。

固体分散在液体中称为溶胶，当固体的浓度很高时也称为浆糊。有些油漆是溶胶，尤其是那些为了得到防水涂层而加入锌颗粒的油漆。牙膏也是一种溶胶。实验室中很多简单的沉淀和结晶过程都会产生溶胶，但是这些溶胶受到重力的影响往往只能存在很短的时间。将硝酸银和氯化铜溶液混合在一起，产生氯化银溶胶，随后溶胶变为白色的粉末，溶液呈现蓝色。除非液体具有黏性或者在分散质和分散剂之间产生了化学键作用，否则简单溶胶往往稳定性很差。

一种固体分散在另一种固体里称为悬浮固体。有色塑料是染料粒子分散在固体高聚物中形成的。冰冻乳浊液如牛奶也能够得到悬浮固体。

气体都是互溶的，而且并不存在胶体尺度的“气体粒子”，因此不存在气体分散到气体中形成的胶体。气体混合遵循热力学规律，如 Dalton 定律。

## 8.4.2 胶体的结构

对胶体分散系统有了一定的了解之后，还需要知道具体的胶体粒子的结构。

胶体粒子是带有电荷的。下面以 $AgNO_3$ 的稀溶液和 KI 的稀溶液反应生成 AgI 溶胶为例，对胶体的结构进行介绍。如图 8.12 所示，AgI 称为胶核（colloidal nucleus），$m$ 表示胶核中所含 AgI 的分子数。如果系统中 KI 是过剩的，则胶核表面会优先吸附上 $I^-$，$n$ 表示胶

核所吸附的 $I^-$ 的数目，这就导致了胶核带负电（$n$ 的数值比 $m$ 的数值要小得多）。带负电的胶核会吸附周围的正离子 $K^+$，被吸附的 $K^+$ 会随胶核一起运动，与胶核一起成为胶粒(colloidal particle)。此时胶粒带负电，设其电量为 $x$，则（$n-x$）为吸附层中带相反电荷的离子数（$K^+$）。胶粒连同周围介质中的相反电荷离子则构成胶团（也称为胶束，micelle)，胶团呈电中性。

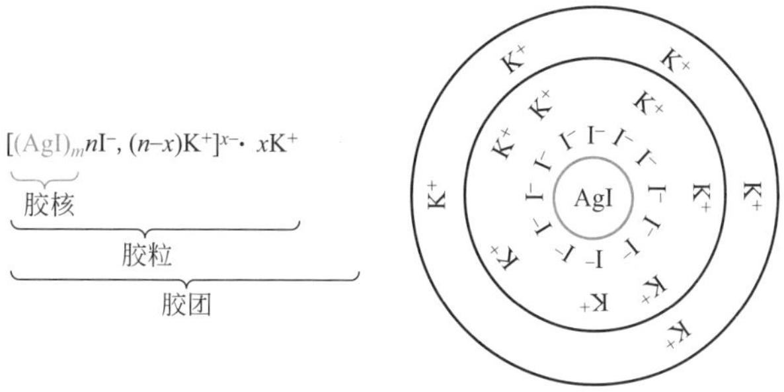


图 8.12 碘化银胶团构造的示意图（KI 为稳定剂）

**例题分析 8.7**

在以 KI 和 $AgNO_3$ 为原料制备 AgI 溶胶时，若 KI 过量，或者 $AgNO_3$ 过量，两种情况所制得的 AgI 溶胶的胶团结构有何不同，胶核吸附稳定离子有何规律？

**解析：**

KI 过量时，胶核表面优先吸附 $I^-$，制得的 AgI 溶胶的胶团结构式为：

$$[(AgI)_m nI^-,\ (n-x)K^+]^{x-}\cdot xK^+$$

$AgNO_3$ 过量时，胶核表面优先吸附 $Ag^+$，制得 AgI 溶胶的胶团结构式为：

$$[(AgI)_m nAg^+,\ (n-x)NO_3^-]^{x+}\cdot xNO_3^-$$

两种情况所制得的 AgI 溶胶的胶团结构不同之处在于：胶核优先吸附的离子不同，胶粒带电荷性质也随之不同。同时，胶核吸附稳定离子时，首先吸附使胶核不易溶解的离子(即与胶核组成相同或相似的离子）或吸附水化作用较弱的离子。

## 8.4.3 胶体的动力学和光学性质

上面介绍了胶体的分类以及结构，但是胶体到底具有什么性质呢？下面将分别介绍胶体的动力学和光学性质。

胶体的动力学性质包含以下三种情况：

**(1) 布朗运动**

胶体粒子和其他微粒一样，在介质中会不停地做无规则运动，这种运动称为**布朗运动**。胶体粒子在介质中会不断受到分子撞击，并且其撞击力不能相互抵消，使得粒子不停地做无规则运动，并且该运动不需要消耗能量。

**(2) 扩散**

胶体粒子布朗运动和分子的热运动，使得当存在浓度差时，胶粒会从高浓度的区域向低浓度的区域扩散，这就是**扩散现象**（diffusion）。

**(3) 沉降和沉降平衡**

沉降指的是密度大于分散介质的胶体粒子受到重力作用会缓慢地向容器底部降落。粒子向下富集会导致系统有上下浓差，此时粒子受到重力的同时也发生扩散，两者共同作用构成了系统均一的浓度，从而达到稳定状态，这种平衡称为**沉降平衡**（sedimentation equilibrium）。

以上三种现象均为胶体的动力学性质。而胶体光学性质的发现也具有重要意义。

1869 年丁达尔（Tyndall）发现，当一束强光通过溶胶时，从与光束垂直的方向（侧面）可看到因散射而形成的发光圆锥体，这种现象称为**丁达尔效应**。当光束照射到粒子上时，如果粒子直径大于入射光的波长，主要发生光的反射或者折射作用；如果粒子直径小于入射光的波长，则会发生光的散射（light scattering）作用。丁达尔效应就是由光的散射作用产生的。溶胶粒子的大小在 100nm 以下，而可见光的波长范围在 400～800nm。因此，可见光会在溶胶粒子上发生明显的散射，从而产生丁达尔效应。

**例题分析 8.8**

表示危险的信号灯用红色，而车辆在雾天行驶时，装在车尾的雾灯一般采用黄色，这是什么道理呢？

**解析：**

这两种情况所采用的原理是一样的，即长波长的光不容易发生散射。人的眼睛能看到的可见光按波长从长到短排列，依次为红、橙、黄、绿、青、蓝、紫。红色光的波长较长，因此能够传得较远，不容易被空气中的微粒散射掉。用红色作为信号灯的话，可以让人在更远的地方看到。

在雾天，车的尾灯若采用红色的话，容易和其他信号如停车信号混淆，而黄色光的波长同样较长，不容易被散射掉，并且不容易与其他信号如停车信号混淆，所以用黄色灯来做防雾灯比较合适。

## 8.4.4 溶胶的电动现象

溶胶粒子是带电的，因此溶胶具有各种电学性质和电动现象。所谓电动现象指的是在电场作用下，带电的胶体粒子与分散介质发生相对移动所产生的现象，主要包括电泳、电渗、流动电势和沉降电势。

**电泳**（electrophoresis）指的是在电池作用下，带电溶胶的定向迁移。如图 8.13 所示，将氢氧化铁溶胶和氯化钠电解质溶液注入 U 形管内，并使得管内两端的溶胶液面在同一水平高度，接着在两端插入电极并接通直流电。一段时间后，可看到负极一端的界面上升而正极一端界面下降。这说明，氢氧化铁溶胶带正电，导致了它在电场作用下会向负极发生移动。因此，通过电泳现象可以判断溶胶粒子的带电性。大量实验证明，大多数金属硫化物、硅酸、金、银等溶胶带负电，会向正极迁移，称为负溶胶；而大多数金属氢氧化物溶胶带正电，会向负极迁移，称为正溶胶。

电泳是分散相在电场下发生移动，而分散介质不动所产生的现象。**电渗**（electro osmosis）则与之相反。如图 8.14 所示，由于胶体粒子无法穿过图中的多孔膜（如活性炭、素烧磁片等），因此在电场作用下，胶粒保持不动而液体介质将通过多孔膜向介质电荷相反的电极方向移动，因此可以观察到毛细管中液面的升降，从而判断液体介质的移动方向。也就是说电渗是指在外电场作用下，分散介质定向移动的现象。同样地，电渗也可用于判断粒子所带电荷的正负性。

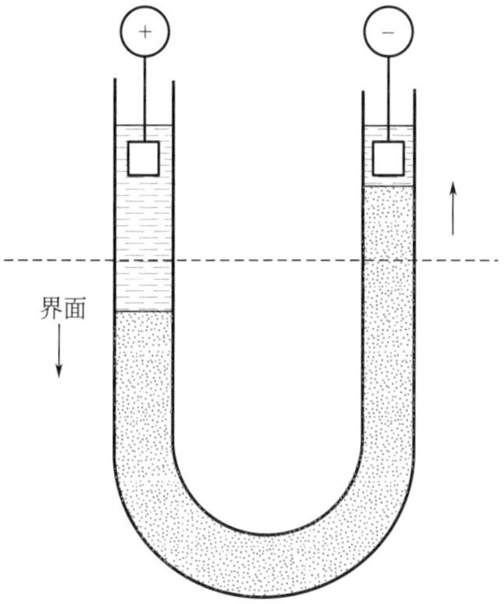


图 8.13　氢氧化铁溶胶的电泳示意图

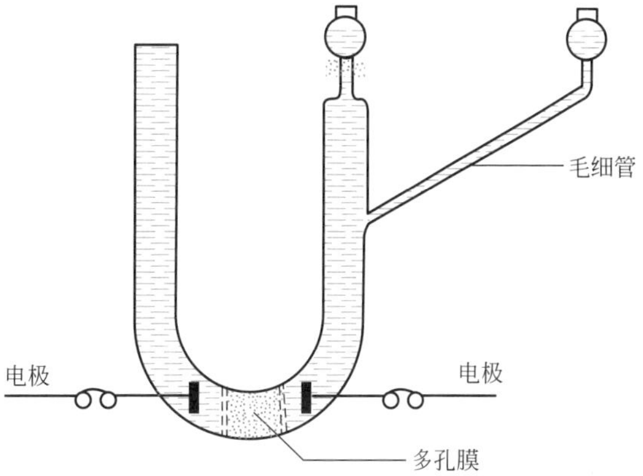


图 8.14　电渗示意图

在外力作用下，液体介质流经毛细管或多孔塞时，使得毛细管或多孔塞两端产生电势差，这种电势差称为**流动电势**（streaming potential）。同样地，当溶胶粒子在分散介质中受重力的作用发生沉降导致系统产生的电势差称为**沉降电势**（sedimentation potential）。

流动电势是电泳作用的逆过程。在实际生产中也要考虑到沉降电势的存在。用输油管道输油时，液体油沿管壁流动会产生很大的流动电势，这常常是引起火灾或发生爆炸的原因，故应采取相应的防护措施。如油管接地，或加入油溶性电解质，增加介质的电导，以减小流动电势。储油罐中的油常含有水滴或其他悬浮粒子，它们的沉降常形成很高的沉降电势，甚至达到危险的程度。通常也是加入一些有机电解质，增加其导电性以降低沉降电势。

既然溶胶具有沉降作用，那么，影响溶胶稳定性的因素到底有哪些呢？

## 8.4.5　溶胶的稳定性和聚沉作用

溶胶由于具有热力学不稳定性，且具有高的表面能，因此溶胶粒子倾向于相互聚结而形成大颗粒，从而使溶胶失去稳定性，这种现象称为**溶胶的聚沉**（coagulation）。但是由于胶粒的布朗运动、胶粒带电具有的电性稳定作用和溶剂化稳定作用等，溶胶又具有相对的稳定性。影响溶胶稳定性的因素很多，其中胶粒带电是影响溶胶稳定性的主要因素。下面简要介绍几种常见的影响因素。

**(1) 电解质对溶胶稳定性的影响**

外加电解质可以改变胶粒的带电情况，改变溶胶的稳定性。将使一定量溶胶在一定时间内完全聚沉时所需电解质的最小浓度称为**聚沉值**（coagulation value），聚沉值的大小可以表征电解质的聚沉能力。电解质的聚沉能力取决于与溶胶具有相反电荷的离子的电荷数，一般来说，离子所带电荷数越高，聚沉能力越强。具有相同电荷的不同离子的聚沉能力是不一样的，而且电解质的聚沉能力与正负离子作用的总和有关。与胶体相同电荷的离子电荷数越高，电解质的聚沉能力就越低。当胶核表面对离子的吸附还远没有饱和时，电解质的加入会增加胶核表面对离子的吸附，提高胶粒的带电程度。带电量的增加会导致胶粒间的静电排斥力增大，这时电解质对溶胶起稳定作用；相反地，当胶核表面对离子的吸附已经达到饱和时，电解质的加入会减小胶粒间静电排斥力而引起溶胶聚沉。

**例题分析 8.9**

请比较浓度相同的 $MgSO_4$、$CaCl_2$ 和 $Na_2SO_4$ 溶液对带正电溶胶的聚沉能力。

**解析：**

聚沉能力由强到弱依次为 $Na_2SO_4 > MgSO_4 > CaCl_2$。因为胶体带正电，阴离子价数最高的电解质聚沉能力最强。因此 $Na_2SO_4$ 和 $MgSO_4$ 的聚沉能力强于 $CaCl_2$；$MgSO_4$ 聚沉能力次于 $Na_2SO_4$，这是因为 $Mg^{2+}$ 的电荷数高于 $Na^+$，吸附作用的存在导致整个电解质的聚沉能力降低。

**(2) 溶胶系统的相互聚沉**

将带有相反电荷的两种溶胶相互混合时，溶胶会发生聚沉，这种现象称为溶胶的相互聚沉。若两种溶胶的用量相差较大时，不能发生完全聚沉，这是因为两种溶胶的电荷不能得到完全地中和；当混合的两种溶胶所带的电量相同时，便可以发生完全聚沉。

**(3) 高分子溶液对溶胶稳定性的影响**

在溶胶中加入极少量的高分子溶液后，会发现溶胶迅速聚沉或沉淀为疏松的棉絮状，这种现象称为絮凝作用，这种能发生絮凝作用的高分子化合物称为絮凝剂。如在溶胶中加入一定量的高分子溶液后，发现溶胶不会聚沉，反而稳定性得到提高，这时高分子溶液对溶胶起着保护作用。这是因为高分子溶液包围着溶胶，避免溶胶之间的相互作用，从而提高了溶胶的稳定性。

此外，当溶胶粒子的相互碰撞频率增加时会导致聚沉的发生，因此强烈搅拌和振荡、加热等行为也可能使溶胶发生聚沉。

**例题分析 8.10**

请解释下面的现象：

① 在江海的交界处容易形成小岛或者沙洲；

② 加入明矾可以使浑浊的泥水变澄清；

③ 在适量明胶的存在下，电解质的加入并不会导致溶胶的聚沉。

**解析：**

① 在入海处，由于水面突然变宽，导致水的流速减小，水中的泥沙容易沉淀；海水中含有大量的 NaCl 等电解质，水中的泥沙可以看作胶体，在电解质的存在下，会导致胶粒的聚沉。

② 明矾水解后可以得到带正电的 $Al(OH)_3$ 溶胶，而泥沙是带负电的溶胶，两种带电相反的胶体混合后会产生正、负电荷的中和作用，从而相互聚沉而使得泥水澄清。

③ 适量明胶可形成高分子溶液，加入溶胶后会吸附到胶体粒子上，起着保护作用，防止胶粒聚沉。因此即使是加入电解质后，溶胶也不会聚沉。

### 思考与讨论：人工降雨

在云层中，当水蒸气已经过饱和，但还是没有雨滴形成，甚至当过饱和度已达到 4 以上，还是没有下雨的时候，如果在此时用飞机在云层中喷洒 AgI 微粒等物质，马上能见到云层翻动，不久就会下雨。这是为什么？

## 习题8

8.1 已知在 101.325kPa 下，水的表面张力与温度的关系为

$$\gamma = (7.56\times10^{-2} - 4.95\times10^{-6}T/\mathrm{K})\mathrm{J\cdot m^{-1}}$$

若在 298.15K 时，保持水的总体积不变而改变其表面积，试求：

① 若要将水的表面积可逆地增加 $2.00\mathrm{cm^2}$，必须对系统做多少功？

② 上述过程中的 $\Delta U$、$\Delta H$、$\Delta S$、$\Delta A$、$\Delta G$ 和 $Q$ 分别为多少？

③ 若要将上述过程的水恢复到原来的表面积，请问此过程中的 $\Delta U$、$\Delta H$、$\Delta S$、$\Delta A$、$\Delta G$ 及 $Q$ 为多少？

[知识点：表面能与表面张力]

8.2 在 298.15K、100kPa 下，已知汞的表面张力为 $0.47\mathrm{N\cdot m^{-1}}$。若要将直径为 2.00cm 的大汞滴分散成直径为 $2.00\mu\mathrm{m}$ 的小汞滴，需做多少功？

[知识点：表面功与表面积的关系]

8.3 泉水、井水和纯水相比，哪个的表面张力会比较大？将泉水注满干燥的杯子，会发现泉水能高出杯面，这是为什么？如果这时加一滴肥皂水又会发生什么现象？

[知识点：表面张力]

8.4 已知 373K 时，水的表面张力 $\gamma=7.3379\times10^{-2}\mathrm{N\cdot m^{-1}}$，密度 $\rho=950\mathrm{kg\cdot m^{-3}}$。

① 若此时水中有一半径为 $5\times10^{-7}\mathrm{m}$ 的小气泡，求气泡内水的蒸气压；

② 请问气泡受到的附加压力为多大？能否稳定存在？

[知识点：弯曲表面上的蒸气压与附加压力]

8.5 在 298.15K 时，将一毛细管插入水中，发现水的高度上升了 10cm。若已知水的表面张力为 $7.2\times10^{-2}\mathrm{N\cdot m^{-1}}$，密度为 $1.0\times10^{3}\mathrm{kg\cdot m^{-3}}$，请问该毛细管的半径为多少？

[知识点：弯曲表面的附加压力]

8.6 如图所示，两根毛细管中分别装入两种不同的液体。如果同样在毛细管的右端进行加热，试判断这两根管内的液体将如何移动？

[知识点：弯曲表面的附加压力]

8.7 请指出下列曲面中附加压力的方向（画出大体的图形）。

① 毛细管中的凹液面；

② 毛细管中的凸液面；

③ 大气中的小水滴；

④ 烧水过程产生的气泡。

[知识点：弯曲表面的附加压力]

8.8 在 293K 时，水的表面张力 $\gamma(H_2O)=0.07288\mathrm{N\cdot m^{-1}}$，如果将干净的两块平板玻璃靠在一起，并滴入少量水到玻璃缝隙中，若两块玻璃的面积均为 $0.5\mathrm{m^2}$，间隙为 0.01cm，请问需要施加多大的力才能在纵向将两块平板玻璃分开？

[知识点：弯曲液面的附加压力]

8.9 已知 373K 时，水的表面张力为 $58.91\times10^{-3}\mathrm{N\cdot m^{-1}}$。请计算下面各物质的附加压力。

① 水中半径为 $0.5\mu\mathrm{m}$ 的小气泡；

② 空气中半径为 0.5μm 的小气泡；

③ 空气中半径为 0.5μm 的小液滴。

[知识点：弯曲液面承受的附加压力]

8.10 在密度为 $0.8\mathrm{g\cdot cm^{-3}}$ 的液体中插入内径分别为 0.5mm 和 0.7mm 的毛细管，若液体与毛细管的接触角为 35°，两毛细管中水的上升高度差为 1.5cm。试求该液体的表面张力 $\gamma$。

[知识点：毛细管现象]

8.11 固体物质的溶解度 $c_r$ 与其颗粒半径 $r$ 具有开尔文方程的形式，即

$$\ln\frac{c_r}{c}=\frac{2M\gamma_{sl}}{RT\rho r}$$

请写出上述公式的推导过程。

[知识点：开尔文方程]

8.12 已知正己烷的正常沸点为 342K，摩尔蒸发焓为 $30.1\mathrm{kJ\cdot mol^{-1}}$，并可视为常数。若 293K、100kPa 条件下，正己烷的表面张力为 $18.42\mathrm{mN\cdot m^{-1}}$，密度为 $0.692\mathrm{g\cdot cm^{-3}}$。请问半径为 $2\times10^{-6}\mathrm{m}$ 的正己烷液滴的饱和蒸气压为多少？

[知识点：Clausius-Clapeyron 方程以及开尔文方程]

8.13 当水蒸气迅速冷却至 298K 时可达过饱和状态。已知该温度下水的表面张力为 $71.97\times10^{-3}\mathrm{N\cdot m^{-1}}$，密度为 $9.97\times10^{2}\mathrm{kg\cdot m^{-3}}$，当水蒸气的过饱和度为 4 时，试计算：

① 开始形成水滴的半径；

② 每个水滴中所含水分子的个数。

[知识点：开尔文方程]

8.14 在 293K 时，苯-水、苯-汞及水-汞的表面张力分别为 $0.035\mathrm{N\cdot m^{-1}}$、$0.357\mathrm{N\cdot m^{-1}}$ 和 $0.415\mathrm{N\cdot m^{-1}}$，如果苯与汞的界面上有一滴水存在，试求其接触角。

[知识点：润湿过程，杨氏方程]

8.15 在 298.15K 时，水的表面张力 $\gamma_{l\text{-}g}=0.07288\mathrm{N\cdot m^{-1}}$，将水滴到一玻璃板上，测得接触角为 80°，试求水与玻璃板的黏附功、润湿功和铺展系数。

[知识点：表面铺展]

8.16 在 293K 时，有下列表面张力的数据：$\gamma_{苯}=28.9\times10^{-3}\mathrm{N\cdot m^{-1}}$，$\gamma_{汞}=483\times10^{-3}\mathrm{N\cdot m^{-1}}$；$\gamma_{苯\text{-}汞}=357\times10^{-3}\mathrm{N\cdot m^{-1}}$。请判断：苯能否在汞的表面上铺展？

[知识点：铺展过程]

8.17 已知在 298K 时，某脂肪酸水溶液的表面张力 $\gamma$ 和活度 $a$ 具有以下关系：

$$\gamma=0.078[1-0.5\ln(0.001a+1)]$$

试求：

① 该脂肪酸水溶液的吉布斯吸附等温式；

② 在达到饱和吸附后每个脂肪酸分子占的面积。

[知识点：Gibbs 吸附等温式]

8.18 日常生活中使用到的牙膏、洗洁精、沐浴露等都具有表面活性剂的性质。试举出几个表面活性剂在生活中应用的例子，并分析其体现出的表面活性剂的作用。

[知识点：表面活性剂]

8.19 氮气吸附在 213mg 石墨上，312K 时平衡压力为 15kPa，130K 时平衡压力为 17kPa。

① 计算吸附焓 $\Delta H_{ads}$ 的平均值。

② 为什么这里得到的 $\Delta H_{ads}$ 是平均值？

[知识点：Clausius-Clapeyron 方程]

8.20 采用 1kg 的活性炭吸附某气体，实验发现当气体的平衡压力分别为 $\times10^{5}\mathrm{Pa}$ 和 $\times10^{6}\mathrm{Pa}$ 时，其吸附体积分别为 $3.3\times10^{-3}\mathrm{dm^3}$ 和 $5.2\times10^{-3}\mathrm{dm^3}$。请写出该过程的朗缪尔等温式。当平衡压力为多少时，气

体吸附量可达到饱和吸附量$\Gamma_m$的一半？

[知识点：朗缪尔等温式]

8.21　在273K时，研究丁烷在钨粉（比表面积16.7$m^2 \cdot g^{-1}$）表面的吸附性质，得到以下数据：

| 相对压力 $p/p^{\ominus}$ | 0.06 | 0.12 | 0.17 | 0.23 | 0.30 | 0.37 |
|---|---|---|---|---|---|---|
| 吸附量$\Gamma_{ads}/cm^3 \cdot g^{-1}$ | 1.10 | 1.34 | 1.48 | 1.66 | 1.85 | 2.05 |

① 计算单分子层吸附的摩尔数以及丁烷的分子面积（假设为单层吸附）；

② 将结果与液态丁烷的$32\times10^{-20}m^2$进行比较。

[知识点：单分子层吸附]

8.22　如果将人工培育的珍珠贮存在干燥箱内较长时间后，会发现其失去原有的光泽。试解释其中的原因。

[知识点：胶体分散系统]

8.23　二氧化硅溶胶在形成过程中，会发生下列反应：

$$SiO_2 + H_2O \longrightarrow H_2SiO_3 \longrightarrow SiO_3^{2-} + 2H^+$$

① 试写出胶团的结构式；

② 当溶胶中分别加入KCl、$CuCl_2$、$FeCl_3$时，哪种物质对溶胶的聚沉效果最好？

[知识点：胶团的结构式，溶胶的聚沉]

8.24　在下列两种不同情况下，讨论某金溶胶系统的变化情况：

① 先加明胶再加NaCl溶液；

② 先加NaCl溶液再加明胶。

[知识点：溶胶的聚沉]

8.25　在浓度为0.1$mol \cdot dm^{-3}$的50$dm^3$ $AgNO_3$溶液中，缓慢滴加同浓度的KCl溶液10$dm^3$来制备AgCl溶胶，试写出所得AgCl胶团的结构式。

[知识点：胶团结构式]

8.26　在日出与日落时，我们看到的太阳都是红色的，试解释其中的原因。

[知识点：胶体的光学性质]

8.27　试从胶体化学的观点出发，解释：

加入一定量的电解质（非沉淀剂）或将溶液适当加热，能使沉淀完全。

[知识点：溶胶的稳定性]

8.28　在加热情况下，一定浓度的$FeCl_3$水溶液水解得到$Fe(OH)_3$溶胶。

① 试写出此胶团结构式。

② 若将此溶胶做电泳实验，将会观察到什么现象？

③ 现有NaCl、$MgCl_2$、$Na_2SO_4$、$MgSO_4$、$K_3PO_4$等5种盐，试问哪一种盐对上述溶胶聚沉效果最好。

[知识点：溶胶的结构式、带电性以及稳定性]

# 参考文献


[1] 傅献彩，沈文霞，姚天扬，侯文化主编. 物理化学（上、下册）. 第 5 版. 北京：高等教育出版社，2005（上册），2006（下册）.

[2] 天津大学物理化学教研室主编. 物理化学（上、下册）. 第 6 版. 北京：高等教育出版社，2017.

[3] 孙世刚主编. 物理化学（上、下册）. 厦门：厦门大学出版社，2008.

[4] 印永嘉，奚正楷，张树永等编. 物理化学简明教程. 第 4 版，北京：高等教育出版社，2007.

[5] Atkins P W，de Paula J. Physical Chemistry. 10th ed. Oxford：Oxford University Press，2014.

[6] Paul Monk. Physical Chemistry：Understanding our Chemical World. Chichester：John Wiley & Sons Ltd.，2004.

[7] 胡英. 物理化学. 第 6 版. 北京：高等教育出版社，2014.

[8] 范康年. 物理化学. 第 2 版. 北京：高等教育出版社，2005.

[9] 韩德刚，高执棣，高盘良. 物理化学. 第 2 版. 北京：高等教育出版社，2009.

[10] 朱文涛，王军民，陈琳编著. 简明物理化学. 北京：清华大学出版社，2008.

[11] 肖衍繁. 物理化学. 第二版. 天津：天津大学出版社，2016.

[12] Levine I N. Physical Chemistry. 6th ed. New York：McGraw-Hill，Inc. 2009.

[13] Engel T，Reid P，Hehre W. Physical Chemistry. 3rd ed. Boston：Pearson Education，Inc. 2013.

[14] 重庆大学物理化学教研室编. 物理化学. 重庆：重庆大学出版社，2008.

[15] 许越. 化学反应动力学. 北京：化学工业出版社，2004.

[16] Robert G. Mortimer. Chemistry，Physical and theoretical. I. 3rd ed. Elsevier Academic Press，2008.

[17] 崔黎丽，刘毅敏主编. 物理化学. 北京：科学出版社，2011.

[18] 沈文霞，王喜章，许波连编. 物理化学核心教程. 北京：科学出版社，2004.

[19] 万洪文，詹正坤主编. 物理化学. 北京：高等教育出版社，2002.

[20] 蔡炳新主编. 基础物理化学. 北京：科学出版社，2006.

[21] 范康年主编. 物理化学学习指导. 第 2 版. 上海：复旦大学出版社，2008.

[22] 范崇正，杭瑚，蒋淮渭编著. 物理化学：概念辨析·解题方法·应用实例. 第 5 版，合肥：中国科学技术大学出版社，2016.

[23] 印永嘉，奚正楷，张树永等编. 物理化学简明教程 例题与习题. 第 4 版. 北京：高等教育出版社，2007.

[24] 高丕英，李江波，徐文媛编. 物理化学习题精解与考研指导. 第 2 版. 上海：上海交通大学出版社，2014.

[25] 孙德坤，沈文霞，姚天扬，侯文化. 物理化学学习指导. 北京：高等教育出版社，2007.

[26] 金继红，何明中编. 物理化学习题详解. 武汉：华中科技大学出版社，2003.

[27] 赵莉，薛方渝编. 物理化学学习指导. 北京：中央广播电视大学出版社，1996.

[28] 王绪主编. 物理化学学习指导. 西安：陕西人民教育出版社，1992.

[29] 李三鸣主编. 物理化学学习指导与习题集. 北京：人民卫生出版社，2006.

[30] 雷群芳，方文军，王国平编著. 物理化学学习指导和考研指导. 杭州：浙江大学出版社，2003.

[31] 王岩主编. 物理化学学习指导. 大连：大连海事大学出版社，2006.

[32] 董元彦，李宝华，路福绥，尹业平主编. 物理化学学习指导. 北京：科学出版社，2004.